KB078868

대·학·과·정

Understanding Mechanism Design

기구학 이해

정남용 · 진윤호 공저

일진사

머리말

로보틱스, 메카트로닉스 및 MEMS 등을 비롯한 첨단기술의 발달과 진전에 따라 선진공업국과의 무한경쟁체제에서 우위를 확보하려면, 무엇보다 국내 기술에 의한 자체적인 고부가가치의 첨단제품의 고안 및 개발과 이에 따른 창의적인 설계 · 제작기술의 혁신적인 발전이 요망된다.

이러한 첨단제품의 창출을 위해서는 제품의 설계에 앞서 기계의 기구학적인 해석이 필요하고, 이를 위해 무엇보다 우선적으로 취급하여야 할 학문이 기구학이다.

최근 외국 설계의 의존으로 소홀히 다루어지던 기구학이 선진공업국의 자국 기술의 보호 및 기술이전 기피현상과 국내 기술의 독창적인 개발과 발전의 필연성에 따라 그 중요성이 더욱 인정되고 있다. 기계의 구조와 그 운동이 아무리 복잡 · 다양하다 하더라도 이를 기구학적으로 해석한다면 매우 간단한 원리의 종합이다. 따라서 기계의 정확한 원리를 이해하려면, 먼저 기계부품의 상호조합 방법과 그 운동에 대한 분석 및 종합에 따른 충분한 이해와 해석의 기초가 되는 기구학의 명확한 지식의 습득이 필요하다.

저자는 이러한 점을 충분히 고려하여 기구학을 보다 쉽게 이해할 수 있는 교재의 필요성을 느껴 다년간의 강의 경험을 토대로 초심자부터 일반기계 기술자까지 혼자서도 배울 수 있고, 2년제 및 4년제 대학생의 교과서 및 참고서로도 적합한 내용으로 이 책을 편찬하였다. 각 장의 내용에 대하여 다양한 그림과 사진을 곁들여 간결 · 명료하게 설명하였고, 본문 내용에 충실한 예제와 연습문제를 실어 이해도를 높이는데 주력하였다. 따라서 독자 여러분에게 유익한 교재로 활용되기를 기대하는 마음 가득하다.

끝으로 독자 여러분의 세심한 관심과 많은 지도 편달을 바라면서, 이 책을 펴냄에 있어 열과 성의를 다 해준 도서출판 **일진사**에 감사드린다.

저자 씀

SI 접두어

배 수	접두어	기 호	배 수	접두어	기 호
10^{18}	엑사(exa)	E	10^{-1}	데시(deci)	d
10^{15}	페타(peta)	P	10^{-2}	센티(centi)	c
10^{12}	테라(tera)	T	10^{-3}	밀리(mili)	m
10^{9}	기가(giga)	G	10^{-6}	마이크로(micro)	μ
10^{6}	메가(mega)	M	10^{-9}	나노(nano)	n
10^{3}	킬로(kilo)	k	10^{-12}	피코(pico)	p
10^{2}	헥토(hecto)	h	10^{-15}	펨토(femto)	f
10^{1}	데카(deca)	da	10^{-18}	아토(atto)	a

GREEK ALPHABET

Greek letter	Greek name	English equivalent	Greek letter	Greek name	English equivalent
A α	Alpha	a	N ν	Nu	n
B β	Beta	b	Ξ ξ	Xi	x
Γ γ	Gamma	g	O o	Omicron	ŏ
Δ δ	Delta	d	Π π	Pi	p
E ε	Epsilon	ĕ	P ρ	Rho	r
Z ζ	Zeta	z	Σ σ	Sigma	s
H η	Eta	ē	T τ	Tau	t
Θ θ	Theta	th	Y υ	Upsilon	u
I ι	Iota	i	Φ ϕ	phi	ph
K κ	Kappa	k	X χ	Chi	ch
Λ λ	Lambda	l	Ψ ψ	Psi	ps
M μ	Mu	m	Ω ω	Omega	ō

차 례

제 1 장 총 론

제 2 장 기구의 속도와 가속도

제 3 장 링크 기구

제 4 장 마찰전동기구

제 5 장 기어 전동기구

제 6 장 기어 트레인

제 7 장 캠기구

제 8 장 나사운동기구

제 9 장 감기전동기구

제 10 장 특수운동기구

제 11 장 유체전동기구

제 1 장 총 론

1. 기구학의 목적

기계공학은 기계(機械, machine)를 구성하는 재료를 취급하는 금속재료학이나 기계구성부품의 강도를 취급하는 재료역학, 기계의 설계방법을 취급하는 기계설계학, 기계의 가공을 취급하는 기계공작법, 공작기계 등 그 연구범위가 대단히 넓다.

앞으로, 여기서 다루는 기구학(機構學, mechanism)도 기계공학의 한 분야로서 기계를 구성하는 기계 각 부분의 운동, 즉 변위(displacement), 속도(velocity), 가속도(acceleration) 등이나, 그 구성부분의 형상이나 조합방법을 취급하는 학문이다. 특히 기계부분의 운동만을 대상으로 하는 학문을 기계운동학(kinematics of machine)이라 하지만, 일반적으로 양쪽을 포함하여 기구학이라 한다.

기구학의 연구방법으로서는 기계 각부의 형상과 조합방법이 알려져 있을 때, 그 운동상태가 어떻게 되는가를 연구하는 것과 필요한 운동을 일으키기 위하여 기계 각부의 형상 및 조합을 어떻게 할 것인가를 연구하는 것이 있다.

그러므로 기구학은 발명가나 기계설계자가 새로운 기계를 고안한다든가, 개발하고자 할 때 설계에 앞서 제일 먼저 고려하여야 할 학문인 것이다.

2. 기계의 정의

인류의 문명이 발달함에 따라 각종 기계가 고안 · 제작되어 인류의 생활은 점점 편리하게 되었다. 이처럼 현대는 기계문명이 극도로 발달되고 자동화되어가고 있으므로 기계문명의 혜택을 많이 받고 있다.

그러나 누가 “기계란 무엇인가?”라는 질문을 하게 되면, 이에 대해 간결한 정의를 내리기란 그리 쉬운 일이 아니다.

기계의 정의에 대한 여러 가지 표현이 있지만, 룰로(Felix Relueaux)는 “기계란 몇 개의 저항체(resistant body)의 조합으로 상호 제한된 관계운동을 하며, 에너지(energy)를 공급받아 유효한 기계적인 일(work)을 하는 것"이라고 하였다.

즉, 다음의 4가지 조건을 만족시켜야 기계라고 할 수 있다.

① 몇 개의 물체로 조합되어 있을 것

② 기계를 구성하는 물체는 저항력이 있을 것

③ 각부의 운동은 제한되어 있을 것

④ 공급받은 에너지를 변환하여 유효한 기계적인 일을 할 것

이상 4가지 조건을 모두 구비하여야 하며, 이 중에서 단 한 가지라도 만족시키지 못하면 엄격한 의미에서 기계라고 말할 수 없다.

이들 각 조건에 대하여 좀 더 구체적으로 생각해 보기로 하자.

조건 ①의 경우는 톱, 줄(file), 망치(hammer) 등은 철과 나무의 두 물체로 조합되지만 상호 관계운동이 없으므로 기계가 아닌 공구(tool)이며, 철탑이나 철교 등도 많은 철판과 철봉으로 조합되지만, 상호 관계운동이 없으므로 기계가 아닌 구조물(structure)이다.

조건 ②의 경우는 지구상의 모든 물건은 다 저항력이 있지만, 그 사용방법에 따라서는 기계의 구성재료가 될 수도 있고, 안 될 수도 있다.

예를 들면, 벨트(belt)나 로프(rope)와 같은 것은 인장력이 작용하는 부분에 사용하면 기계의 구성부분의 역할을 할 수 있지만, 압축력이 작용하는 부분에 사용하면 아무 역할도 못한다. 또 물이나 기름 같은 것은 수압기와 같이 밀폐된 용기에 넣으면 압력운동 전동기구의 구성부분으로서 사용되지만, 이것을 단순히 용기에 넣는 것만으로는 아무 역할도 하지 못한다.

조건 ③은 기계 각부의 운동이 불규칙적이고 무질서한 운동을 하지 않고, 일정한 궤도에 따라 규칙적인 제한운동을 하여야 한다는 것을 의미한다.

조건 ④에서 기계는 에너지를 공급받아서 일을 하는 것이기 때문에 반드시 운동과 힘(force)이 수반되어야 하므로 운동을 하지 못하는 것이나 힘을 전달하지 못하는 것은 기계라고 말할 수 없다.

예를 들면, 마이크로미터(micrometer), 버니어 캘리퍼스(vernier calipers), 시계 등은 각부 사이에 상대운동은 있지만, 이것의 목적은 기계적인 일이 아니라 인간의 지각(知覺)을 보조하는 것이므로 기계라고는 할 수 없고 기기(機器, instrument), 또는 기구(器具)라고 한다.

이상의 4가지 조건을 고려하면 기계는 반드시 다음과 같은 4가지 부분이 구비되어야 한다.

① 외부로부터 에너지를 받아들이는 부분

② 받은 에너지를 전달 또는 변형하는 부분

③ 유효한 일을 하는 부분

④ 이상의 3부분을 관계위치에 유지시키고 있는 정지된 부분

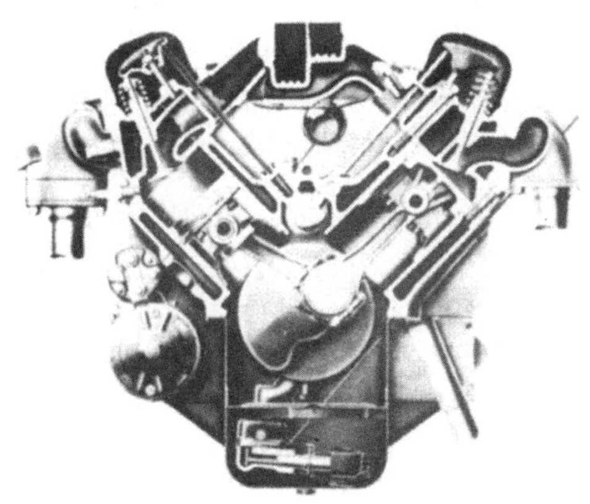

그림 1-1 가솔린 기관

그림 1-1과 같은 가솔린 기관(gasoline engine)을 예로 들면, 실린더(cylinder) 내에서 혼입된 공기와 연료가 압축되어 점화연소하면 열에너지가 발생하고, 이 열에너지를 피스톤(piston)이 받아서 기계운동을 한다.

다음에 이 운동은 연결봉(connecting rod), 크랭크 축(crank shaft) 등의 에너지 전달부에 의하여 차축을 회전시키며, 차축에 연결된 기계부분이 유효한 일을 한다. 또한 이 운동부분을 유지시키고 있는 정지된 부분을 프레임(frame)이라 한다.

그림 1-2는 NC(numerical control) 선반(lathe)을 나타내는 것으로서, 모터(motor)가 전기적인 에너지를 공급받아 회전하면 스핀들(spindle)이 회전운동을 하고 왕복대는 직선운동을 하여, 이 제한된 운동으로 바이트(bite)가 필요한 절삭작업을 하므로 기계라 말할 수 있고, 이와 같은 기계를 수치제어 공작기계(numerical control tools)라 한다.

한편, 기계의 각 부분에 전달되는 힘은 생각하지 않고, 그 운동이 기계처럼 제한되어 있어서 운동의 전달과 변환만을 행하는 기계구조의 모형(model)을 기구라 한다.

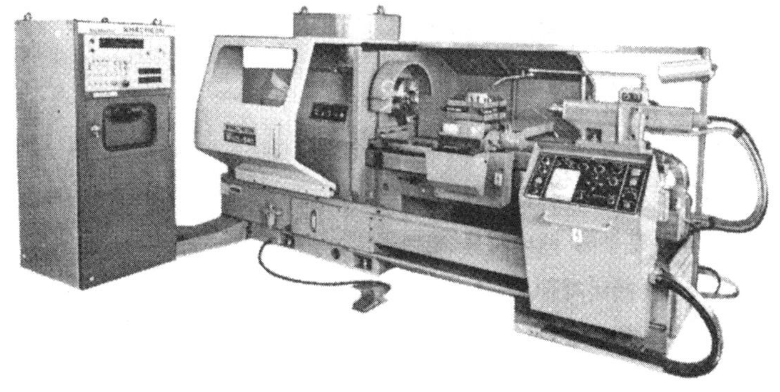

그림 1-2 NC 선반

만일 목재로 선반의 모형을 만들었다면, 이것은 힘을 전달할 만한 강도가 없으므로 작업을 할 수가 없다. 그러나 각부의 운동은 기계처럼 제한된 운동을 하므로 기구라고 한다.

이와 같이 생각할 때 기계의 각 부분은 선으로 나타낼 수 있고, 기계의 운동은 이들의 기하학적 도형의 운동을 고려하기 때문에 기계운동의 기하학적 모양이 기구라고 할 수도 있다.

예를 들면 그림 1-1에서 크랭크 축, 연결봉, 피스톤, 실린더로 구성된 기구를 생각하면 그림 1-3과 같이 나타낼 수 있다. 그림 1-3에서 ①은 실린더, ②는 크랭크 축, ③은 연결봉, ④는 피스톤을 나타내는 미끄럼 크랭크 기구가 된다.

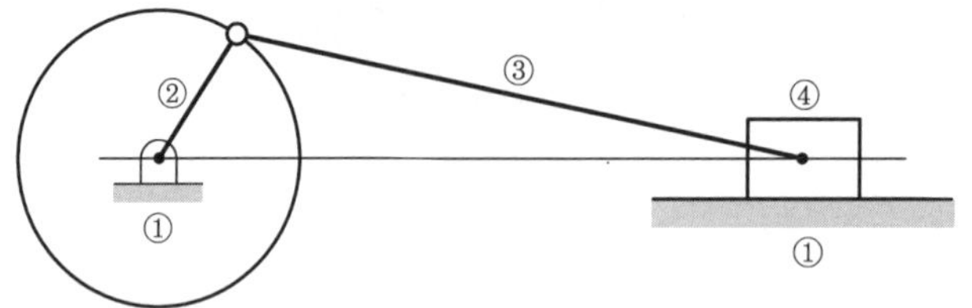

그림 1-3 미끄럼 크랭크 기구

3. 기소와 짝

3-1 기소와 짝의 관계

기계를 구성하고 있는 개개의 최소 단위부분을 기소(機素, element)라 하고, 서로 접촉하면서 상대운동을 하는 기소의 한 쌍의 조합을 짝(對隅, pair)이라 한다. 이때 각 접촉부분은 짝을 이루는 기소라 하며 짝소(對隅素, pairing element)라 한다.

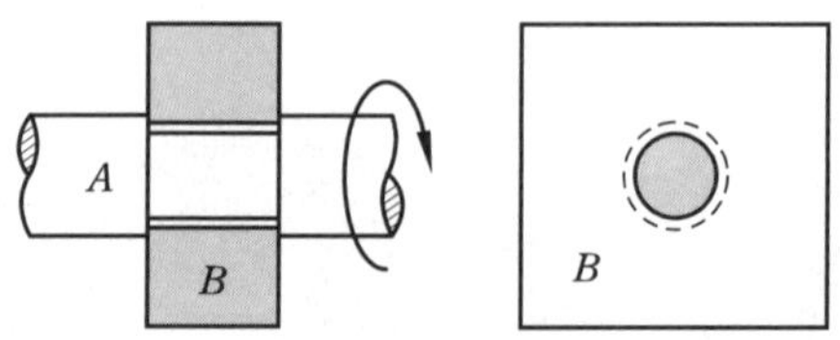

그림 1-4 기소와 짝

예를 들면, 그림 1-4에서와 같이 축 A가 베어링(bearing) B 속에서 회전할 경우 축과 베어링은 짝을 이룬다고 하고, 이때 축 및 베어링을 따로따로 생각하면 기소라 말할 수 있다.

이 밖에도 볼트(bolt)와 너트(nut), 풀리(pulley)와 벨트, 한 쌍의 기어(gear), 수압기

(hydraulic press)의 실린더와 물 등은 그 짝을 이루는 기소를 나타내는 한 예이다.

3-2 불한정짝과 한정짝

짝을 이루고 있는 2개의 기소 사이의 관계운동은 기소가 짝을 이루는 상태에 따라서 결정되는 것으로서 항상 2개의 기소가 접촉하며, 여러 가지 운동을 할 수 있는 방법과 단 한 가지의 한정된 운동만을 할 수 있는 방법이 있다.

그림 1-5와 같이 둥근 축이 원형 구멍의 기소에 끼워져 서로 짝을 이룰 때, 둥근 축은 회전 또는 축방향의 미끄럼운동도 할 수 있다. 이처럼 기소의 상호접촉이 유지되지 않거나 두 가지 이상의 운동을 할 수 있는 짝을 불한정짝(不限定짝, unclosed pair)이라 한다.

그러나 둥근 축 대신에 그림 1-6과 같이 사각형 축을 사용하면 축은 회전운동은 할 수 없고, 다만 축방향의 미끄럼 운동만을 할 수 있게 된다. 이와 같이 한 가지 운동만을 할 수 있도록 제한된 짝을 한정짝(限定짝, closed pair)이라 한다.

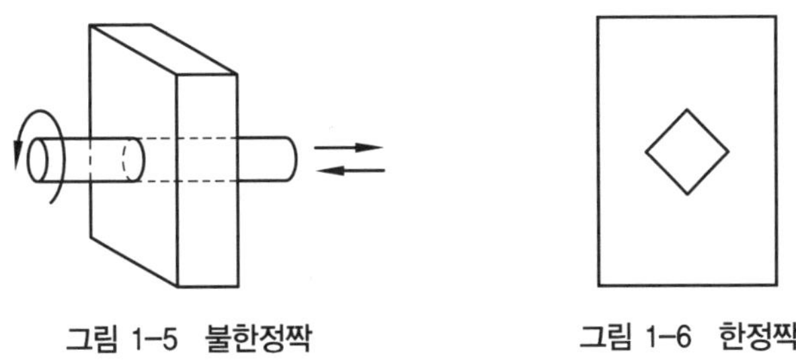

그림 1-5 불한정짝　　그림 1-6 한정짝

3-3 짝의 종류

짝의 종류는 2개의 기소의 접촉상태에 따라서 표 1-1과 같이 분류한다. 기소의 상호접촉이 면으로 이루어지는 짝을 면짝(面對偶) 또는 낮은짝(低次對偶, lower pair)이라 하고, 기소가 점 또는 선으로 접촉하는 짝을 점짝, 또는 선짝이라 하고, 둘을 포함하여 높은짝(高次對偶, higher pair)이라고도 한다.

표 1-1 짝의 종류

짝의 분류	접촉 방법	짝의 종류	실 례
낮은짝	면접촉	회전짝 미끄럼짝 나사짝 구면짝	미끄럼 베어링과 저널(그림 1-7) 선반의 베드와 에이프런(그림 1-8) 밸브의 몸체와 핸들의 나사부분(그림 1-10) 베벨 기어(그림 1-11)
높은짝	점접촉 선접촉	점짝 선짝	볼 베어링의 볼과 레이스(그림 1-13) 캠과 종동절(그림 1-14)

(1) 낮은짝(lower pair)

낮은짝은 기계부품에서 가장 많이 이용되고 있는 것으로서, 다음과 같이 4가지 종류로 분류된다.

① 회전짝(turning pair)

그림 1-7과 같이 미끄럼 베어링(sliding bearing)과 저널(journal)과 같이 2개의 기소가 상대적으로 회전운동을 하는 짝을 말한다. 여기서, 저널은 베어링과 접촉하는 축 부분을 말한다.

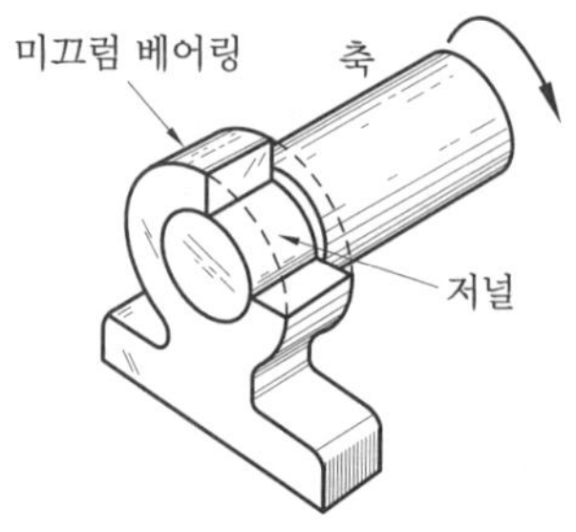

그림 1-7 회전짝(미끄럼 베어링과 저널)

② 미끄럼짝(sliding pair)

그림 1-8과 같이 선반의 베드(bed)와 에이프런(apron)과 같이 2개의 기소가 상대적으로 미끄럼 직선왕복운동을 하는 짝이다. 또한 그림 1-9와 같이 버니어 캘리퍼스에서 주척과 부척은 미끄럼짝으로 되어 있다.

이 밖에도 책상과 서랍, 원동기(原動機)의 실리더와 피스톤 등 그 예는 대단히 많다.

그림 1-8 미끄럼짝(선반의 베드와 에이프런)

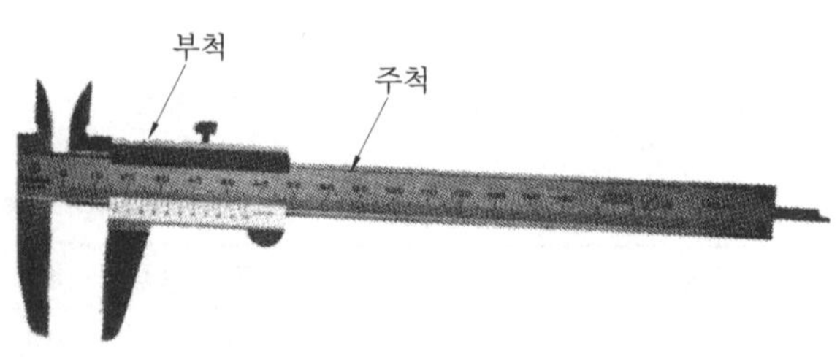

그림 1-9 버니어 캘리퍼스

③ 나사짝(screw pair)

볼트에 너트를 끼우는 것과 같이 원주나선(helix)의 표면을 접촉면으로 하고 있는 짝으로서, 2개의 기소가 접촉면의 축선 주위에 상대적으로 회전운동과 축선 방향으로 직선운동을 하며 마치 두 가지 운동을 겸하는 것 같으나, 사용상태에서는 수나사는 회전운동만을, 암나사는 축선 방향의 직선운동만을 할 수 있는 한정짝이다. 이것은 그 접촉면 위의 각 점은 나선 위를 이동하므로 나사의 피치(pitch)가 0인 경우에 회전운동을 하고, 피치가 무한인 경우에 미끄럼짝으로 된다.

그림 1-10과 같이 밸브의 몸체와 핸들의 나사부분은 나사짝의 한 예이고, 바이스의 몸체와 핸들의 나사부분도 나사짝으로 되어 있다. 이 밖에도 이러한 예는 상당히 많다.

그림 1-10 나사짝(밸브)

④ 구면짝(spherical pair)

그림 1-11에서 A 또는 B의 어느 한쪽을 정지시켰다고 생각하면, 다른 기소는 일정한 점으로부터 같은 거리를 유지하는 구면(球面) 위에서 상대구면운동을 하게 된다.

이와 같은 짝을 구면짝이라 하고, 그 예로는 그림 1-12와 같은 베벨 기어(bevel gear)가 있다.

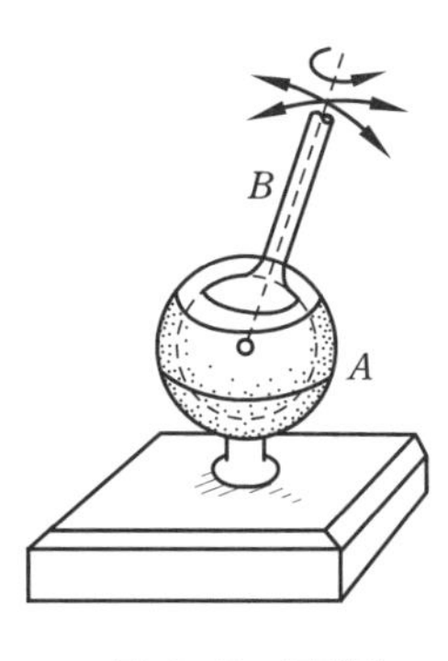

그림 1-11 구면짝

그림 1-12 구면짝(베벨 기어)

(2) 높은짝 (higher pair)

점선짝이라고도 하며, 높은짝은 낮은짝에 비하여 기소가 서로 가볍게 운동하므로 복잡한 운동을 전달하는 기구로서 적당하다. 그러나 접촉상태가 점이나 선으로 이루어지므로 마멸이 심한 것이 단점이다.

① 점짝

그림 1-13과 같이 볼 베어링의 볼과 레이스(race)가 점으로 접촉하여 상대운동을 하는 짝을 점짝이라 한다.

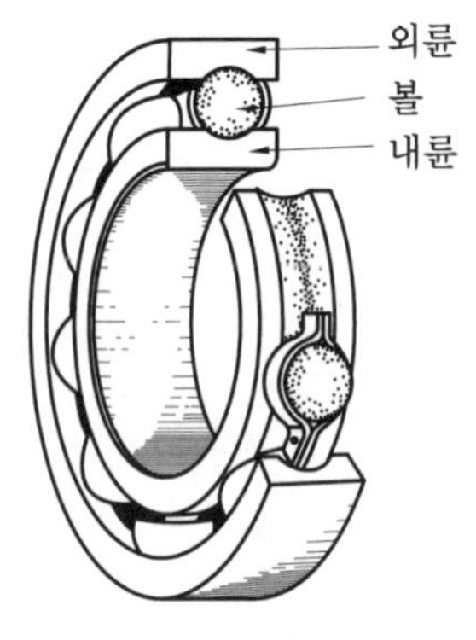

그림 1-13 점짝 (볼 베어링)

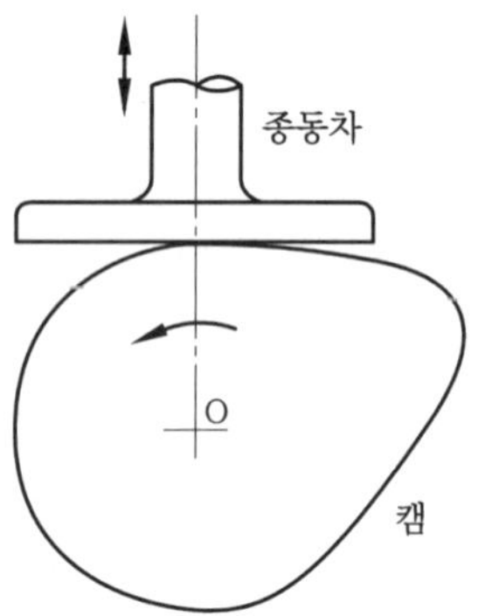

그림 1-14 선짝 (캠)

② 선짝

그림 1-14와 같이 캠기구는 캠(cam)과 종동절(follower)이 선접촉을 하므로 선짝이라 한다. 이 밖에도 서로 맞물려 돌아가는 한 쌍의 기어의 잇면은 선접촉을 하므로 선짝이라 한다.

학자에 따라서는 벨트와 풀리의 짝을 장력짝(張力對偶, tension pair), 기체 또는 유체와 그 용기로 이루어진 짝을 압력짝(pressure pair)이라 부르기도 한다.

4. 링크와 연쇄

4-1 링크와 연쇄의 정의

2개 또는 그 이상의 기소의 짝으로 구성되어 운동이나 힘을 전달시키는 저항체를 링크(節, link)라 한다. 그림 1-15는 몇 개의 연결점을 가지고 있는 링크를 나타낸 것이다.

짝을 이루는 2개의 기소를 가진 링크를 2짝소절(複素節, binary link) 또는 간단히 링크라 하고, 짝을 이루는 3개의 기소를 가진 링크를 3짝소절(ternary link), 4개의 기소를 가진 링크를 4짝소절(quaternary link)이라 한다.

2개 이상의 기소가 짝을 이루는 몇 개의 링크를 연결하여 고리모양의 폐합형(閉合形)이 된 것을 연쇄(連鎖, chain)라 한다. 그러므로 동일 물체이면서도 짝을 이룰 때는 기소라 하지만, 연쇄에서는 링크라 한다.

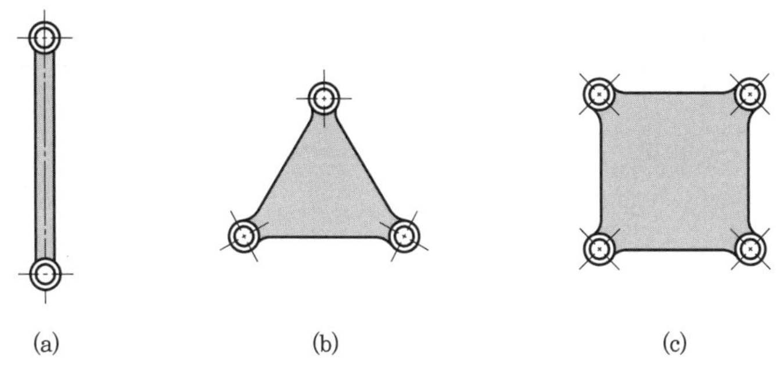

그림 1-15 여러 가지 링크

그림 1-16 (a)는 4개의 링크로 구성되어 있고, 각 링크는 양 끝에 회전짝을 가지고 있다. 그림 1-16 (b)는 회전짝과 미끄럼짝을 가지고 있는데, 이와 같이 1개의 링크에서 짝을 이루는 2개의 기소로 되어 있는 것을 단절(單節, simple link)이라 한다.

또한 그림 1-16 (c)에서 링크 ④는 3개의 회전짝으로 되어 있다. 이와 같이 3개 이상의 짝소를 가지고 있는 링크를 복절(複節, compound link)이라 한다.

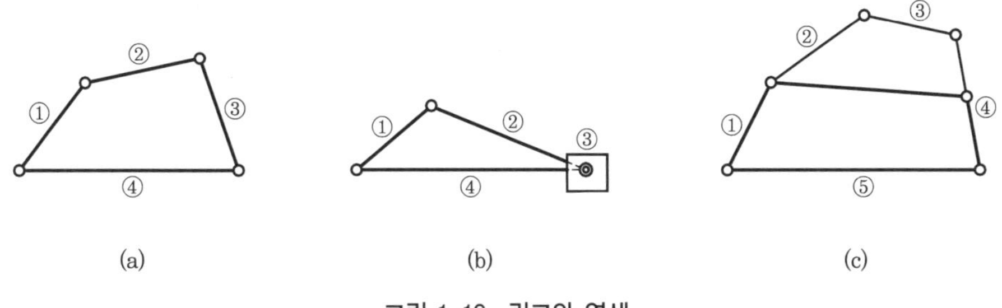

그림 1-16 링크와 연쇄

4-2 링크의 표시방법

기구를 구성하는 각 링크의 운동은 링크의 치수와 형상에는 관계가 없고, 링크 상호 간의 위치에 관계된다. 그러므로 링크의 표시를 간단한 방법으로 한다면, 아주 편리하고 링크 상호 간의 관계운동을 이해하는 데도 도움이 될 것이다.

이와 같은 이유에서 회전짝의 경우 ○, 미끄럼짝의 경우 □, 높은짝의 경우 △으로 표시하면 링크의 취급이 편리하다.

그림 1-17 (a), (b), (c)는 복소절을 표시한 것이며 1-17 (a)는 회전짝으로만 되어 있고,

1-17 (b)는 회전짝과 미끄럼짝, 1-17 (c)는 회전짝과 높은짝으로 되어 있는 경우이다.
또한 그림 1-18은 그림 1-15의 짝소절을 간략히 표시한 것이다.

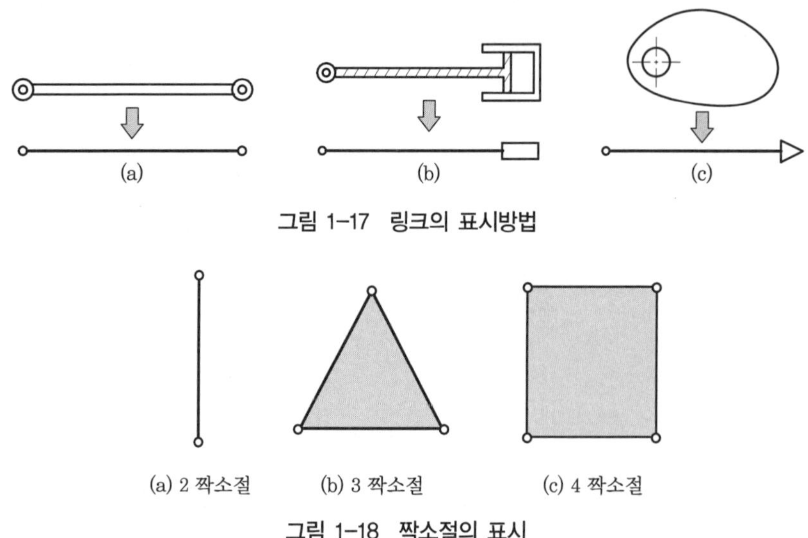

그림 1-17 링크의 표시방법

그림 1-18 짝소절의 표시

4-3 연쇄의 종류

연쇄는 링크의 운동에 따라 다음과 같이 3가지로 분류된다.

(1) 고정연쇄(locked chain)

연쇄를 이루는 링크 사이에 상대운동이 전혀 존재하지 않는 연쇄를 고정연쇄(固定連鎖)라 한다.

그림 1-19에서와 같이 3개의 링크가 회전짝으로 연결된 연쇄에서 링크 ③이 고정되어 있을 때, 회전짝 B의 상대운동이 가능하다면 링크 ①은 A를 중심으로 회전운동을 하고, 링크 ②는 C를 중심으로 회전운동을 하는 두 가지 운동을 하여야 한다. 그러나 그림에서도 알 수 있듯이 이것은 불가능하므로 각 링크에 대한 상대운동은 존재하지 않는다.

이러한 링크는 외력을 받아도 각 링크가 상대운동을 할 수 없기 때문에 간단한 구조물이라 할 수 있다. 이러한 구조물에는 삼각사다리, 트러스(truss) 등이 있다.

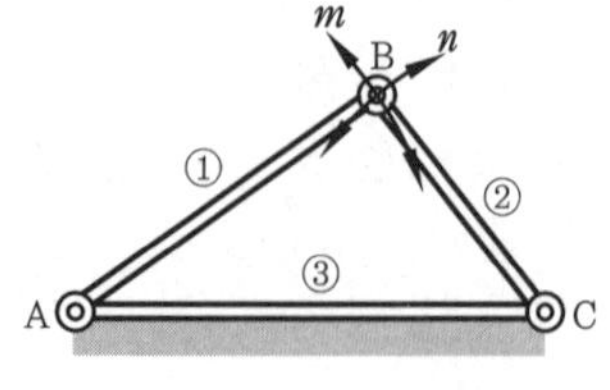

그림 1-19 고정연쇄

(2) 한정연쇄(constrained chain)

연쇄를 이루고 있는 한 개의 링크에 운동을 주면 나머지 링크들은 모두 한정된 일정한 운동을 하는 연쇄를 한정연쇄라 한다.

그림 1-20과 같이 4개의 링크로 구성된 연쇄에서 링크 ④가 고정되었다면, 링크 ①에 속하는 짝 B의 운동은 짝 A를 중심으로 원호상의 운동만을 하고, 링크 ③에 속하는 짝 C는 짝 D를 중심으로 원호상의 운동만으로 한정된다. 그리고 짝 B와 짝 C 사이의 거리는 링크 ②의 길이이므로 일정하며, 짝 B의 임의위치에 대한 짝 C의 위치는 단 하나뿐이므로 이 연쇄는 한정연쇄가 된다.

따라서 기계의 정의에서도 밝힌 바와 같이 기계에 사용되는 각종의 기구는 모두 이와 같이 한정된 운동을 하는 한정연쇄가 최소한 한 개는 존재하여야 하므로, 기구학에서 이와 같은 한정연쇄는 매우 중요하다.

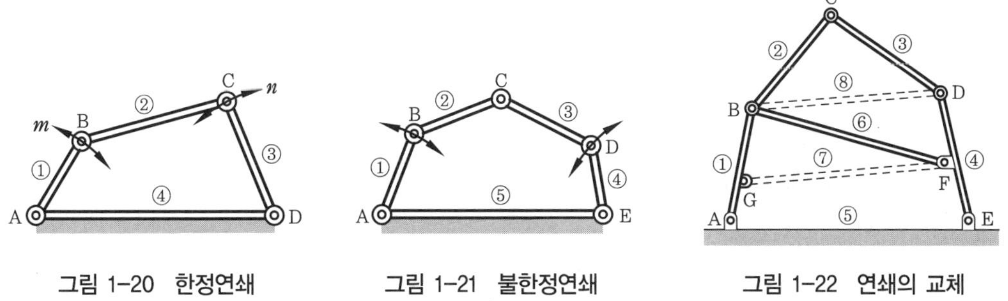

그림 1-20 한정연쇄 그림 1-21 불한정연쇄 그림 1-22 연쇄의 교체

(3) 불한정연쇄(unconstrained chain)

연쇄를 구성하고 있는 한 개의 링크에 운동을 주면 나머지 링크는 둘, 또는 그 이상의 운동이 가능한 연쇄를 말한다.

그림 1-21과 같이 5개의 링크로 구성된 연쇄에서 링크 ⑤를 고정하면, 짝 B와 D는 각각 짝 A와 E를 중심으로 원호상을 운동하도록 제한된다.

그러나 짝 B와 D 사이의 거리가 일정하지 않기 때문에 어느 범위 내에서 짝 C는 멋대로의 위치로 변하므로 한정된 운동을 하지 않는다. 따라서 이와 같은 연쇄는 불한정연쇄가 된다.

이상의 3 종류의 연쇄 중에서 기계는 한정연쇄가 되어야 하는데, 불한정연쇄에 몇 개의 링크를 추가하여 한정연쇄로 만들 수 있다. 그림 1-22와 같이 링크를 변경함으로써 다른 종류의 기구를 만드는 것을 연쇄의 교체(inversion of chain)라 한다.

그림 1-22는 그림 1-21의 불한정연쇄에서 링크 ⑥이나 ⑦ 또는 ⑧을 추가하면 각 링크는 한정된 운동을 하는 한정연쇄로 바뀌어지고, 링크 ①과 ④는 각각 복절이 된다.

이상에서 설명한 바와 같이 기계의 운동은 아무리 복잡하다 하더라도 모두 한정연쇄로 되어 있고, 각 기계부분의 운동은 이러한 한정연쇄가 여러 개 조합되어 있다. 따라서 여러 가지 운동을 반복하는 기계에 있어서는 기계의 운동이 단계적으로 일어나는 것을 알 수 있다.

또한 링크의 수가 같다 하더라도 연쇄의 교체를 어떠한 방법으로 하느냐에 따라 기계의 운동의 종류도 달라질 것이다. 여기에 대해서는 뒤에서 더욱 자세히 설명하기로 한다.

5. 자 유 도

5-1 짝의 자유도

기구의 운동을 생각할 때 전후로 왕복하는 경우에 자유도 1, 좌우로 왕복운동할 때 자유도가 1, 어떤 방향으로 이동하든가 회전하든가 하면 자유도는 1이 된다. 그러나 몇 mm를 움직이는가, 몇 도(degree) 회전하는가는 문제되지 않는다. 움직일 수 있는가 없는가, 회전할 수 있는가 없는가가 중요하다. 이와 같이 몇 가지 운동을 어떻게 하는가를 조사하는 것을 자유도(自由度, degree of freedom)라 한다.

특히 짝의 성질은 그 짝을 구성하고 있는 2개의 기소에 대한 상대운동방법에 의하여 결정된다. 짝을 이루고 있는 한쪽의 기소를 고정하고 짝의 구속조건에 의하여 다른 쪽의 기소를 움직일 때의 자유도를 짝의 자유도라고 한다.

짝의 자유도에는 다음과 같은 것이 있다.

① 회전짝의 자유도는 1이다.

② 미끄럼짝의 자유도는 1이다.

③ 회전미끄럼짝의 자유도는 2이다.

축과 베어링의 관계에서 축방향에 구속이 없다면, 베어링이 축 주위를 회전하는 운동과 축방향으로 움직이는 미끄럼운동이 가능하므로 자유도는 2로 취급한다.

④ 나사짝의 자유도

- 나사의 피치가 유한할 때의 자유도는 1이다.

  나사의 피치가 유한한 경우 나사는 회전과 직진운동을 동시에 행하므로 마치 자유도가 2인 것처럼 생각되기 쉽지만, 이 경우의 자유도는 1로 취급한다.

- 나사의 피치가 무한한 경우의 자유도는 2이다.

  나사의 피치가 무한하다는 것은 나사가 나 있지 않은 상태이며, 축방향에 구속이 없는 회전과 미끄럼 왕복운동이 가능하므로 자유도는 2가 된다.

⑤ 구면짝의 자유도는 3이 된다.

⑥ 압력짝과 장력짝의 자유도는 엄격하게 정할 수 없다.

용기와 그 속에 들어 있는 유체처럼 압력을 받는 압력짝의 경우 유체의 자유도는 무한대이고, 장력짝의 경우 조합방법에 의하여 자유도의 값은 다르며 일반적인 값은 없다.

⑦ 높은짝의 자유도는 2~4이다.

그림 1-23과 같은 평면도형에서 기소 I을 고정하고, 기소 II를 서로 접촉하고 있는 조건으로 움직이면, 그림 1-23 (a)와 같이 많은 접점에서 접촉하는 자유도와 그림 1-23 (b)와 같이 동일접점에서 많은 접촉점을 가지는 자유도로 생각할 수 있으므로 자유도는 2로 본다.

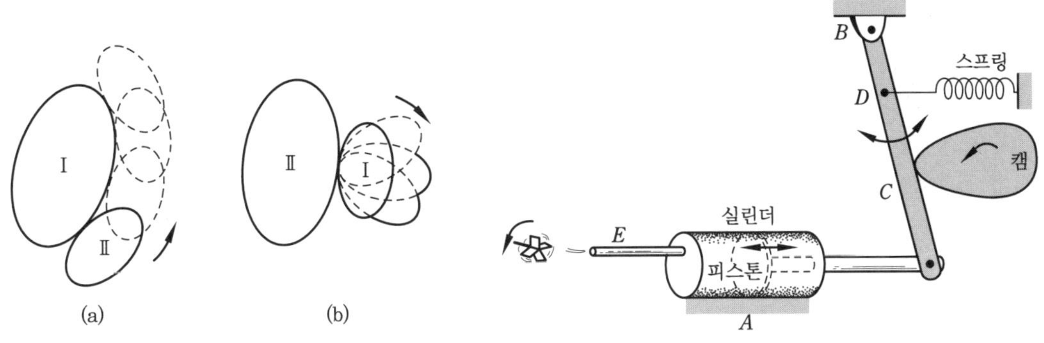

그림 1-23 높은짝의 자유도

그림 1-24 여러 가지 짝의 자유도

또한 공간적으로 접촉하는 짝을 생각해 보자. 예를 들면 그림 1-24를 실린더의 단면이라 생각하면, 지면에 직각 방향으로도 운동할 수 있으므로 자유도는 3이 된다. 또 2개의 실린더의 축선은 서로 평행하므로, 여기에서 또 한 개의 자유도가 더해지기 때문에 결국 자유도는 4가 된다. 이와 같이 동일한 짝에서도 평면적으로 보는가, 공간적으로 보는가에 따라서 그 자유도는 달라진다.

그림 1-24와 같이 여러 가지 짝을 가진 경우의 자유도를 생각하여 보자.

A는 피스톤과 실린더의 짝으로서 피스톤은 실린더 내를 한쪽 방향으로 미끄럼 왕복운동을 하므로 이러한 짝을 미끄럼짝이라 하며, 그 자유도는 1이다. B는 축과 베어링의 관계로서 축과 베어링은 회전짝이고, 그 자유도는 1이다. C는 캠과 링크가 높은짝을 이루고 있는 것으로서 그 자유도는 2이다. D는 링크와 스프링이 짝을 이루고 있는 것으로서 그 자유도는 경우에 따라 다르고, 엄밀히 말하면 그 짝의 자유도는 무한대이다. E는 유체와 관과의 압력짝으로서 이들의 자유도는 무한대이다.

5-2 평면운동기구의 자유도

기구를 구성하는 모든 링크가 동일평면이든지, 또는 그것에 평행한 평면에 구속되어서 운동하는 기구를 평면운동기구라 한다. 자유도를 계산하는 것은 설계상 중요한 것으로서 자유도를 알면, 그 기구가 움직이는가 어떤가를 알 수 있다. 그러나 자유도는 그 기구가 평면운동을 하는가, 공간운동을 하는가에 따라 계산방법이 다르다.

먼저 평면운동을 하는 기구의 자유도를 계산하여 보기로 하자. 한 개의 기구를 구성하는 링크의 수를 N이라 하고, 자유도 $f(1, 2)$로 되는 짝이 각각 P_f개만큼 있다고 하고, 이 연쇄의 자유도 F를 구한 후 이 평면운동기구의 자유도에 의한 연쇄의 판별관계를 조사하려면, 다음과 같은 순서로 취급한다.

① 평면 내를 운동하는 링크의 자유도는 전후로 왕복운동하는 자유도가 1, 좌우로 왕복운동하는 자유도가 1, 평면 내를 회전운동하는 자유도가 1로서 합하면 자유도는 3이 된다.

② N개의 링크 중에서 한 개는 고정되므로, 만일 $(N-1)$개의 링크가 평면적으로 연결되지 않고 제각기 제멋대로 운동한다면, 그 자유도는 $3(N-1)$이다.

③ 이들 중에서 2개의 링크를 자유도 f인 짝으로 결합하면, 자유도는 $(3-f)P_f$만큼 감소한다.

④ 따라서 평면운동기구의 자유도 F는 $f=1, 2$로 하여 다음과 같이 된다.

$$
\begin{aligned}
F &= 3(N-1) - \sum_{f=1}^{f=2} P_f(3-f) \\
&= 3(N-1) - [P_1(3-1) + P_2(3-2)] \\
&= 3(N-1) - 2P_1 - P_2 \qquad (1\text{–}1)
\end{aligned}
$$

식 (1–1)을 Grübler의 연쇄판별식(criterion of constraint)이라 한다. 위의 식을 사용하여 평면운동기구의 자유도가 1 이상이면 그 기구는 움직이고, 1 미만이면 움직이지 않는다.

자유도가 1인 운동기구를 결정적 기구(決定的機構)라 하고, 자유도가 2 이상에서 유한인 운동기구를 준결정기구(準決定機構)라고 하며, 자유도가 무한대인 것을 비결정기구(非決定機構)라 한다. 이것을 간략히 정리하면 표 1–2와 같다.

표 1–2 평면운동기구의 자유도와 연쇄의 판별

F의 값	기구의 상태 (연쇄의 판별)
0 이하	운동기구는 움직이지 않는다 (고정연쇄).
1	운동기구는 움직이며 결정적 기구이다 (한정연쇄).
2 이상	운동기구는 움직이며 준결정기구이다 (불한정연쇄).
무한대	운동기구는 움직이며 비결정기구이다 (불한정연쇄).

연쇄가 한정연쇄인가를 판별하려면 식 (1–1)에서 $F=1$이 되는가를 알아보아야 한다.

$$F = 3(N-1) - 2P_1 - P_2 = 1$$

$$\because 3N - 2P_1 - P_2 = 4 \quad (1\text{-}2)$$

평면운동기구의 자유도를 계산하는 방법에 대한 실례를 들어 구하여 보기로 하자.

예제 1-1 그림 1-25와 같은 간단한 평면 4 링크 기구에서 이 기구는 결정적 기구이고, 그 자유도는 1이 됨을 보이시오.

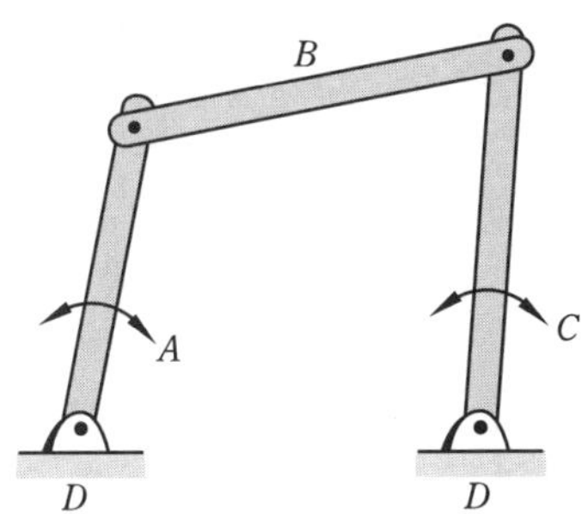

그림 1-25 평면 4 링크 기구의 자유도

해설 링크 A를 회전시키면 링크 C는 제한운동을 하는 것을 알 수 있다. 실제로 식 (1-1)을 사용하여 계산하여 보자.

이 기구는 A, B, C, D의 4개 링크로 되어 있으므로 $N=4$, 짝은 자유도 1의 회전짝이 4개이므로 $P_1=4$, 자유도 2인 짝은 존재하지 않으므로 $P_2=0$ 이다. 따라서,

$$F = 3(N-1) - 2P_1 - P_2 = 3(4-1) - (2\times 4 + 0) = 1$$

이 기구는 자유도가 1이므로 결정적 기구가 됨은 명백하다.

예제 1-2 그림 1-26 (a)~(f)와 같은 여러 가지 연쇄에 대한 자유도를 구한 후 연쇄의 조건을 판별하시오.

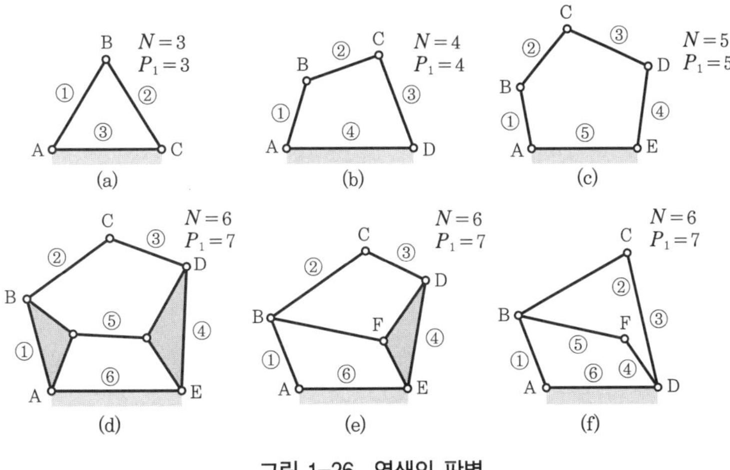

그림 1-26 연쇄의 판별

해설 각 연쇄의 전체 링크수와 자유도에 의한 짝의 수를 구한 후 식 (1-1)에 대입한다.

- 그림 1-26 (a)의 경우 : $N=3$, $P_1=3$이므로

  $F=3(3-1)-2\times3=0$: 고정연쇄
- 그림 1-26 (b)의 경우 : $N=4$, $P_1=4$이므로

  $F=3(4-1)-2\times4=1$: 한정연쇄
- 그림 1-26 (c)의 경우 : $N=5$, $P_1=5$이므로

  $F=3(5-1)-2\times5=2$: 불한정연쇄

  이와 같이 링크 $N=5$ 이상의 경우는 연쇄로 만들기만 하면 불한정연쇄가 되지만, 어느 링크에 3개 또는 그 이상의 짝을 만들어 주면 한정연쇄로 될 수 있다.
- 그림 1-26 (d)의 경우 : $N=6$, $P_1=7$이 되므로

  $F=3(6-1)-2\times7=1$: 한정연쇄
- 그림 1-26 (e)의 경우 : 그림 1-26 (e)의 B는 그림 1-26 (d)의 짝 B와 G를 3중짝으로 하였으므로 $N=6$, $P_1=7$이 된다.

  $F=3(6-1)-2\times7=1$: 한정연쇄
- 그림 1-26 (f)의 경우 : 그림 1-26 (e)의 D와 E를 같이 하여 D를 3중짝으로 하면 $N=6$, $P_1=7$이 된다.

  $F=3(6-1)-2\times7=1$: 한정연쇄

예제 1-3 그림 1-27 (a)와 같은 경우 결정적 기구로 되기 때문에 식 (1-1)의 조건식을 만족하지 않는다. 그 이유를 설명하시오. (단, $\overline{AB}=\overline{CD}=\overline{EF}$, $\overline{AC}=\overline{BD}$, $\overline{CD}=\overline{DF}$ 이다.)

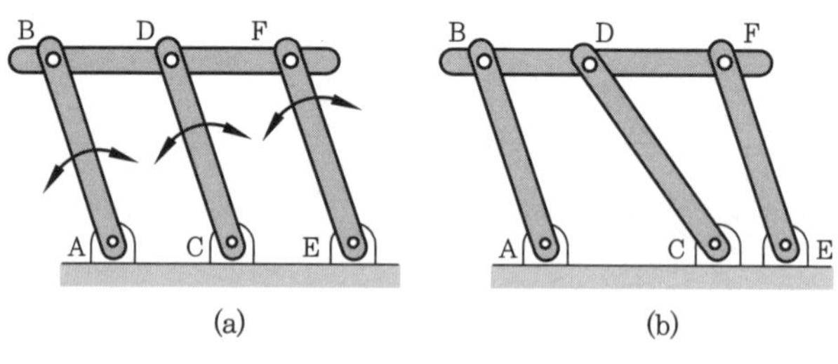

그림 1-27 기구의 적합조건

해설 $N=5$, $P_1=6$, $P_2=0$을 식 (1-1)에 대입하면

$$F=3\times4-2\times6=0$$

로 된다.

따라서 판별식으로 계산하면 고정연쇄가 되어야 하지만, 이 기구는 실제로 일정한 상대운동을 하므로 자유도는 1이다. 이와 같은 이유는 링크 사이의 특별한 치수관계의 조건 때문이다.

이와 같이 $F<1$의 기구가 상대운동을 하기 위해서는 특별한 조건이 필요한데, 이것을 적합조건(適合條件)이라 한다.

만일 $AC\neq BD$라 하면 그림 1-27 (b)와 같이 움직이지 않는 기구가 얻어지며, 식 (1-1)의 조건식에 대한 결과와 일치한다.

5-3 공간운동기구의 자유도

기계를 구성하고 있는 기소가 앞서 설명한 평면운동기구의 조건을 만족시키지 못하는 운동기구를 공간운동기구라 한다. 공간운동기구에 대한 짝의 자유도는 다음과 같은 순서로 구한다.

① 공간 내를 자유로이 운동하는 링크의 자유도는 6이다. 이것은 앞에서 설명한 것과 같이 전후, 좌우, 상하의 3방향으로 왕복하는 자유도가 3이고 전후, 좌우, 상하의 축주위를 회전하는 자유도가 3이므로 합하면 자유도는 6이 된다.

② N개의 링크 중에서 한 개는 고정되므로 미결합상태의 링크를 자유로이 공간운동시키면, 기구 전체의 자유도는 $6(N-1)$이 된다.

③ 자유도 f인 짝에 의하여 자유도는 $(6-f)$만큼 감소하므로, P_f개의 자유도는 f인 짝에 의하여 $(6-f)P_f$만큼 감소한다.

④ 따라서 공간운동기구의 자유도 F는 다음 식과 같다.

$$\left.\begin{aligned} F &= 6(N-1) - \sum_{f=1}^{f=5}(6-f)P_f \\ &= 6(N-1) - (5P_1 + 4P_2 + 3P_3 + 2P_4 + P_5) \end{aligned}\right\} \qquad (1\text{-}3)$$

따라서 공간운동기구가 결정적 기구로 되기 위해서는 식 (1-3)의 조건식에 $F=1$을 대입하여 다음 식과 같이 되어야 한다.

$$6N - \sum_{f=1}^{f=5}(6-f)P_f = 7 \qquad (1\text{-}4)$$

식 (1-4)는 결정적 공간운동기구가 되기 위한 조건으로서 짝과 링크의 관계를 나타낸다.

그림 1-28은 공간운동기구의 한 예이다. 그림 1-28에서 고정 링크 a와 구동절 b의 짝 J_{ab}의 자유도 f는 1이고, 구동절 b와 중간 링크 c의 짝 J_{bc}의 자유도 f는 2, 중간 링크 c와 종동절 d의 짝 J_{cd}의 자유도 f는 3, 종동절 d와 고정 링크 a의 짝 J_{da}의 자유도 f는 1이다.

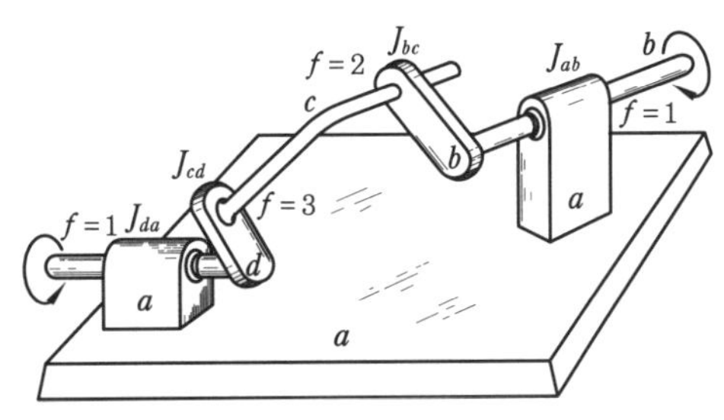

그림 1-28 공간운동기구의 예

예제 1-4 기구 전체에 대한 짝의 자유도가 1인 회전짝이고, 그림 1-29와 같은 링크 기구가 결정적 공간운동기구가 되기 위한 링크의 수를 결정하시오.

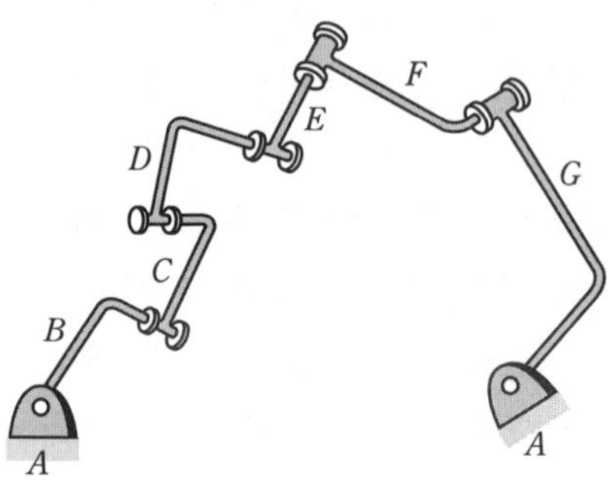

그림 1-29 회전짝으로 된 공간운동기구

해설 그림 1-29에서도 알 수 있듯이 회전짝의 수와 링크의 수는 같으므로 $P_1 = N$이 된다. 짝의 자유도 $f = 1$과 $P_1 = N$을 식 (1-4)에 대입하면

$$6N - (6-1)N = 7$$

$$\therefore N = 7$$

그림 1-29의 공간운동기구가 결정적 기구가 되기 위해서 링크의 수는 7개가 되어야 한다. 식 (1-4)에 의하여 링크의 수가 8 이상일 때는 준결정기구로 되는 것을 알 수 있다.

6. 기계의 운동과 전달

6-1 기계운동의 종류

기계의 어느 부분이 시간이 경과함에 따라 그 위치를 바꾸는 것을 운동이라고 한다. 운동하는 점의 위치를 계속하여 연결하면 점의 궤적(locus)을 얻게 된다. 이러한 궤적을 표시하는 데 x, y, z의 3개의 좌표를 필요로 할 때 이 점은 공간운동(spatial motion)을 한다고 하고, 2개의 좌표 또는 1개의 좌표만으로 표시할 수 있는 운동을 평면운동(plane motion)이라고 한다.

특히 한 개의 좌표만으로 표시할 수 있는 운동을 직선운동(straight line motion)이라 한다. 기계 중에는 매우 복잡한 운동을 하는 것도 있으나, 기계를 구성하는 각 부분의 운동을 면밀히 검토하면 어떤 운동이나 그 운동 자체는 간단한 것이다.

운동을 크게 분류하면 평면운동, 나선운동(helical motion), 구면운동(球面運動, spherical motion)으로 나눈다.

(1) 평면운동

운동하는 물체 위의 모든 점이 항상 한 평면 위를 이동하는 운동을 평면운동이라 말한다. 평면운동에는 물체가 안내를 따라 평면 위를 미끄럼운동하는 것과 같은 병진운동(竝進運動, rectilinear motion)과 그 평면에 직각인 회전축의 둘레를 회전하는 회전운동(回轉運動, rotation motion)이 있다.

병진운동에는 직선운동 및 곡선운동이 있고, 미끄럼짝으로 이루어진 운동은 병진운동에 속한다. 또한 기어, 풀리, 크랭크 등의 운동은 회전운동에 속한다. 이러한 평면운동에 대한 기소의 짝은 미끄럼짝이나 회전짝을 이루는 경우가 많으므로 기계의 운동은 거의 모두 평면운동이라 생각하여도 별지장이 없다고 본다. 그러므로 운동 중에서도 평면운동이 가장 중요하다고 본다.

(2) 나선운동

물체가 한 축의 둘레를 회전하는 동시에 그 축방향으로 이동하는 운동으로서 두 가지 운동이 소합되어 행하여지며, 물체에 속하는 각 점은 각각 공간에서 나선을 그리면서 운동한다. 나사는 나선운동의 대표적인 예이며, 회전과 직선운동이 상호 일정 비율에 의하여 이루어진다.

(3) 구면운동

공간을 운동하는 물체 내의 각 점이 어떤 고정점에서 항상 일정한 거리를 가지고 이동하는 운동을 말하며, 각 점은 이 고정점을 중심으로 하여 구면 위를 움직이게 된다.

그림 1-30에서 보는 바와 같이 테이퍼 롤러 베어링(taper roller bearing)에서 롤러의 운동은 구면운동을 하는 한 예이다.

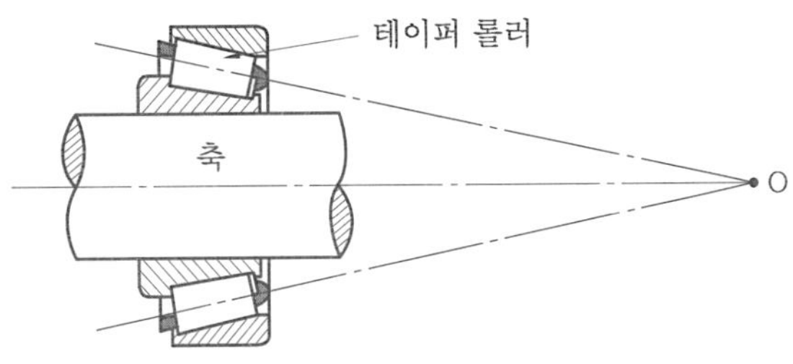

그림 1-30 구면운동(테이퍼 롤러 베어링)

이 밖에도 베벨 기어, 만능이음(universal joint), 원심조속기(遠心調速機)(governor)의 추의 운동도 구면운동의 대표적인 예이다.

이상에서 설명한 3가지 기계운동 사이의 관계를 생각해 보면, 나선운동에서 축방향의 병진성분이 0이 되면 회전운동만이 존재하는 평면운동이 된다.

만일 회전성분이 0이 되거나 병진성분이 무한대로 되면, 직선운동으로 되어 평면운동이 된다. 또한 구면운동에 있어서 고정점으로부터의 거리가 무한대로 되면 이 운동도 평면운동이 된다.

6-2 기계운동의 전달방법

기구를 구성하고 있는 링크 중에서 제일 먼저 에너지를 공급받아서 움직이는 링크를 구동절(驅動節, driver) 또는 원동절(原動節)이라 하며, 구동절에 의하여 움직이는 링크를 종동절(從動節, follower)이라 한다.

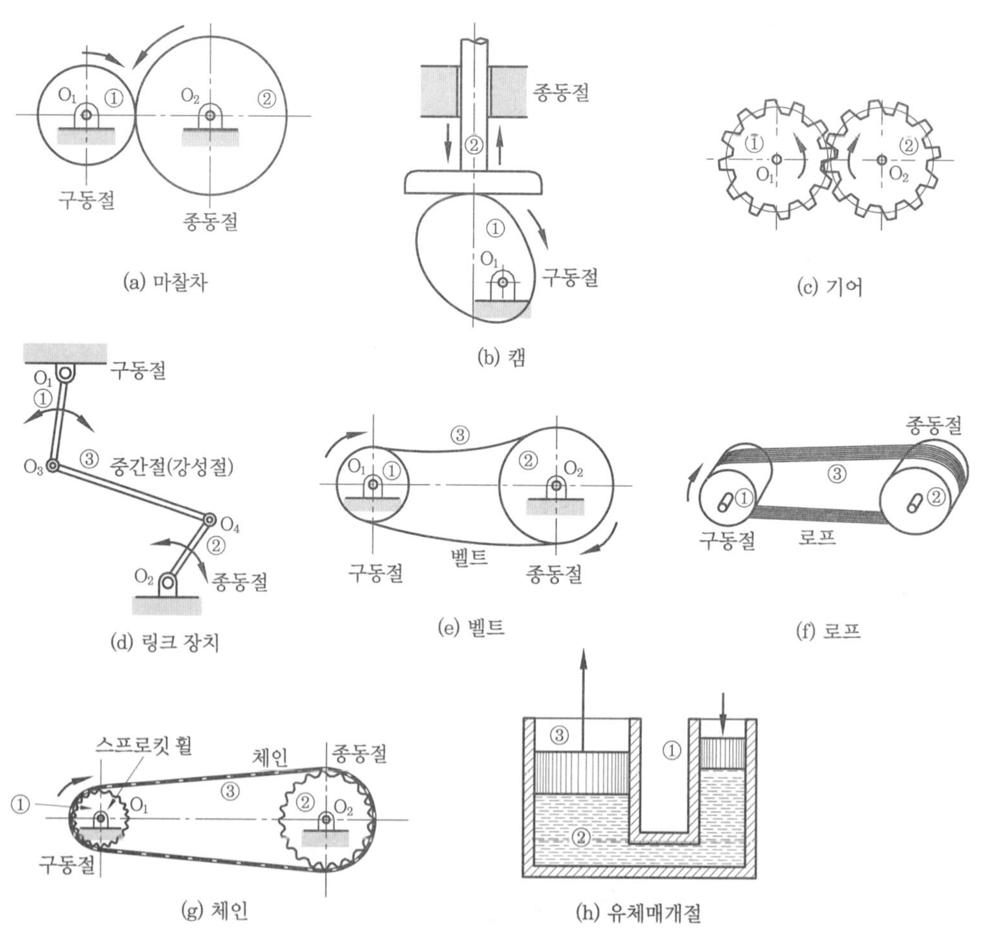

그림 1-31 기계의 운동 전달방법의 예

구동절에서 종동절로 운동을 전달하는 방법으로는 마찰차(friction wheel), 캠(cam), 기어(gear) 등과 같이 구동절과 종동절의 2개의 링크가 직접 접촉하여 운동을 전달하는 방법과 벨트(belt), 체인(chain), 로프(rope) 등과 같이 유연성을 갖는 중간매개절로 하여 운동을 전달하는 감기전동장치가 있다. 또한, 연결봉과 강성절(剛性節)의 중간매개절로 운동을 전달하는 피스톤 크랭크 기구와 같이 링크 사이에 매개절이 존재하여 간접적으로 운동을 전달하는 방법이 있다.

또한, 공간을 통하여 운동을 전달하는 방법도 있으나 한정된 운동이 되지 못하므로 기구학에서는 별로 취급하지 않으며, 여기에서도 논하지 않기로 한다.

이와 같이 아무리 복잡한 기구라도 운동전달방법은 위의 방법 중 어느 것에 의하여 차례로 운동을 전달한다고 할 수 있다.

위에 설명한 기계의 운동전달방법을 요약하면 표 1-3과 같다.

표 1-3 기계운동의 전달방법

전달방법	전달방법의 종류	예
직접접촉(direct contact)에 의한 방법	구름접촉(rolling contact)에 의한 것	마찰차 〔그림 1-31 (a)〕
	미끄럼접촉(sliding contact)에 의한 것	캠 〔그림 1-31 (b)〕
	구름접촉과 미끄럼접촉에 의한 것	기어 〔그림 1-31 (c)〕
중간매개절(intermediate connector)에 의한 방법	강성 매개절에 의한 것	링크장치 〔그림 1-31 (d)〕
	유연성 매개절에 의한 것	벨트 〔그림 1-31 (e)〕 로프 〔그림 1-31 (f)〕 체인 〔그림 1-31 (g)〕
	유체매개절에 의한 것	수압기 유체기계 〔그림 1-31 (h)〕
공간에 의한 방법	전자기에 의한 방법	모터

7. 기구의 종합

기구의 운동, 동력의 전달상태를 조사하여 입력에 대한 출력의 관계가 어떠한 관계로 나타나는가를 조사하는 것이 기구의 해석(analysis of mechanisms)이라 한다. 이것과 반대로 입력과 출력의 관계를 미리 고려해 놓고 이 요구에 맞는 기구를 만드는 것이 기구의 종합(synthesis of mechanisms)이라 한다.

해석(解析)과 종합(綜合)은 어느 편이 선행하는가 ? 실제로 하나의 기계를 새로이 만드는 경우에는 그 목적에 따라서 먼저 출력과 입력의 관계가 고려되어야 하고, 이 요구에 의한 참신한 고안에 따른 기구의 종합이 행하여진다.

기구의 종합을 행하는 일은 그리 쉬운 일이 아니다. 먼저 비교적 간단한 운동을 하는 기존의 기구가 할 수 없는 운동은 무엇이고, 어떠한 힘을 전달하며 그 결과로 인하여 기구의 출입력 사이에 어떤 함수관계가 성립하는가를 해석한다.

이렇게 하여 기구의 해석이 끝나면 그 기구를 하나의 형태(pattern) 또는 모형(model)으로 하여 기록하고 기억하며, 항상 이것을 필요에 따라 사용할 수 있도록 분류 정리하면, 이것은 전체 기구를 종합하기 위한 준비에 필요한 자료가 된다.

이와 같이 해석에서 종합까지의 모든 노력이 기구학에 대한 학문적 체계가 된다. 기구학은 먼저 지금까지 알고 있는 기구를 해석하는 것으로부터 시작하여 수학 및 물리학에 사용된 방법을 적용한다. 이러한 방법의 도입에 대하여도 직관력이 필요하고, 서로 다른 구조형식에 대해서도 공통적인 성질을 갖도록 노력하여야 한다. 이와 같은 것은 기구를 종합하기 위하여 반드시 필요한 선행과제이고, 기구의 종합은 이러한 해석이 끝난 후에 행하여진다.

기구의 종합에는 형식(形式), 수(數) 및 양(量)의 종합이 있고, 다음과 같이 설명된다.

7-1 형식의 종합

기계의 운동상태만을 관찰하면, 그 기구는 정지하고 있는 링크와 입력을 받고 있는 구동절과 출력을 받고 있는 종동절, 또한 이들 사이에서 운동을 전달하는 중간절이 짝으로 연결되어 있다는 것은 이미 설명한 바와 같다.

형식의 종합은 이와 같이 기구의 형식을 입축력의 관계에서 링크를 강성절로 하는가, 기어로 하는가, 캠으로 하는가, 또 짝을 어떠한 형태로 하는가, 다음에 절과 짝을 어떻게 배치하고 조합(組合)하는가 등을 결정하는 것이다.

7-2 수의 종합

수(數)의 종합(synthesis of numbers)은 기구가 예정된 운동만을 하도록 기구의 구속조건을 조시하여 링크의 수나 짝의 자유도를 기구의 자유도에 맞도록 기구를 조합하는 것이다.

예를 들면, 앞의 그림 1-28에서 구동절 b의 운동에 대하여 종동절 d가 항상 일정한 운동을 할 때는 기구의 자유도는 1이 되고, 이들 수의 사이에는 반드시 일정한 관계가 성립한다.

만일 그림 1-32와 같이 중간절을 없애고, 구동절 b와 종동절 d를 직접 연결할 때는 링크 b와 d의 짝 J_{bd}는 곡면과 곡면의 짝으로 되며, 그 자유도는 5가 되어야 한다.

이것은 공간운동기구에 대한 것이지만, 평면운동기구도 같은 방법으로 수 사이에 어떤 정해진 관계가 있어서 짝의 자유도와 링크의 수를 계산하든가, 기구를 수적으로 조합하든가 하는데, 이것을 기구에 대한 수의 종합이라 한다.

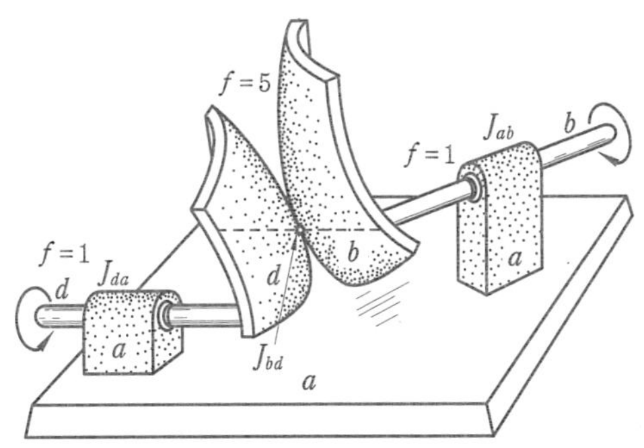

그림 1-32 공간운동기구에 대한 수의 종합

7-3 양의 종합

각 링크나 짝의 치수를 입출력의 조건에 맞도록 결정하는 것을 양(量)의 종합이라 한다.

고정절, 구동절, 종동절이 있다면 구동절과 종동절이 움직이는 각도, 또는 길이를 상호 필요한 조건에 맞도록 표시할 수 있다. 이때 구동절이 움직이는 각도와 종동절이 움직이는 각도를 만족시키는 각 링크의 길이를 결정하는 문제가 많이 나타난다.

특히 이러한 문제는 전위(電位)를 이용한 정밀측정기구 등과 같은 입력에 의한 출력의 지시를 필요로 하는 기구에 널리 이용된다. 이와 같은 문제의 해결은 몇 개의 조건을 만족시키는 연립방정식을 세워 컴퓨터 등을 이용하여 해석한다. 이와 같이 양의 종합은 기구의 설계를 위해서 매우 중요하므로 설계자는 항상 이 점을 염두에 두어야 한다.

연습문제

1. 기계설계에서 기구학의 위치를 설명하시오.

2. 기계와 기구의 차이점을 설명하시오.

3. 짝의 종류를 분류 설명하고, 그 예를 하나씩 드시오.

4. 기소와 링크의 차이점을 설명하시오.

5. 한정연쇄 및 연쇄의 교체를 설명하시오.

6. 짝의 자유도에 의한 결정적 기구를 설명하시오.

7. 기계운동의 전달방법에 대하여 설명하고, 그 예를 하나씩 드시오.

8. 그림 1-33에 나타낸 연쇄는 한정연쇄임을 밝히시오.

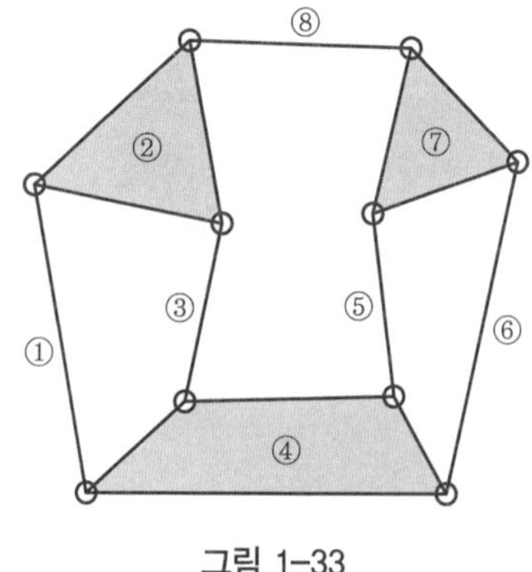

그림 1-33

제 2 장 기구의 속도와 가속도

1. 순간중심

1-1 순간중심의 의미

평면운동을 하고 있는 어떤 물체가 임의순간에 차지하는 위치는 기준평면에 평행한 단면에 대한 임의의 2점에 의해서 결정할 수 있다. 예를 들면, 호수에 떠다니는 보트의 위치는 호수에 평행한 보트의 단면에 대한 임의의 2점과 육지의 2개의 기준점에 의하여 결정된다. 2점 대신에 2점을 연결하는 직선으로 하여도 같으므로, 물체의 평면운동은 물체의 평행단면에서 그은 직선의 평면운동에 의하여 표시할 수 있다. 따라서 물체를 하나의 선분으로 표시하고, 그 운동을 조사하여 본다.

그림 2-1에서 물체 AB가 운동하여 미소시간 사이에 $A'B'$의 위치로 움직였다면 A와 A′ 및 B와 B′을 연결하고, 그 수직이등분선의 교점(交點)을 O라 하면, $\triangle OAA'$과 $\triangle OBB'$은 이등변 삼각형이므로

$$\overline{OA} = \overline{OA'},\quad \overline{OB} = \overline{OB'},\quad \overline{AB} = \overline{A'B'}$$
$$\triangle OAB \equiv \triangle OA'B'$$
$$\angle AOB = \angle A'OB'$$
$$\therefore\ \angle AOA' = \angle BOB' = \theta \qquad (2\text{-}1)$$

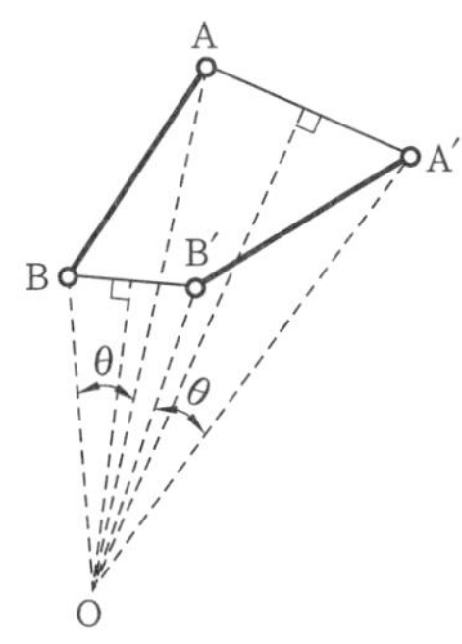

그림 2-1 순간중심

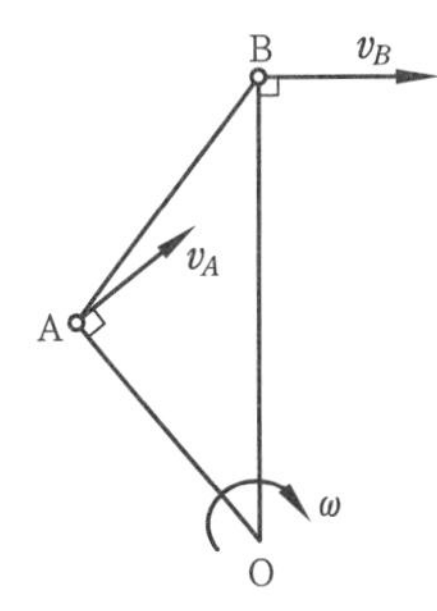

그림 2-2 순간중심과 속도

O를 중심으로 하여 물체 AB가 $A'B'$의 새로운 위치로 이동하였다면, 결국 이 운동은 O를 중심으로 θ만큼 회전운동한 것이 된다. 이와 같이 하나의 물체에 대한 평면운동은 모두 어느 순간에 어떤 점을 중심으로 한 회전운동이라 생각할 수 있다.

이와 같이 어느 순간에 있어서의 회전운동의 중심이 되는 점을 순간중심(瞬間中心, instantaneous center)이라 한다.

또한 그림 2-2와 같이 순간중심 O를 중심으로 회전하는 각속도(角速度)를 ω, 점 A와 점 B의 선속도를 각각 v_A, v_B라 하면 $v_A = \omega \cdot \overline{OA}$, $v_B = \omega \cdot \overline{OB}$가 되고, $v_A \perp \overline{OA}$, $v_B \perp \overline{OB}$인 관계가 성립한다. 따라서 물체에 대한 2점의 위치와 선속도의 방향을 알고 있으면, 물체의 순간중심의 위치는 그 2점에 대한 속도 벡터에서 세운 수선의 교점이 된다.

2점 A, B에 대한 속도의 관계를 생각해 보면

$$\frac{v_A}{v_B} = \frac{\omega \cdot \overline{OA}}{\omega \cdot \overline{OB}} = \frac{\overline{OA}}{\overline{OB}} \tag{2-2}$$

따라서 2점 A, B에 대한 속도는 각각의 순간중심으로부터의 거리에 비례한다. 또한 각속도 ω는 다음과 같이 된다.

$$\omega = \frac{v_A}{\overline{OA}} = \frac{v_B}{\overline{OB}} \tag{2-3}$$

또한, 속도의 방향은 각각의 순간중심에서의 거리 $\overline{OA}$, $\overline{OB}$에 직각으로 순간중심 O를 중심으로 하여 회전 방향과 동일한 방향에 있다. 그러므로 순간중심은 그 순간에 있어서 2개의 물체 사이에 상대운동이 없는 점이다.

그림 2-3에서와 같이 바퀴 A가 평면 B 위를 일정한 각속도로 굴러갈 때 A와 B와의 순간중심은 상대운동(相對運動)이 없는 점 O가 될 것이다.

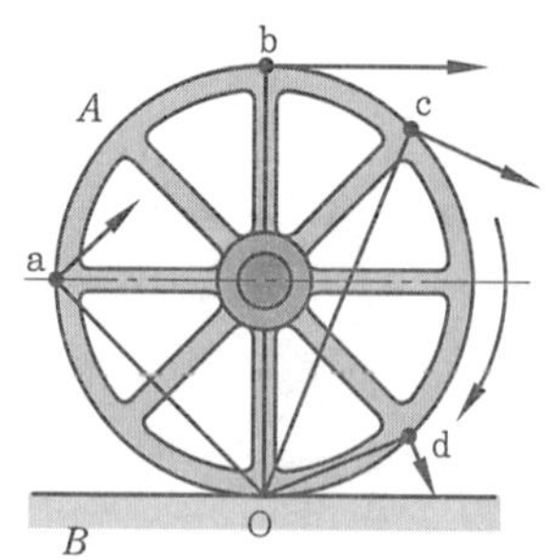

그림 2-3 구름운동의 순간중심

1-2 순간중심의 궤적

순간중심의 위치가 시간에 따라 점점 변화하는 물체의 운동을 생각하여 보기로 하자.

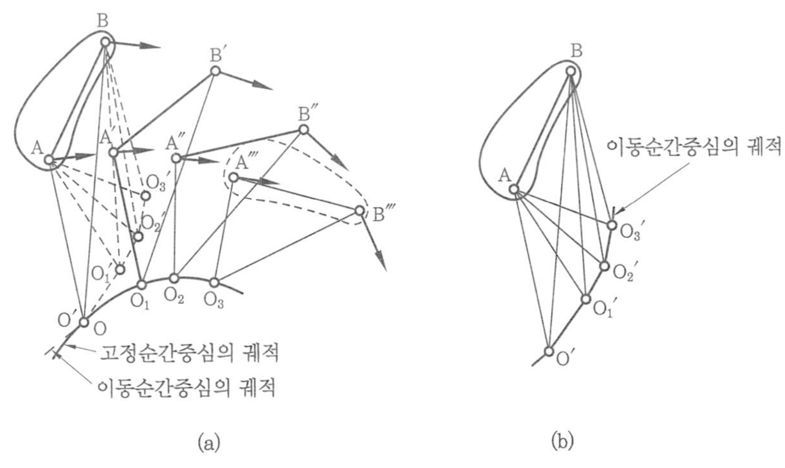

그림 2-4 순간중심의 궤적

그림 2-4 (a)와 같이 $\overline{AB}$가 $\overline{A'B'}$, $\overline{A''B''}$ ……으로 운동할 때 각 운동의 순간중심을 각각 O, O_1, O_2, ……라 하고 이들을 차례로 연결하면 곡선이 얻어지는데, 이것을 순간중심의 궤적(centrode)이라 한다.

이와 같은 순간중심에 대하여 이동하는 물체 AB에 대한 순간중심의 궤적을 생각하면, 그림 2-4 (a)의 점선 또는 그림 2-4 (b)와 같은 곡선이 되는데, 이것을 이동순간중심의 궤적(moving centrode 또는 body centrode)이라 하고, 고정공간에 대해서 생각한 궤적을 고정순간중심의 궤적(fixed centrode)이라 한다.

또한 2개의 물체 사이의 순간중심이 한 개의 물체에 관하여 정점(定點)일 경우 이것을 영구중심(永久中心, permanent center)이라 하고, 그 위치가 고정된 정점일 경우를 고정중심(固定中心, fixed center)이라 한다.

1-3 순간중심의 위치

순간중심의 위치는 물체의 동일평면상의 2점의 속도가 주어지면 결정된다.

(1) 임의속도를 가진 2개 링크의 순간중심

그림 2-5와 같이 링크 ① 위의 임의의 2점 A와 B의 상대편 링크 ②에 대한 속도를 각각 v_A, v_B라 하면, 그 순간에 있어서 점 A는 v_A의 수직선 $\overline{AM}$ 위의 한 점을 중심으로 하여 회전하고, 점 B는 v_B의 수직선 $\overline{BN}$ 위의 한 점을 중심으로 하여 회전하려고 할 것이다.

따라서 그 수직선의 교점 O가 링크 ①과 ②의 순간중심이 된다.

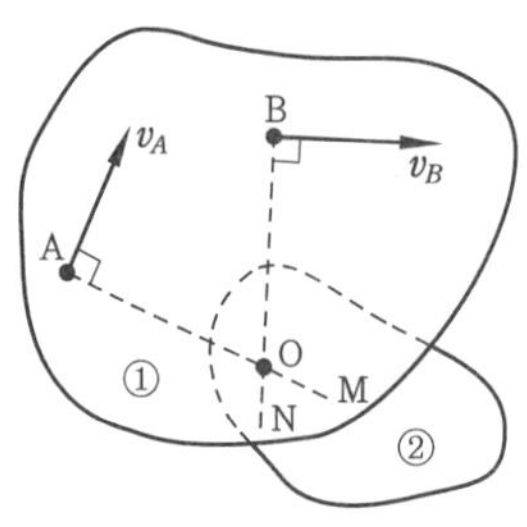

그림 2-5 임의의 속도를 가진 두 링크의 순간중심

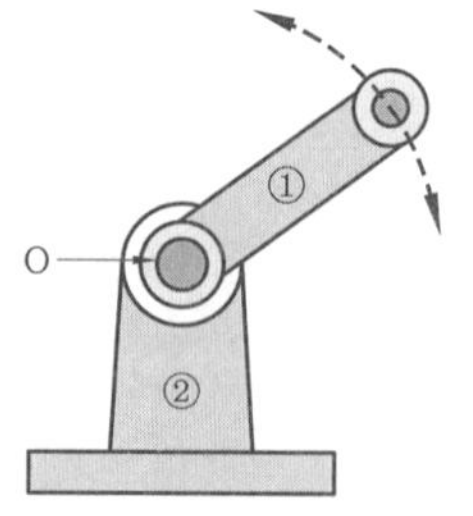

그림 2-6 회전짝의 순간중심

(2) 2개의 링크가 회전짝을 이루는 경우

그림 2-6과 같이 링크 ①과 링크 ②가 회전짝일 때는 그 짝을 이루는 점이 2개의 링크에 대한 영구중심이 되고, 이 영구중심은 2개의 링크에 대한 영구순간중심이 된다.

(3) 한 물체가 다른 물체에 관하여 직선운동을 하는 경우

그림 2-7과 같이 블록(block) ① 이 평판안내 ② 사이에서 미끄럼운동을 할 때 그 순간중심은 무한대에 있다. 물체 ① 위의 2점 A와 B를 잡고 그 운동 방향에 수직선 $\overline{KL}$ 및 $\overline{MN}$을 그었을 때, 이들 두 선은 평행하여 영원히 교차하지 않으므로 그 순간중심은 무한대에 있다고 본다.

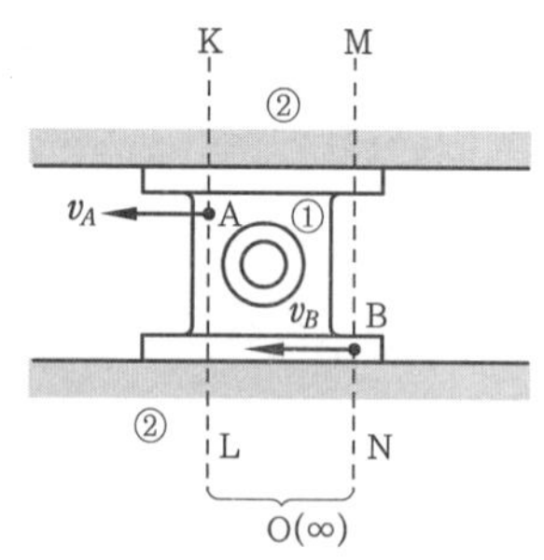

그림 2-7 진선운동의 순간중심

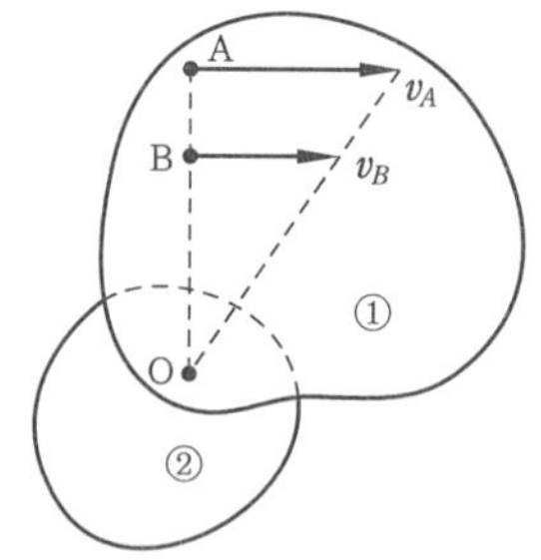

그림 2-8 속도의 크기가 다른 직선 운동의 순간중심

(4) 한 물체 위의 2점의 운동 방향이 같고, 속도의 크기가 다른 경우

그림 2-8과 같이 물체 ① 위의 점 A와 B에 대한 운동 방향이 같고, 그 속도의 크기가 다른 경우는 A와 B의 2점에서 운동 방향으로 수선을 그으면 겹쳐져서 순간중심이 구해지지 않는다. 그러나 물체 위의 모든 점의 속도 크기는 회전중심으로부터의 반지름에 비례하므로 A와 B에 대한 속도 벡터의 끝을 연결하고, 점 A와 B의 연결선과의 교점 O를 구하면 이 점이 순간중심이 된다.

(5) 두 물체가 상호 미끄럼운동을 하는 경우

그림 2-9의 물체 ①과 ②와 같이 두 물체가 항상 접촉하고, 상호 미끄럼운동을 할 때

의 순간중심은 접촉점에 대한 공통접선 XY에 수직한 공통법선 KL선상에 있다.

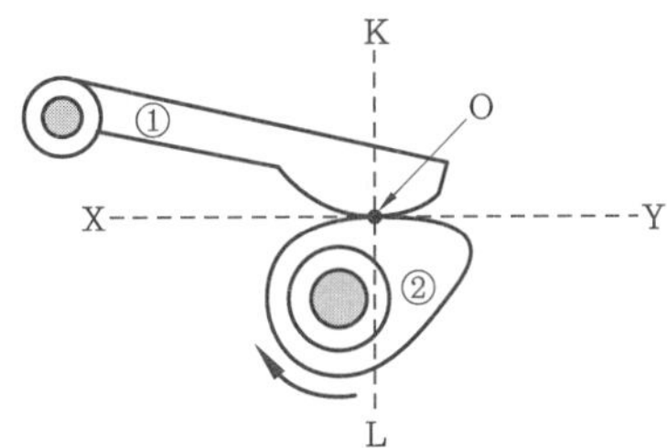

그림 2-9 미끄럼운동의 순간중심

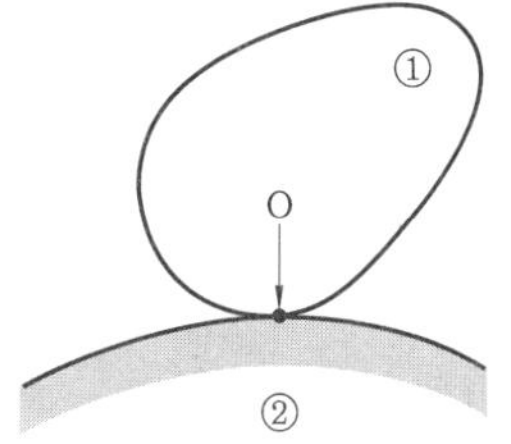

그림 2-10 구름운동의 순간중심

(6) 한 물체가 다른 물체의 표면 위에서 구름운동을 하는 경우

그림 2-10과 같이 물체 ②에서 ①이 구름운동을 하는 경우에는 그 순간중심은 접촉점이 된다. 따라서 이 점 O에서는 두 물체 사이에 상대운동이 존재하지 않는다.

1-4 순간중심의 수

2개의 링크가 서로 상대운동을 하는 경우 이들 사이에는 반드시 한 개의 순간중심이 있다. 따라서 n개의 링크로 이루어진 연쇄의 링크 사이에 상대운동이 존재하는 경우 2개의 링크를 한 쌍으로 하는 조합(組合, combination)의 수만큼 순간중심이 있어야 한다.

따라서 n개의 링크로 구성된 연쇄에 대한 순간중심의 수 S는 다음과 같이 된다.

$$S = {}_nC_2 = \frac{n(n-1)}{2!} = \frac{n(n-1)}{2} \tag{2-4}$$

만일 링크 ①~⑤의 5개로 이루어진 연쇄가 있다면, 이 연쇄의 순간중심의 수는

$$S = \frac{5(5-1)}{2!} = 10$$

그리고 2개씩의 링크가 이루는 순간중심의 번호는 표 2-1과 같이 표시하면 쉽게 찾을 수 있다.

표 2-1 순간중심의 수

링크의 번호	①	②	③	④	⑤
순간중심의 번호	O_{12} O_{13} O_{14} O_{15}	O_{23} O_{24} O_{25}	O_{34} O_{35}	O_{45}	

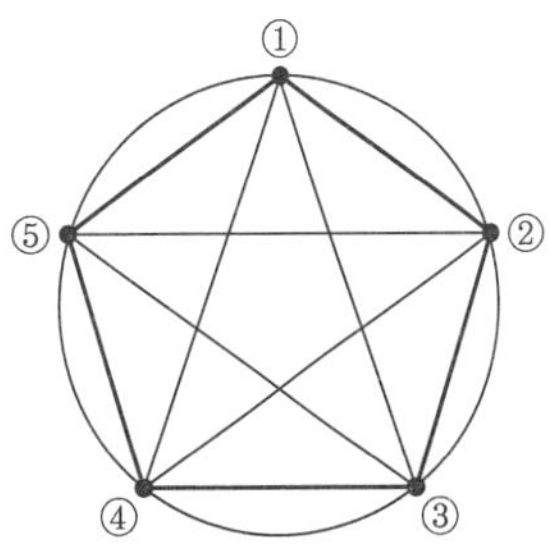

그림 2-11 순간중심의 수

표 2-1에서 O_{12}는 링크 ①과 ②가 이루는 순간중심의 번호가 된다. 또한 이것을 그림 2-11에서와 같이 5각형을 그려가면서 찾을 수도 있다. 이것은 하나의 원주를 링크의 수만큼 등분한 후 그 각 점을 ①~⑤로 잡고, 그 각 점들을 빠짐없이 연결하면 그 양끝의 숫자가 2개의 링크 사이에 대한 순간중심의 번호를 나타낸다.

1-5 3순간중심의 정리

3개의 링크로 구성된 연쇄 중에서 임의의 링크 ①, ②, ③에 대하여 링크 ①과 ②의 순간중심을 O_{12}로 표시하고, 각 링크 사이에 작용하는 상대운동의 순간중심을 구해 보면 O_{12}, O_{23}, O_{13}의 3개가 된다. 이 3개의 순간중심이 제각기 그림 2-12 (a)와 같은 위치에 있다고 하자.

링크 ①을 고정 링크로 생각하면 링크 ②는 ①에 대하여 O_{12}를 순간중심으로 하여 회전하고, 링크 ③은 O_{13}을 순간중심으로 하여 회전한다.

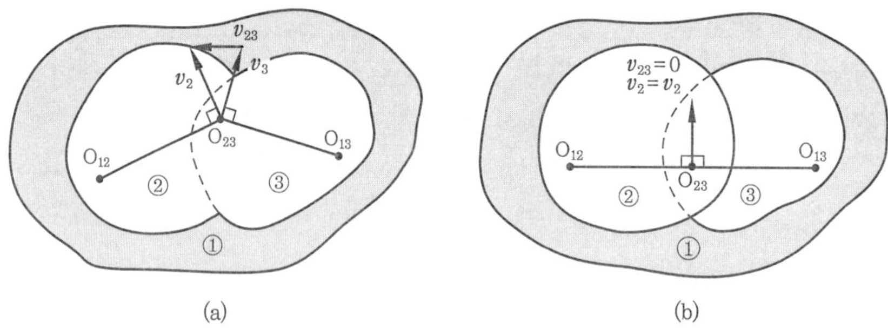

그림 2-12 3순간중심의 정리

따라서 O_{23}을 링크 ② 위의 점이라 하면, O_{12}와 O_{23}을 연결하는 선에 대하여 직각인 속도 v_2를 가진다. 같은 크기로 링크 ③ 위의 점이라 생각하면, O_{13}와 O_{23}를 맺는 직선에 대하여 직각인 속도 v_3을 가져야 할 것이다. 그런데 O_{23}는 링크 ②와 ③ 사이의 상대운동의 순간중심이므로, 이 섬에 대한 링크 ②와 ③ 사이의 상대속도는 0이 되어야 한다. 그러므로 점 O_{23}에 있어서의 링크 ②와 ③의 속도 v_2와 v_3는 크기와 방향이 일치하지 않으면 안 된다. 속도 v_2와 v_3가 일치하기 위해서는 그림 2-12 (b)와 같이 O_{23}는 O_{12}와 O_{13}을 연결하는 직선 위에 있어야 한다.

따라서 서로 상대운동을 하는 3개의 링크 사이의 순간중심은 항상 일직선상에 있어야 하는데, 이것을 3순간중심의 정리 또는 케네디의 정리(Kennedy's theorem)라 한다. 이 정리는 순간중심을 구하는 데 있어 매우 유효하게 사용된다.

1-6 순간중심의 위치발견

(1) 4절 크랭크 기구의 순간중심

그림 2-13과 같은 4개의 링크 ①~④가 핀(pin)으로 연결되어 연쇄를 이루고 있는 4절 크랭크 기구(quadric crank mechanism)의 순간중심을 구하여 보기로 한다.

순간중심의 수 $S=\dfrac{4(4-1)}{2}=6$이며, 표 2-2와 같이 표시하면 쉽게 구할 수 있다.

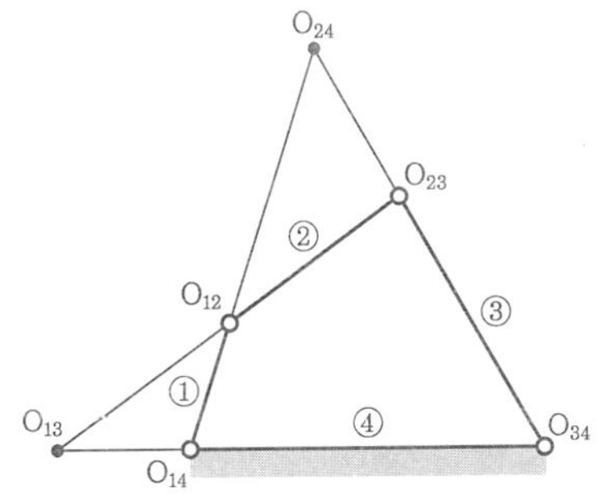

그림 2-13 순간중심의 위치 (4절 크랭크 기구)

표 2-2 순간중심의 수

링크의 번호	①	②	③	④
순간중심의 번호	O_{12} (O_{13}) O_{14}	O_{23} (O_{24})	O_{34}	

그림 2-13에서 링크와 링크 사이의 연결점 O_{12}, O_{23}, O_{34}, O_{14}는 두 링크 사이에 상대 운동이 없는 영구중심이므로 쉽게 찾을 수 있다. 아직 결정되지 않은 나머지 2개의 순간중심은 케네디의 정리를 이용하여 구한다. 링크 ②에 2개의 순간중심 O_{12}, O_{23}가 있으므로 링크 ②의 연장선 위에는 또 하나의 순간중심이 있어야 한다. 링크 ④에 대해서도 같은 방법으로 하여 또 하나의 순간중심이 있어야 하므로 링크 ②와 ④의 교점이 순간중심이 된다.

그러나 이 순간중심의 번호는 아직 결정되지 않았으므로 이것을 공식해법에 의해서 결정한다. 지금 링크 ②에서 찾은 순간중심의 번호와 링크 ④에서 찾은 순간중심의 번호를 기입한 후 링크 번호 ②와 ④를 제외한 번호를 찾아 쓰면, 이것이 그때의 케네디의 정리에 의하여 구하여진 순간중심이 된다.

또한 링크 ①과 ③에 대해서도 같은 방법으로 링크 ①과 ②의 연장선과의 교점이 되는 순간중심의 번호를 구한다.

$$O_{13}\begin{cases} ②\ (O_{12},\ O_{23}) \\ ④\ (O_{14},\ O_{34}) \end{cases} \qquad O_{24}\begin{cases} ①\ (O_{12},\ O_{14}) \\ ③\ (O_{23},\ O_{34}) \end{cases} \tag{2-5}$$

위와 같이 하여 케네디의 정리에서 나온 순간중심의 번호를 결정하는 방법을 공식해법(公式解法, formula solution)이라 한다.

(2) 미끄럼 크랭크 기구의 순간중심

그림 2-14는 ①은 크랭크, ②는 연결봉, ③은 피스톤, ④는 실린더로 되어 있는 미끄럼 크랭크 기구이다.

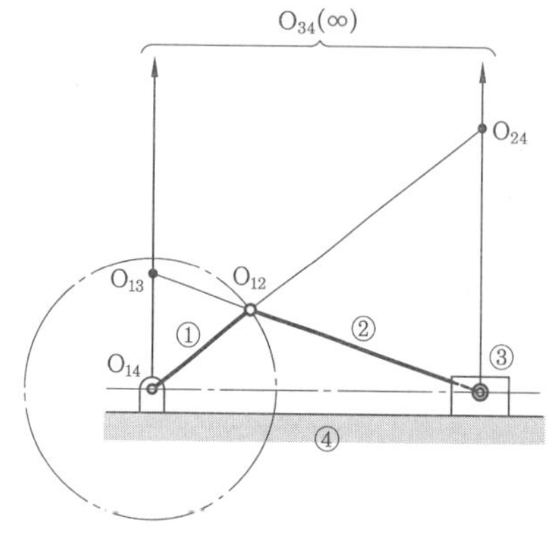

그림 2-14 순간중심의 위치(미끄럼 크랭크 기구)

표 2-3 순간중심의 수 (미끄럼 크랭크 기구)

링크의 번호	①	②	③	④
순간중심의 번호	O_{12} (O_{13}) O_{14}	O_{23} (O_{24})	O_{34}	

순간중심의 수는 $S=\dfrac{4(4-1)}{2}=6$개이고, 6개의 순간중심의 번호는 표 2-3과 같다. 여기서 순간중심 O_{12}, O_{23}, O_{14}는 영구중심이므로 쉽게 찾을 수 있고, 링크 ③과 ④는 미끄럼짝을 이루고 있으므로 O_{34}는 링크 ③의 진행 방향에 수직하고, 무한대에 있다는 것도 알 수 있다. 또한 O_{24}는 이미 알고 있는 순간중심 O_{12}, O_{14}를 맺는 연장선과 O_{23}, O_{34}를 맺는 선과의 교점으로 구하여진다.

같은 방법으로 O_{13}도 O_{14}, O_{34}를 맺는 선과 O_{12}, O_{23}를 맺는 연장선과의 교점으로서 구한다.

예제 2-1 그림 2-15 (a)와 같은 분쇄기구(crusher mechanism)에 대한 순간중심을 결정하시오.

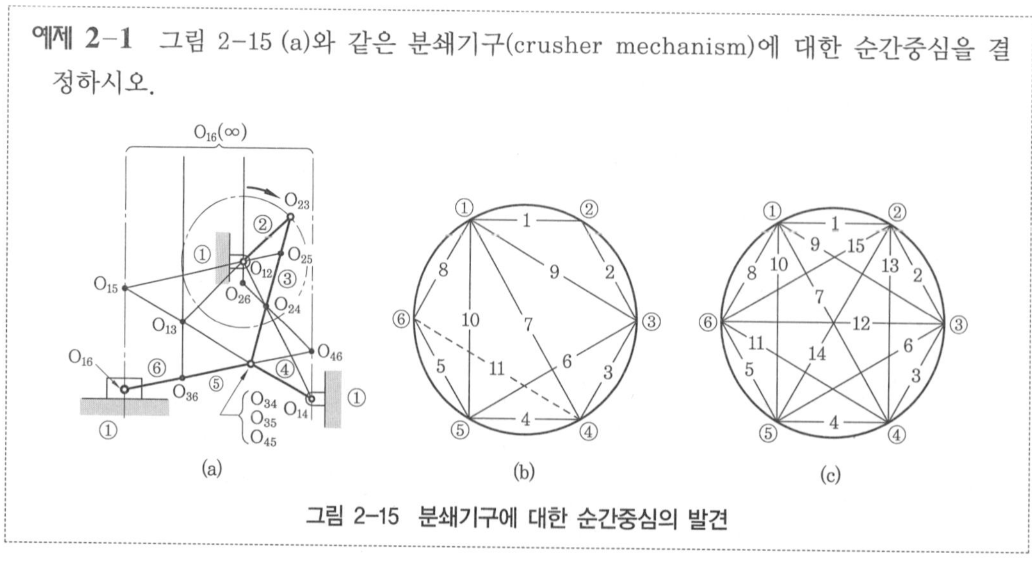

그림 2-15 분쇄기구에 대한 순간중심의 발견

해설 그림 2-15 (a)는 6개의 링크로 구성되어 있고, 5개의 회전짝과 한 개의 미끄럼짝으로 되어 있는 분쇄기구를 나타낸 것이다.

링크 ②를 크랭크로 하여 회전시키면 링크 ⑥이 수평왕복운동을 한다. 이 기구의 순간중심은 다음과 같은 순서로 구한다.

- 6개의 링크로 구성되어 있으므로 순간중심의 수 S는

$$S = \frac{6(6-1)}{2} = 15 \text{ 개}$$

- 원주분할선도(circle diagram)을 이용하여 그림 2-15 (b)와 같이 원주를 6등분한 점을 1개의 순간중심을 구할 때마다 상응하는 점을 연결해 나가면, 모든 순간중심을 나타낼 수 있다.
- 기소가 짝을 이루는 점은 영구중심 또는 고정중심인 순간중심이 되므로 O_{23}, O_{34}, O_{45}, O_{35}, O_{56}, O_{12}, O_{14} 등이 구하여진다.
- 링크 ①과 ⑥은 직선왕복운동을 하므로 O_{16}은 무한대에 있으며, 그림에서 그것에 해당하는 8의 선을 그어 표시한다.
- 나머지 순간중심은 케네디의 정리가 적용되므로 다음의 공식해법을 이용하여 구한다.

$$O_{13} \begin{cases} ② \ (O_{12}, O_{23}) \\ ④ \ (O_{14}, O_{34}) \end{cases} \quad O_{15} \begin{cases} ④ \ (O_{14}, O_{45}) \\ ⑥ \ (O_{16}, O_{56}) \end{cases} \quad O_{46} \begin{cases} ① \ (O_{14}, O_{16}) \\ ⑤ \ (O_{45}, O_{56}) \end{cases}$$

$$O_{36} \begin{cases} ① \ (O_{13}, O_{16}) \\ ⑤ \ (O_{35}, O_{56}) \end{cases} \quad O_{24} \begin{cases} ① \ (O_{12}, O_{14}) \\ ③ \ (O_{23}, O_{34}) \end{cases} \quad O_{25} \begin{cases} ① \ (O_{12}, O_{15}) \\ ② \ (O_{23}, O_{35}) \end{cases}$$

$$O_{26} \begin{cases} ① \ (O_{12}, O_{16}) \\ ⑤ \ (O_{25}, O_{56}) \end{cases}$$

- 이와 같은 방법으로 순간중심의 위치를 모두 찾은 것이 그림 2-15 (a)와 같이 표시된다. 그림 2-15 (b)와 같은 순서로 순간중심을 구할 경우 처음에는 선을 점선으로 그리고, 그 선에 해당하는 순간중심이 구해지는 동시에 실선으로 다시 그리면 확실하다. 이렇게 하여 완성된 선도가 그림 2-15 (c)와 같이 된다.

(3) 높은짝에 대한 순간중심의 발견

① 미끄럼접촉의 경우

그림 2-16에서 보는 것처럼 3개의 링크가 높은 짝을 이루는 경우 링크 ③에 링크 ①, ②가 각각 O_{13}, O_{23}를 순간중심으로 하여 점 P에서 접촉하여 상대운동을 할 때, 링크 ①과 ②가 미끄럼 접촉하여 이루는 순간중심 O_{12}를 구하여 보기로 한다.

점 O_{13}, O_{23}는 항상 상대운동의 회전중심으로서 영구중심이다. 케네디의 정리에 의하면 O_{12}는 순간중심 O_{13}, O_{23}를 연결하는 직선상의 어딘가 있다는 사실만 알 수 있을 뿐이다.

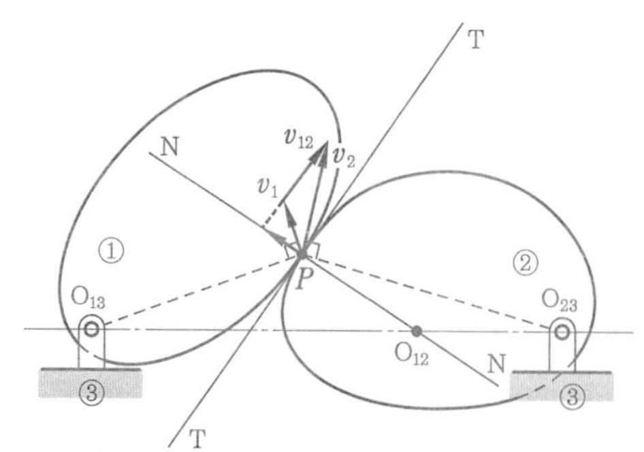

그림 2-16 미끄럼접촉의 순간중심

따라서 여기서는 다른 조건이 필요하다. 그 조건은 링크 ①과 ②가 항상 접촉하므로 접촉점 P에 있어서 링크 ①과 ②의 절대속도 v_1, v_2에 대한 법선 NN 방향의 분속도(分速度)가 같음을 알 수 있다. 그러므로 링크 ①과 ②에 대한 상대속도 v_{12}는 접선 TT 방향의 성분만을 가진다.

링크 ①과 ②에 상대운동의 순간중심 O_{12}는 상대속도 v_{12}의 직각 방향에 있으므로 점 P에서 법선 NN 위에 있게 된다. 따라서 순간중심 O_{12}는 $\overline{O_{13}O_{23}}$와 법선 NN과의 교점이 된다.

(2) 구름접촉의 경우

그림 2-17에서 링크 ①과 ②가 서로 구름접촉을 할 때에는 접촉점 P에 대한 상대운동이 없으므로 P가 순간중심이 된다. 이와 같이 구름접촉에서는 접촉점의 궤적이 순간중심의 궤적으로 된다.

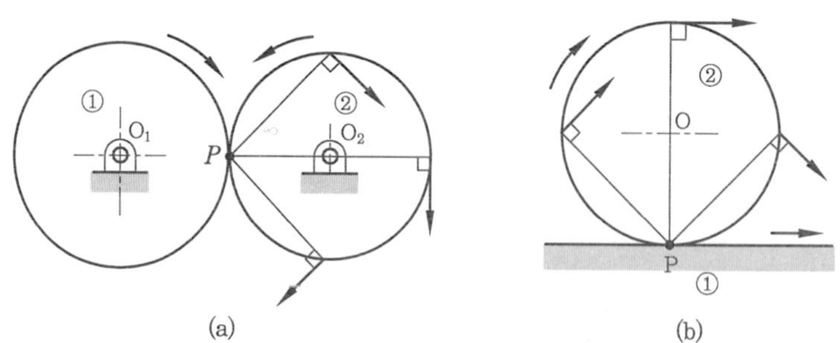

그림 2-17 구름접촉의 순간중심

예제 2-2 그림 2-18의 기구에서 링크 ③을 고정 링크로 하고 링크 ①은 O_{13}을, 링크 ②는 O_{23}를 중심으로 하여 회전할 수 있다. 링크 ①과 ②는 직접접촉에 의하여 운동을 전달하는 기구일 때 이 기구의 순간중심 O_{12}를 구하시오.

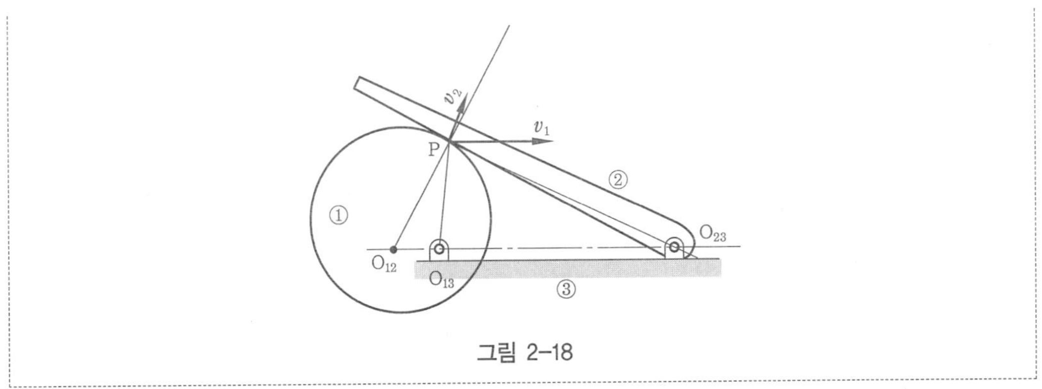

그림 2-18

해설 링크 ①과 ②는 직접접촉에 의하여 운동을 전달하므로 서로 먹어 들어가거나 떨어져도 안 된다. 접촉점 P의 속도를 각각 v_1, v_2라 하고, 점 P에 있어서 두 링크의 공통접선 방향의 분속도와 공통법선 방향의 분속도로 나눈다. 두 링크는 직접접촉에 의하여 운동을 전달시키고 있으므로 공통법선 방향의 상대속도는 0이 되어야 한다.

여기서 링크 ①과 ② 사이에는 점 P에 대한 공통접선 방향의 상대속도만이 존재하게 된다. 그러므로 링크 ①과 ② 사이의 순간중심 O_{12}는 공통법선 위에 있게 되며, 또 케네디의 정리에 의하여 3개의 순간중심은 동일직선상에 있어야 한다.

따라서 O_{12}는 점 P에 대한 공통법선과 O_{13}, O_{23}을 연결하는 선의 연장선과의 교점으로 하여 구해진다는 것을 알 수 있다.

2. 기구의 속도

2-1 속도와 각속도

(1) 직선운동과 속도

경로가 직선인 물체의 운동을 직선운동으로 하고, 그림 2-19와 같이 물체가 임의의 원점 O로부터 움직인 변위를 S로 정의한다.

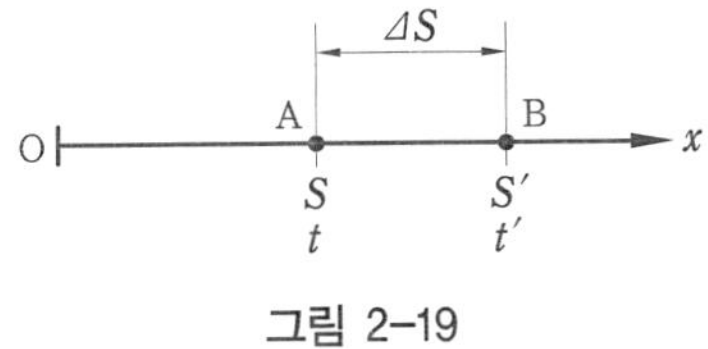

그림 2-19

물체는 시간 t인 경우 점 A에서 시간 t'에서 S'인 점 B로 이동하였다고 하자.

물체가 직선운동하는 동안 Δt 시간 후에 Δs의 직선변위를 생기게 하였다면, 그 순간 속도 v는 직선변위의 시간에 대한 극한값으로서 다음 식과 같이 표시된다.

$$v = \lim_{\Delta t \to 0} \frac{\Delta s}{\Delta t} = \frac{ds}{dt} \tag{2-6}$$

즉, 속도(速度, velocity)란 직선변위에 대한 시간의 변화율을 의미한다.

(2) 곡선운동과 속도

그림 2-20에서 한 점이 곡선운동 경로를 따라 A의 위치에서 B의 위치로 움직인 경우 곡선운동(curvilinear motion)이라 하고, 그 변위는 위치 벡터 $\boldsymbol{r}_A$와 $\boldsymbol{r}_B$의 차 Δs가 된다.

$$\Delta s = \boldsymbol{r}_B - \boldsymbol{r}_A \tag{2-7}$$

따라서 곡선운동을 하는 경우도 속도는 식 (2-7)의 변위를 이용하며, 식 (2-6)과 같이 정의된다.

점 O에 대한 점 A의 위치 벡터 $\boldsymbol{r}_A$의 성분을 직교좌표계로 나타내면

$$\boldsymbol{r}_A = x\boldsymbol{i} + y\boldsymbol{j} \tag{2-8}$$

좌표계가 회전하지 않는다면 단위 벡터(unit vector) $\boldsymbol{i}$, $\boldsymbol{j}$는 일정하며, 점 A의 속도는 다음 식과 같이 된다.

$$\boldsymbol{v} = \frac{d\boldsymbol{r}_A}{dt} = \frac{dx}{dt}\boldsymbol{i} + \frac{dy}{dt}\boldsymbol{j} \tag{2-9}$$

스칼라 성분으로 속도를 나타내면

$$v = v_x i + v_y j \tag{2-10}$$

여기서

$$v_x = \frac{dx}{dt}, \quad v_y = \frac{dy}{dt}$$

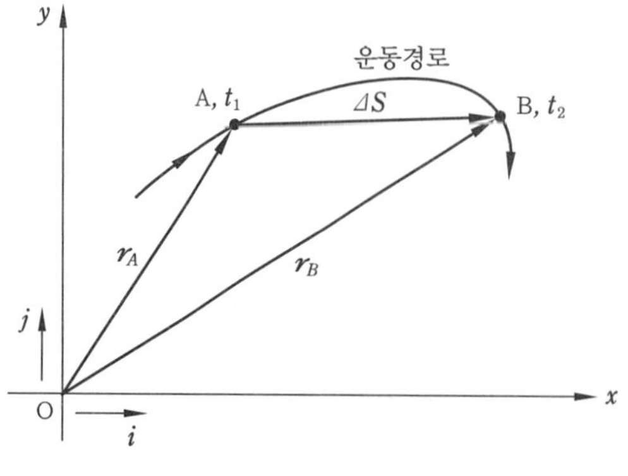

그림 2-20

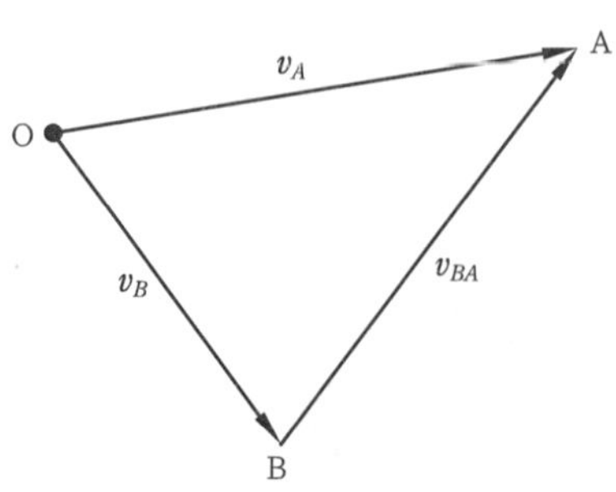

그림 2-21

속도에는 절대속도(絕對速度, absolute velocity)와 상대속도(相對速度, relative velocity)가 있다. 기구상의 각 점에 대한 운동을 생각할 때 고정 링크에 대한 임의의 점의 속도를 그 점의 절대속도라 한다.

그림 2-21에 나타낸 속도 벡터에서 점 O에 대한 점 A의 속도를 v_A, 점 B에 대한 속도를 v_B라 하면 각각의 속도 v_A, v_B는 절대속도가 된다.

그러나 운동하고 있는 한 점 A에서 다른 점 B를 관측하였을 때, 그 속도는 정지상태에서 관측하였을 때와는 다르다. 이와 같은 경우의 속도를 점 A에 대한 점 B의 상대속도 v_{BA}라 하고, 다음 식과 같이 표시한다.

$$v_A = v_B + v_{BA} \tag{2-11}$$

(3) 각운동과 각속도

운동경로가 곡선인 각운동(angular motion), 또는 원운동(circular motion)을 생각해 보자. 그림 2-22와 같이 물체가 점 O를 중심으로 점 A에서 점 B까지를 t 시간 동안에 회전한 후 Δt 시간 동안에 점 B에서 점 C까지 $\Delta\theta$만큼의 각변위를 나타내었다면, 각속도(角速度, angular velocity) ω는 각변위의 시간에 대한 평균변화율 $\Delta\theta / \theta t$의 극한값으로 다음 식과 같이 정의된다.

$$\omega = \lim_{\Delta t \to 0} \frac{\Delta\theta}{\Delta t} = \frac{d\theta}{dt} \tag{2-12}$$

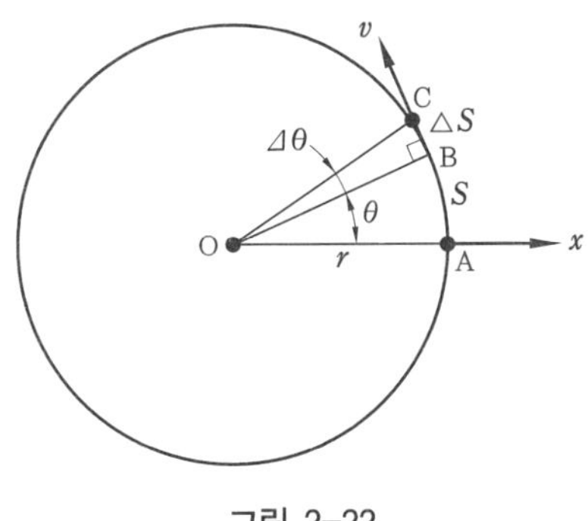

그림 2-22

점 B의 속도 v는 반지름 $\overline{OB} = r$에 수직이고 $\widehat{BC} = \Delta S$라 하면 $\Delta S = r\Delta\theta$이고, 점 B의 속도는 다음 식과 같이 된다.

$$v = \lim_{\Delta t \to 0} \frac{r\Delta\theta}{\Delta t} = r\frac{d\theta}{dt} = \omega r \tag{2-13}$$

기계에서는 일반적으로 1분간의 회전수(revolutions per minute ; rpm)를 n회전으로 하여 rpm으로 표시한다.

1회전이 2π 라디안(radian)이므로 각속도와 회전수는 다음의 관계식으로 표시된다.

$$\omega = \frac{2\pi n}{60} = \frac{\pi n}{30} \text{ [rad/s]} \tag{2-14}$$

그림 2-23과 같이 점 P가 점 O를 중심으로 하여 등속회전운동을 하고 있을 때 점 P의 속도를 v[m/s], 각속도를 ω[rad/s], 회전수를 n[rpm], $\overline{OP}$의 길이를 r[m]라 하면, 이들 사이에는 다음 관계식이 성립한다.

$$v = \omega r = \frac{2\pi r n}{60} \text{ [m/s]} \tag{2-15}$$

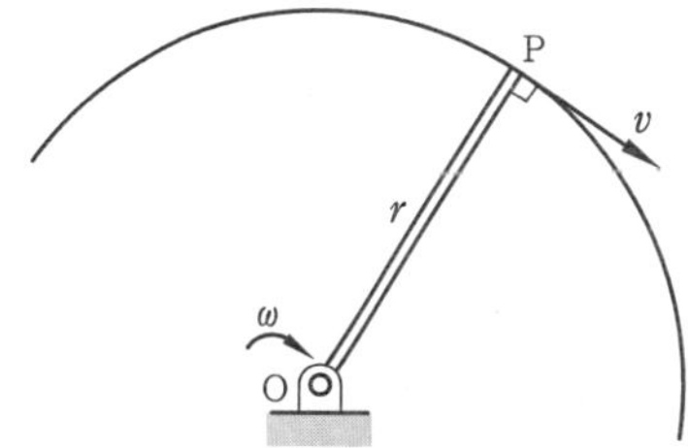

그림 2-23 링크 위의 점의 속도

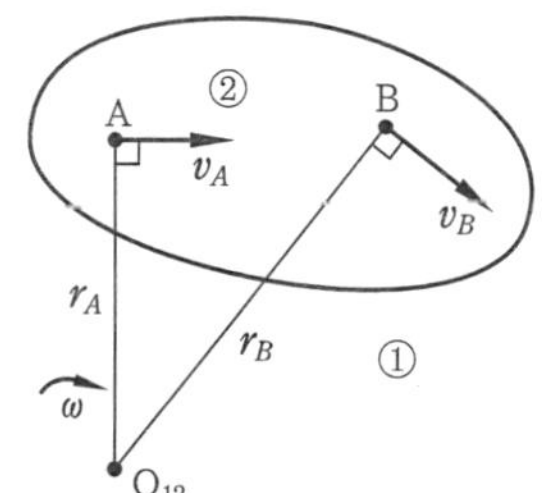

그림 2-24 링크 위의 점의 각속도

그림 2-24와 같이 링크 ②가 O_{12}를 순간중심으로 하여 ω의 각속도로 회전운동을 할 경우, 링크 ②의 임의의 점 A와 B에 대한 속도를 생각하여 보자. 이때 점 A의 속도를 v_A, 점 B의 속도를 v_B, 순간중심 O_{12}에서의 거리를 각각 r_A, r_B라 하면

$$v_A = \omega r_A, \quad v_B = \omega r_B$$

이므로 각속도 $\omega = \dfrac{v_A}{r_A} = \dfrac{v_B}{r_B}$가 되고, 속도의 비는 $\dfrac{v_A}{v_B} = \dfrac{r_A}{r_B}$가 된다. 즉, 임의의 점의 속도는 순간중심으로부터의 거리에 비례함을 알 수 있다.

2-2 링크 위의 점의 속도와 각속도비

그림 2-25와 같이 링크 ①을 고정 링크로 하고 링크 ①, ②, ③ 사이의 순간중심을 O_{12}, O_{13}, O_{23}, 고정 링크 ①에 대한 링크 ②의 각속도를 ω_2, 링크 ③의 각속도를 ω_3라 한다.

이때 링크 ①에 대한 링크 ② 위의 점 P의 속도 v_p가 주어졌을 때 O_{23}를 링크 ② 위의 점이라고 하면, 이 점의 속도 v_s를 구할 수 있다. 또한 O_{23}를 링크 ③ 위의 점이라고 생각하면, 이 속도 v_s에 의하여 링크 ③ 위의 점 Q의 속도 v_q를 구할 수 있다.

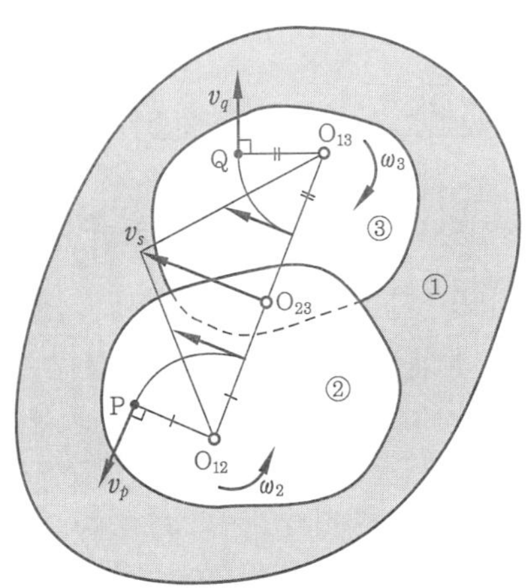

그림 2-25 링크 위의 임의점의 속도

이와 같이 한정연쇄기구에 있어서는 임의의 점의 속도를 알면, 그때의 순간중심을 이용하여 이것과 상대운동을 하는 다른 링크 위의 임의의 점의 속도를 닮은꼴 삼각형을 그려서 쉽게 구할 수 있다.

그림에서 O_{23}를 링크 ② 위의 점이라 생각하면 $v_s=\omega_2\cdot\overline{O_{12}O_{23}}$이고, O_{23}를 링크 ③ 위의 점이라고 생각하면 $v_s=\omega_3\cdot\overline{O_{13}O_{23}}$이므로 $\omega_2\cdot\overline{O_{12}O_{23}}=\omega_3\cdot\overline{O_{13}O_{23}}$가 된다. 따라서 각속도비는

$$\frac{\omega_2}{\omega_3}=\frac{\overline{O_{13}O_{23}}}{\overline{O_{12}O_{23}}} \qquad (2\text{-}16)$$

와 같이 된다.

2-3 링크 위의 점의 분속도

그림 2-26에서 링크 ①과 ②가 순간중심 O_{12}를 중심으로 상대운동을 한다. 이때 링크 ② 위의 2점을 P, Q라 하고 이 점의 속도를 각각 v_p, v_q라 한다. v_p, v_q를 $\overline{PQ}$의 방향과 그것에 직각인 방향으로 분해하여 각각 v_{pt}, v_{qt} 및 v_{pn}, v_{qn}이라 하고, O_{12}로부터 $\overline{PQ}$에 내린 수선의 끝을 M이라 하면, 이들 분속도 사이에는 다음과 같은 관계가 성립한다.

(가) 링크 ②는 강체이기 때문에 2점 P, Q 사이의 길이는 운동 중에도 신축이 전혀 없으므로 $\overline{PQ}$ 상의 여러 점의 분속도는 같다. 따라서 $v_{pt}=v_{qt}$이다.

(나) 링크 ②의 각속도를 ω, $\overline{O_{12}M}$과 $\overline{O_{12}P}$, $\overline{O_{12}Q}$가 이루는 각을 각각 α, β라

하면 $v_{pn} = v_p \sin\alpha$, $v_{qn} = v_q \sin\beta$이므로

$$\frac{v_{pn}}{v_{qn}} = \frac{v_p \sin\alpha}{v_q \sin\beta} = \frac{\overline{O_{12}P}\cdot\omega\sin\alpha}{\overline{O_{12}Q}\cdot\omega\sin\beta} = \frac{\overline{O_{12}P}\cdot\sin\alpha}{\overline{O_{12}Q}\cdot\sin\beta} = \frac{\overline{PM}}{\overline{QM}} \tag{2-17}$$

또한 그림에서 $\triangle PAM \backsim \triangle QBM$으로 되고, 속도 벡터 v_{pn}, v_{qn}의 끝을 연결하는 직선은 점 M을 지난다. $\overline{PQ}$ 위의 또 다른 점 R에 대해서도 같은 방법으로 이 점의 분속도 v_{rn} 벡터의 선단은 $\overline{AB}$ 위에 오게 된다.

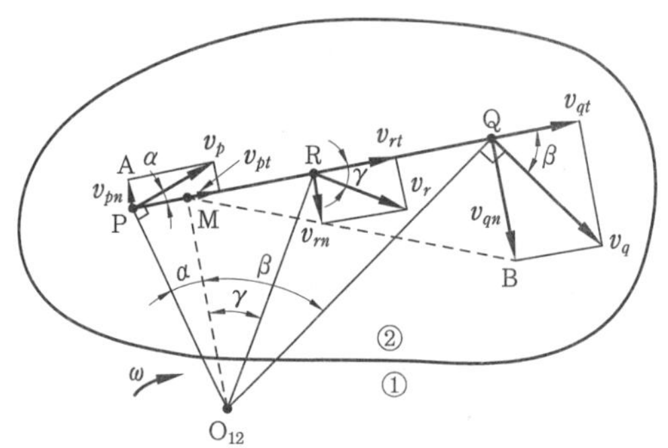

그림 2-26 링크 위의 점의 분속도

2-4 링크 위의 점의 상대속도

그림 2-27에서와 같이 링크 ② 위의 2점 A, B의 속도를 v_A, v_B라 하고, 점 A에 대한 점 B의 상대속도를 v_{BA}라 하면 다음과 같은 벡터식으로 표시된다.

$$\boldsymbol{v}_{BA} = \boldsymbol{v}_B - \boldsymbol{v}_A \tag{2-18}$$

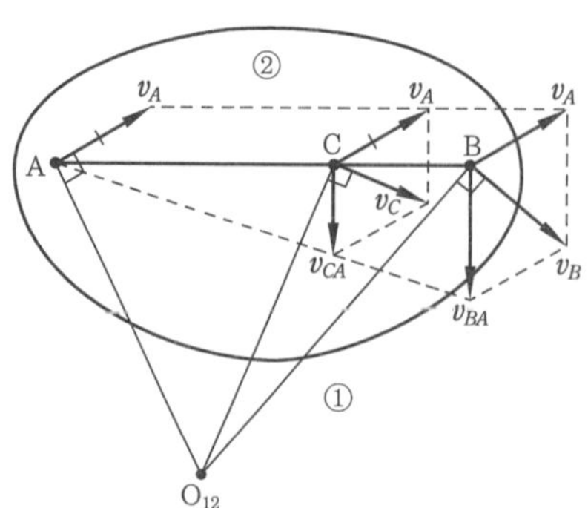

그림 2-27 링크 위의 점의 상대속도

또한 상대속도의 방향은 식 (2-18)에서도 알 수 있듯이 $\overline{AB}$에 직각인 방향에 있고, 링크 ②의 운동은 링크 ② 전체가 v_A의 속도로 평행이동하면서 점 A를 중심으로 회전한

다고 생각할 수 있다.

이때의 각속도 $\omega_{BA} = \frac{v_{BA}}{\overline{AB}}$이고, $\overline{AB}$ 위의 임의의 점 C를 잡고 그 속도를 v_c, 점 A에 대한 상대속도를 v_{CA}라 하면 다음과 같이 표시된다.

$$\frac{v_{CA}}{v_{BA}} = \frac{\overline{AC}}{\overline{AB}}$$

따라서 속도 벡터 v_{BA}, v_{CA}의 선단은 점 A를 지나는 직선으로 된다.

2-5 기구의 속도해법

한정연쇄기구에 대한 링크의 속도를 구하는 데 있어서 해석적 방법은 간단한 기구가 아니면 적용하기 어렵고, 실용적이지 못하므로 도식해법을 이용하면 각 링크의 속도를 쉽게 구할 수 있다.

도식해법에서는 순간중심과 링크 위의 임의의 한 점의 속도가 알려지면, 위의의 점의 속도를 구할 수 있다. 그러나 도식해법에서는 그 순간위치의 속도만을 구할 수 있으므로 순차적인 각 순간위치에 있어서의 속도를 알고자 할 때는 이를 되풀이하여야 한다.

또한 속도의 도식해법은 각 링크와 속도의 크기를 표시할 때 일정한 척도로 표시하는 것이 중요하다. 이러한 도식해법에는 ① 이송법(移送法), ② 분해법(分解法), ③ 연접법(連接法), ④ 이미지법의 4가지 방법이 있다.

여기에는 각 링크 기구에 대하여 이들 4가지 방법을 이용하여 각의 속도를 구하는 방법을 생각하여 보기로 한다.

(1) 이송법(transfer method)

그림 2-28과 같은 4절 연쇄기구에서 링크 ④를 고정 링크로 하고, 점 O_1을 회전중심으로 하여 링크 ①이 매분 n[rpm] 회전하는 경우 점 O_2의 속도 v_2는

$$v_2 = \omega_1 \cdot \overline{O_1O_2} = \frac{2\pi n}{60} \cdot \overline{O_1O_2}\ [\text{m/s}]$$

이 되어 v_2의 속도를 알 수 있으므로, 이 v_2의 속도를 가지고 다른 링크 위의 속도를 구하여 보자.

링크 ①의 임의의 점 P의 속도를 v_p라 하면 $v_p = \frac{\overline{O_1P}}{\overline{O_1O_2}} v_2$가 된다.

그리고 링크 ② 위의 임의의 점 Q에 대한 속도를 v_q라 하면, 링크 ④에 대한 링크 ②의 순간중심은 케네디의 정리에 의하여 링크 ①과 링크 ③의 연장선의 교점으로 표시되므로 O_5가 된다. O_5에 대한 링크 ②에 대한 가상각속도를 ω_2라 하면, $v_2 = \omega_2 \cdot \overline{O_2O_5}$가

되므로 $v_q = \omega_2 \cdot \overline{QD_5} = \dfrac{\overline{QD_5}}{\overline{O_2 O_5}} v_2$가 된다.

점 O_3의 속도 v_3도 같은 방법으로 $v_3 = \dfrac{\overline{O_3 O_5}}{\overline{O_2 O_5}} v_2$로 되고, 링크 ③ 위의 임의의 점 R의 속도 v_r도

$$v_r = \frac{\overline{O_4 R}}{\overline{O_3 O_4}} v_3 = \frac{\overline{O_4 R}}{\overline{O_3 O_4}} \cdot \frac{\overline{O_3 O_5}}{\overline{O_2 O_5}} v_2$$

로 된다.

이와 같이 링크의 속도를 구하는 데 있어서 임의의 점에 대한 속도의 크기는 순간중심으로부터의 거리에 비례한다는 사실을 이용하여 구하는 방법을 이송법이라 한다.

이송법으로 임의의 링크 위의 점에 대한 속도는 다음과 같은 방법으로 구한다.

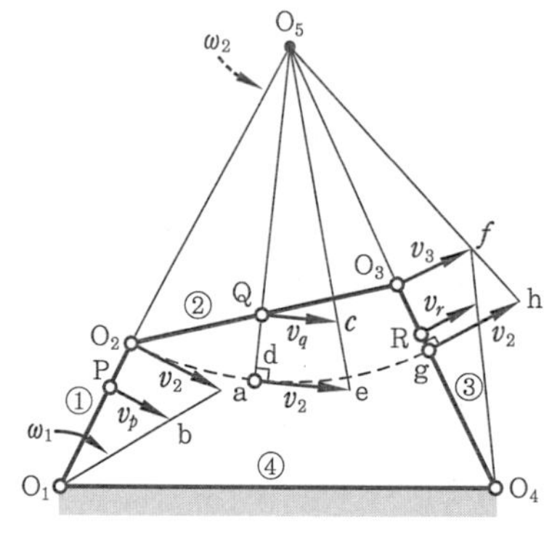

그림 2-28 이송법

(1) 링크 ① 위의 점 P의 속도 (v_p)

점 O_2의 속도 v_2가 알려졌으므로 점 O_2에서 링크 ①에 수직하게 v_2와 같게 $\overline{O_2 a}$를 잡고, O_1과 a를 연결하는 직선과 점 P에서 링크 ①에 세운 수선과의 교점을 b라 하면, $\overline{Pb}$가 점 P의 속도 v_p가 된다.

(2) 링크 ② 위의 점 Q의 속도 (v_q)

O_5를 중심으로 하여 $\overline{O_2 O_5}$를 반지름으로 하는 원호와 $\overline{O_5 Q}$의 연장선과의 교점을 d라 한다. 이 점 d에서 $\overline{O_5 d}$에 직각으로 $\overline{de} = v_2$와 같게 점 e를 잡고, $\overline{O_5 e}$와 점 Q에서 $\overline{O_5 Q}$에 세운 수선과의 교점을 c라 하면 $\overline{Qc}$가 점 Q의 속도 v_q가 된다.

(3) 링크 ③ 위의 점 R의 속도 (v_r)

O_5를 중심으로 하여 $\overline{O_2 O_5}$를 반지름으로 하는 원호와 링크 ③과의 교점을 g라 한다.

이 점 g에서 링크 ③에 수직하게 $v_2 = \overline{gh}$를 잡고, 점 O_3에서 링크 ③에 세운 수선과 $\overline{O_5 h}$와의 교점을 f라 하면, $\overline{O_3 f}$는 점 O_3의 속도 v_3를 나타낸다.

또한 점 R에서 링크 ③에 세운 수선과 $\overline{O_4 f}$와의 교점을 r이라 하면, $\overline{Rr}$은 점 R의 속도 v_r의 크기로 된다.

[별법] 링크 ① 위의 점 P의 속도 v_p가 주어질 때, 링크 ③ 위의 점 R의 속도 v_r을 구하는 다른 방법을 생각하여 보자.

그림 2-29에서 링크 ①과 ③의 순간중심 O_6는 링크 ①과 ③ 사이에 상대속도가 없는 점이다. 따라서 O_6는 링크 ①에 속해 있다고 생각하여도 좋다.

링크 ① 위의 점이라고 생각하고, 링크 ④에 대한 점 O_6의 속도 v_6와는 그 점의 반지름에 비례하므로 v_6는 도식적으로 벡터 v_p를 $\overline{O_1 O_6}$ 위로 이동시킬 수 있다.

또, O_6가 링크 ③ 위의 점이라고 생각하여도 점 O_6의 속도는 이와 같은 방법으로 구할 수 있다.

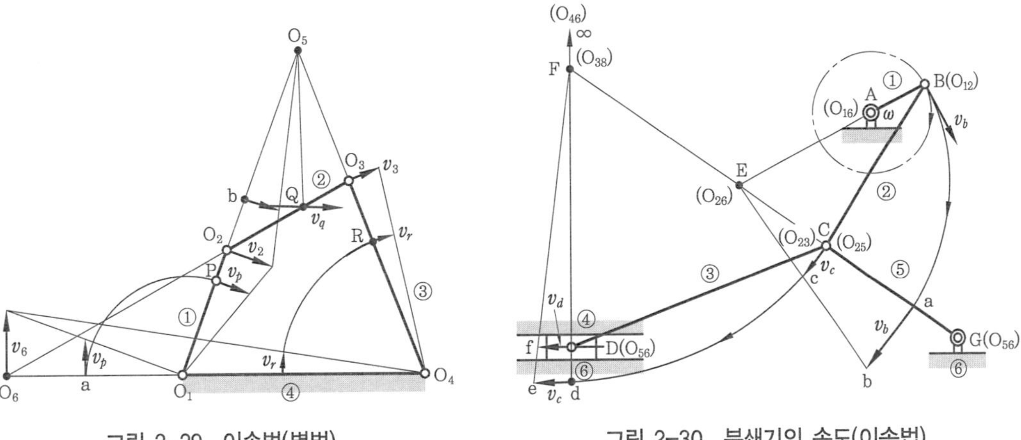

그림 2-29 이송법(별법)

그림 2-30 분쇄기의 속도(이송법)

예제 2-4 그림 2-30에 표시하는 분쇄기(crusher)의 링크 기구에서 링크 ①의 일정각속도 ω로 회전하고 있을 때 링크 ④의 미끄럼 블록(slide block)의 속도 v_d를 이송법으로 구하시오.

해설 점 B의 속도 v_b는 $v_b = \omega \cdot \overline{AB}$ [m/s]로 된다. 그러나 링크 ②와 ⑥에 대한 순간중심 O_{26}는 점 E가 되므로, 점 B는 E를 중심으로 회전하는 것으로 생각할 수 있다.

$\overline{BE}$를 반지름으로 하는 원호와 $\overline{EG}$와의 교점을 a라 하고 점 a에서 $\overline{EG}$에 직각으로 $v_b = \overline{ab}$가 되도록 점 b를 잡고, $\overline{EB}$와 점 C에서 $\overline{CE}$에 세운 수선과의 교점을 c라고 하면 $\overline{Cc} = v_c$는 점 C의 속도의 크기로 된다.

또한 링크 ③과 ⑥과의 순간중심 F를 중심으로 하여 $\overline{FC}$를 반지름으로 하는 원호와

$\overline{FD}$ 의 연장선과의 교점을 d라고 한다. 이 점 d에서 $\overline{Fd}$ 에서 직각으로 $\overline{de}=v_c$가 되게 점 e를 잡고, $\overline{CF}$ 와 점 D에서 $\overline{DF}$ 에 직각인 직선과의 교점을 f 라고 하면, $\overline{Df}$ 의 크기가 구하려고 하는 미끄럼 블록의 속도 v_d가 된다.

(2) 분해법(component method)

한 개의 링크에 속하는 모든 점의 속도는 그 링크의 축방향과 여기에 직각인 방향의 두 분속도로 분해할 수 있고, 이때 축방향의 분속도는 모두 같다. 왜냐하면 링크는 강체이므로 링크에 대한 신축은 전혀 없다고 보기 때문이다. 그러므로 어느 점의 속도가 알려져 있으면, 이미 알고 있는 분속도에서 임의의 점에 대한 속도를 구할 수 있다. 분해법은 직접 접촉하는 전동기구에 대한 속도를 구하는 데 가장 적합한 방법이다.

그림 2-31과 같은 4절연쇄기구에서 링크 ④가 고정 링크이고 링크 ① 위의 점 O_2에 대한 속도 v_2가 알려져 있을 때, 이것을 이용하여 나머지 링크 ②와 ③에 속하는 점의 속도를 구하여 보기로 한다.

(가) 점 O_2, O_3의 속도를 각각 v_2, v_3라 하고 그 분속도를 각각 v_{2t}, v_{2n} 및 v_{3t}, v_{3n}이라 한다.

(나) 점 O_2와 O_3는 링크 ②에 속하므로 $v_{2t}=v_{3t}$가 된다.

(다) 점 O_3가 링크 ③에 속한다고 생각하면, 그때 점 O_3는 O_4를 중심으로 하여 회전하여야 하기 때문에 점 O_3의 속도를 구하기 위하여 점 O_3에서 링크 ②의 연장선 방향에 $\overline{O_3b_1}=v_{2t}$가 되도록 점 b_1을 잡는다.

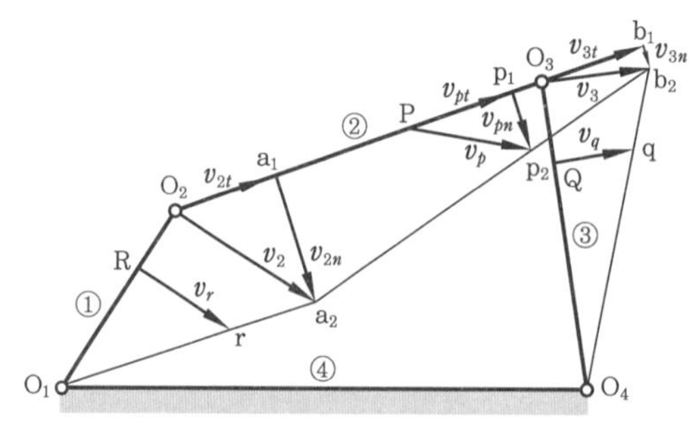

그림 2-31 분해법

(라) 점 O_3를 통하는 링크 ③에 직각인 직선과 점 b_1에서 링크 ②에 직각인 직선과의 교점을 b_2라 하면, $\overline{O_3b_2}$가 구하고자 하는 점 O_3의 속도 v_3가 된다.

(마) 다음에 점 b_2와 점 O_4를 맺는 직선과 링크 ③ 위의 임의의 점 Q에서 세운 직선과의 교점을 q라고 하면, $\overline{Qq}$가 점 Q의 속도 v_q가 된다.

(바) 점 a_2와 b_2를 맺는 직선과 링크 ② 위의 임의의 점 P에서 $\overline{Pp_1}=v_{pt}$인 점 p_1에서

링크 ③에 세운 수선과의 교점을 p2라 하면, $\overline{p_1p_2}$는 점 P에 대한 v_p의 수직분속도 v_{pn}이 되기 때문에 $\overrightarrow{v_p}=\overrightarrow{v_{pn}}+\overrightarrow{v_{pt}}$이므로 v_p가 구하여진다.

예제 2-5 그림 2-32와 같은 캠기구에서 캠 ①의 접촉점 P의 속도 v_p를 알고 있을 때, 종동절(follower) ③의 속도 v_f를 구하시오.

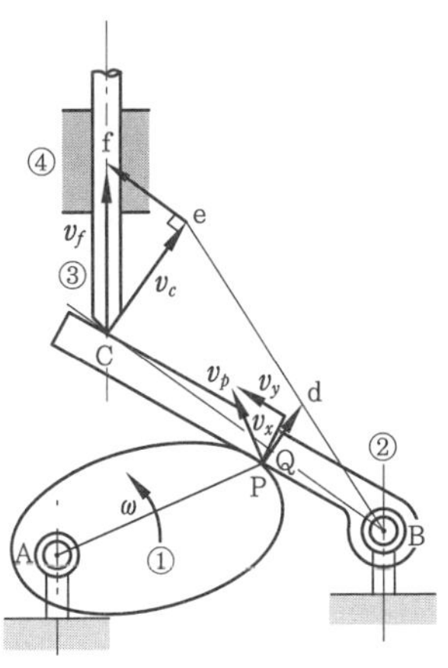

그림 2-32 캠기구의 속도(분해법)

해설 링크 ①이 축 A의 주위를 회전하고 링크 ②가 링크 ①에, 링크 ③이 링크 ②에 접촉하여 링크 ①의 운동을 링크 ③에 전달한다고 본다. 링크 ①은 링크 ②와 점 P에서 접촉하고 있으므로 링크 ①에 속하는 점 P의 속도 v_p는 $\overline{AP}$에 직각이고, $v_p=\omega\cdot\overline{AP}$이다.

다음에 B와 P를 맺고 점 P에서 $\overline{BP}$와 이것에 직각인 방향의 분속도를 각각 v_x, v_y라고 하면, v_x는 링크 ②에 속하는 점의 속도로 된다.

다음에 B와 C를 맺는 직선 위에 $\overline{BP}=\overline{BQ}$가 되도록 점 Q를 잡고, 점 Q에서 $\overline{BC}$에 직각으로 $\overline{Qd}=v_x$가 되도록 점 d를 잡아 $\overline{Bd}$의 연장선과 점 C에서 $\overline{BC}$에 세운 수선과의 교점을 e라고 하면, $\overline{Ce}$는 링크 ②에 속하는 점 C의 속도 v_c를 표시한다. 끝으로 점 e에서 $\overline{Ce}$에 수직한 직선과 링크 ③의 축중심선과의 교점을 f라고 하면, $\overline{Cf}$가 링크 ③의 속도 v_f의 크기를 나타낸다.

(3) 연접법(connecting rod method)

이것도 순간중심의 최소수를 이용하는 방법으로서 상당히 편리한 방법이다. 그림 2-33에서와 같이 링크 ①에 대한 점 O_2의 속도 v_2를 알면, 임의의 점 P에 대한 속도 v_p를 구할 수 있다. 속도 v_2를 알 때 이를 이용하여 링크 ③에 대한 점 O_3의 속도 v_3와 임의의 점 R에 대한 속도 v_r을 구하여 보기로 한다.

㈎ 점 O_2에서 링크 ①에 수직하게 $v_2=\overline{O_2a}$를 잡고 속도 v_2의 끝 a와 중심 O_1점을 연결하고, 점 P에서 링크 ①에 세운 수선과의 교점을 p라 하면, $\overline{Pp}=v_p$가 되고

이것이 P점의 속도가 된다.

(나) 링크 ②와 ④의 순간중심을 O_5라 하고 점 O_2에서 $\overline{O_2O_5}$ 위에 $\overline{O_2a}=\overline{O_2b}=v_2$가 되도록 점 b를 잡으면, 이 점 b를 통하고 링크 ②에 평행한 직선과의 교점을 c라 한다.

(다) 점 O_3에서 링크 ③에서 직각으로 $\overline{O_3c}=\overline{O_3d}$가 되도록 점 d를 구하고, $\overline{O_4d}$와 점 R에서 링크 ③에 직각인 직선과의 교점을 r이라 하면, $\overline{Rr}=v_r$이 되어서 이것이 점 R의 속도가 된다.

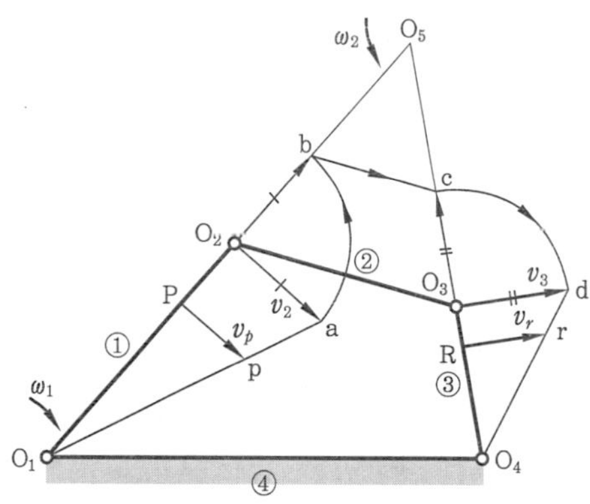

그림 2-33 연접법

그러면 이상의 관계가 성립하는 것을 증명하여 보기로 한다.

$\overline{O_2b}=v_2$이고, $\overline{bc} /\!/ \overline{O_2O_3}$이므로 $\triangle O_2O_3O_5 \backsim \triangle O_5bc$가 되므로 다음 관계가 성립한다.

$$\frac{\overline{O_3O_5}}{\overline{O_2O_5}}=\frac{\overline{O_3c}}{\overline{O_2b}} \tag{2-19 a}$$

또, 링크 ②의 점 O_5에 대한 가상각속도를 ω_2라 하면 $\omega_2=\dfrac{v_2}{\overline{O_2O_5}}$가 되고, 점 O_3의 속도 $v_3=\omega_2\cdot\overline{O_3O_5}=\dfrac{\overline{O_3O_5}}{\overline{O_2O_5}}v_2$가 되므로 식 (2-19 a)에 의하여 $v_3=\dfrac{\overline{O_3c}}{\overline{O_2b}}\cdot v_2$가 된다.

그런데 $\overline{O_2b}=v_2$가 되도록 90° 회전시켰으므로 v_3는

$$v_3=\frac{\overline{O_3c}}{\overline{O_2b}}\times\overline{O_2b}=\overline{O_3c}=\overline{O_3d} \tag{2-19 b}$$

따라서 점 R의 속도 v_r은

$$v_r=\overline{Rr}=\frac{\overline{O_4R}}{\overline{O_3O_4}}\times\overline{O_3d}=\frac{\overline{O_4R}}{\overline{O_3O_4}}v_3$$

또는 $$v_r=\frac{\overline{O_4R}}{\overline{O_3O_4}}\times\frac{\overline{O_3O_5}}{\overline{O_2O_5}}\times v_2=\frac{\overline{O_4R}}{\overline{O_3O_4}}\times\frac{\overline{O_3O_5}}{\overline{O_2O_5}}\times\frac{\overline{O_1O_2}}{\overline{O_1P}}\times v_p$$

예제 2-6 그림 2-34와 같이 4절연쇄기구에 대한 점 O_2의 속도 v_2를 알고 있을 경우 점 O_3의 속도 v_3와 링크 ② 위의 임의의 점 S의 속도를 연접법으로 구하시오.

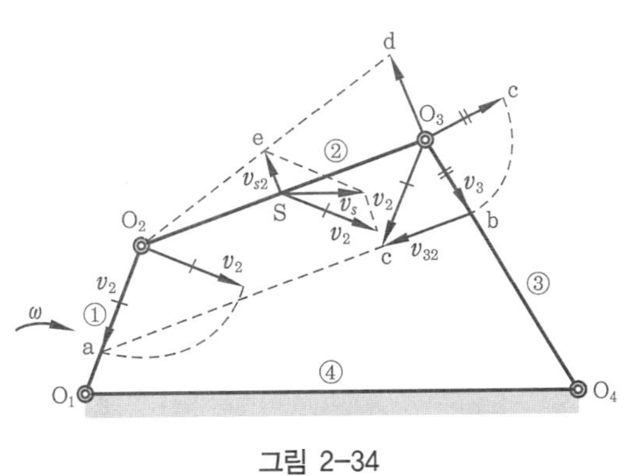

그림 2-34

해설 먼저 링크 ② 위의 점 O_3의 속도는 점 O_2의 속도 v_2를 링크 ① 위로 90° 회전시켜 점 a를 구한 후 점 a에서 링크 ②에 평행한 $\overline{ab}$를 그으면, $\overline{O_3b}$의 크기가 점 O_3의 속도 v_3의 크기가 된다. 그러나 속도의 방향을 고려하여 다시 90° 회전시키면, $\overline{O_3c}$가 v_3의 속도 방향으로 된다.

점 S의 속도는 먼저 링크 ② 위의 점 O_2에 대한 점 O_3의 상대속도 v_{32}를 구한다. 이 상대속도의 크기는 점 O_2의 속도 v_2를 90° 회전시킨 v_2와 O_3의 속도 v_3를 90° 회전시킨 v_3와의 벡터의 합 v_{32}로써 표시된다.

그러므로 점 O_3에서 링크 ②에 그은 수선의 길이 $\overline{O_3d} = v_{32}$가 되고 점 O_2에 대한 점 O_3의 상대속도가 된다. 점 O_2에 대한 점 S의 상대속도 v_{s2}는 점 O_2에서의 거리에 비례하도록 잡는다. 따라서 v_s는 점 O_2의 속도 v_2와 점 O_2에 대한 점 S의 상대속도 v_{s2}의 벡터의 합을 구하면 된다.

(4) 이미지법(image method)

속도 이미지법(velocity image method)은 평면운동을 하는 한 개의 링크 위의 2점 A와 B가 있다고 하면, 점 B의 절대속도는 점 A의 절대속도와 점 A에 대한 점 B의 상대속도의 벡터 합이다. 이때 상대속도는 링크 위의 2점을 연결한 선의 수직 방향에 있다는 것을 이용하여 속도 벡터 선도를 그려서 구한다.

그림 2-35 (a)에서 순간중심이 P이고 각속도가 ω일 때 점 A의 절대속도 v_A는 점 A에서 $\overline{PA}$에 수직한 방향에 있고, 그 크기는 $v_A = \omega \cdot \overline{PA}$가 된다. 점 B의 절대속도 v_B는 점 B에서 $\overline{PB}$에 수직한 방향에 있고, 그 크기는 $v_B = \omega \cdot \overline{PB}$가 된다. 점 C의 절대속도 v_c는 점 C에서 $\overline{PC}$에 수직한 방향에 있고, 그 크기는 $v_C = \omega \cdot \overline{PC}$가 된다.

또한 이와 같이 순간중심을 이용하여 속도를 구하는 대신에 그림 2-35 (b)와 같이 속도 이미지 선도(velocity image diagram)를 그려서 구할 수도 있다.

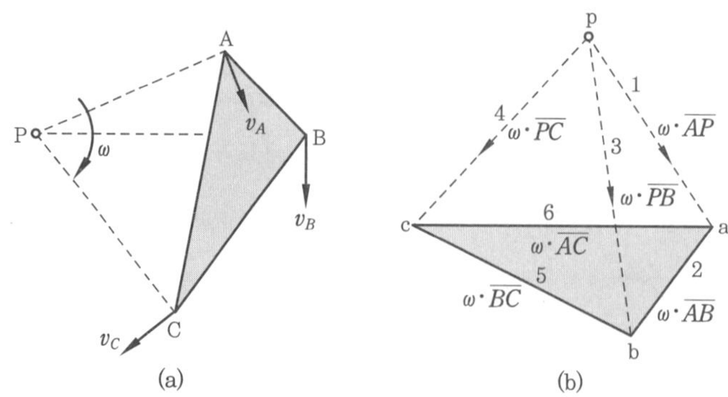

그림 2-35 속도 이미지법

즉, 임의의 극점 p를 잡고 점 p에서 $\overline{PA}$에 90° 방향으로 $\overline{pa} = \omega \cdot \overline{PA} = v_A$가 되도록 점 a를 정하고, 같은 방법으로 $\overline{PB}$에 90° 방향으로 $\overline{pb} = \omega \cdot \overline{PB} = v_B$가 되도록 점 b를 잡는다. 또한 $\overline{PC}$에 90° 방향으로 $\overline{pc} = \omega \cdot \overline{PC} = v_c$가 되도록 점 c를 잡은 후 점 a, b, c를 연결하면 속도삼각형(velocity triangle) abc가 생긴다.

속도삼각형 abc와 그림 2-35 (a)에서 나온 물체삼각형(body triangle) ABC는 닮은꼴 삼각형이 된다. 이때 점 a, b, c를 각각 점 A, B, C의 이미지점이라 한다.

여기서 점 A에 관한 점 B의 상대속도 v_{BA}는 $\overline{AB}$ 에 90° 방향으로 $v_{BA} = \omega \cdot \overline{AB} = \overline{ab}$가 되고, 점 B에 대한 점 C의 상대속도 v_{CB}는 $\overline{BC}$에 90° 방향으로 $v_{CB} = \omega \cdot \overline{BC} = \overline{bc}$, 점 A에 대한 점 C의 상대속도 v_{CA}는 $\overline{AC}$ 에 90° 방향으로 $v_{CA} = \omega \cdot \overline{CA} = \overline{ac}$가 되는 것을 알 수 있다.

이러한 관계에서 속도삼각형은 물체삼각형을 일정한 척도로 그린 닮은꼴 삼각형을 물체가 회전하는 방향으로 회전시켜 놓은 것과 같으므로, 이러한 방법으로 속도를 구하는 방법을 속도 이미지법 또는 속도사상법(速度寫像法)이라 한다.

그림 2-36 (a)와 같이 4절연쇄기구에서 점 O_2의 속도 v_2가 주어져 있을 때 링크 ② 위의 점 S의 속도 v_s를 이미지법으로 구하여 보기로 한다.

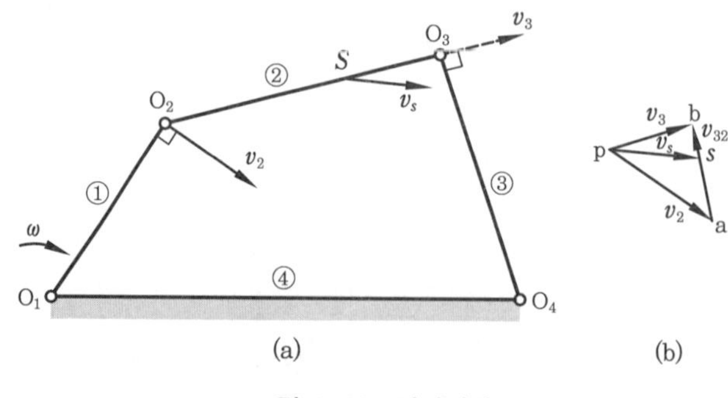

그림 2-36 이미지법

㈎ 그림 2-36 (b)와 같이 임의의 점 p에서 v_2에 평행하게 $v_2=\overline{pa}$가 되도록 잡는다.

㈏ 점 O_3의 속도는 링크 ③에 직각 방향으로 존재하므로 점 P에서 링크 ③에 수직한 선에 대하여 평행선을 긋는다.

㈐ 링크 ②에서 점 O_2에 대한 점 O_3의 상대속도는 링크 ②에 직각 방향으로 존재하므로 점 a에서 링크 ②에 수직한 선에 대하여 평행선을 긋는다.

㈑ ㈏, ㈐에서 그은 두 직선의 교점을 b라 하면 $\overline{pb}=v_3$가 되고, $\overline{ab}=v_{32}$의 크기로 된다.

㈒ 점 a, b는 점 O_2, O_3에 대한 이미지점이 되고, 점 S의 이미지점 s는 $\dfrac{\overline{O_2S}}{\overline{O_2O_3}}=\dfrac{\overline{as}}{ab}$의 관계에서 구해지므로, $\overline{ps}=v_s$가 되어 점 S의 속도 v_s의 크기로 된다.

예제 2-7 미끄럼 크랭크 기구에서 피스톤의 속도를 지금까지 배운 속도해법인 이송법, 분해법, 연접법, 이미지법을 이용하여 도식적으로 구하여 보시오.(단, 크랭크의 회전수는 n[rpm]이다.)

해설 (1) 이송법에 의한 방법

그림 2-37에서 링크 ①은 크랭크, 링크 ②는 연결봉, 링크 ③은 피스톤을 나타낸다. 점 O_2의 속도 v_2는 다음과 같이 된다.

$$v_2=\omega\cdot\overline{O_1O_2}=\frac{2\pi n}{60}\cdot\overline{O_1O_2}\ [\text{m/s}]$$

연결봉인 링크 ②의 고정공간에 대한 순간중심 O_4를 구하면 O_4에서 속도는 반지름에 비례하므로, v_2와 v_3는 다음 관계로 된다.

$$\overline{O_2O_4}:\overline{O_3O_4}=v_2:v_3$$

따라서 $\overline{O_3c}$는 피스톤의 속도 v_3가 된다.

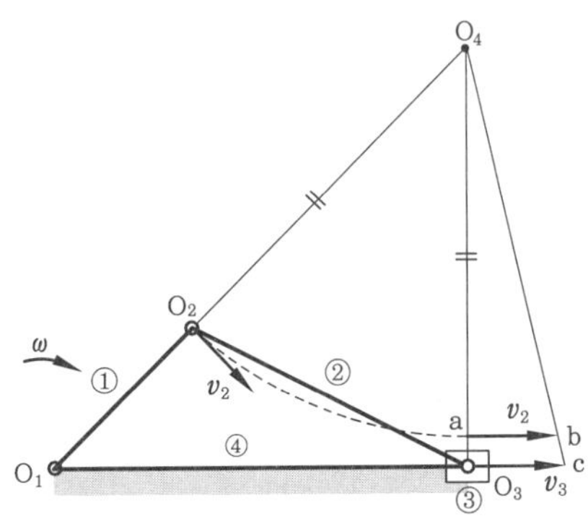

그림 2-37 이송법

(2) 분해법에 의한 방법

그림 2-38에서 점 O_2의 속도 v_2를 링크 ②의 방향과 이것에 수직인 방향으로 분해하

고, 각각의 분속도를 v_{2n}, v_{2t} 라 하면 링크 ②에 따른 이동속도가 v_{2n}이고, 어느 점의 회전속도가 v_{2t}라는 것을 알 수 있다.

링크 ②는 강체이므로 점 O_3에 대한 링크 ② 방향의 속도 $v_{2n}=v_{3n}$이 되어야 한다. 점 O_3의 속도 v_3는 링크 ②의 방향뿐이므로 v_{3n}의 끝에서 링크 ②에 대하여 수직선을 긋고, 이것과 링크 ④와의 교점 a를 구하면 $\overline{O_3 a}$의 크기가 피스톤의 속도 v_3가 된다.

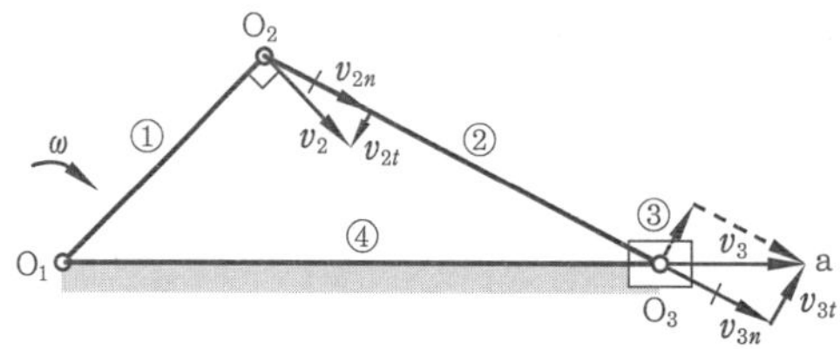

그림 2-38 분해법

(3) 연집빕에 의한 방법

그림 2-39에서 속도 v_2를 링크 ① 위로 90° 회전한 후 점 a에서 링크 ②에 평행하게 그은 직선과 $\overline{O_3 O_4}$의 연장선과의 교점 b를 구하면 $\overline{O_3 b}$ 가 피스톤의 속도의 크기와 같으나, 방향을 고려하여 다시 90° 회전시켜 구하면 $\overline{O_3 c}$ 의 크기가 v_3에 대한 속도의 크기와 방향이 된다.

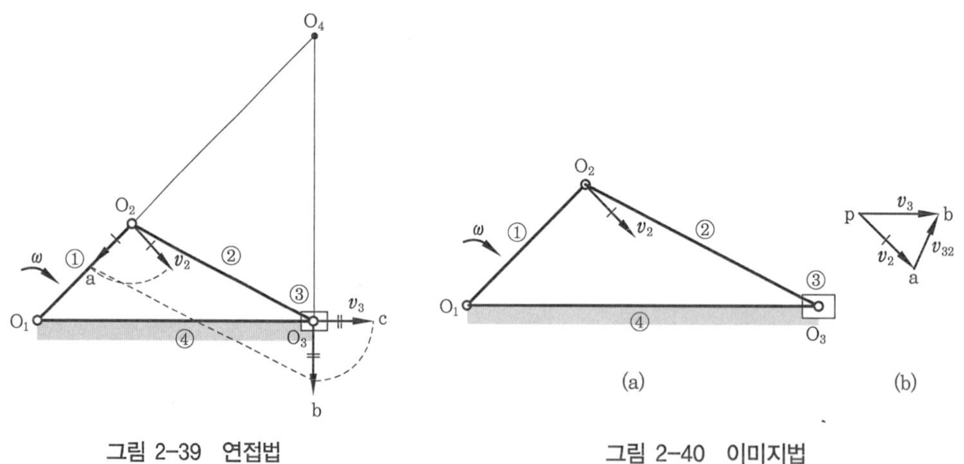

그림 2-39 연접법

그림 2-40 이미지법

(4) 이미지법에 의한 방법

그림 2-40 (a)에서 점 O_2가 v_2의 속도를 갖고 운동할 때 링크 ② 위의 점 O_2에 대한 O_3의 상대속도 v_{32}의 방향은 링크 ②의 90° 방향에 있을 것이고, 피스톤의 속도는 링크 ④에 평행한 방향에 있을 것은 당연하다.

또한 그림 2-40 (b)에서와 같이 임의의 점 p에서 v_2와 평행한 방향으로 $v_2=\overline{pa}$가 되도록 점 a를 잡고, 점 a에서 링크 ②와 수직한 방향으로 그은 선과 점 p에서 링크 ④에 평행선을 그은 선과의 교점을 b라 하면 $\overline{ab}=v_{32}$가 되고, $\overline{pb}=v_3$가 되어 $\overline{pb}$의 크기가 구하려고 하는 피스톤의 속도 v_3의 크기가 된다.

3. 기구의 가속도

3-1 가속도 및 각가속도

속도의 시간에 대한 변화율을 가속도(acceleration)라 하며, 가속도는 선가속도(linear acceleration)와 각가속도(angular acceleration)로 구분되고, 일반적으로 선가속도를 단순히 가속도라 한다.

(1) 가속도

물체가 직선 위를 부등속(不等速) 운동을 할 경우 Δt 시간 동안에 속도가 Δv 만큼 변화 하였다면 $\Delta v / \Delta t$를 평균가속도라 하고, Δt가 무한히 짧다면 이것을 그 순간의 가속도(加速度)라 하며, 다음 식과 같이 표시된다.

$$\alpha = \lim_{\Delta t \to 0} \frac{\Delta v}{\Delta t} = \frac{dv}{dt} \tag{2-20}$$

이때 가속도 α의 단위는 [m/s^2]로 표시한다.

(2) 각가속도

회전체에 대하여 각속도의 시간에 대한 변화율을 각가속도(角加速度)라 한다. 각속도가 일정하지 않은 운동에서 Δt 시간에 $\Delta\omega$의 각속도로 변화하였다면 $\Delta\omega / \Delta t$를 이 사이의 평균각가속도라 하고, Δt가 무한히 짧다면 이것을 그 순간의 각가속도라 하며, 다음 식과 같이 나타낼 수 있다.

$$\dot{\omega} = \lim_{\Delta t \to 0} \frac{\Delta\omega}{\Delta t} = \frac{d\omega}{dt} \tag{2-21}$$

이때 각가속도 $\dot{\omega}$ 의 단위는 [rad/s^2]로 나타낸다.

3-2 기구의 가속도

기구의 각 부분이 운동할 때는 대체로 그 속도가 변화하기 때문에 가속도가 생긴다. 가속도가 있으면 이것에 상당하는 관성력(慣性力)이 작용하므로 기계부분에 힘이 걸리게 된다. 따라서 기계를 설계하기 위해서는 이 가속도의 변화를 알고, 그것에 대처하지 않으면 안 된다.

또한 속도의 방향은 운동 방향과 항상 일치하지만, 가속도의 방향은 반드시 운동의 방향과 일치한다고는 할 수 없으므로 속도에 관한 문제보다 더욱 복잡하다고 생각된다.

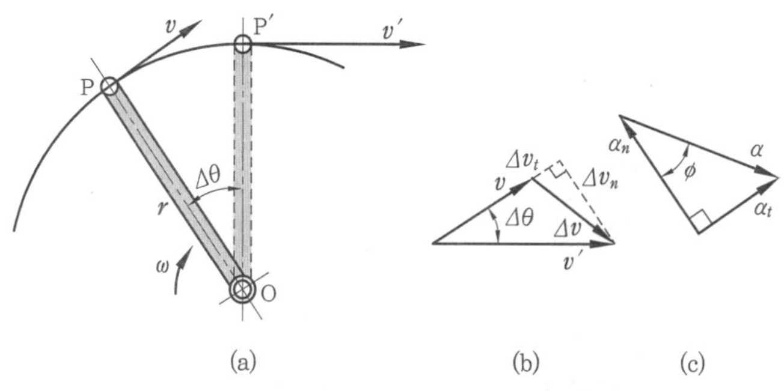

그림 2-41 기구의 가속도

그림 2-41 (a)에서와 같이 링크 OP가 O를 중심으로 부등속 회전운동을 할 때 점 P는 원주속도 v, 각속도 ω를 가지고 미소시간 Δt시간 후에 $\Delta\theta$만큼 회전하여 P′의 위치로 이동하고 v'의 속도로 변화하였다면, 속도의 변화는 그림 2-41 (b)와 같이 벡터의 차 Δv로 표시된다.

$$\Delta v = v' - v = \Delta v_t + \Delta v_n$$

점 P에 대한 접선 방향의 가속도를 접선가속도(接線加速度, tangential acceleration)라 하고, 다음 식으로 표시한다.

$$\begin{aligned} \alpha_t &= \lim_{\Delta t \to 0} \frac{\Delta v_t}{\Delta t} = \lim_{\Delta t \to 0} \frac{v' \cos \Delta\theta - v}{\Delta t} \\ &\fallingdotseq \lim_{\Delta t \to 0} \frac{v' - v}{\Delta t} \\ &= \lim_{\Delta t \to 0} \frac{\Delta v}{\Delta t} = \frac{dv}{dt} = \frac{d}{dt}(\omega r) = r\frac{d\omega}{dt} = \dot{\omega}\, r \end{aligned} \tag{2-22}$$

또한, 링크 방향(반지름 방향)의 가속도를 법선가속도(法線加速度, normal acceleration)라 하고, 다음 식으로 표시한다.

$$\begin{aligned} \alpha_n &= \lim_{\Delta t \to 0} \frac{\Delta v_n}{\Delta t} = \lim_{\Delta t \to 0} \frac{v' \sin \Delta\theta}{\Delta t} = \lim_{\Delta t \to 0} \frac{v' \Delta\theta}{\Delta t} \fallingdotseq v\frac{d\theta}{dt} \\ &= v\omega = \omega^2 r = \frac{v^2}{r} \end{aligned} \tag{2-23}$$

그러므로 점 P에 대한 가속도 α는 접선가속도 α_t와 법선가속도 α_n에 대한 벡터의 합으로 표시되므로, 그 크기와 방향은 다음 식과 같이 된다.

$$\left.\begin{aligned} \alpha &= \sqrt{\alpha_t^2 + \alpha_n^2} = r\sqrt{\dot{\omega}^2 + \omega^4} \\ \phi &= \tan^{-1}\frac{\alpha_t}{\alpha_n} = \tan^{-1}\frac{\dot{\omega}}{\omega^2} \end{aligned}\right\} \tag{2-24}$$

만일 ω가 일정하다면, $d\omega / dt = 0$이기 때문에 식 (2-22)~(2-24)에 의하여 다음과 같

이 된다.

$$\alpha_t = 0, \quad \alpha = \alpha_n, \quad \phi = 0 \tag{2-25}$$

즉, 등각속도에서 회전하고 있는 물체의 가속도는 법선가속도만이 존재한다.

3-3 링크 위의 임의점의 가속도

그림 2-42와 같이 링크 OP가 고정중심 O를 중심으로 하여 부등속 회전운동을 할 경우 링크 OP 위의 임의의 점 Q에 대한 가속도를 생각하여 보기로 한다.

점 P에 대한 가속도는 $\overline{OP}$ 방향의 법선가속도와 이에 직각 방향인 접선가속도가 존재하므로 점 P의 합성가속도 α_p는

$$\alpha_p = \sqrt{\alpha_{pt}^2 + \alpha_{pn}^2} = \overline{OP} \cdot \sqrt{\dot{\omega}^2 + \omega^4}$$

α_p의 방향 ϕ는

$$\tan\phi = \frac{\alpha_{pt}}{\alpha_{pn}} = \frac{\dot{\omega}}{\omega^2}$$

가 되고, 점 Q에 대해서도 같은 방법으로 구하면

$$\alpha_q = \overline{OQ}\sqrt{\dot{\omega}^2 + \omega^4}, \qquad \tan\theta = \frac{\alpha_{qt}}{\alpha_{qn}} = \frac{\dot{\omega}}{\omega^2}$$

가 되므로 $\phi = \theta$가 되고 α_p와 α_q도 같은 방향으로 된다. 따라서 가속도도 속도에서와 같이 가속도의 크기는 반지름에 비례함을 알 수 있다. 즉, α_p가 주어지면 α_q는 다음 관계에서 쉽게 구할 수 있다.

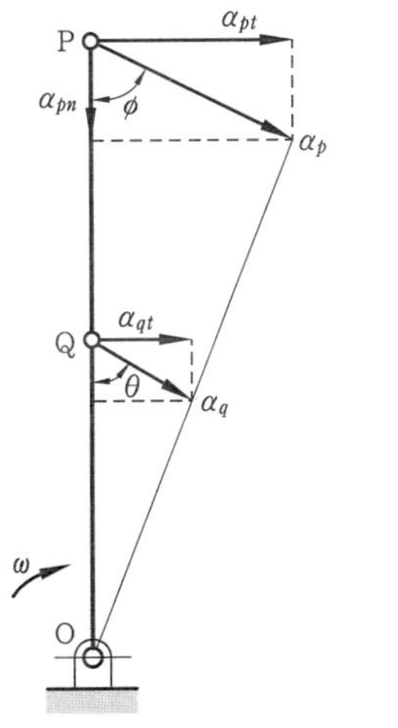

그림 2-42 고정중심 링크 위의 가속도

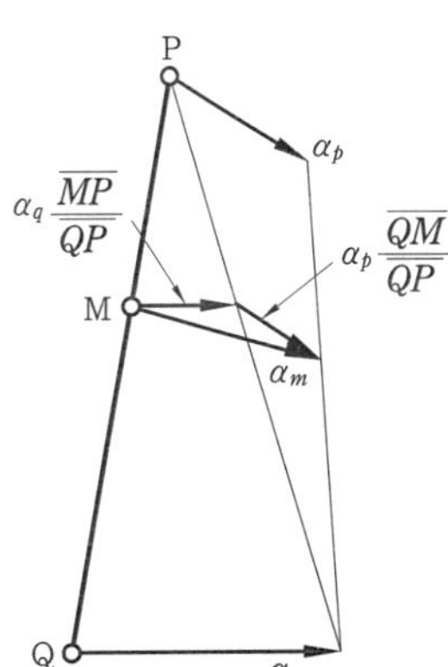

그림 2-43 이동중심 링크 위의 가속도

$$\alpha_p = \frac{\overline{OQ}}{\overline{OP}} \tag{2-26}$$

그림 2-43에서와 같이 점 Q가 고정중심이 아니고, α_q의 가속도를 가지고 운동하는 경우 링크 PQ 위의 임의의 점 M에 대한 가속도 α_m을 구하여 보기로 한다.

점 P와 M의 가속도는 Q가 가지고 있는 가속도와 점 P, M, Q에 대한 상대가속도는 그 거리에 비례하고, 벡터의 합이 된다.

$\alpha_p = \alpha_q + \alpha_{pq}$이므로 $\alpha_{pq} = \alpha_p - \alpha_q$가 되고, $\alpha_m = \alpha_q + \alpha_{mq}$이며, $\dfrac{\alpha_{mq}}{\alpha_{pq}} = \dfrac{\overline{QM}}{\overline{QP}}$의 관계가 성립하므로 다음 식과 같이 나타낼 수 있다.

$$\begin{aligned} \alpha_m &= \alpha_q + \alpha_{pq}\frac{\overline{QM}}{\overline{QP}} = \alpha_q + (\alpha_p - \alpha_q)\frac{\overline{QM}}{\overline{QP}} \\ &= \alpha_q\left(1 - \frac{\overline{QM}}{\overline{QP}}\right) + \alpha_p\frac{\overline{QM}}{\overline{QP}} = \alpha_q\frac{\overline{MP}}{\overline{QP}} + \alpha_p\frac{\overline{QM}}{\overline{QP}} \end{aligned} \tag{2-27}$$

예제 2-8 그림 2-44와 같이 링크 OP가 O를 고정중심으로 하여 일정각속도 ω로 회전할 때 링크 위의 점 P의 법선가속도 α_n을 도식적으로 구하시오.

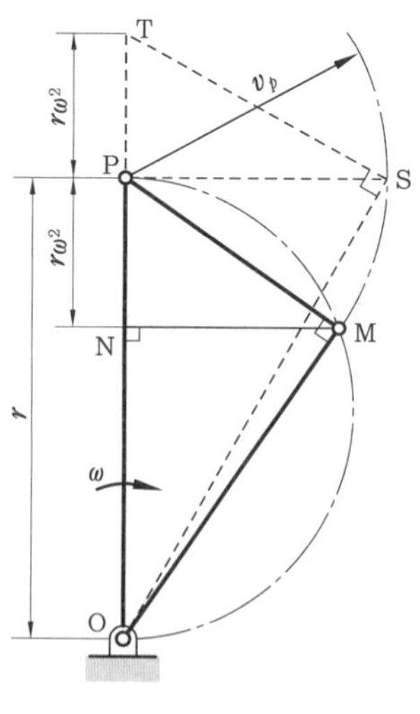

그림 2-44

해설 $\overline{OP}$를 지름으로 하는 반원을 그리고, $v_p = \omega \cdot \overline{OP} = \omega \cdot r$을 표시한다. P를 중심으로 하고, 그림과 같이 반지름 v_p로 원호를 끊고 그 교점 M에서 $\overline{OP}$에 수선을 그어 N이라 하면, $\overline{PN}$이 점 P의 법선가속도 α_{pn}이 된다. 이것은 $\triangle OPM \backsim \triangle NPM$이므로

$$\frac{\overline{PN}}{\overline{PM}} = \frac{\overline{PM}}{\overline{OP}}$$

그러므로

$$\overline{PN} = \frac{(\overline{PM})^2}{\overline{OP}} = \frac{v_p^2}{r} = r\omega^2 = \alpha_n$$

이 된다.

또, P에서 $\overline{OP}$에 수선을 세워 $\overline{PS} = v_p$로 잡고 $\overline{OS} \perp \overline{TS}$로 한다. $\overline{OP}$의 연장선과의 교점을 T라 하면 $\overline{PT}$의 길이도 역시 α_n이 된다. 이것도 같은 방법으로 증명할 수 있다.

$\triangle OPS \backsim \triangle PTS$이므로

$$\frac{\overline{PS}}{\overline{OP}} = \frac{\overline{PT}}{\overline{PS}}$$

$$\therefore \overline{PT} = \frac{(\overline{PS})^2}{\overline{OP}} = \frac{v_p^2}{r} = r\omega^2 = \alpha_n$$

3-4 가속도 이미지법

가속도 이미지법(acceleration image method)도 앞서의 속도 이미지법과 비슷하다. 즉, 평면운동을 하는 한 물체 위에 2점 A, B가 있다고 하면, 점 B의 절대가속도는 점 A의 절대가속도와 점 A에 대한 점 B의 상대가속도에 대한 벡터의 합이 된다. 또한 한 점의 절대가속도는 법선가속도와 접선가속도의 벡터적인 합이며, 법선가속도와 접선가속도는 항상 서로 직각 방향에 존재한다고 본다.

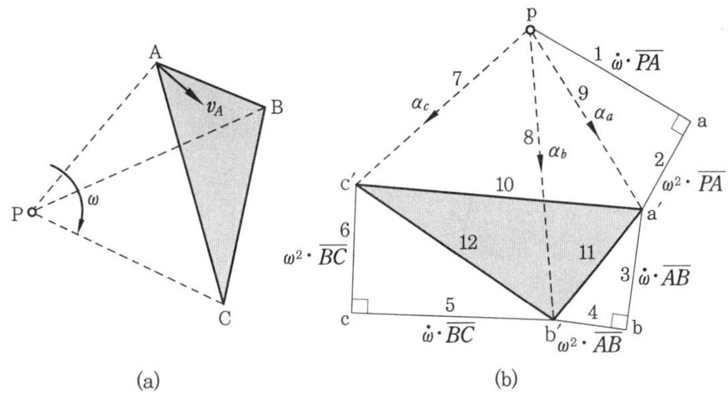

그림 2-45 가속도 이미지법

그림 2-45 (a)에서와 같이 점 A, B, C는 각속도 ω와 각가속도 $\dot{\omega}$를 가지고 운동하는 물체 위의 3점이라고 하면, 이들 3점에 대한 절대가속도를 가속도 이미지에 의하여 구하는 방법은 다음과 같다.

① 점 P를 순간중심이라 하면 $v_A = \omega \cdot \overline{PA}$이고, 점 A의 접선가속도 $\alpha_{at} = \dot{\omega} \cdot \overline{PA}$가 된다. 그림 2-45 (b)에서와 같이 극점 p를 잡고, 점 p에서 그림 2-45 (a)의 $\overline{PA}$에 수직으로 $\overline{pa} = \dot{\omega} \cdot \overline{PA}$가 되도록 적당한 척도로 점 a를 잡는다.

② 점 A의 법선가속도 $\alpha_{an} = \omega^2 \cdot \overline{PA} = \dfrac{(v_A)^2}{\overline{PA}}$을 계산한 후 점 a에서 $\overline{aa'} = \omega^2 \cdot \overline{PA}$가

되도록 점 a′을 정하고, 점 p와 a′을 연결하면 $\overline{pa'}$이 점 A의 절대가속도의 크기 a_a 가 된다.

③ 점 A에 대한 점 B의 상대가속도를 구하기 위하여 점 a′에서 $\overline{AB}$에 수선을 그어 $a_{bat} = \dot{\omega}\,\overline{AB} = \overline{a'b}$가 되도록 점 b를 잡고, 다시 점 b에서 $\overline{a'b}$에 수선을 그어 $a_{ban} = \omega^2 \cdot \overline{AB} = \dfrac{(v_{ba})^2}{\overline{AB}}\ \overline{b'b}$가 되도록 점 b′을 정한다. 점 a′과 b′을 연결한 $\overline{a'b'}$은 점 A에 대한 점 B의 상대가속도의 크기인 a_{ba}가 된다. 따라서 점 p와 b′을 연결한 $\overline{pb'}$은 점 B의 절대가속도의 크기 a_b가 된다.

④ 점 B에 대한 점 C의 상대가속도를 구하기 위하여 점 b′에서 $\overline{BC}$에 수선을 그어 $a_{cbt} = \overline{b'c} = \dot{\omega} \cdot \overline{BC}$가 되도록 점 c를 잡고, 점 c에서 $\overline{b'c}$에 수선을 그어 $a_{cbn} = \overline{cc'} = \omega^2 \cdot \overline{BC}$가 되도록 점 c′을 정한다. 점 b'과 c'을 연결하면 $\overline{b'c'}$은 점 B에 대한 점 C의 상대가속도의 크기 a_{cb}가 된다. 따라서 점 p와 c′을 연결한 $\overline{pc'}$은 점 C의 절대가속도의 크기 a_c가 된다.

⑤ 가속도 삼각형 $a'b'c'$과 물체삼각형 ABC는 닮은꼴 삼각형이며, 물체의 회전 방향으로 $\left[90 + \tan^{-1}\dfrac{\dot{\omega}}{\omega^2}\right]^\circ$만큼 회전한 것을 쉽게 알 수 있다.

⑥ 법선가속도는 항상 회전의 중심 방향으로 그리며, 접선가속도는 각가속도가 증가할 때는 그 점의 회전 방향으로 되고, 감소할 때는 반대 방향을 향하도록 그려야 한다.

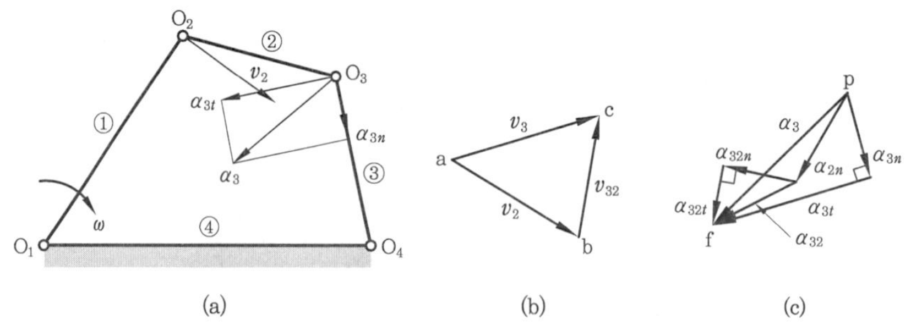

그림 2-46 가속도 이미지법

그림 2-46 (a)와 같은 4절연쇄기구에 있어서 링크 ①을 일정한 각속도 ω로 회전시킬 때 점 O_3의 가속도 a_3를 구하여 보자.

먼저 점 O_2의 속도 v_2와 점 O_3의 속도 v_3와 2점의 상대속도 v_{32}는 그림 2-46 (b)와 같이 속도이미지법으로 구한다. 링크 ①의 각속도가 일정하므로 점 O_2에서 가속도 $a_2 = a_{2n} = \omega^2 \cdot \overline{O_1O_2} = \dfrac{v_2^2}{\overline{O_1O_2}}$이므로 법선가속도만 존재하고, 접선가속도는 0이다. 또한 $a_{32n} = \dfrac{(v_{32})^2}{\overline{O_2O_3}}$, $a_{3n} = \dfrac{v_3^2}{\overline{O_3O_4}}$이 되고, 이것에 의하여 적당한 척도로 가속도선도를 그린다.

그림 2-46 (c)에서와 같이 임의점 p에서 링크 ①에 평행으로 $\overrightarrow{\alpha_{2n}}$을 긋고, $\overrightarrow{\alpha_{32n}}$은 $\overrightarrow{\alpha_{2n}}$의 끝에서 링크 ②에 평행하게 그어 정한다. $\overrightarrow{\alpha_{32t}}$는 $\overrightarrow{\alpha_{32n}}$의 끝에서 $\overrightarrow{\alpha_{32n}}$에 수직한 방향에 있다. 또 점 p에서 $\overrightarrow{\alpha_{3n}}$은 링크 ③에 평행한 선을 그어 구하고, 그 끝에서 수직 방향으로 $\overrightarrow{\alpha_{3t}}$가 있다. $\overrightarrow{\alpha_{32t}}$의 방향과 $\overrightarrow{\alpha_{3t}}$의 방향과의 교점 f와 p를 연결하면 $\overrightarrow{\alpha_{3}}$가 구하여진다.

예제 2-9 그림 2-47 (a)와 같은 미끄럼 크랭크 기구에 있어서 크랭크가 일정각속도 ω로 회전할 때 점 C의 가속도 α_c를 구하시오. (단, 크랭크의 길이를 r, 연결봉의 길이를 l로 한다.)

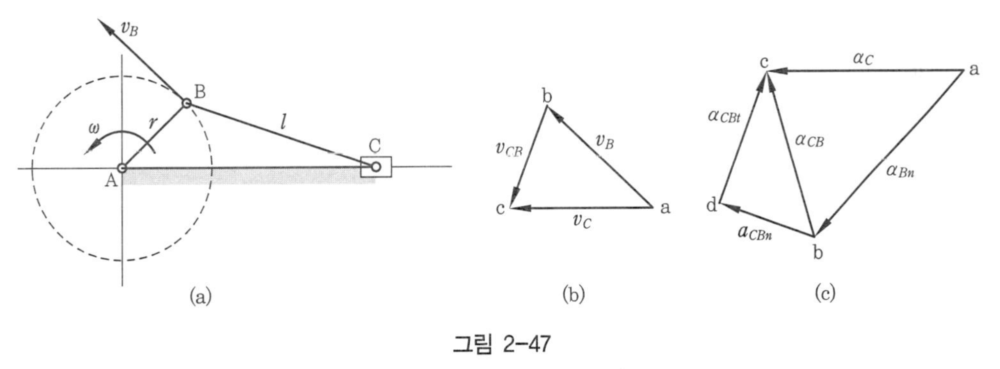

그림 2-47

해설 점 B의 속도 $v_B = \omega r$이고, $\overline{AB}$에 수직한 방향에 있다.

그림 (b)와 같이 적당한 척도로 v_B를 $\overline{AB}$에 수직하게 $\overrightarrow{ab}$를 긋고, 그 끝 b에서 $\overline{BC}$에 수직하게 $\overrightarrow{bc}$를 긋는다. 또, 점 a에서 $\overline{AC}$에 평행하게 $\overrightarrow{ac}$를 긋고 $\overrightarrow{bc}$와의 교점을 c라고 하면, $\overrightarrow{ac}$는 v_c를 표시하며 $\overrightarrow{bc}$는 B에 대한 점 c의 상대속도 v_{CB}를 표시한다. 그리고 점 B는 일정각속도로 회전하기 때문에 점 B의 가속도 α_B는 법선가속도 α_{Bn}과 같다.

$$\overrightarrow{\alpha_C} = \overrightarrow{\alpha_B} + \overrightarrow{\alpha_{CB}} = \overrightarrow{\alpha_{Bn}} + \overrightarrow{\alpha_{CBn}} + \overrightarrow{\alpha_{CBt}}$$

여기서 $\alpha_{Bn} = \dfrac{{v_B}^2}{r}$, $\alpha_{CBn} = \dfrac{{v_{CB}}^2}{l}$을 구하여 그림 2-47 (c)와 같이 점 a에서 $\overrightarrow{\alpha_{Bn}}$을 $\overline{AB}$에 평행하게 긋고, 그 선단 b에서 $\overline{BC}$에 평행하게 α_{CBn}을 그어 $\overrightarrow{bd}$로 잡는다.

또, 점 a에서 $\overline{AC}$에 평행선을 긋고 점 d에서 $\overrightarrow{bd}$에 수직한 선과의 교점을 c라 하면, $\overrightarrow{bc}$는 α_{CB}를 표시하고 $\overrightarrow{ac}$는 α_C를 표시한다.

● 연 습 문 제 ●

1. 3순간중심의 정리를 설명하시오.

2. 그림 2-48에 표시하는 것과 같이 링크 ②가 회전하여 링크 ⑥이 링크 ①의 안내면을 왕복운동하는 기구에서 그림과 같은 위치에 올 때 순간중심을 확인하시오.

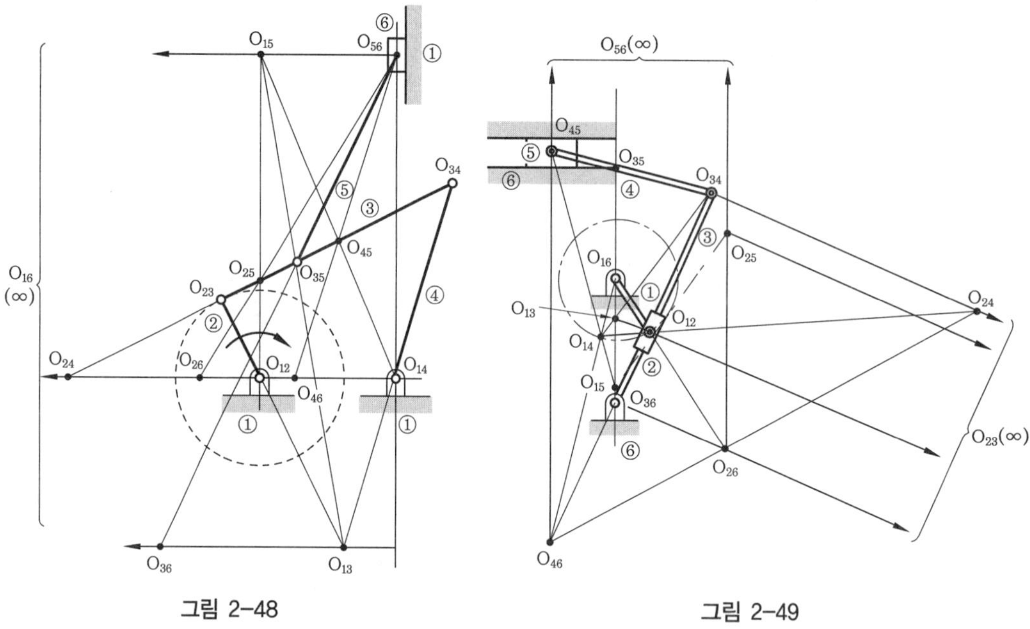

그림 2-48 그림 2-49

3. 그림 2-49와 같은 6절연쇄기구의 순간중심을 구하고, 그림과 같이 순간중심이 표시되는 것을 확인하시오.

4. 그림 2-48에 표시하는 기구에서 링크 ①, ②, ③, ④의 길이를 각각 300, 1000, 600, 12000 mm로 하여 링크 ①이 등속으로 150 rpm 회전할 때 점 O_3에 대한 속도의 크기를 구하시오.

5. 그림 2-50과 같이 120°를 이루고 있는 안내면 위에 슬라이더 A와 B가 있고, A와 B는 연결봉으로 상호 연결되어 있다. A가 5 m/min의 속도로 왼쪽으로 움직여서 θ가 25°로 될 때 B의 속도를 구하시오.

6. 그림 2-51과 같은 4절연쇄기구에 있어서 링크 ①이 1 rad/s의 일정각속도로 회전하고, 그림과 같이 링크 ①과 ②가 이루는 각이 45°, 링크 ②와 ③이 85°를 이룰 때 점 O_3의 가속도와 링크 ③의 각가속도를 구하시오. (단, $\overline{AB} = 24$ cm, $\overline{BC} = 22.5$ cm, $\overline{CD} = 33.5$ cm로 한다.)

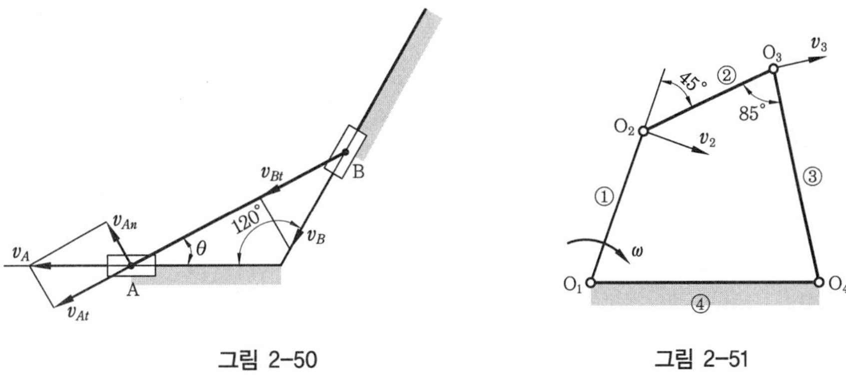

그림 2-50　　　　그림 2-51

7. 그림 2-52와 같은 캠기구에 대한 순간중심을 구하시오.

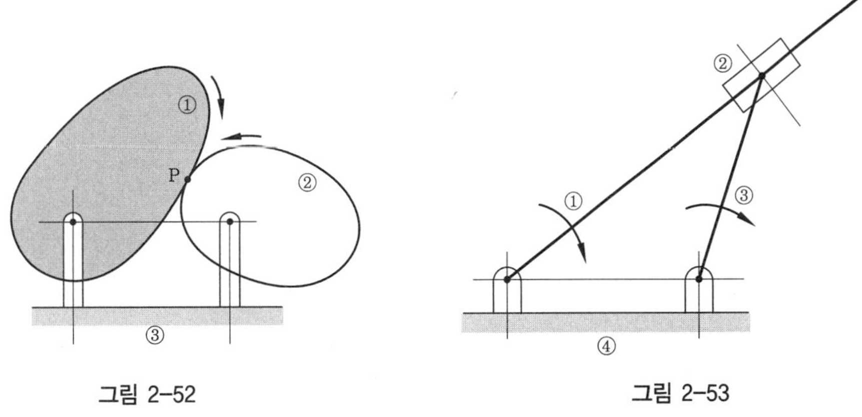

그림 2-52　　　　그림 2-53

8. 그림 2-53과 같이 링크 ④ 위를 슬라이더 ②가 크랭크 ③의 회전에 의해 움직일 때 그림과 같은 위치에 대한 순간중심을 구하시오.

9. 그림 2-54는 링크 ①이 ω [rad/s]의 각속도로 회전하는 기구이다. 그림과 같은 현재의 위치에 대한 점 C의 속도를 구하시오.

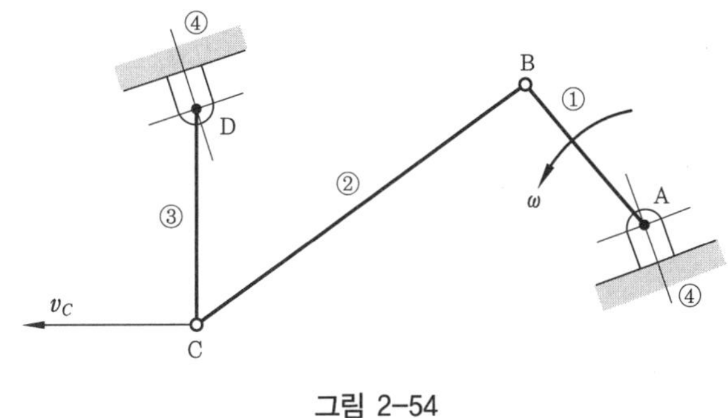

그림 2-54

답　**5.** 5.5 m/s　**6.** ③ 가속도 벡터 선도에서 0.282 m/s^2, 0.86 rad/s^2

제 3 장 링크 기구

1. 링크 기구의 개요

1-1 링크 기구의 뜻

강성 링크를 조합하여 회전이 자유롭게 될 수 있도록 핀, 또는 미끄럼짝으로 하여 한정된 상대운동을 할 수 있도록 한 기구를 링크 기구(link mechanism)라 한다.

복잡한 대부분의 기계도 그 구성요소를 간단한 링크로 바꾸어 놓고 그들 사이의 짝에 대한 관계를 조사하면, 기구학적으로는 간단한 링크 기구로 바꾸어 생각할 수 있다.

이와 같이 링크 기구는 거의 대부분의 기계를 구성하는 기본이 되므로 링크 기구가 주어지면, 그 운동상태가 어떻게 되는가를 조사하는 것이 매우 중요하다.

1-2 링크 기구의 구성

링크 중에서 고정 링크의 주위를 360° 회전하는 링크를 크랭크(crank)라 하고, 고정 링크의 주위를 왕복각운동하는 링크를 레버(lever) 또는 로커(rocker)라 한다.

링크의 회전운동의 중심이 무한대에 있는 경우는 왕복직선운동으로 되는데, 이러한 링크를 슬라이더(slider)라 부른다. 또한 링크 중에서 2개 이상의 짝을 이루는 점이 있다 하더라도 링크 사이의 상대운동이 없는 경우는 한 개의 링크로 생각하고, 이와 같이 고정된 링크를 프레임(frame)이라고 한다는 것은 이미 설명하였다.

2. 4절 크랭크 기구

자유도 1의 한정연쇄를 이루는 것은 링크의 수가 4개인 기구가 되고, 이것을 4절 크랭크 기구(quadric crank mechanism)라 한다. 링크 기구의 대부분은 4절 크랭크 기구이고, 이 기구를 사용하여 링크의 조건을 바꾸면 각종 운동이 얻어진다. 따라서 4절 크랭크 기구는 이론 및 실용상 중요한 의미를 지닌다.

그림 3-1과 같이 3개의 링크로 이루어진 연쇄에서는 상대운동이 없으므로 구조물에 불과하고, 그림 3-2와 같이 4개의 링크로 구성된 연쇄에서는 각 링크 사이에 상대운동이 존재할 뿐만 아니라, 제한된 상대운동을 한다는 것은 이미 설명하였다. 링크의 수가 5개 이상으로 이루어진 기구는 몇 개를 고정 링크로 만들어 주지 않으면 제한된 운동을 할 수 없으므로 연쇄를 교체함으로써 각종 기구를 생각해 낼 수 있다.

그러면 4절 크랭크 기구를 교체하여 어떠한 기구가 얻어지는가를 고찰하여 보기로 한다.

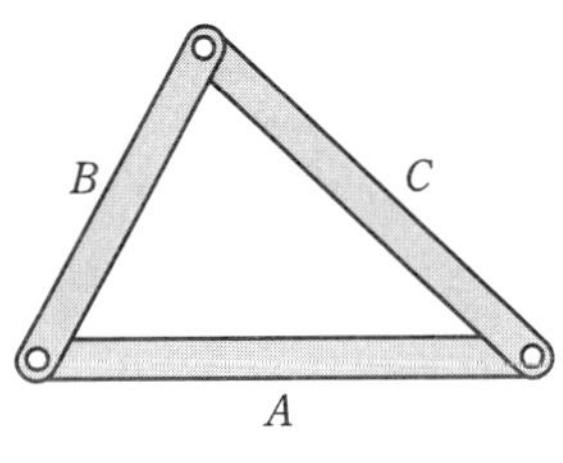

그림 3-1 고정연쇄

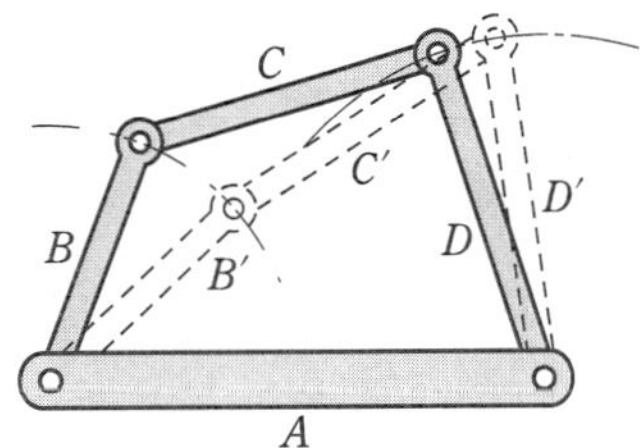

그림 3-2 한정연쇄

2-1 레버 크랭크 기구

(1) 제 1 교체

그림 3-3과 같이 링크 A, B, C, D 중에서 링크 A를 고정하면 링크 B가 회전운동을 하여 크랭크가 되고, 링크 D는 왕복운동을 하여 레버가 되므로 이 기구를 레버 크랭크 기구(lever crank mechanism)라 한다. 여기서 링크 D가 왕복각운동을 하는 양쪽 끝의 위치는 링크 B와 링크 C가 일직선상에 오는 경우(가는 선으로 표시한 위치)와 이것이 합쳐지는 경우(점선으로 표시한 위치)로 된다.

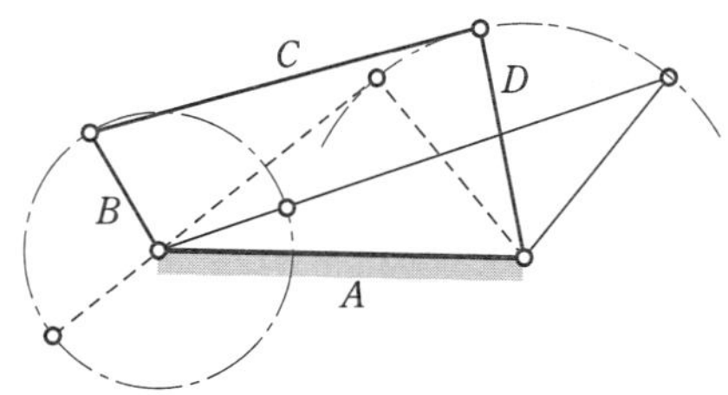

그림 3-3 레버 크랭크 기구(제 1 교체)

링크 A, B, C, D의 길이를 각각 a, b, c, d라 하면 그림에서 알 수 있듯이 레버 크랭크기구가 성립되기 위해서는 a, b, c, d 사이에 다음과 같은 관계가 성립하여야 한다.

$$a+d>b+c \tag{3-1}$$
$$(c-b)+d>a \tag{3-2}$$

식 (3-1)의 관계는 가는 선으로 표시된 삼각형에서 쉽게 알 수 있고, 식 (3-2)의 관계는 점선의 삼각형에서 알 수 있다.

(2) 제 2 교체

그림 3-4에서 A와 마주보는 링크 C를 고정하여도 레버 크랭크 기구가 된다. 만일 C를 고정하였다면, 레버 크랭크 기구가 되기 위하여 그림 3-4의 점선 및 가는 선으로 이루어진 삼각형에서 다음 조건이 성립하여야 한다.

$$a+b<c+d \tag{3-3}$$
$$(a-b)+d>c \tag{3-4}$$

식 (3-3)의 관계는 식 (3-2)의 관계를 직접 사용할 수가 있고, 또 식 (3-4)의 관계는 식 (3-1)의 관계를 직접 이용할 수 있다. 따라서 A를 고정 링크로 하여 레버 크랭크 기구가 되기 때문에 A와 마주보는 C를 고정 링크로 하여도 반드시 레버 크랭크 기구가 되지 않으면 안 된다.

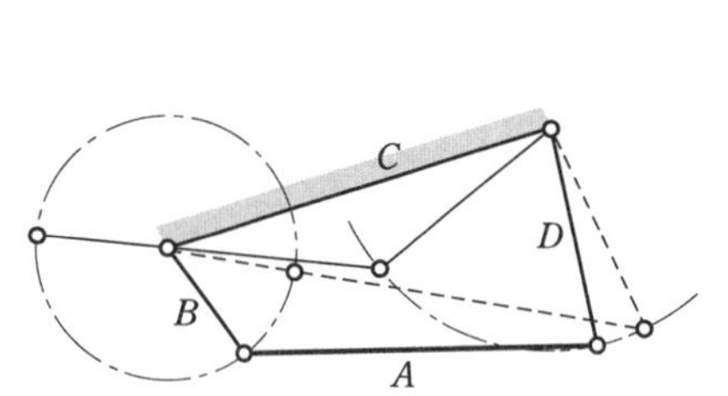

그림 3-4 레버 크랭크 기구(제 2 교체)

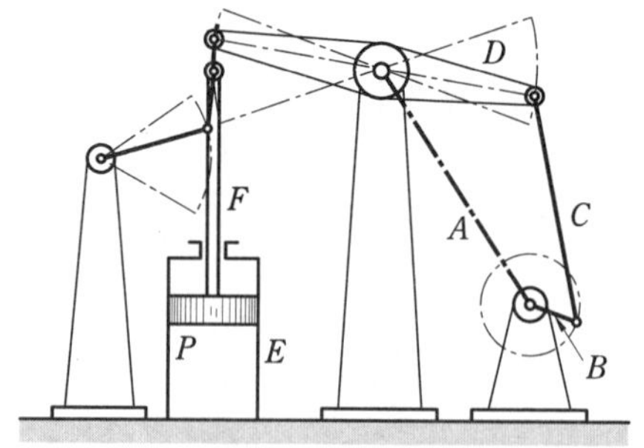

그림 3-5 제임스 와트의 증기기관

(3) 레버 크랭크 기구의 응용

레버 크랭크 기구의 응용예는 상당히 많다. 그림 3-5는 이 기구를 응용한 제임스 와트(James Watt)의 증기기관을 나타내는 그림이다. 그림에서 E는 실린더로서 이것에 증기를 넣고 피스톤 P를 상하운동시키면, 이것이 피스톤 로드 F에 의하여 레버 D에 왕복운동을 준다. D의 왕복운동은 C에 의하여 크랭크 B에 회전운동을 하게 한다.

따라서 A, B, C, D는 레버 크랭크 기구에 해당하고, A는 고정 링크, B가 크랭크, C는 연결절, D는 레버가 된다.

그림 3-6에 레버 크랭크 기구를 간헐운동장치에 응용한 예를 나타내었다. 이 기구에서는 크링크 ①이 회전하여 레버 ③에 왕복각운동을 주면 ③에 설치된 폴(pawl) C가 래

칫 휠(rachet wheel) R을 한쪽 방향으로 일정한 속도로 옮겨간다. 이때 D는 래칫 휠의 역전을 방지한다.

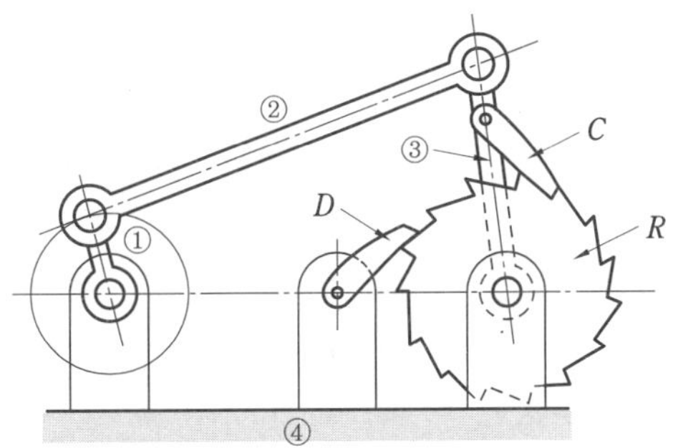

그림 3-6 간헐운동장치

2-2 2중 크랭크 기구

(1) 2중 크랭크 기구의 성립

그림 3-7에서 가장 짧은 링크 B를 고정하면 링크 A와 링크 C가 회전운동을 하게 되어, 2개의 링크 A와 C가 모두 크랭크가 되므로 이것을 2중 크랭크 기구(double-crank mechanism)라 한다.

2중 크랭크 기구가 되기 위한 조건은 점선 및 가는 선으로 이루어진 삼각형에서 다음 관계가 성립한다.

$$a+b<c+d \quad (3\text{-}5)$$

$$b+c<a+d \quad (3\text{-}6)$$

식 (3-5), (3-6)은 식 (3-1) 및 (3-2)와 같으므로 링크 A를 고정하였을 때 레버 크랭크 기구가 되며, 링크 A와 인접하고 있는 가장 짧은 링크 B를 고정 링크로 한다면 반드시 2중 크랭크 기구가 되는 것을 알 수 있다.

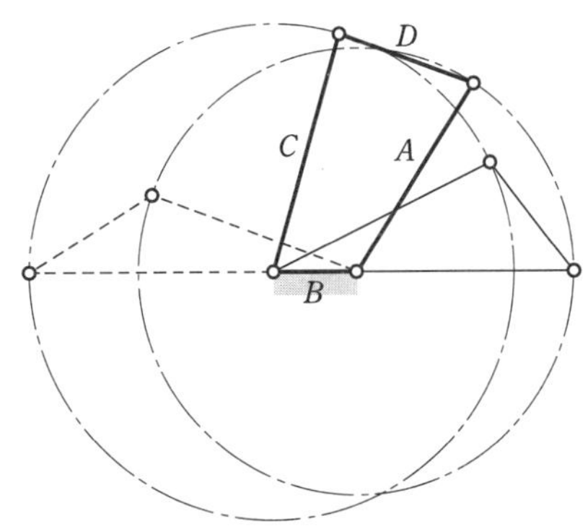

그림 3-7 2중 크랭크 기구

(2) 2중 크랭크 기구의 응용

그림 3-8은 2중 크랭크 기구를 송풍기에 응용한 예이다.

6각형으로 만든 통이 원통형의 통로 속에서 프레임에 고정된 점 O의 둘레를 회전한다. 6각형통의 바깥쪽의 3점에는 3개의 링크 ③이 핀으로 결합되어 있고, 또 링크 ③의 다른 끝에는 링크 ②가 핀으로 결합되어 있다. 3개의 링크 ②는 점 O′에 모이게 되고, 여기서 함께 핀으로 결합되며 이 핀은 프레임에 고정된다. 6각형 통이 점 O의 둘레를 회전하면 OO′ 링크는 고정 링크 ①이 되고, 링크 ②와 링크 ④는 각각 크랭크가 되어 회전한다. 이때 링크 ③의 작용으로 S에서 흡입한 공기를 압축하면서 E로 송출한다.

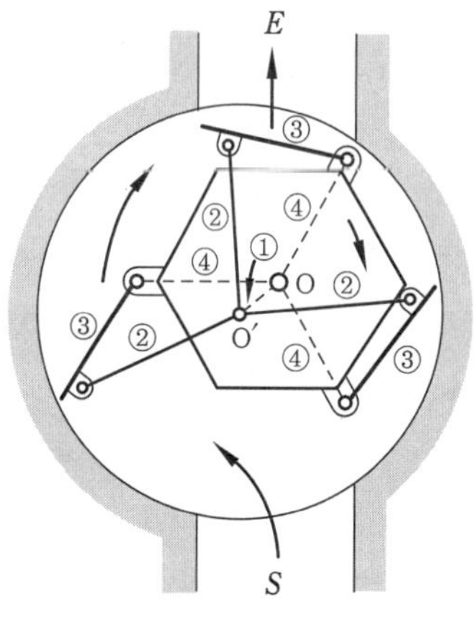

그림 3-8 송풍기

2-3 2중 레버 기구

(1) 2중 레버 기구의 성립

그림 3-3에서 링크 D를 고정하면 그림 3-9에서와 같은 2중 레버 기구(double lever mechanism)가 된다. 2중 레버 기구는 그림 3-9에서도 알 수 있듯이 링크 A 및 링크 C가 가는 선 및 점선으로 표시된 범위 내에서 왕복각운동을 하게 된다.

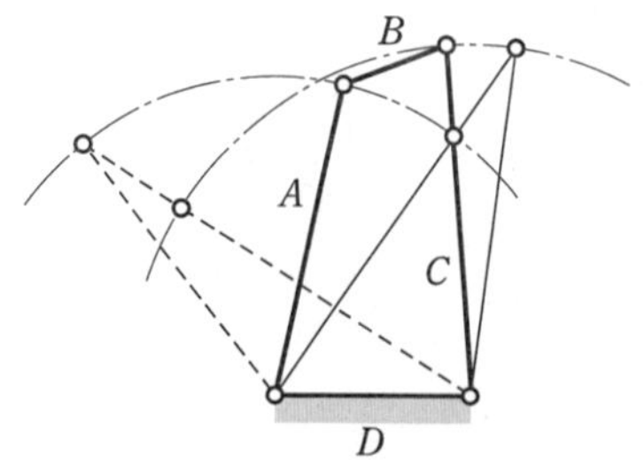

그림 3-9 2중 레버 기구

가는 선과 점선으로 이루어진 삼각형에서 2중 레버 기구가 되기 위한 조건을 구할 수 있지만, 이것은 앞에서 구한 식 (3-1) 및 (3-2)와 같다. 따라서 링크 A를 고정하였을 때 레버 크랭크 기구가 되는 연쇄는 이것을 교체하여 링크 D를 고정하면, 반드시 2중 레버 기구가 생기게 된다.

(2) 2중 레버 기구의 응용

이 기구의 응용에는 그다지 많지 않다. 그림 3-10은 2중 레버 기구를 자동차의 조향장치(steering mechanism)에 응용한 예이다.

그림에서 레버 ④를 오른편으로 회전시키면, 레버 ①에 부속되어 있는 앞바퀴의 레버 ④에 부속되어 있는 앞바퀴보다 크게 왼쪽으로 돌아서 2개의 중심연장선이 만나게 된다. 또한 자동차가 왼쪽으로 돌아가려고 할 때는 핸들을 왼쪽으로 돌리며 앞바퀴는 그림에서 보는 바와 같이 기울어져야 할 것이다. 이때 앞쪽의 두 바퀴에 대한 중심선의 교점 O가 항상 두 바퀴의 중심선 위에 있으면 4개의 바퀴는 이 한 점 O를 중심으로 방향을 바꾸게 되므로 매우 이상적이다. 그림에서 $\cot\alpha-\cot\beta=\frac{s}{l}$가 되어 2중 레버 기구의 조건을 만족시킬 수 있다.

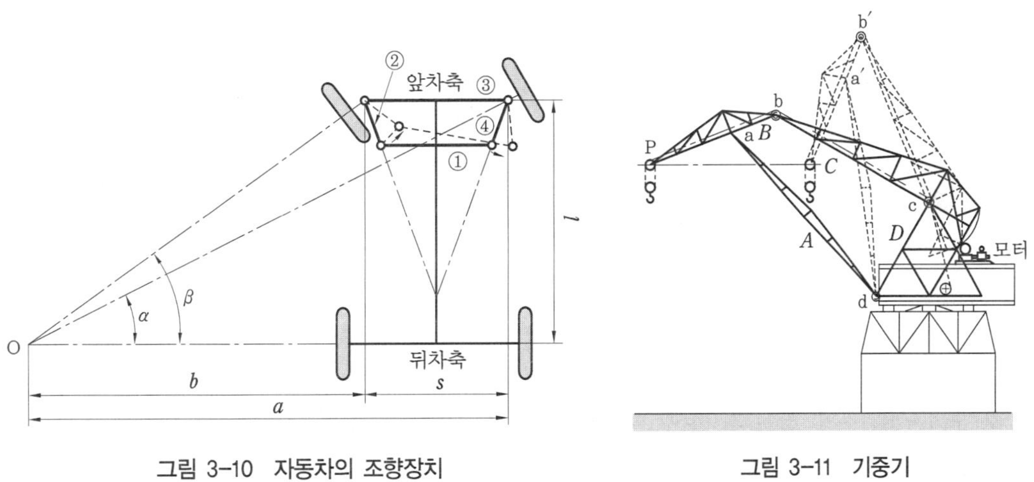

그림 3-10 자동차의 조향장치

그림 3-11 기중기

그림 3-11은 기중기를 나타낸 것으로서 점 c, d는 프레임에 고정되어 있으며, 고정 링크 D에 해당한다. 여기에서 링크 A와 C는 왕복각운동을 하는 2중 레버가 된다. 링크 B가 A 및 C와 일직선에 있음으로써 올린 중량물을 가까이 또는 낮은 곳에서 높은 곳으로 쉽게 이동시킬 수 있다.

2-4 기구의 사안점과 사점

어떤 종류의 기구에서는 운동 중 어느 특별한 위치에 오면 구동절이 일정한 운동을 하여도 종동절은 두 가지 운동을 하는 수가 있다. 그림 3-12에서 점선으로 표시된 위치에서는 구동절 A가 조금 움직여서 굵은 선으로 표시한 위치에 오면 C는 굵은 선으로 표시한 위치에 올 수도 있고, 또한 가는 선의 위치에 올 수도 있다. 이러한 위치에서는 기구는 운동이 한정되지 않는데, 이러한 위치를 기구의 사안점(死案點, change point)이라 한다.

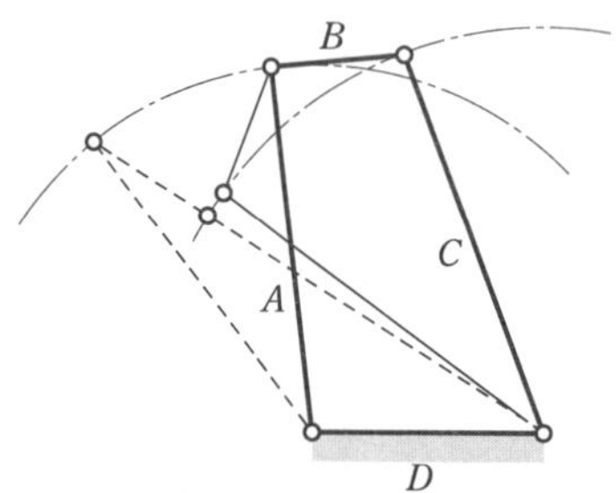

그림 3-12 기구의 사안점과 사점

또, 어떤 종류의 기구에서는 운동 중에 어느 특별한 위치에 오면 구동절에 힘을 가하여도 종동절이 움직이지 못하는 경우가 있다. 예를 들면, 그림 3-12에서 D를 구동절이라 생각하였을 때 기구가 가는 선 또는 점선으로 표시된 위치에 오면 D에 어떠한 힘을 가하여도 종동절인 B를 회전운동시킬 수 없다. 이와 같은 위치를 기구의 사점(死點, dead point)이라 한다. 사점은 대개의 경우 사안점과 일치한다.

2-5 배력장치

작은 힘을 작용시켜서 큰 힘을 내는 링크 장치를 배력장치(倍力裝置, toggle joint)라 하고 프레스, 절단기, 분쇄기, 착암기, 마찰 클러치(friction clutch) 등에 널리 사용된다. 그림 3-13은 이와 같은 배력장치를 응용한 수동절단기이다.

링크 AD를 고정 링크로 하고 링크 AE의 점 E에 힘 P가 작용할 때, 링크 CD 위의 점 F에 작용하는 절단력 W를 구하여 보자.

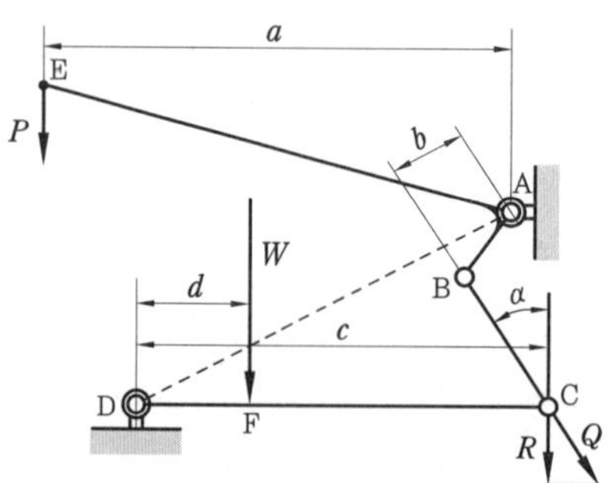

그림 3-13 수동절단기

점 A에서 힘 P까지의 수직거리를 a, 링크 BC에 수직한 거리를 b, 또한 힘 Q를 분해하여 링크 CD에 대한 수직분력을 R이라 하고, R과 Q 사이의 각을 α라 하자. 마찰손실을 무시하면 점 A에 관한 모멘트는

$$P \cdot a = Q \cdot b$$

그런데 $R = Q\cos\alpha$, $R \cdot c = d \cdot W$이므로

$$W = \frac{a \cdot c\cos\alpha}{b \cdot d} P \qquad (3\text{-}7)$$

식 (3-7)에서 a, b, c, d의 길이는 대개 일정하지만, b의 길이는 차츰 작아지고 0에 가까워진다. 각 α도 레버의 회전에 따라 차츰 작아지기 때문에 작은 힘 P를 작용시켜 큰 절단력 W를 얻을 수 있다.

그림 3-14는 금속절단기에 이 원리를 이용하여 링크 CD에 붙어 있는 S 사이에 절단하고자 하는 물체를 넣고, 핸들 H를 누르면 금속이 절단된다.

또한 그림 3-15는 크랭크 ①을 일정한 회전수로 회전시키면, 링크 ⑤에 주기적인 큰 하중을 작용시키는 분쇄기를 나타낸 것이다.

점 D에 관한 모멘트를 생각하면

$$P \cdot l = Q \cdot a$$

$$\therefore\ Q = \frac{Pl}{a}$$

그런데 $W = Q\cos\alpha$이므로

$$W = \frac{P \cdot l}{a}\cos\alpha \qquad (3\text{-}8)$$

가 된다.

식 (3-8)에서 링크 ③과 링크 ④가 일직선으로 되는 상태에서 α가 0에 가까워지기 때문에 링크 ⑤에 매우 큰 힘 W가 작용하게 된다.

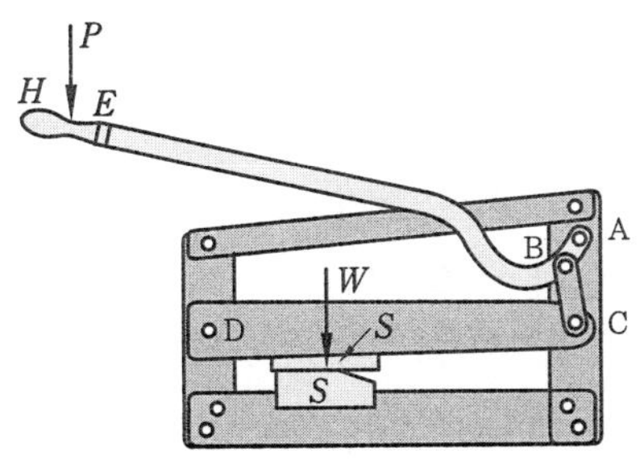

그림 3-14 금속절단기

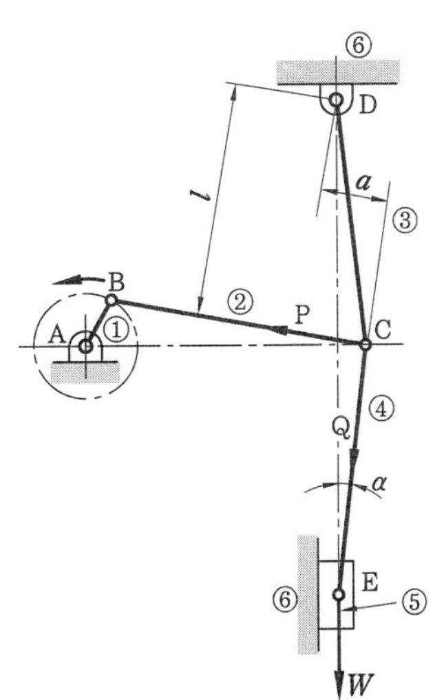

그림 3-15 분쇄기

3. 슬라이더 크랭크 기구

3-1 슬라이더 크랭크 기구의 성립과 교체

4절 크랭크 기구를 조금 변형시키면 일반적으로 미끄럼짝 한 개를 가지고, 그 밖의 것은 회전짝으로 되어 있는 슬라이더 크랭크 기구(slider crank mechanism)가 된다.

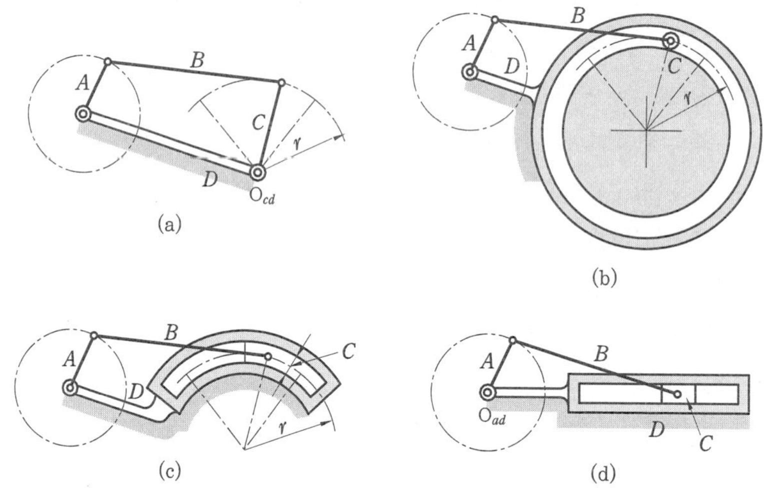

그림 3-16 슬라이더 크랭크 기구의 성립

그림 3-16 (a)와 같이 링크 D를 고정하면 레버 크랭크 기구가 되는데, 회전짝을 이루고 있는 핀 O_{cd}의 크기는 기구의 운동에 아무런 영향도 미치지 않는다. 따라서 핀의 반지름을 링크 C의 길이보다 크게 하면 그림 3-16 (b)와 같이 링크 C는 변형하여 원판이 되지만, 기구 자체의 운동에는 변화가 없고 링크 A가 회전운동을 하면 C는 왕복각운동을 한다.

그림 3-16 (c)와 같이 원판의 일부분으로 하고 링크 D에 원형 안내홈(circular slotted guide)을 파서, 이 홈 안에서 미끄럼짝을 이루는 슬라이더로 하여도 각 링크의 관계운동은 그림 3-16 (a)와 같다.

만일 슬라이더가 운동하고 있는 링크의 원형 안내홈의 반지름 r을 무한대로 하면 원형 안내홈은 그림 3-16 (d)와 같이 직선홈이 되어서 슬라이더는 직선운동을 하게 되고, 이때 슬라이더의 운동이 O_{ad}를 통과할 때 이것을 슬라이더 크랭크 기구라 한다.

이 슬라이더 크랭크 기구를 교체하면 그림 3-17과 같은 4종류의 기구가 생기고, 각각 다음과 같이 불린다.

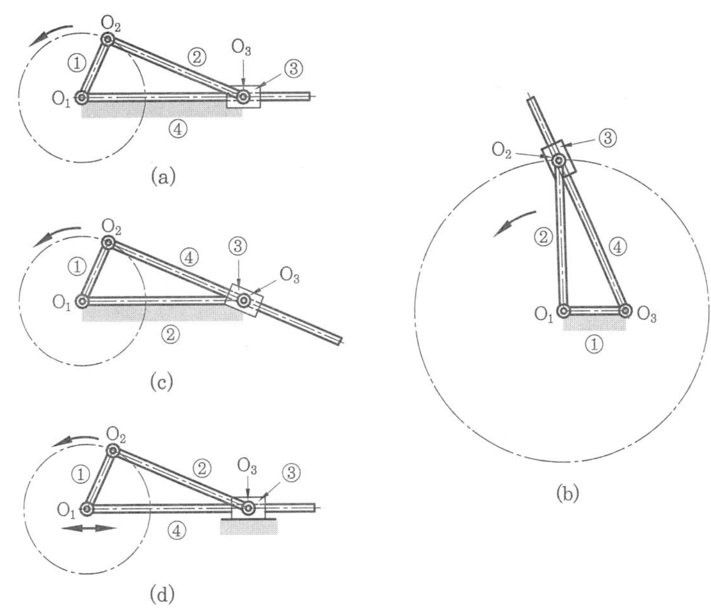

그림 3-17 슬라이더 크랭크 기구의 종류

① 왕복 슬라이더 크랭크 기구(reciprocating slider crank mechanism) : 링크 ④를 고정한 경우

② 회전 슬라이더 크랭크 기구(turning slider crank mechanism) : 링크 ①을 고정한 경우

③ 요동(搖動) 슬라이더 크랭크 기구(oscillating slider crank mechanism) : 링크 ②를 고정한 경우

④ 고정 슬라이더 크랭크 기구(fixed slider crank mechanism) : 링크 ③을 고정한 경우

이들 4종류 중에서 왕복 슬라이더 크랭크 기구가 가장 중요하므로, 이에 대하여 좀더 상세히 설명해 보기로 한다.

3-2 왕복 슬라이더 크랭크 기구

왕복 슬라이더 크랭크 기구는 내연기관, 증기기관, 압축기, 펌프 등에 널리 사용되고 있으며, 피스톤 크랭크 기구(piston-crank mechanism)라고도 부른다. 이때 슬라이더는 피스톤이라 불리고, 이 기구는 피스톤에 왕복운동을 주고 이 운동은 연결봉을 통해서 크랭크에 전달되어 크랭크를 회전시키거나, 또는 크랭크를 회전시키는 동시에 피스톤에 왕복직선운동을 주기 위하여 사용되는 것이다.

그러면 크랭크가 일정 각속도로 회전운동을 할 때 크랭크의 위치에 따라 어떤 속도 및 가속도로 왕복운동을 하는가를 생각하여 보자. 이들을 구하는 방법에는 해석적인 방법과 도식적인 방법이 있다.

(1) 해석적인 방법

그림 3-18에서 크랭크 반지름을 r, 연결봉의 길이를 l, 크랭크의 회전각을 θ, 경사각을 ϕ, 피스톤이 움직이는 거리를 행정(行程, stroke) S라 하면 $S=2r$이 된다.

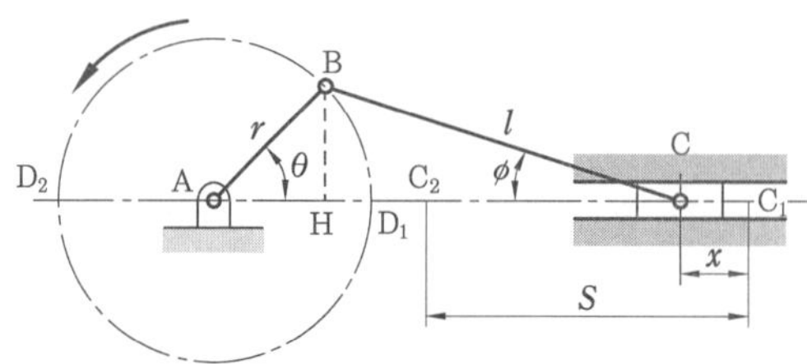

그림 3-18 피스톤 크랭크 기구

또한 점 B에서 $\overline{AC}$에 내린 수선과 $\overline{AC}$와의 교점을 H라 하면, 다음과 같은 관계가 성립한다.

$$x=\overline{AC_1}-\overline{AC},\quad \overline{AC_1}=r+l$$

$$\overline{AC}=\overline{AH}+\overline{HC}=r\cos\theta+l\cos\phi$$

$$\overline{BH}=r\sin\theta=l\sin\phi$$

$$\therefore\ \sin\phi=\frac{r}{l}\sin\theta$$

또는 $\cos\phi=\sqrt{1-\dfrac{r^2}{l^2}\sin^2\theta}$

이 되므로 다음 식과 같이 된다.

$$x=r(1-\cos\theta)+l\left(1-\sqrt{1-\frac{r^2}{l^2}\sin^2\theta}\right)$$

$$=r\{1-\cos\theta+\frac{1}{\lambda}(1-\sqrt{1-\lambda^2\sin^2\theta})\} \tag{3-9}$$

여기서 $\lambda=\dfrac{r}{l}$

따라서 피스톤의 속도 v 및 가속도 α는 다음 식과 같이 된다.

$$v=\frac{dx}{dt}=r\left(\sin\theta+\frac{\lambda\sin 2\theta}{2\sqrt{1-\lambda^2\sin^2\theta}}\right)\frac{d\theta}{dt}$$

$$\alpha=\frac{dv}{dt}=r\left\{\cos\theta+\frac{\lambda\cos 2\theta+\lambda^3\sin 4\theta}{(1-\lambda^2\sin^2\theta)^{3/2}}\right\}\left(\frac{d\theta}{dt}\right)^2$$

$$+r\left(\sin\theta+\frac{\lambda\sin 2\theta}{2\sqrt{1-\lambda^2\sin^2\theta}}\right)\frac{d^2\theta}{dt^2}$$

크랭크의 각속도 ω가 일정하다면 $\dfrac{d\theta}{dt}=\omega$, $\dfrac{d^2\theta}{dt^2}=0$이므로

$$v=\omega r\left(\sin\theta+\frac{\lambda\sin 2\theta}{2\sqrt{1-\lambda^2\sin^2\theta}}\right) \tag{3-10}$$

$$a=\omega^2 r\left\{\cos\theta+\frac{\lambda\cos 2\theta+\lambda^3\sin 4\theta}{(1-\lambda^2\sin^2\theta)^{3/2}}\right\} \tag{3-11}$$

일반적으로 내연기관에 있어서 $\lambda=\dfrac{1}{4}\sim\dfrac{1}{4.5}$, 증기기관에 있어서 $\lambda=\dfrac{1}{5}$로 잡고 있으므로 $\lambda^2\sin^2\theta$의 값은 1보다 극히 작기 때문에 식 (3-9), (3-10), (3-11)을 이항정리에 의하여 전개하고, λ^3 이상의 항을 생략하면 근사적으로 다음 식과 같이 된다.

$$\begin{aligned} x &= r\left(1+\frac{\lambda}{4}-\cos\theta-\frac{\lambda}{4}\cos 2\theta\right) \\ &= r\left\{(1-\cos\theta)+\frac{\lambda}{4}(1-\cos 2\theta)\right\} \end{aligned} \tag{3-12}$$

$$v=\omega r\left(\sin\theta+\frac{\lambda}{2}\sin 2\theta\right) \tag{3-13}$$

$$a=\omega^2 r(\cos\theta+\lambda\cos 2\theta) \tag{3-14}$$

(2) 도식적인 방법

① 속도선도

그림 3-19에서 크랭크 A가 일정한 각속도 ω로 회전하고 있을 때 피스톤 C의 속도를 v, 크랭크 핀 O_2의 속도를 u라고 하면, 연결봉 B의 링크 D에 대한 순간중심은 점 O_3에서 링크 D에 세운 수선과 링크 A의 교점 O_4이고, u와 v 사이에는 다음의 관계가 성립한다.

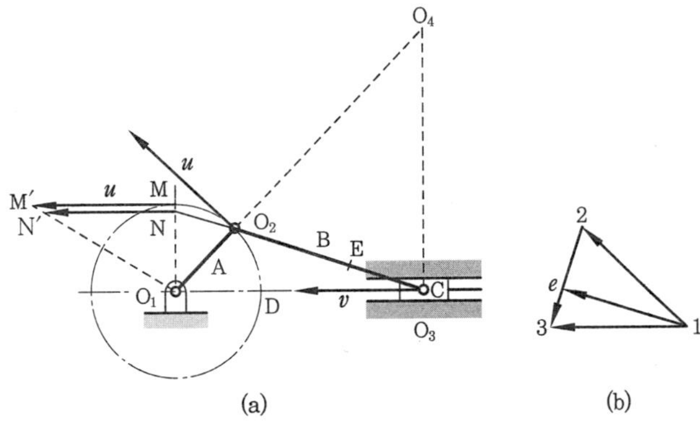

그림 3-19 왕복 활자회전기구의 도식적인 속도해법 (1)

$$\frac{u}{\overline{O_4O_2}} = \frac{v}{\overline{O_4O_3}} \quad \therefore\ v = \frac{\overline{O_4O_3}}{\overline{O_4O_2}}\, u$$

한편 점 O_1에서 링크 D에 세운 수선과 연결봉 B의 연장선과의 교점을 N이라 하면, $\triangle O_4O_2O_3$와 $\triangle O_1O_2N$은 닮은 꼴이므로

$$\frac{\overline{O_4O_3}}{\overline{O_4O_2}} = \frac{\overline{O_1N}}{\overline{O_1O_2}}$$

$$\therefore\ v = \frac{\overline{O_1N}}{\overline{O_1O_2}}\, u$$

따라서 $\dfrac{u}{v} = \dfrac{\overline{O_1O_2}}{\overline{O_1N}} = \dfrac{\overline{O_1M}}{\overline{O_1N}}$

이 된다. 점 M에서 $\overline{O_1M}$에 수직으로 u와 같게 $\overline{MM'}$를 잡고, M′와 O_1을 맺은 직선과 점 N에서 $\overline{O_1M}$에 세운 수선과의 교점을 N′이라고 하면, $\triangle O_1MM'$과 $\triangle O_1NN'$은 닮은 꼴이므로

$$\frac{\overline{MM'}}{\overline{NN'}} = \frac{\overline{O_1M}}{\overline{O_1N}} = \frac{u}{v}$$

가 되어 $\overline{NN'}$는 피스톤 C의 속도 v를 표시한다. 그래서 피스톤 C의 속도선도를 구하려면, 그림 3-20과 같이 하면 된다.

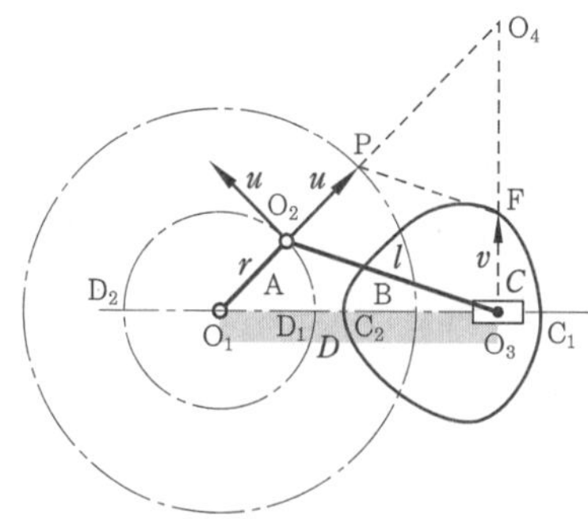

그림 3-20 왕복 활자회전기구의 도식적인 속도해법 (2)

즉, 크랭크 핀의 속도 u를 크랭크 A의 연장선 위에 적당한 척도로 $\overline{O_2P} = u$가 되는 점 P를 잡고 $\overline{O_1P}$를 반지름으로 하는 원을 그려서, 점 P에서 $\overline{O_2O_3}$에 평행선을 그어 $\overline{O_4O_3}$와의 교점을 F라 하면, $\overline{O_3F}$가 구하고자 하는 피스톤 C의 속도 v의 크기가 된다.

예제 3-1 크랭크의 반지름 $r = 550$ mm, 연결봉의 길이 $l = 2090$ mm, 회전수 $n = 133$ rpm인 박용 디젤 기관의 피스톤에 대한 속도선도를 그리시오.

해설 그림 3-20에서와 같은 방법에 따라 구한 속도 $u=\frac{2\pi rn}{60}$ [m/s]를 적당한 척도로 잡는다. 크랭크원의 반원을 6등분하여 0, 1, 2, ……, 6등의 각 점에 대한 속도 0, $\overline{1a}$, $\overline{2b}$, …, $\overline{5e}$, 6을 앞에서 설명한 방법으로 구하고 0, a, b, …, e, 6의 각 점을 이으면 속도선도의 반을 얻을 수 있다.

나머지 반원에 대해서도 같은 방법으로 구하면 그림 3-21과 같이 된다.

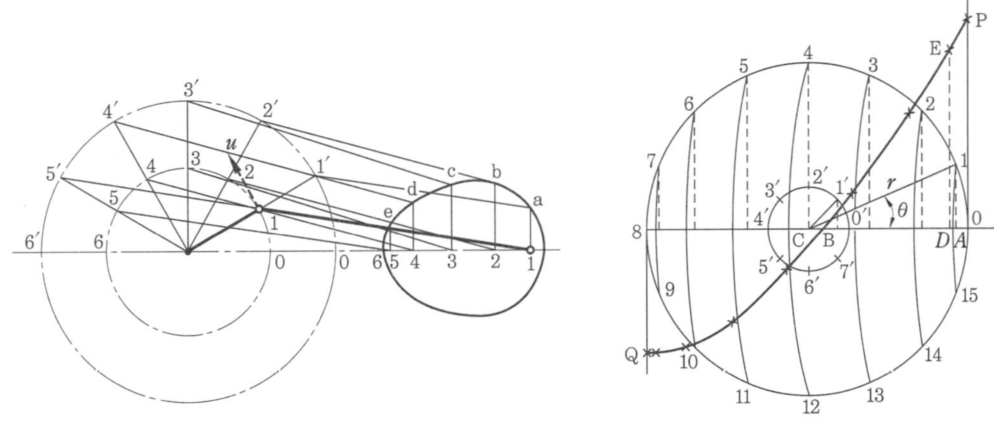

그림 3-21 피스톤 크랭크 기구의 속도선도

그림 3-22 가속도선도의 작도법

② 가속도선도

가속도선도를 구하는 방법에 대해서는 제 2 장에서 이미 설명한 바가 있으므로 이것을 참조하여 구할 수 있다.

그러면 여기에서는 가속도선도를 그리는 방법을 생각하여 보자. 가속도 α는 식 (3-14)에 의하여

$$\alpha = r(\cos\theta + \frac{r}{l}\cos 2\theta)\omega^2$$

이 되므로 이 식을 사용하여 가속도 α를 도식적으로 그리는 방법을 생각하여 보자.

그림 3-22와 같이 크랭크 반지름 r을 반지름으로 하고 C를 중심으로 하여 원을 그리고, 지름과의 교점을 0, ……, 8로 한다.

또 $\frac{r^2}{l}$을 반지름으로 하는 원을 그린 후 지름과의 교점을 0′, ……, 4′으로 한다. 다음에 큰 원에서 $\angle 1CO$를 θ로 하고, 점 1에서 $\overline{CO}$에 수선 $\overline{1A}$를 긋는다.

작은 원에서 $\angle 1'CO = 2\theta$로 하고, 점 1′에서 $\overline{CO}$에 수선 $\overline{1'B}$를 긋는다. 또한 $\overline{CO}$의 연장선 위에 중심을 갖고 연결봉의 길이 l을 반지름으로 하고, 점 1을 지나는 원과 $\overline{CO}$와의 교점을 D라 하며 점 D에서 $\overline{CO}$에 수선 $\overline{DE}$를 긋는다.

이 수선 위에서 $\overline{DE} = \overline{AC} + \overline{CB}$인 점 E를 구하면, $\overline{DE}$로 표시되는 길이는 $r\cos\theta$

$+\frac{r^2}{l}\cos 2\theta$로서 크랭크의 각속도 $\omega=1$로 할 때의 슬라이더의 가속도를 나타낸다.

이때 점 A, B가 C의 오른쪽에 있을 때는 (+)이고, 왼쪽에 있을 때는 (−)의 부호를 붙여서 $\overline{AC}$와 $\overline{CB}$의 대수적인 합을 구하여 점 E를 표시하면, 각 크랭크각에 대응하는 가속도가 구하여진다.

이와 같은 방법으로 그림 3-22와 같이 여러 크랭크각에 대한 가속도를 구하여 연결하면 가속도선도 PEQ가 된다. 이 그림에서 알 수 있듯이 가속도는 행정의 양 끝에서 크고, 중간에서 0이 된다.

3-3 회전 슬라이더 크랭크 기구

(1) 회전 슬라이더 크랭크 기구의 성립

그림 3-17 (b)와 같이 링크 ①을 고정하면 회전 슬라이더 크랭크 기구가 된다. 즉, 그림 3-23과 같이 슬라이더가 고정중심의 주위를 회전하는 것이다. 링크 ①은 고정회전중심 O_1의 주위를 회전하고, 점 C에서 슬라이더 ④와 핀결합을 하고 있다. 슬라이더 ④는 고정회전중심 O_2의 주위를 회전하는 링크 ③과 슬라이더 짝을 이루고 있다.

따라서 링크 ①이 회전운동을 하려면 링크 ③도 회전운동을 하여야 한다.

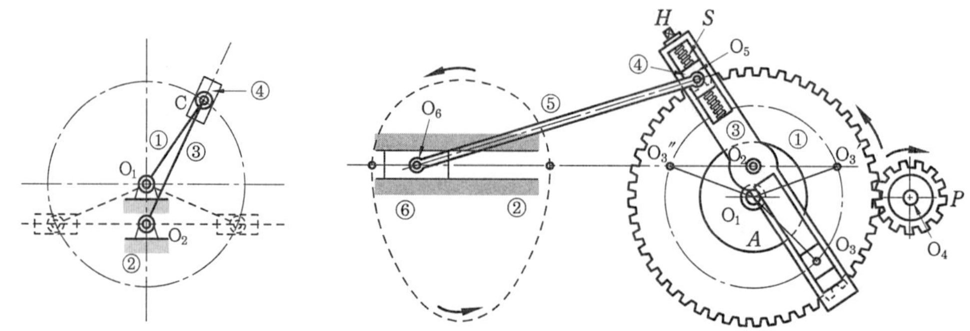

그림 3-23 회전 슬라이더 크랭크 기구

그림 3-24 급속귀환 운동기구(슬로터의 램기구)

(2) 회전 슬라이더 크랭크 기구의 응용

그림 3-24는 휘트워스 급속귀환 운동기구(Whitworth's quick return motion mechanism)를 응용한 슬로터의 램(ram) 기구이다. 그림에서 링크 A는 고정축이고, 이 고정축에 붙어 있는 핀을 이용하여 회전짝 O_2를 만든다.

A를 축으로 하여 회전하는 기어 ①에서 핀을 나오게 하여 슬라이더 ③과 O_3에서 핀으로 결합시켜 작은 기어 P에 의하여 기어 ①을 구동시키면 ⑥은 급속귀환운동을 하게 된다. 슬라이더 ⑥의 속도변화 상태는 그림의 점선과 같이 표시된다.

3-4 요동 슬라이더 크랭크 기구

(1) 요동 슬라이더 크랭크 기구의 성립

그림 3-25와 같이 링크 ②를 고정시키면 크랭크 ①이 회전할 때, 링크 ④가 링크 ③과 미끄럼짝을 이루어서 어느 각도 사이를 요동운동한다. 이와 같이 요동운동을 하는 기구를 요동 슬라이더 크랭크 기구라 한다.

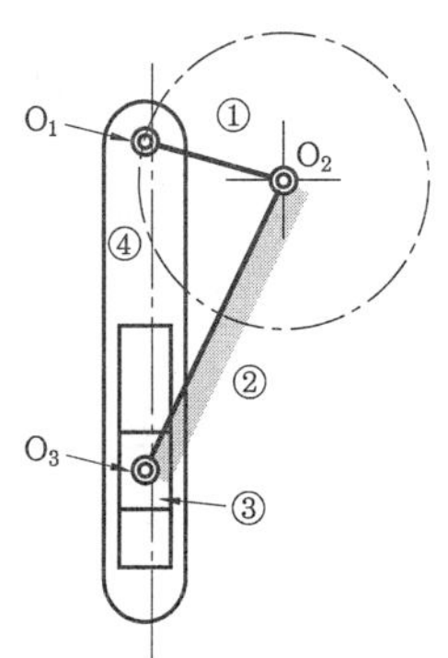

그림 3-25 요동 슬라이더 크랭크 기구

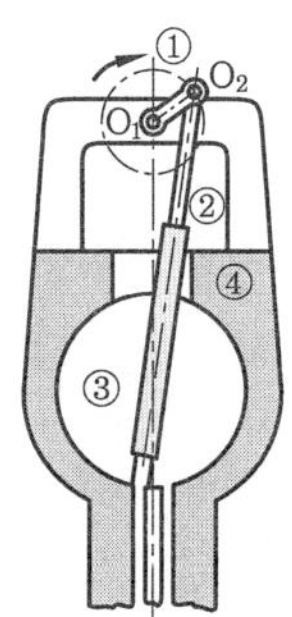

그림 3-26 연료 펌프

(2) 요동 슬라이더 크랭크 기구의 응용

① 연료 펌프(fuel pump)

그림 3-26과 같이 링크 ②가 링크 ③을 포함하여 회전짝을 이룬 것으로서, 링크 ④의 요동운동에 의하여 밸브를 사용하지 않고 흡입 및 배출이 가능하다.

② 셰이퍼(shaper)

그림 3-27은 급속귀환 운동기구를 나타낸 것으로서 크랭크 ①은 고정중심 O_1의 둘레를 회전한다. 슬라이더 ④를 중간에 끼우면, 이 크랭크의 회전에 의하여 요동 레버 ③은 $O_1'O_3'$과 $O_1''O_3''$의 사이를 요동한다.

점 O_3''와 O_3'에 대응하는 크랭크의 위치는 O_2''와 O_2'이고, 램 ⑥과 요동 레버 ③의 사이는 링크 ⑤에 의하여 연결되어 있다. 따라서 크랭크의 회전에 의하여 램은 왕복운동을 하여 램에 붙어있는 바이트가 절삭작업을 하게 된다.

크랭크가 원호 $O_2'FO_2''$의 사이를 회전하는 동안은 절삭작업을 하고, 원호 $O_2''GO_2'$를 회전하는 동안은 귀환운동을 한다.

크랭크가 일정한 속도로 회전할 때 절삭시간이 귀환시간보다 길고, 반대로 램의 절삭속도는 귀환속도보다 느리므로 이 기구에 응용되고 있다.

이러한 목적에 사용하기 위하여 그림 3-28과 같은 셰이퍼에 요동 슬라이더 크랭크 기구의 급속귀환 운동기구를 이용하고 있다.

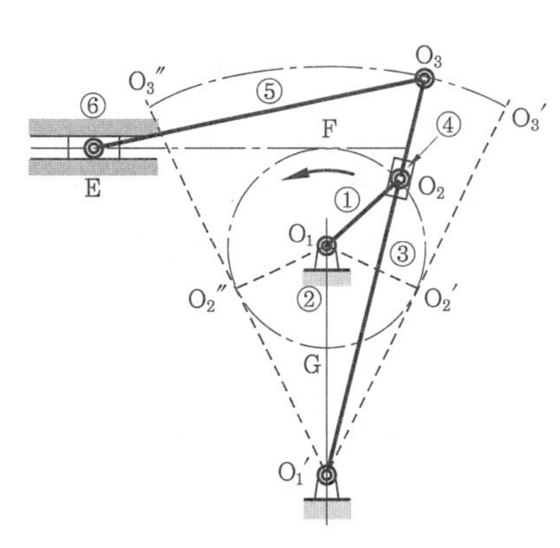

그림 3-27 급속귀환 운동기구

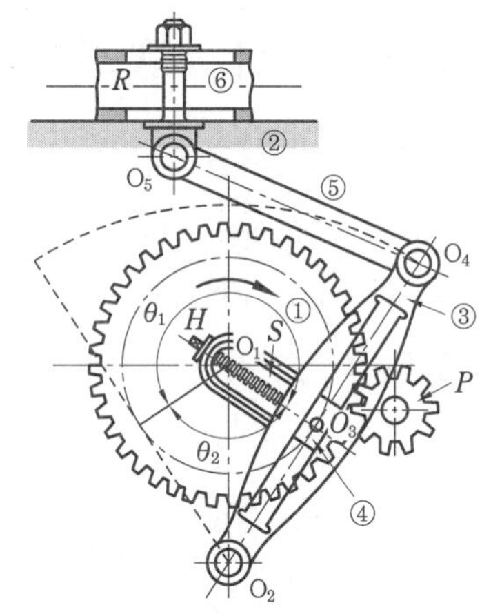

그림 3-28 급속귀환 운동기구(셰이퍼)

그림 3-28에서 작은 기어 P에 의하여 큰 기어 ①이 구동된다. 슬라이더는 크랭크에 붙어서 점 O_2의 상하운동을 적게 하도록 만들어 놓았다. 나사 S는 기어와 더불어 회전하는 크랭크로서 그 회전에 따라 ④가 홈 속을 미끄러져 가므로, ③은 O_2를 중심으로 하여 좌우로 요동운동을 한다. R은 그 끝에 바이트가 고정되어 있는 램으로서 연결봉에 의하여 ③이 연결되어 좌우로 왕복운동을 하게 된다.

크랭크의 길이는 나사 S로써 조절할 수 있으므로 램에 대한 행정의 크기도 임의로 가감할 수 있다. 램은 크랭크가 각 θ_1만큼 회전하는 동안에 전진하면서 절삭작업을 하고, θ_2만큼 회전하는 동안에 후퇴하면서 귀환운동을 한다. 이때 크랭크는 일정 각속도로 회전하므로 램의 급속귀환운동(急速歸還運動)을 하게 되고, 전진과 후퇴시간의 비 t_1/t_2는 그 회전각의 비 θ_1/θ_2와 같다.

3-5 고정 슬라이더 크랭크 기구

그림 3-29와 같이 슬라이더인 링크 C를 고정시키면 링크 D는 직선왕복운동을 하게 되는데, 이와 같은 기구를 고정 슬라이더 크랭크 기구라 한다.

이 기구는 회전운동을 하는 링크가 고정 링크와 짝을 이루지 않으므로 이것에 운동을 전달시키기가 곤란하다. 따라서 응용예는 극히 드물고, 가장 대표적인 예로는 수동 펌프(hand-operated water pump)를 들 수 있다.

그림에서 링크 C는 펌프 몸체, D는 연결봉이고, 링크 A를 점선으로 연장한 것은 펌프 손잡이를 나타낸다.

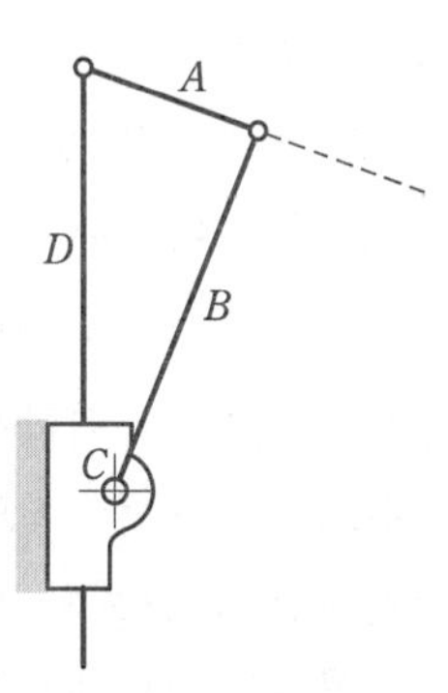

그림 3-29

4. 2중 슬라이더 크랭크 기구

4-1 2중 슬라이더 크랭크 기구의 성립

회전 슬라이더 기구의 회전짝을 하나의 직선미끄럼짝으로 변화시킨 것을 2중 슬라이더 크랭크 기구(double slider crank mechanism)라 한다.

4절연쇄에 2개의 미끄럼짝과 2개의 회전짝이 주어졌을 때 그것이 기구가 되려면, 1개의 링크가 2개의 미끄럼짝을 가져야 한다. 이것은 다른 1개의 링크가 2개의 회전짝을 가지고, 나머지 링크가 각각 1개의 회전짝과 미끄럼짝을 가지는 경우와 4개의 링크 모두가 회전짝과 미끄럼짝을 가지는 경우로 생각해볼 수 있다. 이 관계를 표시하면 그림 3-30과 같이 된다.

그림 3-30 (a)는 전자의 예이고, 그림 3-30 (b)는 후자의 예이다. 숫자 ①, ②, ③, ④는 링크의 번호를 나타내고, 글자는 서로 인접한 링크 사이의 짝을 표시한다. 따라서 어느 링크를 고정하느냐에 따라 각기 다른 기구가 성립된다.

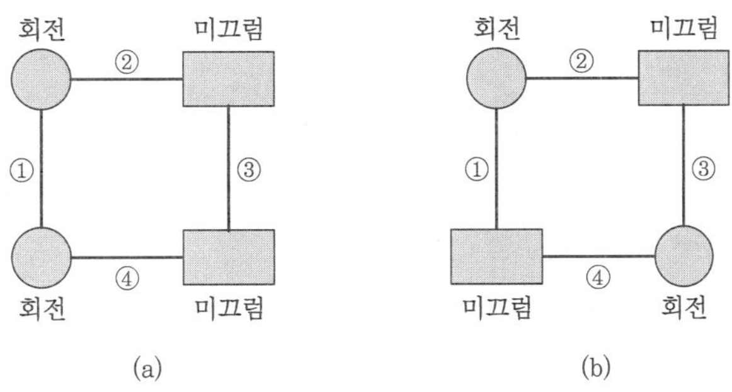

그림 3-30 2중 슬라이더 크랭크 기구의 성립

4-2 왕복 2중 슬라이더 크랭크 기구

2개의 회전과 미끄럼짝을 가진 2중 슬라이더 크랭크 기구에 있어서 그림 3-31 (a)와 같이 링크 ④를 고정시키면 왕복 2중 슬라이더 크랭크 기구(reciprocating double slider crank mechanism)가 얻어진다. 그림 3-31 (a)에서 크랭크 ①을 회전시키면 링크 ③이 프레임 ④에 대해서 왕복직선운동을 하는 기구가 된다.

링크 ②와 링크 ③ 및 링크 ③과 프레임 ④가 미끄럼짝으로 된 2중 슬라이더 크랭크 기구가 되고, 링크 ②와 링크 ③의 미끄럼 방향은 링크 ③과 프레임 ④의 미끄럼 방향과 각 α의 경사를 이루고 있다.

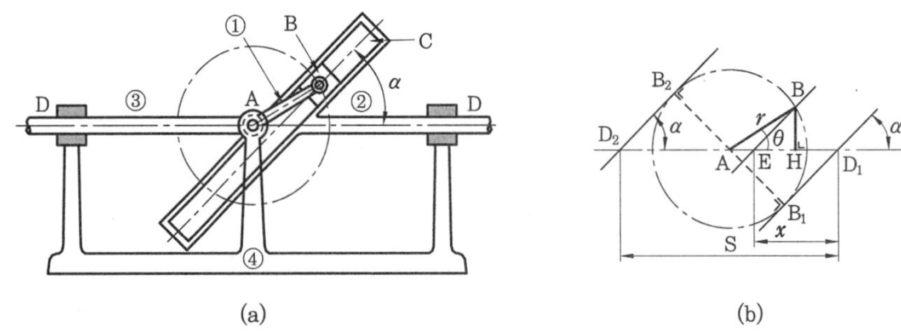

그림 3-31 왕복 2중 슬라이더 크랭크 기구

이 기구에 있어서 링크 ①의 길이를 r이라 하면, 링크 ③의 변위, 속도, 가속도는 그림 3-31 (b)에서 다음 식과 같이 된다.

$$x = \overline{AD_1} - \overline{AE} = \frac{r}{\sin\alpha} - \overline{AE}$$

여기서, $\overline{AE} = \overline{AH} - \overline{EH} = \overline{AH} - \dfrac{\overline{BH}}{\tan\alpha}$

$$= r\cos\theta - \frac{r\sin\theta}{\tan\alpha} = \frac{r\sin(\alpha-\theta)}{\sin\alpha}$$

$$\therefore\ x = \frac{r}{\sin\alpha} - \frac{\sin(\alpha-\theta)r}{\sin\alpha}$$

$$= \frac{1-\sin(\alpha-\theta)}{\sin\alpha}\,r \qquad (3\text{-}15)$$

만일 크랭크의 각 θ를 $\overline{AB_1}$을 기준으로 해서 측정한다면, 식 (3-15)의 θ 대신에 $\left(\theta+\alpha-\dfrac{\pi}{2}\right)$를 사용하여 다음 식으로 표시된다.

$$x = \frac{(1-\cos\theta)}{\sin\alpha}\,r \qquad (3\text{-}16)$$

링크 ③과 ④에 대한 미끄럼운동은 단현운동(harmonic motion), 또는 조화운동이 되고, 링크 ③의 속도 v와 가속도 a는 변위 x를 시간 t로 미분하면 다음 식과 같이 된다.

$$v = \frac{dx}{dt} = \frac{r}{\sin\alpha}\,\omega\sin\theta \qquad (3\text{-}17)$$

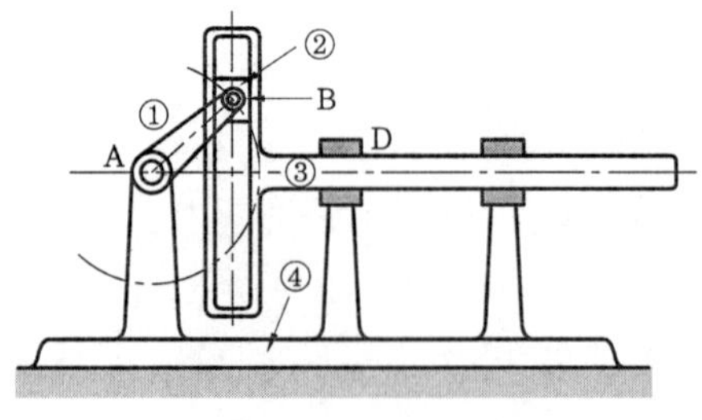

그림 3-32 스코치 요크

$$a=\frac{dv}{dt}=\frac{r}{\sin\alpha}\,\omega^2\cos\theta \tag{3-18}$$

여기서 ω는 크랭크의 회전 각속도이다. 특히 경사각 α가 90°인 경우를 스코치 요크(Scotch yoke)라 부르고, 펌프 등과 같은 여러 가지 기계에 실용되고 있다. 그림 3-32는 스코치 요크 기구를 나타내고 있다.

4-3 고정 2중 슬라이더 크랭크 기구

그림 3-30 (a)에서 링크 ③을 고정시키면, 고정 2중 슬라이더 크랭크(fixed double slider crank mechanism) 기구가 얻어진다.

그림 3-33은 이 기구를 응용한 타원 컴퍼스(elliptic trammels) 기구이다. 슬라이더 ②와 ④는 고정판 ③에 파여 있는 수직 방향과 수평 방향의 2개 홈의 안쪽을 수직 및 수평 방향으로 직선 미끄럼운동을 하고, 링크 ①은 슬라이더 ②와 ④를 연결하여 이들과 회전짝을 이룬다.

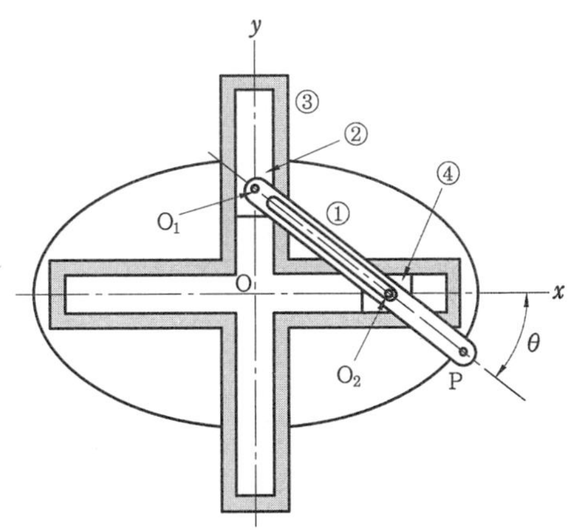

그림 3-33 타원 컴퍼스

링크 ① 위의 임의의 점, 또는 그 연장상의 임의의 점 P에 연필을 꽂고, 링크 ②와 ④를 각각 홈 안에서 미끄럼운동을 시키면 점 P는 타원을 그린다.

만일 점 P가 회전짝을 이루는 점 O_1, O_2의 중앙에 있다면 점 P가 그리는 궤적은 원이 되고, 점 P가 점 O_1 또는 점 O_2와 일치할 때는 수직 방향 또는 수평 방향으로 직선을 그리게 된다.

그림 3-33은 고정 링크 ③에 설치된 2개의 홈을 각각 x축, y축에 잡고 $\overline{O_1P}=a$, $\overline{O_2P}=b$라 하고, 링크 ①과 x축이 이루는 각을 θ라 하면 P점의 좌표는

$$x=a\cos\theta,\qquad y=-b\sin\theta$$

로 되고, 윗식에서 θ를 소거하면 다음 식으로 된다.

$$\frac{x^2}{a^2}+\frac{y^2}{b^2}=1$$

따라서 점 P의 궤적은 긴지름이 a, 짧은지름이 b인 타원이 되는 것을 알 수 있다.

4-4 회전 2중 슬라이더 크랭크 기구

그림 3-30 (a)에서 링크 ①을 고정시키면 회전 2중 슬라이더 크링크 기구(turning double slider crank mechanism)가 얻어진다. 링크 ②와 링크 ④는 고정 링크 ①에 대하여 모두 회전할 수 있으므로 링크 ③은 이것에 의하여 동일한 각속도로 회전한다.

그림 3-34에서 링크 ②와 ④를 링크 ③의 중간에 끼우면 같은 방향으로 동일한 각속도로 회선하게 된다. 이 기구는 평행한 2축 사이의 거리가 약간 떨어진 경우의 축이음(coupling)에 이용되며, 이것을 올덤 커플링(Oldham's coupling)이라 부른다.

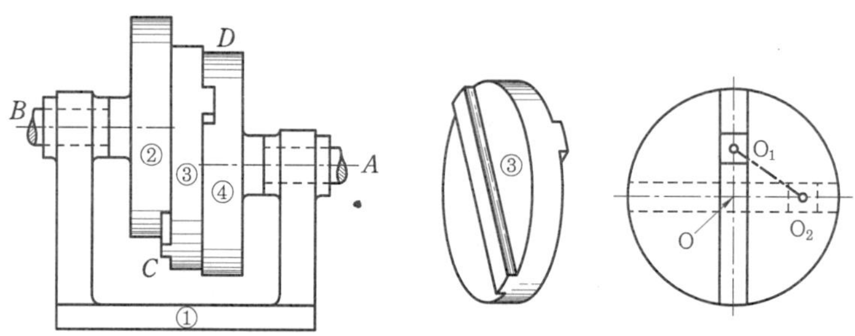

그림 3-34 올덤 커플링

링크 ③의 원판은 앞뒤 양측면에 서로 직각인 4각형의 돌기부가 있고, 링크 ②와 링크 ④에는 이 돌기부와 미끄럼짝을 이루도록 홈이 파져 있다. 링크 ②를 회전시키면 링크 ④는 링크 ②와 서로 다른 각속도로 회전하게 된다.

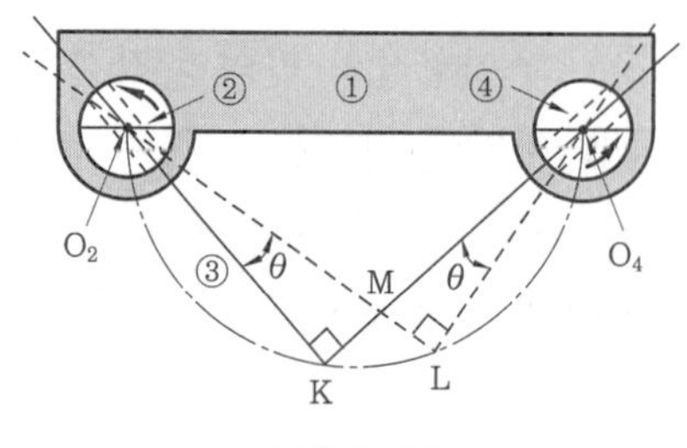

그림 3-35

그림 3-35는 올덤 커플링을 모델화한 기구도이다. 링크 ②가 각 θ만큼 회전하였을 때 링크 ②는 실선의 위치에서 점선의 위치까지 이동한다. 이때 원판 KL 위의 원주각이 같

으므로 $\angle KO_2L = \angle KO_4L = \theta$로 되고, 링크 ④도 각 θ만큼 같은 방향으로 회전한다. 따라서 올덤 커플링으로 결합된 평행한 2축은 회전 방향과 회전속도가 전혀 변화하지 않는 것을 알 수 있다. 이때 각속도비 (ε)는 항상 같으며 $\varepsilon = 1$이 된다.

5. 교차 슬라이더 기구

5-1 교차 슬라이더 기구의 성립

4절연쇄의 링크 중에서 그림 3-36과 같이 2개의 슬라이더가 각각 한쪽에서 미끄럼짝을 가지고 다른 쪽에서는 회전짝을 이룬다.

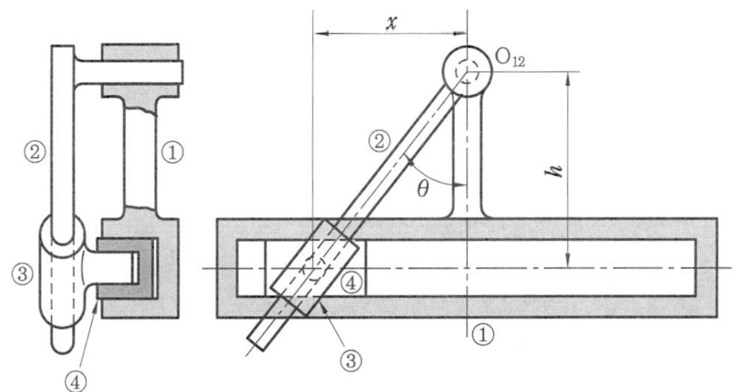

그림 3-36 교차 슬라이더 기구

2개의 슬라이더 중에서 한쪽의 슬라이더 ④의 운동 방향이 O_{12}를 중심으로 움직이는 것을 교차 슬라이더 기구(crossed slider mechanism) 또는 2중 슬라이더 레버 기구(double slider lever mechanism)라 한다.

결국 교차 슬라이더 기구는 어느 링크나 각각 1개씩의 회전짝과 미끄럼짝에 의하여 서로 이웃하는 링크와 연결되고, 이때 각 링크의 조건이 같으므로 어느 링크를 고정하더라도 동일한 기구가 된다.

5-2 교차 슬라이더 기구의 응용

그림 3-37은 교차 슬라이더 기구를 응용한 랩슨의 키잡이 장치(Rapson's rudder steering mechanism)를 나타낸 것이다.

링크 ①은 선체(船體)에 붙어 있는 회전 링크이고, 링크 ②는 키축이 붙어 있는 점 B

에서 회전짝을 이루고 있다. 링크 ①과 ②의 미끄럼홈 A와 C는 서로 회전짝을 이루고 있는 슬라이더 ④와 ③이 미끄럼짝이 되도록 설치되어 있으므로, 키잡이 장치에 의해 가하여진 인장력 P는 슬라이더 ④에 작용하게 된다. 점 B에서 미끄럼홈 A의 중심선에 내린 수선의 길이를 h, $\overline{OD}$를 x라 하면

$$x = h\tan\theta$$

이므로

$$v = \frac{dx}{dt} = h\sec^2\theta\frac{d\theta}{dt}$$

또는

$$\omega = \frac{d\theta}{dt} = \frac{\cos^2\theta}{h}\frac{dx}{dt}$$

가 된다.

키의 각속도를 ω, 슬라이더의 속도를 v라 하면 ω와 θ 사이에는 다음의 관계식이 성립한다.

$$\omega = \frac{v}{h}\cos^2\theta \tag{3-19}$$

따라서 키잡이 장치의 슬라이더 ④를 움직이는 속도 $\frac{dx}{dt}$를 일정하게 하면, 키의 회전 각속도는 $\cos^2\theta$의 값에 정비례하여 감소한다.

또한 키를 돌리려는 비틀림 모멘트 T를 생각하면 다음 식과 같이 된다.

$$T = Fr = P\sec\theta h\sec\theta = Ph\sec^2\theta \tag{3-20}$$

만일 슬라이더 ④에 인장력 P가 일정하게 작용한다면 키축에 대한 비틀림 모멘트는 $\sec^2\theta$에 비례하여 증가하므로, θ가 클 때에는 키가 받는 저항이 커지더라도 이 큰 저항을 지탱할 수 있다.

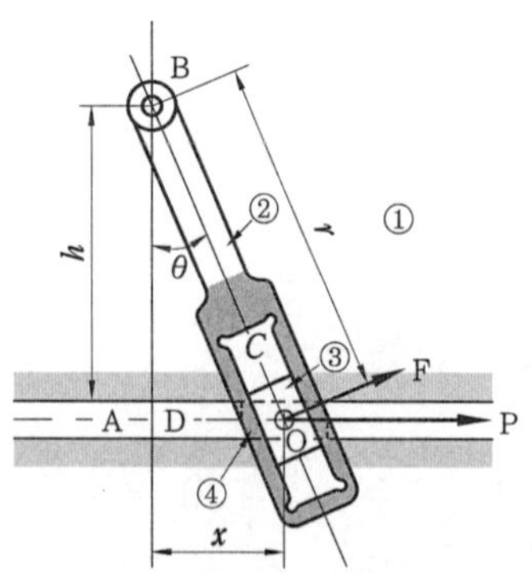

그림 3-37 랩슨의 키잡이 장치

● 연 습 문 제 ●

1. 급속귀환 운동기구에 대하여 응용예를 들어 설명하시오.

2. 올덤 커플링(Oldham's coupling)에 대하여 설명하고, 그 2축의 회전속도가 같은 이유를 설명하시오.

3. 그림 3-38과 같은 레버 크랭크 기구에서 레버 CD의 요동각도를 구하시오. 또, 크랭크 AB가 180 rpm 회전할 때 $\angle BAD = 60°$의 위치에 오는 레버 CD의 각속도를 구하시오. (단, 링크 치수의 단위는 [mm]이다.)

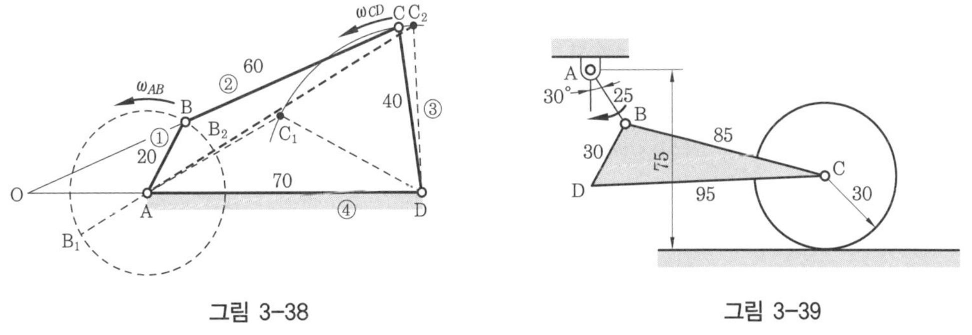

그림 3-38

그림 3-39

4. 그림 3-39에서 $\angle BAD = 30°$의 위치에 대한 점 C의 가속도 및 링크 ③의 각가속도를 구하시오. (단, 각 링크 치수의 단위는 [mm]이다.)

5. 왕복 슬라이더 크랭크 기구에서 크랭크의 길이를 r, 연결봉의 길이를 l이라 한다. $\frac{r}{l} = \lambda$로 놓고, 크랭크의 회전각 θ와 슬라이더의 변위, 속도 및 가속도의 식을 유도하시오.

6. 그림 3-39와 같은 기구에서 링크 AB는 A를 중심으로 1 rad/s의 각속도로 회전하고, C는 원판의 중심이고, 원판은 직선을 따라 구름운동을 한다. 그림과 같은 위치에 대한 C, D의 속도 및 원판의 각속도를 구하시오.

답 **3.** $\omega_{CD} = 6.02$ rad/s　**4.** 6.6 m/s², 161 rad/s²　**6.** $v_C = 1.8$ cm/s, $v_D = 2.3$ cm/s, $\omega_C = 0.60$ rad/s

제 4 장 마찰전동기구

1. 구름접촉

기계가 하는 유효한 일을 생각하면 기계의 운동부분에 발생하는 마찰은 기계적 일의 손실을 크게 할 뿐만 아니라 여러 가지로 이롭지 못하다. 그러나 운동을 전달하는 전동기구에 대하여 생각할 경우 마찰은 유효하게 활용되고 있다. 마찰전동기구는 이와 같이 두 회전체의 직접접촉에 의한 마찰을 이용하여 회전을 전달하는 기구이다.

구동절과 종동절이 서로 직접 접촉하여 회전하고 있을 때 각 접촉면에 대해서 미끄럼이 조금도 생기지 않는 접촉을 구름접촉(rolling contact)이라 한다. 구름접촉을 한다는 것은 구동절과 종동절이 일정 시간 내에 접촉하는 호의 길이가 같다는 것을 의미한다.

그림 4-1에서 구동절 A와 종동절 B가 구름접촉할 때 접촉호의 길이 $\widehat{Pa} = \widehat{Pb}$가 된다.

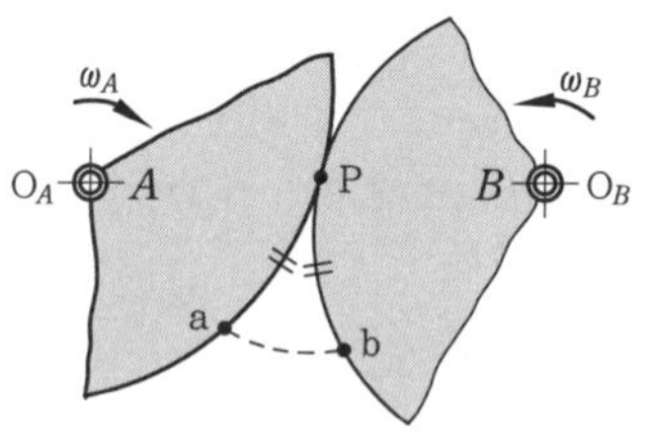

그림 4-1 구름접촉

각종 실용기계에서는 구름접촉을 하고 있는 부분이 비교적 적기 때문에 소홀히 다루기 쉽지만, 이 원판차(圓板車)의 둘레에다 이〔齒〕를 붙이면 기어(gear)가 되므로, 기어에 대한 기초이론으로서 중요할 뿐만 아니라 각종 회전운동기구의 기초가 된다.

1-1 구름접촉의 조건

2개의 링크가 직접접촉하여 회전할 경우, 접촉면에 미끄럼이 없이 구름접촉으로 회전하기 위해서는 어떤 조건을 구비하여야 하는가를 생각하여 보자.

(1) 접촉점의 위치와 각속도비

그림 4-2 (a)에서와 같이 2개의 링크 A, B가 각기 O_A, O_B를 중심으로 하여 회전하고 있을 때 두 링크의 접촉점을 P라 하고, 두 링크의 각속도를 각각 ω_A, ω_B라고 하자.

지금 점 P를 링크 A의 임의의 점이라고 하면, 점 P는 O_A를 중심으로 회전하기 때문에 $\overline{O_A P}$에 직각인 속도 $v_A = \omega\,\overline{O_A P}$로 되고, 만일 점 P가 링크 B의 임의의 점이라고 하면 $\overline{O_B P}$에 직각인 속도 $v_A = \omega\,\overline{O_B P}$가 된다.

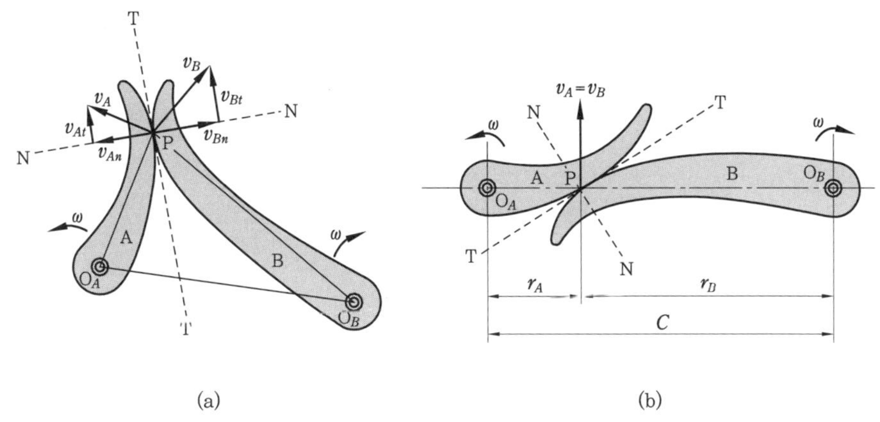

(a) (b)

그림 4-2 미끄럼접촉과 구름접촉의 속도

또, 접촉점 P에서 두 링크에 공통접선 TT 및 공통법선 NN을 그어 속도 v_A와 v_B를 각기 접선 방향과 법선 방향으로 분해하여 접선 방향의 분속도를 v_{At}, v_{Bt}라 하고, 법선 방향의 분속도를 v_{An}, v_{Bn}이라 하자.

이때 두 링크의 접선 방향의 분속도의 크기 v_{At}와 v_{Bt}가 다르면 미끄럼이 일어나고, 법선 방향의 분속도의 크기 v_{An}과 v_{Bn}이 다르면 두 링크는 떨어져 나가든지, 또는 먹혀 들어가게 된다.

그러므로 구름접촉을 하기 위해서는 $v_{At} = v_{Bt}$, $v_{An} = v_{Bn}$이 되어야 한다. 이 조건을 만족시키기 위해서는 결국 점 P에서의 속도 $v_A = v_B$가 되고, 방향도 같아야 한다. 따라서 $v_A \perp \overline{O_A P}$, $v_B \perp \overline{O_B P}$이고, $v_A = v_B$가 되려면 그림 4-2 (b)에서와 같이 접촉점 P가 항상 2개의 중심선 $\overline{O_A O_B}$ 위에 있어야 한다.

그리고 구름접촉에서는 두 링크의 회전중심의 위치가 고정되어 있으면, 접촉점 P로부터 그 회전중심까지의 거리의 합 $\overline{O_A P} + \overline{O_B P}$의 값은 일정하고, 두 링크 위의 동경(動徑)들의 길이의 합은 항상 일정하며 이것은 중심거리와 같다.

즉, 그림 4-2 (b)에서 다음 식과 같이 된다.

$$r_A + r_B = C \tag{4-1}$$

또한, $v_A = \omega_A \overline{O_A P} = \omega_A r_A$, $v_B = \omega_B \overline{O_B P} = \omega_B r_B$이고, 구름접촉의 경우 $v_A = v_B$이므로 각속도비는 다음 식과 같이 된다.

$$\frac{\omega_A}{\omega_B} = \frac{\overline{O_B P}}{\overline{O_A P}} = \frac{r_B}{r_A} \tag{4-2}$$

그러므로 구름접촉을 하는 경우, 두 링크의 각속도비는 각 축의 중심에서 접촉점까지의 거리에 반비례하는 것을 알 수 있다.

(2) 접촉호의 길이

2개의 링크가 구름접촉하는 접촉길이는 같다. 이것은 다음과 같이 증명할 수 있다.

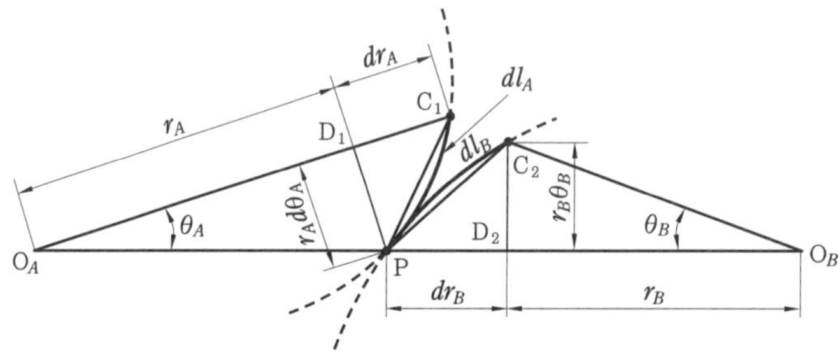

그림 4-3 구름접촉호의 길이

그림 4-3에서 두 링크의 윤곽(profile) 위의 미소접촉길이를 dl_A, dl_B라 하고, 미소회전각을 $d\theta_A$, $d\theta_B$라 하면 $d\theta_A$, $d\theta_B$가 매우 작으므로

$$\overline{O_A P} \fallingdotseq \overline{O_A D_1} = r_A$$

$$\overline{O_B P} \fallingdotseq \overline{O_B D_2} = r_B$$

$dl_A = \widehat{PC_1} = \overline{PC_1}$, $dl_B = \widehat{PC_2} = \overline{PC_2}$라 생각할 수 있으므로

$$\left.\begin{aligned} (dl_A)^2 &= (r_A d\theta_A)^2 + (dr_A)^2 \\ (dl_B)^2 &= (r_B d\theta_B)^2 + (dr_B)^2 \end{aligned}\right\} \tag{a}$$

$$r_A + r_B = C$$

$$\therefore\ dr_A + dr_B = 0$$

$$(dr_A)^2 = (-dr_B)^2 \tag{b}$$

또한

$$\omega_A = \frac{d\theta_A}{dt}, \qquad \omega_B = \frac{d\theta_B}{dt} \tag{4-3}$$

그런데 식 (4-2)와 식 (4-3)에서

$$r_A d\theta_A = r_B d\theta_B \tag{c}$$

이므로 이들을 제곱하면

$$(r_A d\theta_A)^2 = (r_B d\theta_B)^2 \tag{d}$$

식 (a), (b), (d)에서

$$dl_A = dl_B \tag{4-4}$$

1-2 윤곽곡선

서로 구름접촉을 하는 링크의 윤곽곡선(profile construction)은 앞에서 설명한 구름접촉 조건을 만족시키는 한 쌍의 곡선을 결정하여 주면 된다. 이러한 윤곽곡선을 구할 경우 두 링크의 회전중심과 한쪽 링크의 윤곽곡선이 주어지면 서로 구름접촉하는 상대쪽 바퀴의 곡선을 구할 수 있다.

이러한 윤곽곡선을 구하는 방법에는 도식적인 방법과 수학적인 방법이 있다.

(1) 도식적인 방법

구름접촉을 하는 두 링크의 윤곽곡선은 서로 같은 접촉호의 길이를 가지며, 접촉점은 항상 두 회전중심의 연결선상에 있다는 조건을 이용하여 구한다.

그림 4-4와 같이 두 링크의 회전중심 O_A, O_B와 링크 A의 윤곽곡선이 주어졌을 때, 링크 B의 윤곽곡선을 구하여 보기로 한다.

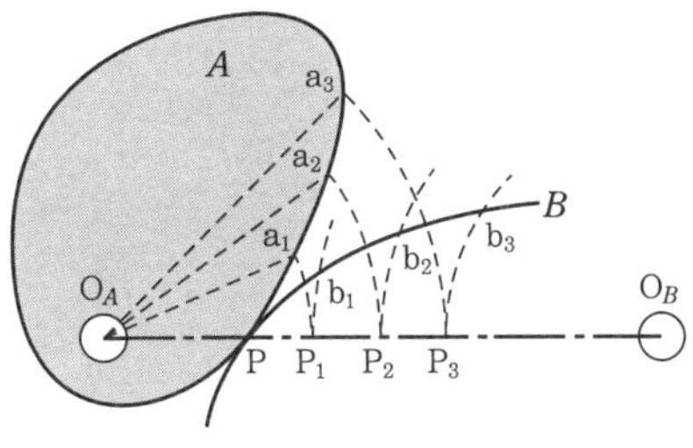

그림 4-4 윤곽곡선 (1)

$\overline{O_A O_B}$와 곡선과의 교점을 P라 하고 링크 A의 윤곽곡선을 가능한 한 세밀하게 등분한 후, 각 등분점을 a_1, a_2, a_3, ……라 하면 점 P에서 $\overline{Pa_1}$, $\overline{Pa_2}$, $\overline{Pa_3}$, ……의 각 구간은 거의 직선으로 생각할 수 있다.

O_A를 중심으로 하여 $\overline{O_A a_1}$, $\overline{O_A a_2}$, $\overline{O_A a_3}$, ……를 반지름으로 하는 원을 그리고,

P_1, P_2, P_3, ……를 구한다. 다음에 O_B를 중심으로 하여 $\overline{O_BP_1}$, $\overline{O_BP_2}$, $\overline{O_BP_3}$, ……를 반지름으로 하는 원을 그린 후 $\overline{Pa_1}=\overline{Pb_1}$, $\overline{Pa_2}=\overline{Pb_2}$. $\overline{Pa_3}=\overline{Pb_3}$, ……인 교점 b_1, b_2, b_3…… 등을 구한다. 다음에 이 P, a_1, b_1, c_1, ……을 연결한 곡선이 링크 B의 윤곽곡선이 된다.

(2) 수학적인 방법

그림 4-5에서와 같이 A, B의 두 곡선이 점 P에서 접촉한다고 가정하고, 회전중심에서 $\overline{O_AP}$, $\overline{O_BP}$로 하는 극좌표로 표시하면

$$r_A = f(\theta_A)$$
$$r_B = f(\theta_B)$$

A와 B가 각각 θ_A, θ_B 만큼 회전하여 Q_A, Q_B에서 접촉하였을 때 접선과 동경이 이루는 각을 각각 ϕ_A, ϕ_B라고 하면 두 곡선의 접선은 겹쳐져야 하므로

$$\phi_A + \phi_B = \pi$$
$$\therefore \ \tan\phi_A = \tan(\pi - \phi_B) = -\tan\phi_B$$

일반적으로 극좌표에서는 다음의 관계식이 성립한다.

$$\tan\phi_A = \frac{r_A d\theta_A}{dr_A} \tag{4-5}$$

그러므로 $\dfrac{r_A d\theta_A}{dr_A} = \dfrac{r_B d\theta_B}{dr_B}$

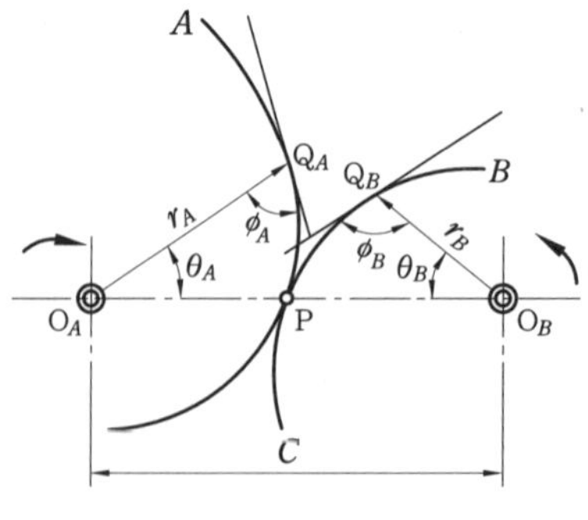

그림 4-5 윤곽곡선 (2)

또한 $r_A + r_B = C$이므로 $dr_A = -dr_B$가 된다.

$$\therefore \ r_A d\theta_A = r_B d\theta_B = (C - r_A) d\theta_B$$

$$d\theta_B = \frac{r_A}{C - r_A} d\theta_A$$

$$\therefore\ \theta_B = \int \frac{r_A}{C-r_A}\, d\theta_A + K = \int \frac{f(\theta_A)}{C-f(\theta_A)}\, d\theta_A + K \qquad (4\text{-}6)$$

또한 내접하는 경우에는 회전 방향이 같으므로 $\theta_B = \int \frac{f(\theta_A)}{f(\theta_A)-C}\, d\theta_A + K$가 바퀴 B의 윤곽곡선을 표시한다.

이와 같이 하여 곡선 A의 방정식 $r_A = f(\theta_A)$가 주어지면 식 (4-6)에서 곡선 B의 방정식을 구할 수 있지만, 이 방법은 곡선의 방정식이 간단한 경우에만 가능하다.

2. 속도비가 일정한 구름접촉

2개의 링크가 구름접촉을 하는 경우 각속도비는 식 (4-2)에서와 같이 접촉점에 있어서 두 회전체의 반지름에 반비례한다. 따라서 구동절과 종동절의 각속도비가 일정하기 위해서는 각 반지름의 비가 일정하지 않으면 안 되고, 두 링크의 접촉점은 항상 회전중심의 연결선상에 있어야 한다.

만일 두 링크의 축이 고정되어 있다면 이들이 일정한 각속도비로 구름접촉을 하기 위해서는 각 링크의 반지름은 일정하여야 하고, 두 링크의 단면은 원형이 되며, 축의 위치는 그 원의 중심이 되어야 한다.

일정한 각속도비로 회전하는 구름접촉은 다음 3가지로 나누어 생각할 수 있다.

(1) 두 축이 평행한 구름접촉

(2) 두 축이 교차하는 구름접촉

(3) 두 축이 평행하지도 교차하지도 않는 구름접촉

2-1 2축이 평행한 구름접촉

2축이 평행한 구름접촉에 의한 전동은 원통형의 바퀴가 된다. 그림 4-6 및 그림 4-7에서와 같이 접촉점 P는 O_A, O_B를 연결하는 선상의 정점(定點)에 있지 않으면 안 되고, 두 링크의 윤곽곡선은 축을 회전중심으로 하는 원이 된다.

회전하는 두 바퀴의 지름을 각각 d_A, d_B, 각속도를 각각 ω_A, ω_B, 회전수를 각각 n_A, n_B라 하면 속도비 ε은 다음 식과 같이 된다.

$$\varepsilon = \frac{n_B}{n_A} = \frac{\omega_B}{\omega_A} = \frac{r_A}{r_B} = \frac{d_A}{d_B} \qquad (4\text{-}7)$$

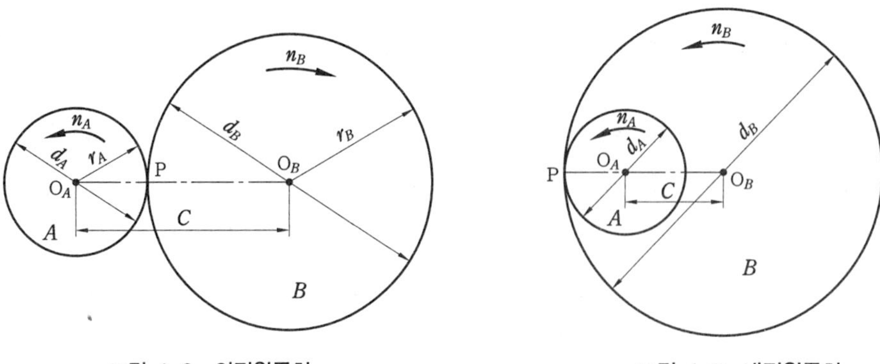

그림 4-6 외접원통차　　　그림 4-7 내접원통차

또한 중심거리를 C라고 하면, 그림 4-6과 같은 외접(external contact)의 경우는 다음 식과 같이 된다.

$$\frac{d_A}{2}+\frac{d_B}{2}=C \tag{4-8}$$

중심거리 C와 속도비 ε이 주어졌을 때 두 바퀴의 지름을 구하려면, 식 (4-7)과 식 (4-8)에 의하여 다음 식과 같이 나타낼 수 있다.

$$d_A=\frac{2C}{1+\dfrac{1}{\varepsilon}}, \quad d_B=\frac{2C}{1+\varepsilon} \tag{4-9}$$

그림 4-7과 같은 내접(internal contact)의 경우에는

$$\frac{d_B}{2}-\frac{d_A}{2}=C \tag{4-10}$$

두 바퀴의 지름은 각각 다음 식과 같이 된다.

$$d_A=\frac{2C}{\dfrac{1}{\varepsilon}-1}, \quad d_B=\frac{2C}{1-\varepsilon} \tag{4-11}$$

외접(外接)의 경우 두 바퀴의 회전 방향은 서로 반대로 되지만, 내접(內接)의 경우에는 같은 방향으로 된다. 외접의 상태에서 회전 방향만을 같게 하려면, 두 바퀴의 사이에 중간차(中間車)를 끼워 넣어서 속도비에는 변화가 없이 종동차의 회전 방향만을 바꿀 수 있다.

이와 같은 중간차를 아이들 휠(idle wheel)이라 한다. 그림 4-8에서 바퀴 C의 회전수 n_C는

$$n_C=\frac{d_A}{d_C}n_A, \quad \frac{n_C}{n_B}=\frac{d_B}{d_C}\text{이므로}$$

$$n_B=n_C\times\frac{d_C}{d_B}=n_A\frac{d_A}{d_C}\times\frac{d_C}{d_B}=n_A\frac{d_A}{d_B}$$

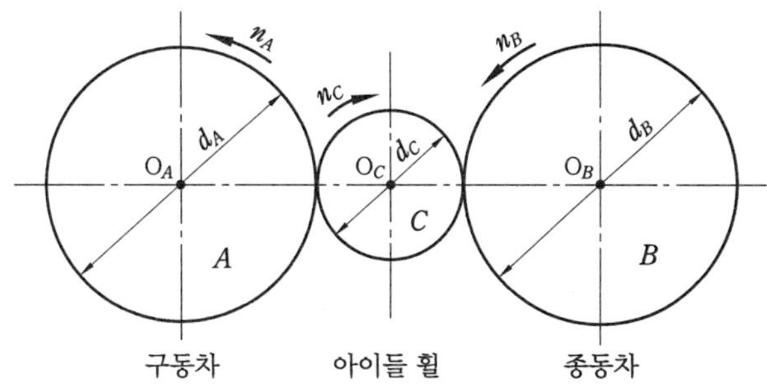

그림 4-8 아이들 휠

$$\therefore \ \frac{n_B}{n_A} = \frac{d_A}{d_B} \tag{4-12}$$

식 (4-12)는 결국 식 (4-7)과 같이 됨을 알 수 있다. 이때 중간차 C는 아이들 휠이 된다.

일반적으로 바퀴의 축이 짝수이면 구동차와 종동차는 서로 반대 방향으로 회전하고, 홀수이면 같은 방향으로 회전한다.

예제 4-1 외접하는 원통형 바퀴의 속도비 $\varepsilon = \dfrac{2}{5}$이고, 축간거리가 70 mm일 때 구동차와 종동차의 지름을 구하시오.

해설 식 (4-7)에서

$$\varepsilon = \frac{\omega_B}{\omega_A} = \frac{n_B}{n_A} = \frac{d_A}{d_B} = \frac{2}{5}$$

$$d_A = \frac{2C}{1+\dfrac{1}{\varepsilon}} = \frac{2\times 70}{1+\dfrac{1}{2/5}} = 40 \text{ mm}$$

$$d_B = \frac{2C}{1+\varepsilon} = \frac{2\times 70}{1+\dfrac{2}{5}} = 100 \text{ mm}$$

예제 4-2 2개의 원통차가 내접하는 경우 중심거리가 68 mm이고, 회전비가 1/3인 경우 각 바퀴의 지름은 각각 얼마인가?

해설 식 (4-7)에서

$$\varepsilon = \frac{n_B}{n_A} = \frac{d_A}{d_B} = \frac{1}{3}$$

$$d_A = \frac{2C}{\dfrac{1}{\varepsilon}-1} = \frac{2\times 68}{3-1} = 68 \text{ mm}$$

$$d_B = \frac{2C}{1-\varepsilon} = \frac{2\times 68}{1-\dfrac{1}{3}} = 204 \text{ mm}$$

2-2 2축이 교차하는 구름접촉

(1) 두 바퀴가 외접하는 경우

서로 교차하는 두 축 사이에 일정한 각속도비로 회전운동을 전달할 때에는 그림 4-9와 같이 두 바퀴의 형상은 두 축의 교점을 공통꼭지점으로 하는 원뿔이 된다. 그림 4-10은 원뿔차의 두 축을 포함하는 평면에 대한 단면을 표시한다. 이와 같은 두 바퀴는 점 O를 지나서 두 축과 동일면상에 있는 일직선 $\overline{OP}$ 위를 따라 접촉한다.

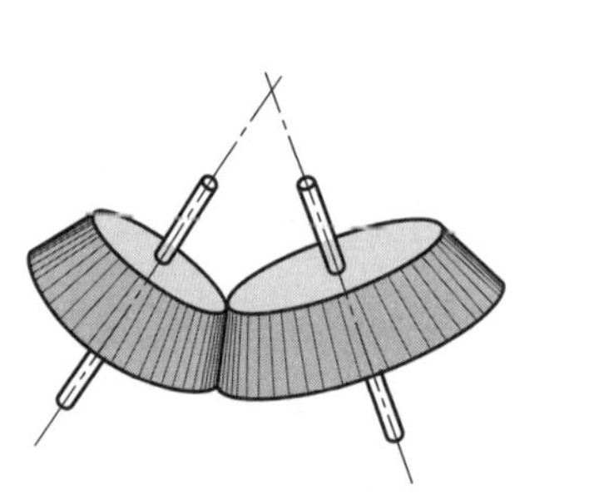

그림 4-9 원뿔차

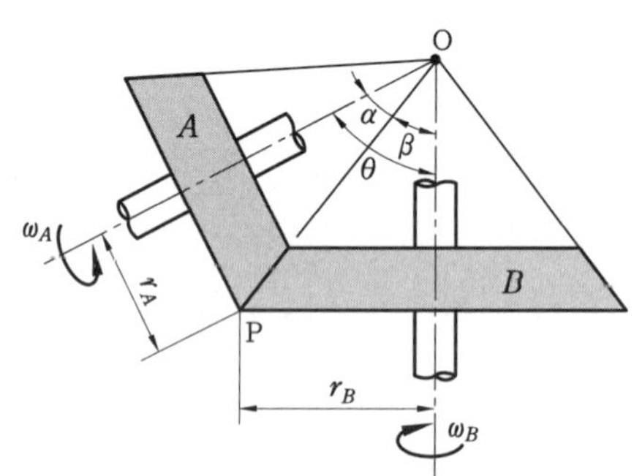

그림 4-10 외접하는 원뿔차

접촉선 $\overline{OP}$ 위의 한 점 P에서 각 축에 내린 수선의 길이를 각각 r_A, r_B라 하고, 두 축이 이루는 각을 θ, 각 바퀴의 원뿔각의 반을 α, β라 한다. 두 바퀴의 각속도를 ω_A, ω_B, 회전수를 각각 n_A, n_B라 하면 속도비는 다음 식과 같이 된다.

$$\varepsilon = \frac{n_B}{n_A} = \frac{\omega_B}{\omega_A} = \frac{r_A}{r_B} = \frac{\overline{OP}\sin\alpha}{\overline{OP}\sin\beta} = \frac{\sin\alpha}{\sin\beta} \tag{4-13}$$

그런데 $\alpha+\beta=\theta$이므로 식 (4-13)에서

$$\varepsilon = \frac{\sin\alpha}{\sin(\theta-\alpha)}$$

$$= \frac{\sin\alpha}{\sin\theta\cos\alpha - \cos\theta\sin\alpha} = \frac{\tan\alpha}{\sin\theta - \cos\theta\tan\alpha}$$

따라서 위의 관계식을 정리하면 다음 식과 같이 된다.

$$\left.\begin{aligned} \tan\alpha &= \frac{\sin\theta}{\dfrac{1}{\varepsilon}+\cos\theta} \\ \tan\beta &= \frac{\sin\theta}{\varepsilon+\cos\theta} \end{aligned}\right\} \tag{4-14}$$

식 (4-14)에서 두 축이 이루는 각 θ와 속도비 ε이 주어지면, 두 축이 이루는 각 α, β

가 결정되므로 원뿔차의 형상이 결정되어진다. 그러나 두 축이 직교하는 경우에는 식 (4-14)에서 $\theta=90°$를 대입하면 다음 식과 같이 된다.

$$\tan\alpha=\varepsilon, \qquad \tan\beta=\frac{1}{\varepsilon} \tag{4-15}$$

(2) 두 바퀴가 내접하는 경우

그림 4-11에서와 같이 두 바퀴가 내접하는 경우에는

$\theta=\beta-\alpha$이므로

$$\varepsilon=\frac{n_B}{n_A}=\frac{r_A}{r_B}=\frac{\overline{OP}\sin\alpha}{\overline{OP}\sin\beta}$$

$$=\frac{\sin\alpha}{\sin(\theta+\alpha)}=\frac{\tan\alpha}{\sin\theta+\cos\theta\tan\alpha}$$

그러므로

$$\left.\begin{aligned}\tan\alpha&=\frac{\sin\theta}{\cos\theta-\dfrac{1}{\varepsilon}}\\ \tan\beta&=\frac{\sin\theta}{\cos\theta-\varepsilon}\end{aligned}\right\} \tag{4-16}$$

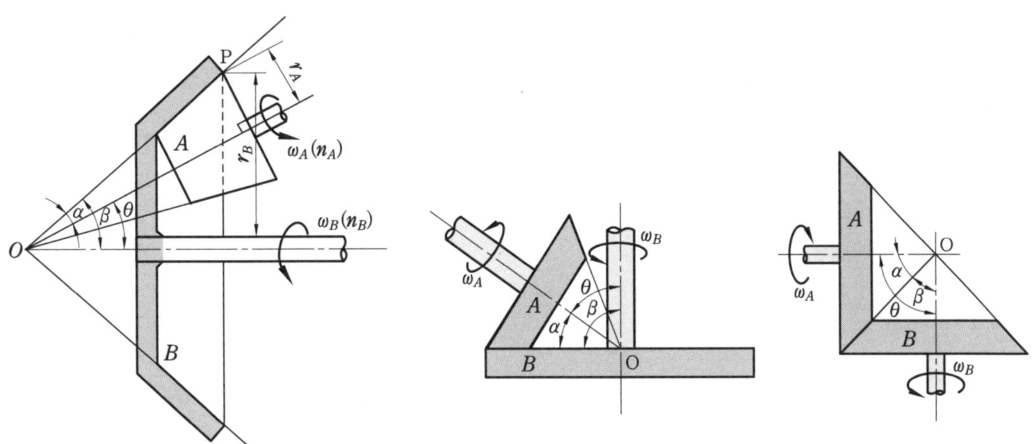

그림 4-11 내접하는 원뿔차 그림 4-12 크라운 휠 그림 4-13 마이터 휠

한편, 외접 또는 내접하는 원뿔에서 $\beta=90°$이면 그림 4-12와 같이 원뿔차는 원판으로 되는데, 이와 같은 두 바퀴를 크라운 휠(crown wheel)이라 한다.

또, 그림 4-13과 같이 두 바퀴가 이루는 각 $\alpha=\beta=45°$이고 $\theta=90°$이면, $\varepsilon=1$이 되어 두 바퀴의 크기와 형상이 같게 된다.

이와 같은 원뿔차를 마이터 휠(miter wheel)이라 부른다. 이러한 것들은 앞으로 배우

고자 하는 크라운 기어(crown gear)와 마이터 기어(miter gear)의 기초가 된다.

예제 4-3 60°를 이루는 두 축 사이에 원뿔차를 외접시켜서 회전을 전달한다. 속도비가 1/3일 때 두 원뿔각은 얼마로 하여야 하는가?

해설 식 (4-14)에서 $\theta = 60°$, $\varepsilon = \dfrac{1}{3}$ 이므로

$$\tan\alpha = \frac{\sin 60°}{3+\cos 60°} = \frac{\sqrt{3}/2}{3+\dfrac{1}{2}} = \frac{\sqrt{3}}{7} = 0.24743$$

$\alpha = 13°54'$

$\beta = 60° - 13°54' = 46°06'$

2-3 2축이 평행하지도 교차하지도 않는 구름접촉

두 축이 평행하지도 교차하지도 않고, 회전운동을 전달하기 위해서는 그림 4-14와 같이 원뿔차를 사용하는 3축을 설치하여 전달할 수 있으나, 이와 같이 하려면 중간차를 사용하여야 한다.

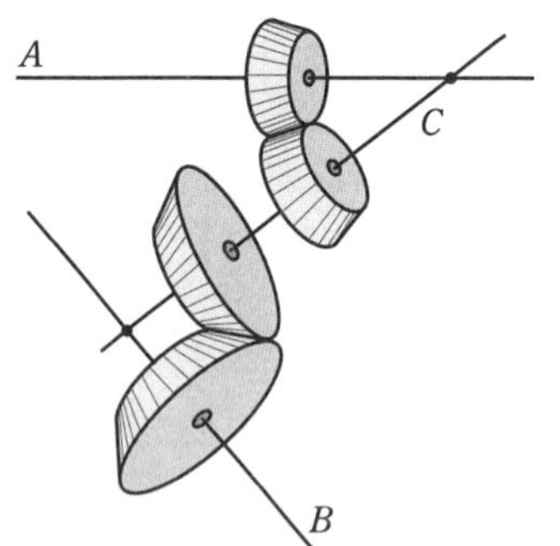

그림 4-14 평행도 교차도 아닌 축

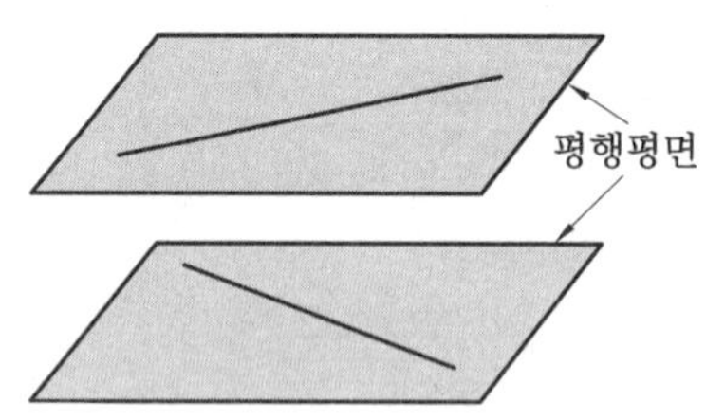

그림 4-15 평행한 2평면상의 축

2축이 평행하지도 교차하지도 않는 경우, 2축은 그림 4-15와 같이 서로 평행한 평면 위에 엇갈려 존재한다. 이러한 경우 두 축 사이에 완전한 구름접촉으로 회전을 전달할 수는 없으나, 일정한 속도비로 회전을 전달할 수는 있다. 이렇게 하기 위해서는 그림 4-16과 같은 쌍곡선차(hyperbolic wheel)가 사용된다.

그림 4-16에서 직선 AB는 축 OO와 동일평면 위에 있지 않고, 이들 둘은 교차하지도 않고 어느 각도로 기울어져 있다. 직선 AB를 축 OO에 대하여 기울기를 일정하게 유지하면서 이 축의 주위를 1회전시키면, 직선 AB는 장구 모양의 회전체를 그리게 된다.

이와 같이 얻어진 2개의 쌍곡선차를 그림 4-17과 같이 조합하면 2축 사이에 회전을

전달할 수 있다. 이때 쌍곡선차의 가장 가는 부분의 단면에 대한 원을 목골원(gorge circle)이라 하며, 그림 4-16에서 목골원의 반지름은 직선 AB와 축 OO와의 가장 짧은 길이이다.

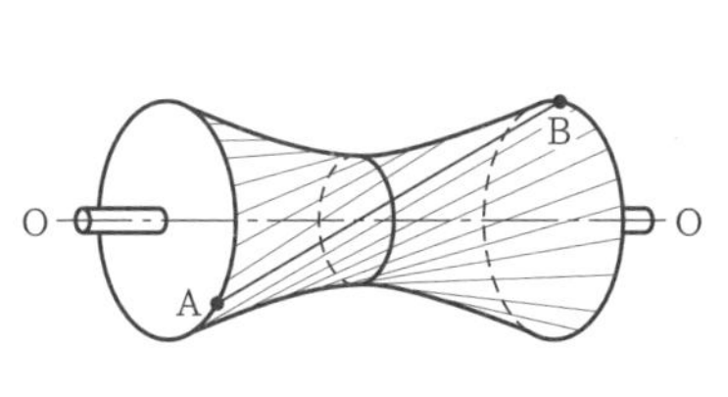

그림 4-16 쌍곡선차의 성립

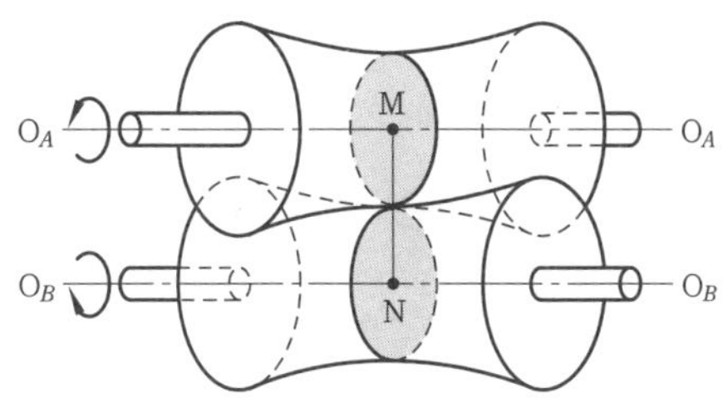

그림 4-17 쌍곡선차의 조합

다음에 쌍곡선차의 속도비를 생각해 보기로 하자.

그림 4-18에서 목골원 위의 접촉점 P에 대한 두 바퀴의 속도를 각각 v_A, v_B라 하고, 목골원의 반지름을 r_A, r_B로 하며, 각속도를 ω_A, ω_B라 한다. 이때 속도 v_A, v_B의 방향은 각각 바퀴의 축과 공통수선 $\overline{MN}$에 수직이고, 그 크기는 다음 식과 같이 된다.

$$v_A = \omega_A r_A, \quad v_B = \omega_B r_B$$

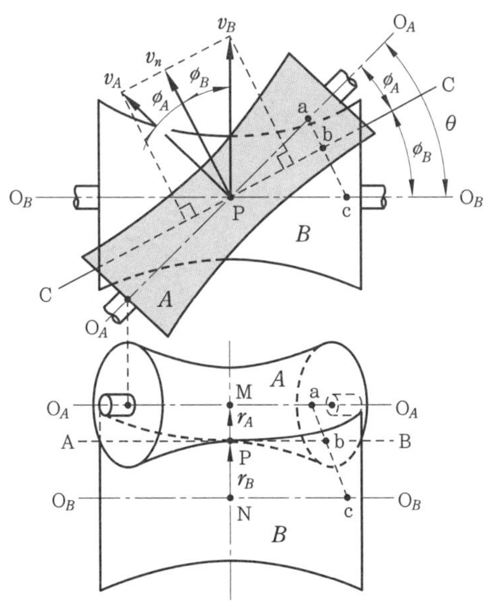

그림 4-18 쌍곡선차의 속도

이들은 속도를 접촉선 $\overline{CC}$에 대한 방향의 분속도와 이것에 수직한 방향의 분속도로 분해하면, 두 회전체가 일정한 각속도비를 갖기 위해서는 접선 $\overline{CC}$에 수직인 분속도 v_n

은 서로 같아야 한다.

이때 $\overline{CC}$가 축 O_A 및 O_B와 이루는 각을 각각 ϕ_A, ϕ_B라 하면 다음의 관계식이 성립한다.

$$v_n = v_A \cos\phi_A = v_B \cos\phi_B$$

$$\therefore\ \omega_A r_A \cos\phi_A = \omega_B r_B \cos\phi_B$$

따라서 속도비는 다음 식과 같이 된다.

$$\varepsilon = \frac{\omega_B}{\omega_A} = \frac{r_A \cos\phi_A}{r_B \cos\phi_B} \tag{4-17}$$

또, 그림 4-18에서도 알 수 있듯이 두 바퀴의 $\overline{CC}$ 방향의 분속도는 같지 않고, 그 벡터의 차는 점 P에 대한 두 회전차의 미끄럼속도로 표시된다. 이때 미끄럼속도의 크기를 v_s라 하면

$$\begin{aligned} v_s &= v_A \sin\phi_A - v_B \sin\phi_B \\ &= r_A \omega_A \sin\phi_A - r_B \omega_B \sin\phi_B \end{aligned} \tag{4-18}$$

이와 같이 접촉선 $\overline{CC}$에는 미끄럼이 있으므로 완전한 구름접촉이 되지는 않으나, 이 미끄럼은 속도비에는 전혀 영향을 주지 않으므로 기구학적으로는 이것을 구름접촉 전동으로 취급하더라도 별다른 무리가 없다.

그러나 이 기구를 실제로 사용하려면 완전한 쌍곡선 회전차가 되어야 하는데, 그 공작이 어려우므로 그림 4-19와 같이 쌍곡선차의 일부분을 사용하는 경우가 많다. 이것을 스큐 휠(skew wheel)이라 한다.

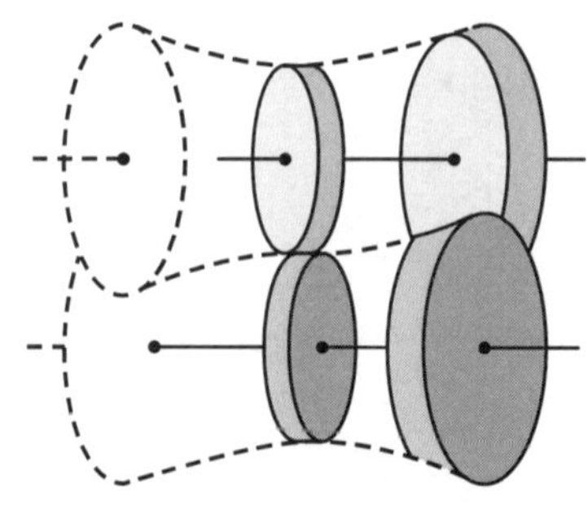

그림 4-19 스큐 휠

그림 4-19의 중앙부분에서 절단한 것은 원통차와 비슷하며, 끝부분에서 절단한 것은 원뿔차와 비슷하므로 폭이 좁은 경우는 원통차, 또는 원뿔차를 대신하여 사용할 수 있다.

3. 속도비가 변화하는 구름접촉

두 바퀴가 구름접촉을 할 때 각속도비는 바퀴의 중심에서 접촉점까지의 거리에 반비례하므로 두 바퀴의 반지름, 또는 동경이 변화하는 것은 곧 속도비의 변화를 의미한다.

이와 같이 속도비가 변화할 때의 구름접촉은 두 바퀴의 접촉점이 두 바퀴의 중심을 연결한 선 위에 있지만, 두 바퀴의 중심연결선 위에서 접촉점의 위치가 변화할 때 일어난다.

여기에 속하는 대표적인 것은 타원차(elliptical wheel), 대수나선차(logarithmic spiral wheel), 나뭇잎형차(lobed wheel) 등이 있다.

3-1 타원차

그림 4-20과 같이 형상과 크기가 같은 2개의 타원차 A, B에 대해서 각 타원차의 초점을 O_A, O_B라 하고, 이 초점을 중심으로 하여 회전이 가능하도록 한다. 이때 두 바퀴의 중심거리를 타원의 장축의 길이와 같도록 하면, 두 바퀴는 구름접촉을 하게 된다.

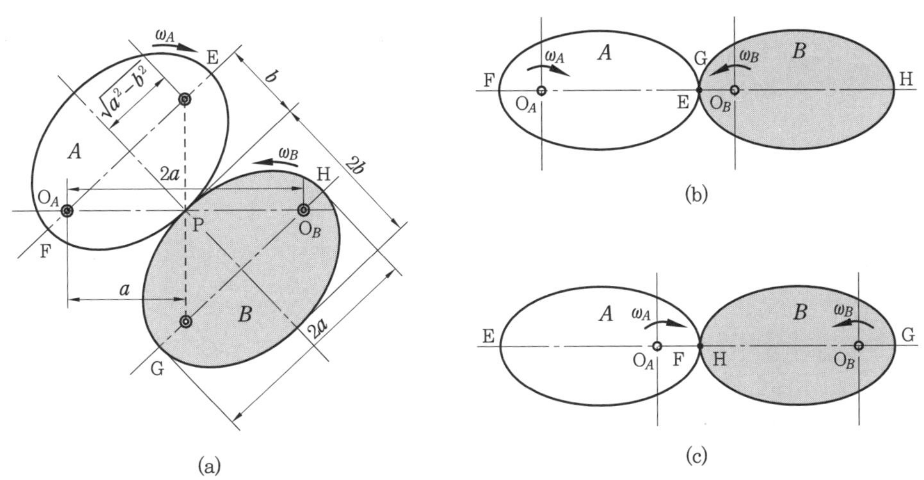

그림 4-20 타원차

만일 바퀴 A를 일정한 각속도로 회전시키면, 바퀴 B는 1회전을 주기로 각속도가 변화하여 부등속 회전운동을 하게 된다.

바퀴 A가 일정한 각속도로 회전한다면, 그림 4-20 (b)와 같이 점 H가 제일 오른쪽 끝에 왔을 때 바퀴 B는 그 순간 최대의 속도비를 가진다. 또한 그림 4-20 (c)와 같이 점 H

가 제일 왼쪽 끝에 왔을 때 바퀴 B는 그 순간 최소의 속도비를 가진다. 그리고 그림 4-20 (a)와 같이 되었을 때 두 바퀴 A, B는 동일한 속도비를 가진다.

이와 같이 바퀴 A가 일정한 각속도로 회전하더라도 바퀴 B의 각속도는 수시로 변화하여 최소에서 최대로 되는데, 이것은 1회전을 주기(週期)로 하여 변화하게 된다.

장축의 길이를 $2a$, 단축의 길이를 $2b$라 하고, 최대속도비를 ε_{max}, 최소속도비를 ε_{min}이라 하면 다음 식과 같이 된다.

$$\varepsilon_{max} = \frac{\overline{O_A E}}{\overline{O_B G}} = \frac{a+\sqrt{a^2-b^2}}{a-\sqrt{a^2-b^2}} \tag{4-19}$$

$$\varepsilon_{min} = \frac{\overline{O_A F}}{\overline{O_B H}} = \frac{a-\sqrt{a^2-b^2}}{a+\sqrt{a^2-b^2}} \tag{4-20}$$

식 (4-19)와 식 (4-20)에서 $\varepsilon_{max} = \dfrac{1}{\varepsilon_{min}}$의 관계가 있고, $C=2a$, $K=\dfrac{\varepsilon_{max}}{\varepsilon_{min}}$이라 하면 다음 식과 같이 표시된다.

$$K = \frac{\varepsilon_{max}}{1/\varepsilon_{max}} = (\varepsilon_{max})^2 = \left\{ \frac{a+\sqrt{a^2-b^2}}{a-\sqrt{a^2-b^2}} \right\}^2 \tag{4-21}$$

또한

$$2b = \frac{4a\sqrt[4]{K}}{1+\sqrt{K}} = \frac{2C\sqrt[4]{K}}{1+\sqrt{K}} \tag{4-22}$$

따라서 두 축 사이의 중심거리 C 및 최대속도와 최소속도의 비 K가 주어지면 $2a$, $2b$가 결정되므로 타원의 크기를 알 수 있다.

3-2 대수나선차

각도가 일정하게 변화할 때 그에 대한 동경의 길이가 기하급수적으로 변화하는 곡선을 대수나선 곡선이라 하고, 이러한 대수나선곡선을 이용한 것을 대수나선차(logarithmic spiral wheel)라 한다.

그림 4-21에서와 같이 동경이 $\overline{OA}$, $\overline{OB}$, $\overline{OC}$, …로 회전하면 $\angle AOB = \angle BOC = \angle COD$ …이고,

$$\frac{\overline{OB}}{\overline{OA}} = \frac{\overline{OC}}{\overline{OB}} = \frac{\overline{OD}}{\overline{OC}} = \cdots = K(\text{일정})$$

이면, 곡선 $ABCDE$는 대수나선곡선이 된다.

이 곡선 위의 임의의 한 점 C에서 접선 CT와 동경 OC가 이루는 각 α는 일정한 값

으로 된다.

동경을 r이라 하고, $\theta=0$일 때 $r=a$이면, 대수나선곡선의 방정식은 다음과 같이 표시된다.

$$r=ae^{m\theta} \tag{4-23}$$

단, 이때 $m=\cot\alpha$이다.

θ가 (−)의 방향으로 증가하면, 곡선은 점 O에 가까워지므로 점 O를 곡선의 점근점이라 한다. 이 성질을 갖는 대수나선곡선을 바퀴의 윤곽곡선으로 사용하면, 여러 가지 형상의 바퀴를 만들 수 있다.

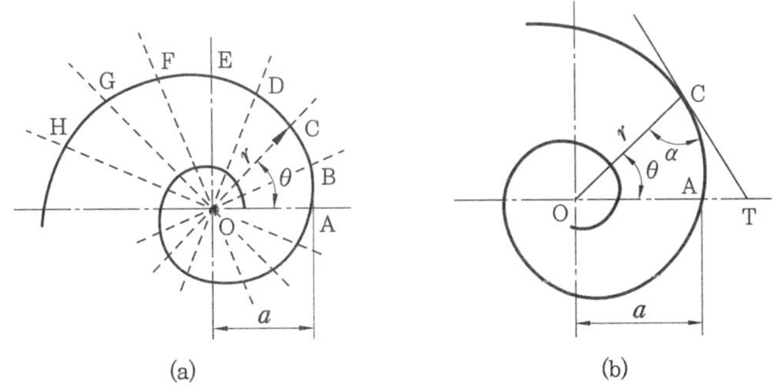

그림 4-21 대수나선곡선

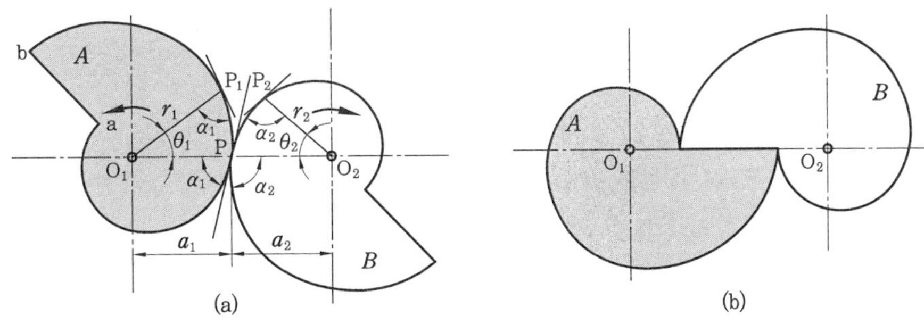

그림 4-22 대수나선차

그림 4-22와 같이 동일한 형상으로 되어 있는 두 바퀴 A, B는 동경이 2π 회전하는 동안 O_1, O_2를 중심으로 회전운동을 하도록 만든 것이다.

곡선은 점점 넓어져서 폐합(閉合)이 되지 않으므로 바퀴를 만들기 위하여 a, b 사이를 직선으로 연결하면, 동경의 회전에 따라서 그 길이도 점차 증가하며, 접촉점까지의 길이도 증가하므로 각속도비도 회전에 따라 변화한다. 그러나 그림 4-22 (b)의 위치에 올 때마다 각속도비는 불연속적으로 변화하여 처음 상태로 되돌아간다.

바퀴 A, B는 원주 위의 한 점에서 접선을 그으면 접선과 동경을 이루는 각 $\alpha_1+\alpha_2=\pi$인 관계가 되므로, 두 바퀴의 접촉점은 두 중심의 연결선 위에 있게 된다.

두 바퀴가 구름접촉을 하므로 바퀴 A가 θ_1만큼 회전하였을 때, 바퀴 B가 θ_2만큼 회전하였다면 $\widehat{PP_1} = \widehat{PP_2}$가 된다.

동경이 미소각도만큼 회전하였을 때 dr 만큼 변화하였다면, 그 사이의 곡선의 길이 ds는

$$\frac{dr}{ds} = \cos\alpha, \qquad \therefore\ ds = \frac{dr}{\cos\alpha}$$

$$\widehat{PP_1} = \int_{a_1}^{r_1} ds = \frac{1}{\cos\alpha_1}\int_{a_1}^{r_1} dr = \frac{r_1 - a_1}{\cos\alpha_1}$$

$$\widehat{PP_2} = \int_{a_2}^{r_2} ds = \frac{1}{\cos\alpha_2}\int_{a_2}^{r_2} dr = \frac{1}{\cos(\pi - \alpha_1)}\int_{a_2}^{r_2} dr = \frac{a_2 - r_2}{\cos\alpha_1}$$

$\widehat{PP_1} = \widehat{PP_2}$이므로 다음 식과 같이 된다.

$$\left.\begin{array}{r} r_1 - a_1 = u_2 - r_2 \\ \text{또는}\ \ r_1 + r_2 = a_1 + a_2 \end{array}\right\} \tag{4-24}$$

이것은 바퀴 A의 반지름이 감소한 길이만큼 바퀴 B의 반지름이 증가하였음을 뜻하며, 접촉점에 있어서 두 바퀴의 반지름의 합은 언제나 일정하다. 또한 두 회전중심 사이의 거리는 일정하고, 구름접촉으로 회전을 전달하는 것을 뜻한다.

3-3 나뭇잎형차

대수나선이나 포물선, 쌍곡선 등의 곡선은 반지름이 무한히 증가하므로 바퀴의 윤곽곡선으로 사용하면 불연속 회전운동이 된다. 그러나 이것을 연속적인 회전운동이 되도록 고안해낸 것이 나뭇잎형차(lobed wheel)이다.

이러한 곡선의 한 부분을 끊어 구름접촉을 할 수 있도록 몇 개를 조합하여 바퀴를 만들면, 한 회전 중에 각속도비를 수차에 걸쳐서 원하는 대로 주기적으로 변화시킬 수 있다.

그림 4-23에서 최대반지름을 R_1, 최소반지름을 R_0라 하면, 속도비는 다음 식과 같이 된다.

$$\left.\begin{array}{l} \varepsilon_{max} = \dfrac{\omega_{max}}{\omega} = \dfrac{R_1}{R_0} \\[2ex] \varepsilon_{min} = \dfrac{\omega_{min}}{\omega} = \dfrac{R_0}{R_1} \end{array}\right\} \tag{4-25}$$

구동차가 일정한 각속도 ω로 회전할 때 종동차의 각속도 변화율을 i라 하면, 식 (4-25)에서 다음 식이 성립한다.

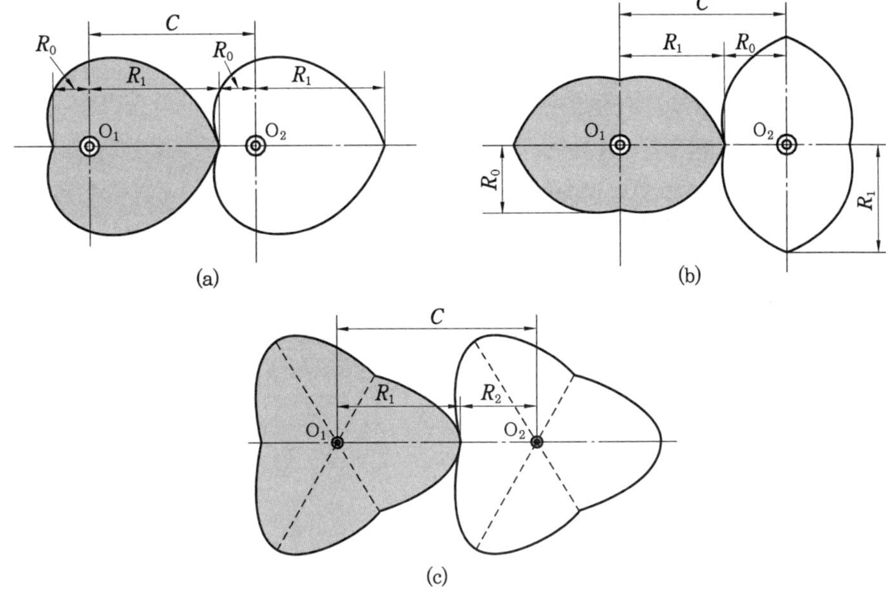

그림 4-23 나뭇잎형차

$$i = \frac{\omega_{max}}{\omega_{min}} = \frac{\varepsilon_{max}}{\varepsilon_{min}} = \frac{{R_1}^2}{{R_0}^2} \tag{4-26}$$

2축의 중심거리를 C라 하면

$$C = R_0 + R_1 \tag{4-27}$$

식 (4-26)과 식 (4-27)에 의하여 R_0, R_1이 결정된다. 그러나 이와 같은 나뭇잎형차가 실제로 사용되는 예는 별로 없고, 사용된다 하더라도 2축이 평행한 경우에 국한된다.

4. 마 찰 차

4-1 마찰차의 기초사항

2개의 바퀴를 직접접촉시켜 이것을 서로 밀어 붙여서 그 사이에 생기는 마찰력을 이용하여 2축 사이에 동력을 전달시키는 장치를 마찰차(摩擦車, friction wheel)라 한다.

구동차에서 종동차로 동력을 전달할 때 구름접촉으로 두 바퀴 사이에 서로 미끄럼이 발생하지 않도록 하기 위해서는 큰 마찰력이 생겨야 하고, 이렇게 하기 위해서는 두 바퀴 사이의 접촉면은 마찰계수가 큰 형상 및 재질(材質)로 만들어야 한다.

따라서 이 마찰력이 크면 클수록 큰 회전력을 전달할 수 있고, 또 마찰력을 크게 하기 위해서는 두 바퀴를 서로 밀어붙이는 힘이 커야 한다.

그러나 마찰차를 밀어붙이는 압력이 너무 크게 되면 그만큼 베어링에 걸리는 하중이 크게 되고, 접촉면에 대한 마멸이 심하여 수명이 단축되므로 그다지 크게 할 필요는 없다.

이러한 이유에서 접촉면의 마찰계수를 크게 하고, 마멸을 줄이는 동시에 수명을 늘리며, 미끄럼이 없이 충분한 회전력을 전달하기 위하여 마찰차의 접촉표면에 금속 또는 비금속을 입힌다. 구동차의 표면에는 가죽, 고무, 나무 등의 비금속체를 사용하고, 종동차에는 마찰변형이 일어나지 않는 금속체를 사용하는 것이 보통이다. 이것은 운전의 초기 또는 운전 중에 종동차의 저항에 의하여 두 바퀴 사이에 일시적인 미끄럼이 생겼을 때 구동차는 전둘레에 미끄럼이 생긴다. 또한 상대편과 접촉하는 부분만 미끄럼을 받으므로 만일 종동차에 연질(軟質)의 비금속재료를 입히면, 국부적으로 마멸이 생겨 그 표면이 울퉁불퉁하게 된다.

그림 4-24는 구동차의 표면에 나무를 붙인 마찰차이다. 또한 표 4-1은 각종 재료 사이의 마찰계수를 나타낸 것이다. 마찰차의 특징은 다음과 같다.

① 과부하시는 안전장치의 역할을 한다.
② 운전이 조용하다.
③ 구동차를 운전하는 상태에서 종동차의 시동, 정지, 속도변환이 가능하다.
④ 축과 베어링 사이의 마찰이 크므로 동력손실과 축 및 베어링의 마멸이 크다.
⑤ 일정한 속도비를 얻기가 곤란하다.
⑥ 마찰차의 피치면을 손상시킨다.
⑦ 마찰력에는 한도가 있어 큰 회전력을 전달시키기 곤란하다.

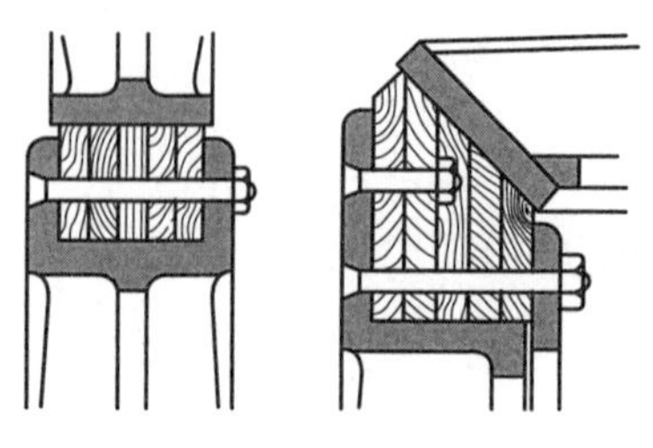
그림 4-24 나무를 붙인 마찰차

표 4-1 각종 재료 사이의 마찰계수

재료의 조합	마찰계수 (μ)
주철 / 주철	0.1~0.15
주철 / 가죽	0.2~0.3
주철 / 목재	0.2~0.3
주철 / 종이	0.15~0.2

이러한 이유에서 마찰차를 이용하여 회전력을 전달하는 적용 범위는 다음과 같다.

① 전달 회전력이 별로 크지 않고, 속도비가 중요하지 않을 때
② 비교적 고속회전이고, 조용한 운전을 필요로 할 때
③ 구동차의 운전 중에 가끔 시동, 정지를 하고자 할 때
④ 무단변속을 하고자 할 때

이와 같은 마찰차의 종류에는 다음과 같은 것이 있다.

① 원통마찰차(spur friction wheel)

② 홈마찰차(grooved friction wheel)

③ 원뿔마찰차(bevel friction wheel)

4-2 마찰차의 전달동력

(1) 원통마찰차

그림 4-25에서와 같이 두 축이 평행할 때 외접하는 경우와 내접인 경우가 있다. 두 바퀴의 모양이 원통으로 된 원통마찰차(spur friction wheel)에서 두 바퀴의 접촉면에서 밀어붙이는 압력을 P [N], 마찰계수를 μ라 하면, 최대전달력 F [N]는 다음 식과 같이 된다.

$$F = \mu P \tag{4-28}$$

최대전달동력을 H [PS] 또는 H' [kW]라 하고, 원주속도를 v [m/s]라 하면 다음 식과 같이 된다.

$$H = \frac{Fv}{735.5}\ [\mathrm{PS}], \qquad H' = \frac{Fv}{1000}\ [\mathrm{kW}] \tag{4-29}$$

여기서, 1 PS = 75 kgf·m/s = 735.5 N·m/s = 735.5 W

1 kW = 102 kgf·m/s = 1000 N·m/s

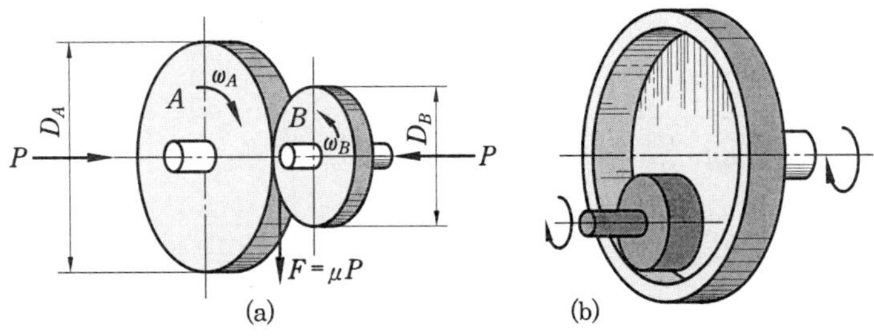

그림 4-25 원통마찰차

(2) 홈마찰차

마찰차의 마찰력을 크게 하기 위해서는 일반적으로 두 바퀴를 큰 압력으로 밀어붙여야 하지만, 밀어붙이는 압력이 너무 크게 되면 마찰차의 수명을 감소시키거나 베어링에 작용하는 하중이 크게 되어 좋지 않다.

이러한 결점을 피하기 위하여 그림 4-26 (a)와 같이 한쪽 원주면(圓柱面)에는 V자 모양의 홈을 파고, 상대편의 원주면에는 이것과 적합하게 끼워지는 볼록한 부분을 만들어 베어링에 무리를 주지 않고 마찰력을 크게 할 수 있는 마찰차를 홈마찰차(grooved friction wheel)라 한다.

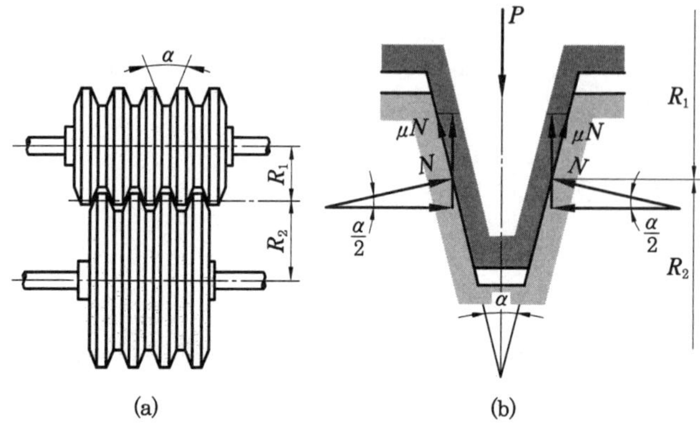

그림 4-26 홈마찰차

그림 4-26 (b)에서 홈의 각도를 α, 두 바퀴를 밀어붙이는 접촉압력을 P [N], 마찰계수를 μ라 하면 홈의 두 측면에는 수직력 N [N]과 경사면을 미는 마찰력 μN이 발생한다.

반지름 방향에 대한 힘의 평형식은 다음과 같이 된다.

$$P = 2\left(N\sin\frac{\alpha}{2} + \mu N\cos\frac{\alpha}{2}\right) = 2N\left(\sin\frac{\alpha}{2} + \mu\cos\frac{\alpha}{2}\right)$$

$$\therefore\ N = \frac{P}{2\left(\sin\frac{\alpha}{2} + \mu\cos\frac{\alpha}{2}\right)} \tag{4-30}$$

회전력으로 작용하는 힘은 바퀴의 접선 방향의 마찰력이 되고, 이것을 F' [N]이라 하면 다음 식이 얻어진다.

$$F' = 2\mu N = \frac{\mu P}{\sin\frac{\alpha}{2} + \mu\cos\frac{\alpha}{2}} = \mu' P \tag{4-31}$$

단, $\mu' = \dfrac{\mu}{\sin\frac{\alpha}{2} + \mu\cos\frac{\alpha}{2}}$ 이 되고, 이 μ'을 등가마찰계수 또는 상당마찰계수라 한다.

홈마찰차의 원주속도를 v[m/s]라 하면, 전달마력은 다음 식과 같이 된다.

$$H = \frac{\mu' P v}{735.5} = \frac{F' v}{735.5}\ \text{[PS]} \tag{4-32}$$

따라서 원통마찰차와 홈마찰차의 경우 같은 힘으로 밀어붙일 때 마찰력을 비교하면 다음 식과 같이 표시된다.

$$F' : F = \left(\frac{\mu}{\sin\frac{\alpha}{2} + \mu\cos\frac{\alpha}{2}}\right) : \mu = \mu' : \mu \tag{4-33}$$

즉, 홈마찰차의 경우 마찰계수 μ'은 원통마찰차의 마찰계수 μ의 $\dfrac{1}{\left(\sin\dfrac{\alpha}{2}+\mu\cos\dfrac{\alpha}{2}\right)}$ 배로 증가한다.

홈붙이 마찰차는 일반적으로 두 바퀴를 모두 주철로 만들고, 홈의 각도는 $\alpha = 30 \sim 40°$ 이며 홈의 수는 보통 5개 정도로 한다.

홈마찰차가 정확하게 구름접촉을 하는 곳은 홈 중앙부의 한 점뿐이고, 그 밖에서는 미끄럼이 생겨 마멸 및 소음이 생기기 쉬우므로 홈의 깊이를 너무 깊게 하지 않도록 하여야 한다. 홈마찰차에서는 마찰차의 지름을 D라 하면, 보통 그 깊이는 $0.05D$ 이하로 한다.

(3) 원뿔마찰차

구름접촉을 하면서 두 축이 어느 각도로 교차하면서 회전력을 전달하는 마찰차를 원뿔마찰차(bevel friction wheel)라 한다.

그림 4-27은 원뿔마찰차를 나타낸 것으로서 그림 4-27 (a)는 외접하는 경우이고, 그림 4-27 (b)는 내접하는 경우이다.

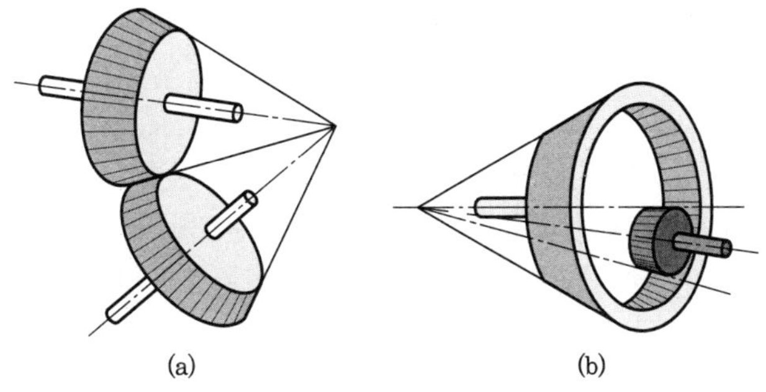

그림 4-27 원뿔마찰차

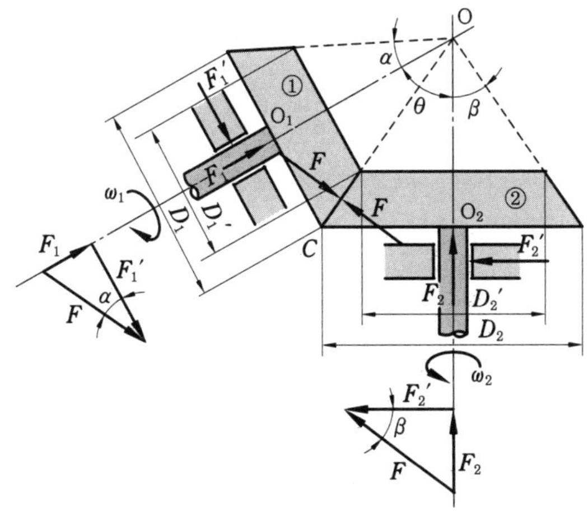

그림 4-28 원뿔마찰차에 대한 힘의 평형

그림 4-28에서와 같이 원뿔마찰차의 접촉면에서 서로 미는 힘을 F [N], 축방향의 추력을 F_1 [N], F_2 [N]이라 하면

$$F = \frac{F_1}{\sin\alpha} = \frac{F_2}{\sin\beta} = \frac{F_2}{\sin(\theta-\alpha)} \tag{4-34}$$

또한 축에 직각으로 작용하는 반력(反力)을 각각 $F_1{}'$ [N], $F_2{}'$ [N]이라 하면 다음 식과 같이 된다.

$$F_1{}' = F\cos\alpha, \quad F_2{}' = F\cos\beta \tag{4-35}$$

이때 합력 F [N]는 접촉선의 중앙에 작용한다고 생각하여 그 접촉표면의 중앙에 대한 원주속도를 사용한다. 접촉부분의 평균속도를 v [m/s]라 하면, 전달마력은 다음 식으로 표시된다.

$$H = \frac{\mu F v}{735.5} = \frac{\mu F_1 v}{735.5\sin\alpha} = \frac{\mu F_2 v}{735.5\sin\beta} \text{ [PS]} \tag{4-36}$$

단, $v = \dfrac{\pi(D_1 + D_1{}')n_1}{2\times60\times1000} = \dfrac{\pi(D_2 + D_2{}')n_2}{2\times60\times1000}$ [m/s]

(D_1, $D_1{}'$, D_2, $D_2{}'$: [mm], n_1, n_2 : [rpm])

예제 4-4 그림 4-25 (a)와 같은 원통마찰차에 있어서 구동차 A에는 가죽이 입혀져 있고, 종동차 B는 주철로 되어 있으며 각각의 회전수는 300 rpm, 100 rpm이다. 두 바퀴의 축간거리를 400 mm, 두 바퀴를 밀어붙이는 힘을 2.45 kN이라 하면 최대전달마력 [PS]은 얼마인가? (단, 마찰계수 $\mu = 0.2$이다.)

해설 두 바퀴의 지름을 d_A, d_B라 하며 다음 식과 같이 된다.

$$\frac{d_A}{2} + \frac{d_B}{2} = 400 \text{ mm}$$

$$\varepsilon = \frac{d_A}{d_B} = \frac{n_B}{n_A} = \frac{100}{300} = \frac{1}{3}$$

$$\therefore\ d_B = 3d_A$$

$$d_A = 200 \text{ mm}, \quad d_B = 600 \text{ mm}$$

전달력 : $F = \mu P = 0.2\times2.45 = 0.49 \text{ kN} = 490 \text{ N}$

바퀴 A의 속도 : $v = \omega_1 r_1 = \dfrac{2\times\pi\times100\times300}{60\times1000} = 3.14 \text{ m/s}$

전달마력 : $H = \dfrac{Fv}{735.5} = \dfrac{490\times3.14}{735.5} = 2.1 \text{ PS}$

예제 4-5 예제 4-4에서 원통마찰차 대신에 홈마찰차를 사용한다면, 최대전달마력[PS]은 얼마인가? (단, 원뿔각은 30°이다.)

해설 등가마찰계수 μ'는 $\mu=0.2$, $\frac{\alpha}{2}=15°$이므로

$$\mu'=\frac{0.2}{\sin 15°+0.2\cos 15°}=0.44$$

전달력 : $F=\mu' P=0.44\times 2450=1078\ \text{N}$

전달마력: $H=\frac{Fv}{735.5}=\frac{1078\times 3.14}{735.5}=4.6\ \text{PS}$

예제 4-6 축각 $\theta=90°$인 원뿔마찰차에서 구동차의 최대지름이 1000 mm, 접촉부의 길이가 150 mm, 구동차의 회전수 및 종동차의 회전수가 각각 1000 rpm, 500 rpm이고, 5 kW를 전달한다. 접촉부분의 중앙에 대한 원주속도 및 각 축에 작용하는 추력을 구하시오. (단, 마찰계수 $\mu=0.2$이다.)

해설 속도비 : $\varepsilon=\frac{n_2}{n_1}=\frac{500}{1000}=0.5$

원뿔각 : 식 (4-15)에 의하여

$$\alpha=\tan^{-1}(\varepsilon)=\tan^{-1}(0.5)=26.56°$$

$$\beta=\tan^{-1}\left(\frac{1}{\varepsilon}\right)=\tan^{-1}\left(\frac{1}{0.5}\right)=63.44°$$

구동차의 최소지름 : $D_1'=1000-150\times 2\sin(26.56°)=866\ \text{mm}$

구동차의 평균지름 : $D_m=\frac{D_1+D_1'}{2}=\frac{1000+866}{2}=933\ \text{mm}$

중앙의 원주속도 : $v=\frac{\pi\times 933\times 1000}{60\times 1000}=48.85\ \text{m/s}$

접촉면을 밀어붙이는 힘 : $F=\frac{1000H'}{\mu v}=\frac{1000\times 5}{0.2\times 48.85}=511.8\ \text{N}$ (단, $1\ \text{kW}=1\ \text{kN}\cdot\text{m/s}$)

각 축의 추력

구동축의 추력 : $F_1=F\sin\alpha=511.8\times\sin 26.56°=228.8\ \text{N}$

종동축의 추력 : $F_2=F\sin\beta=511.8\times\sin 63.44°=457.5\ \text{N}$

5. 마찰차식 무단변속기구

5-1 무단변속기구의 분류

기계의 운전 중에 기계의 운전을 부하에 따라서 자유로이 변환할 수 있는 것은 여러 가지 면에서 상당히 편리하여 예전부터 널리 이용되어 왔다.

변속기구(變速機構)로는 여러 가지 회전속도로 변환할 수 있는 유단변속기구와 단이 없이 회전속도를 연속적으로 변화시킬 수 있는 무단변속기구의 2종류로 나눈다.

유단변속기구에는 기어 및 체인을 이용한 방법이 있고, 여기에 대해서는 제 5 장에서 구체적으로 설명하기로 한다. 이 장에서는 무단변속기구 중에서 마찰차식 무단변속기구에 대해서만 설명하기로 한다. 무단변속기구에는 기계식, 유체식 및 전기식 무단변속기구가 있고, 표 4-2와 같이 분류된다.

또한, 표 4-2와 같이 기계식 무단변속기구에는 3가지 종류가 있다. 일반적으로 가장 많이 사용되고 있는 것에는 마찰차식과 감기전동방식이 있다.

표 4-2 무단변속기구의 분류

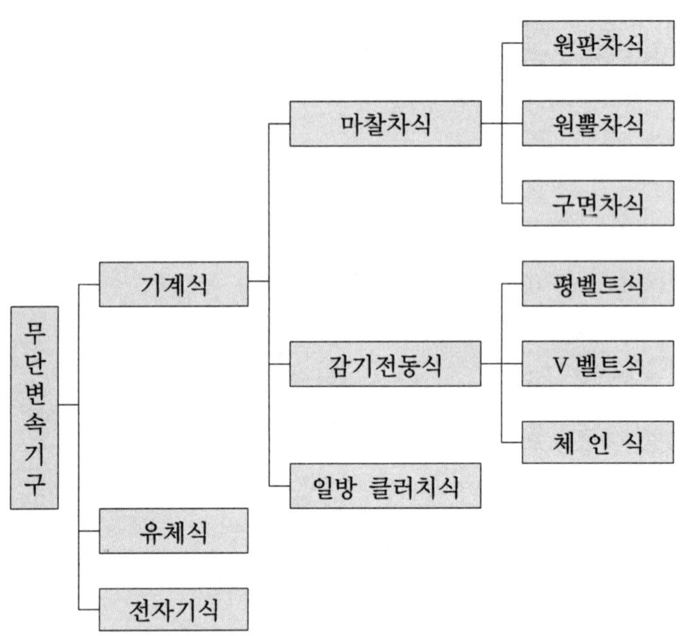

운동을 전달하는 데 있어서 거의 대부분의 경우 각속도비를 일정하게 유지하지만, 가끔 각속도비를 주기적으로 변화시킬 필요가 있는 경우도 있다. 기계의 운동상태에 따라서 구동차의 회전수가 일정할 때, 종동차의 회전수를 자유로이 조절하고 싶을 경우가 있다. 마찰차를 무단변속장치에 응용하면 운전 중에 용이하게 각속도비를 변화시킬 수 있을 뿐만 아니라, 그 변속을 연속적으로 할 수 있기 때문에 매우 편리하다. 그러나 미끄럼때문에 확실한 속도비를 얻기가 곤란하고, 큰 동력을 전달할 수 없는 것이 결점이다.

마찰차를 이용한 무단변속기구의 방식에는 다음과 같은 것이 있다.

① 원판마찰차를 이용하는 방식

② 원뿔마찰차를 이용하는 방식

③ 구면마찰차를 이용하는 방식

이들 방식 중 어느 것이나 마찰접촉점을 이동할 수 있도록 되어 있고, 접촉점에 대한 두 바퀴의 반지름의 비를 단계가 없이 연속적으로 변화시킬 수 있다.

5-2 원판마찰차를 이용하는 방식

그림 4-29는 구름바퀴 A와 원판마찰차 B의 축 Ⅰ, Ⅱ가 각각 직교(直交)하고, 구름바퀴 A를 축 Ⅰ에서 좌우로 이동시킴으로써 원판마찰차 B의 회전수를 마음대로 연속적으로 변화시킬 수 있다.

또한, 구름바퀴 A가 원판마찰차 B의 중심에 오면, 구름바퀴 A의 폭 양쪽에서 반대방향의 미끄럼이 생겨서 원판마찰차 B는 정지하게 된다.

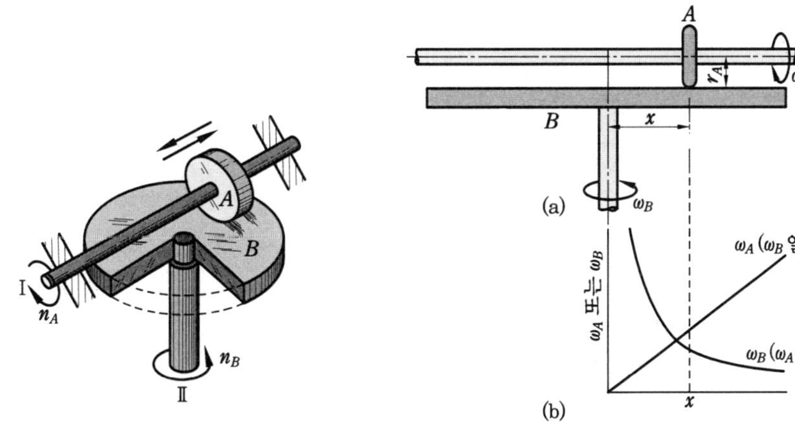

그림 4-29 원판을 이용하는 변속기구 　　그림 4-30 원판 무단변속기구의 각속도

그림 4-30 (a)와 같이 구름바퀴 A의 반지름을 r_A, 원판마찰차 B의 축중심에서 구름바퀴 A가 접촉하고 있는 위치까지의 거리를 x라 하면, x의 위치를 변경시킴으로써 속도비를 변화시킬 수 있다.

즉, 구름바퀴 A를 구동차로 하고 그 회전수 ω_A가 일정하다면, 속도비는 다음 식과 같이 된다.

$$\left.\begin{aligned} \varepsilon &= \frac{\omega_B}{\omega_A} = \frac{n_B}{n_A} = \frac{r_A}{x} \\ \omega_B &= \frac{r_A}{x}\,\omega_A \end{aligned}\right\} \tag{4-37}$$

또한, ω_B가 일정하다면

$$\omega_A = \frac{x}{r_A}\,\omega_B \tag{4-38}$$

그림 4-30 (b)는 ω_A가 일정한 경우에 대한 x의 위치에 따른 ω_B의 변화 및 ω_B가 일정할 경우 ω_A의 변화관계를 나타낸 것이다.

5-3 원뿔마찰차를 이용하는 방식

그림 4-31 (a)는 원뿔차와 원판차를 접촉시켜서 원판차의 접촉위치를 변화시킴으로써 속도비를 자유로이 변화시킬 수 있다.

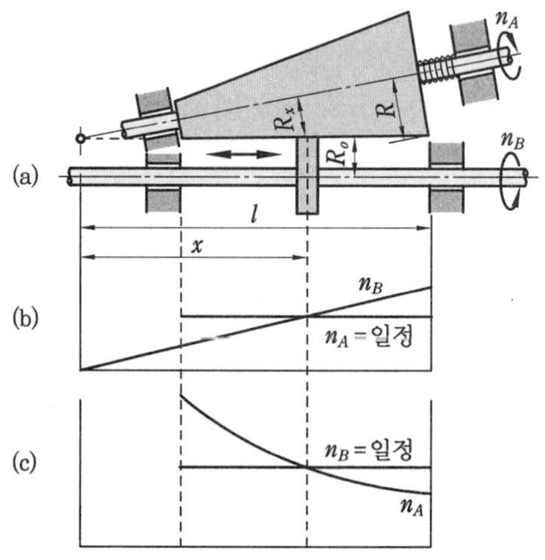

그림 4-31 원뿔마찰차를 이용한 무단변속기구

그림 4-31 (a)에서 원뿔차의 최대반지름을 R, 원뿔차의 꼭지점에서 최대반지름까지의 길이를 l, 원뿔차의 꼭지점으로부터 원판차까지의 거리 점 x에 대한 원판차의 반지름을 R_x라 하면

$$R_x = \frac{R}{l}x$$

원판차의 반지름을 R_0라 하고 원뿔차를 구동차로 한 일정회전수를 n_A라 하면, 원판차의 회전수 n_B는 다음 식과 같이 된다.

$$n_B = \frac{R_x}{R_0}n_A = \frac{R}{R_0}\frac{x}{l}n_A \tag{4-39}$$

이 식은 그림 4-31 (b)와 같이 회전수 n_B는 직선적으로 변화한다. 또, n_B를 일정하게 하면

$$n_A = \frac{R_0}{R_x}n_B = \frac{R_0}{R}\frac{l}{x}n_B \tag{4-40}$$

이 되고, 그림 4-31 (c)와 같이 n_A는 원판차의 위치에 따라 쌍곡선으로 변화한다.

그림 4-31에 대한 기구의 결점은 2개의 축이 교차되는 것이다. 2축을 평행하게 유

지하기 위하여 그림 4-32와 같이 2개의 원뿔차 사이에 1개의 원판차를 삽입하여 사용한다.

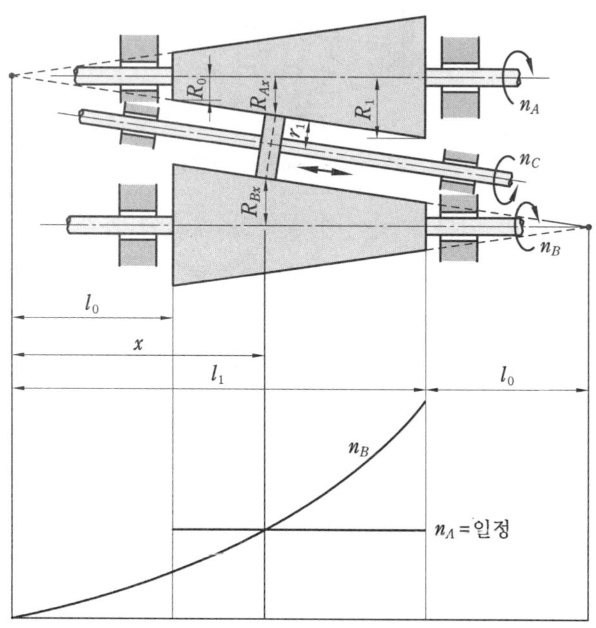

그림 4-32 2개의 원뿔차를 이용한 무단변속기구

원뿔차 A가 일정회전수 n_A일 때, 원판차 C의 위치 x와 원뿔차 B의 회전수 n_B와의 관계는 다음 식과 같다.

$$\text{즉,}\ l_0 = l_1 \frac{R_0}{R_1}, \quad R_{Ax} = \frac{x}{l_1} R_1 \tag{a}$$

$$R_{Bx} = \frac{R_1}{l_1}\left[(l_1 + l_0) - x\right] = \frac{R_1}{l_1}\left\{l_1\left(1 + \frac{R_0}{R_1}\right) - x\right\} \tag{4-41}$$

$$\frac{n_C}{n_A} = \frac{R_{Ax}}{r_1}, \quad \frac{n_B}{n_C} = \frac{r_1}{R_{Bx}} \tag{b}$$

식 (b)에 의하여

$$\frac{n_B}{n_A} = \frac{n_C}{n_A} \cdot \frac{n_B}{n_C} = \frac{R_{Ax}}{r_1} \cdot \frac{r_1}{R_{Bx}} = \frac{R_{Ax}}{R_{Bx}} \tag{4-42}$$

식 (a)와 식 (4-41)을 식 (4-42)에 대입하면

$$\frac{n_B}{n_A} = \frac{\frac{x}{l_1} R_1}{\frac{R_1}{l_1}\left\{l_1\left(1 + \frac{R_0}{R_1}\right) - x\right\}} = \frac{R_1 x}{l_1\ \{(R_1 + R_0) - R_A x\}} \tag{4-43}$$

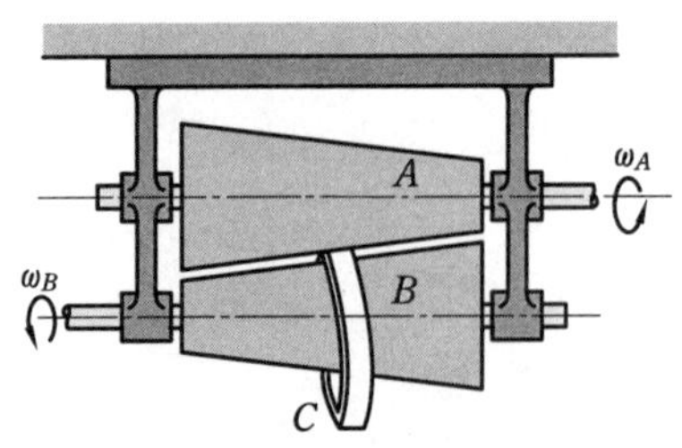

그림 4-33 에반스 마찰차

그림 4-33과 같이 2개의 원뿔차 사이에 원판차 대신에 가죽, 또는 강철제의 링(ring)을 사용하여 링 C가 접촉하는 부분의 지름의 변화로 속도비가 변화한다. 링 C의 위치를 변화시켜 속도비를 변화시키는 데 사용하는 것을 에반스의 마찰차(Evans' friction cones)라 부른다.

이때 2축 사이의 회전 방향은 반대로 되고, 회전속도비는 링 C에 대한 폭의 중앙을 택하여 계산한다.

5-4 구면마찰차를 이용하는 방식

변속기구에 있어서 접촉표면을 구면(球面)으로 하면 구는 어떤 방향이라도 회전축으로 사용할 수 있으므로, 어느 구면의 중심둘레로 운동시켜도 변속이 가능하여 실제로 널리 사용되고 있다.

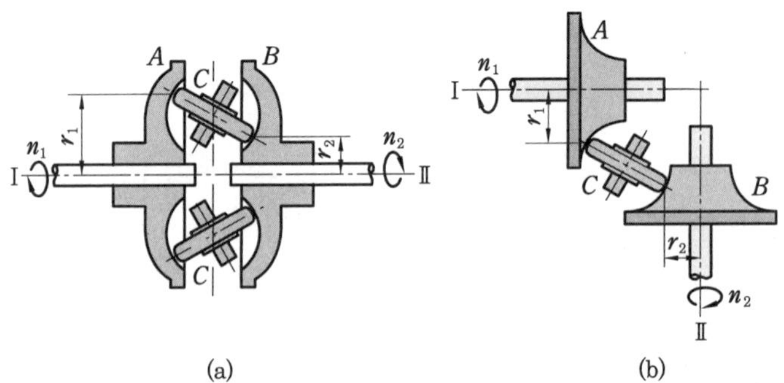

그림 4-34 구면차를 이용한 무단변속기구 (1)

그림 4-34 (a)는 2축이 일직선 위에 있고, 바퀴 A, B는 단면에 홈이 파어진 원판차로 그 사이에 2개의 원판차 C를 삽입한 것이다. C와 C를 서로 반대 방향으로 동일 각도만큼 경사지게 변화하도록 설치하면 r_1, r_2가 변화할 수 있으므로 A가 일정 각속도로 회전할 때 B의 회전속도를 자유로이 변화시킬 수 있다. 이때의 속도비는

$$\frac{n_2}{n_1} = \frac{r_1}{r_2} \tag{4-44}$$

가 되고, A와 B는 서로 반대 방향으로 회전한다.

그림 4-34 (b)도 같은 원리에 의한 변속방법으로서, 다만 이때는 두 축이 직교하는 것만 다르다.

그림 4-35는 구동축에 설치한 원뿔차 A와 종동축에 설치한 원뿔차 B가 서로 같은 형상이고, 구면차 C가 이들을 양쪽에서 밀어 누르면서 회전운동을 전달하는 기구이다. 구면차 C의 축을 기울이면, 두 원뿔차에 대한 접촉점의 위치가 변하여 바퀴 A, B의 속도비가 변화한다.

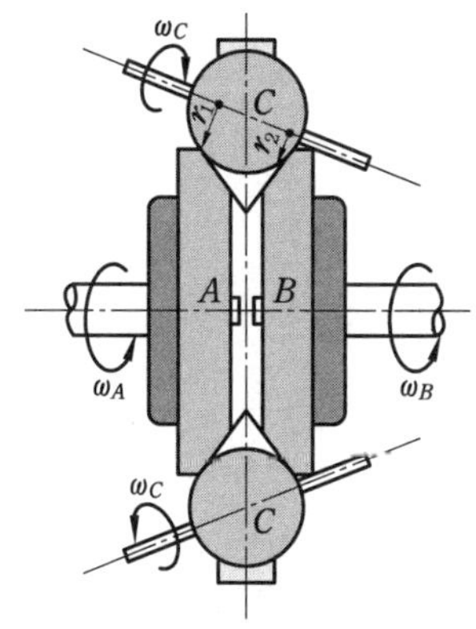

그림 4-35 구면차를 이용한 무단변속기구 (2)

예제 4-7 그림 4-36과 같은 변속기구에서 원판차의 회전수가 240 rpm, 롤러의 회전수가 480 rpm이 되도록 하려면 롤러의 위치는 어떻게 되는가? (단, 롤러의 지름은 100 mm이다.)

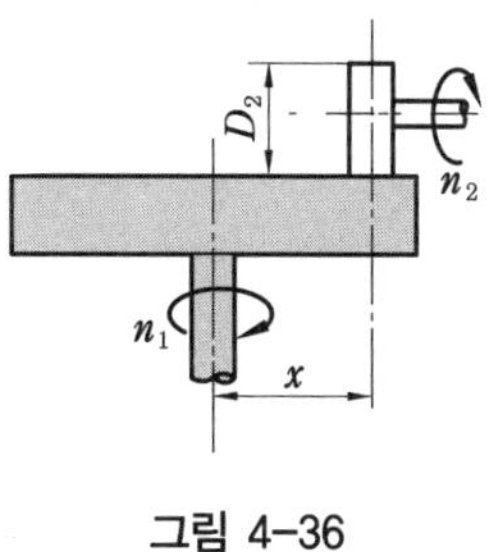

그림 4-36

해설 원판의 중심에서 구하고자 하는 롤러의 거리를 x [mm]라고 하면, 원판차의 회전수 $n_1 = 240$ rpm, 원판차의 지름 $D_1 = 2x$, 롤러의 회전수 $n_2 = 480$ rpm, 롤러의 지름 $D_2 = 100$ mm이므로 속도비 ε은

$$\varepsilon = \frac{\text{롤러의 회전수}}{\text{원판차의 회전수}} = \frac{480}{240} = \frac{2x}{100}$$

$$\therefore\ x = 100\ \text{mm}$$

따라서 원판차의 중심에서 100 mm의 위치에 롤러를 놓는다.

예제 4-8 그림 4-33과 같은 에반스 마찰차에서 가죽 링이 놓여진 큰 부분의 지름이 200 mm, 작은 부분의 지름이 80 mm이고, 구동차의 회전수가 200 rpm일 때 종동차의 최대 및 최소 회전수를 구하시오.

해설 그림에서 가죽링이 왼쪽 끝에 왔을 때 종동차 B의 회전수가 최대로 된다.

$n_A = 200$ rpm, $r_A = 100$ mm, $r_B = 40$ mm

B차의 최대회전수

$$(n_B)_{\max} = \frac{100}{40} \times 200 = 500 \text{ rpm}, \quad (n_B)_{\min} = \frac{40}{100} \times 200 = 80 \text{ rpm}$$

5-5 마찰차식 무단변속기구의 응용예

(1) 바이엘 무난변속기구

오스트리아의 바이엘이 고안해 낸 것으로서 그림 4-37과 같이 원뿔판 사이에 마찰판을 끼워 넣어 그 마찰판을 출입시키는 방식이다.

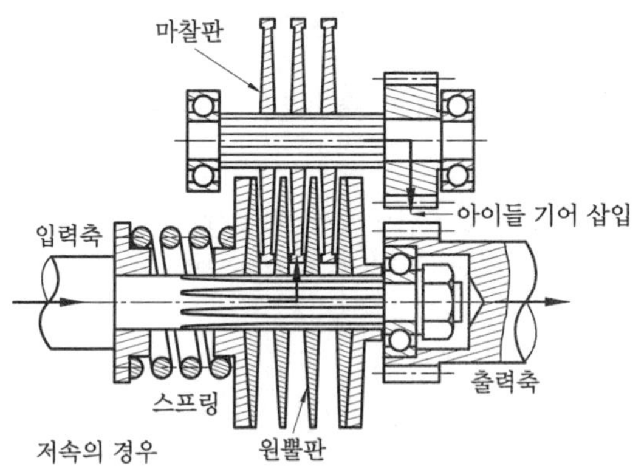

그림 4-37 바이엘 무단변속기구 (스프링식)

구동차에 원뿔판이 붙어 있고 원뿔판의 중심 가까이에서는 원주속도가 느리고, 외주(外周) 가까이에서는 원주속도가 빠르다는 것을 알 수 있다.

종동축에는 마찰판이 붙어 있어 이것이 원뿔판 사이로 들어간다. 원뿔판에 마찰판이 깊게 들어가면 마찰면적이 크게 되고, 마찰판이 외주에 가까워지면 마찰면적은 적어지므로 속도비가 변화된다.

마찰면적을 일정하게 하기 위해서 마찰판의 외주부분만을 원뿔모양으로 하여 중심부분에는 틈을 두었다. 이렇게 하여 마찰판이 이동하더라도 마찰면은 일정하게 유지되므로 전달력도 변동하지 않는다. 종동축이 구동축으로부터 멀리 떨어져서 원뿔판의 외주 가까이 가게 되면 구동축의 원뿔판 사이가 넓어지기 때문에 운동을 전달하지 못한다.

이와 같이 스프링으로 하기 곤란한 것은 그림 4-38과 같이 캠을 사용하여 구동축의 원뿔판을 축방향으로 밀어 주어 종동축이 멀어지면 원뿔판의 간격을 좁혀 준다.

이렇게 하여 종동축이 구동축 가까이 갔을 때는 구동축의 마찰판 지름이 작아지기 때문에 속도비가 크게 되고, 반대로 종동축이 멀어지면 속도비는 작아지므로 속도변화를 무단으로 할 수 있다.

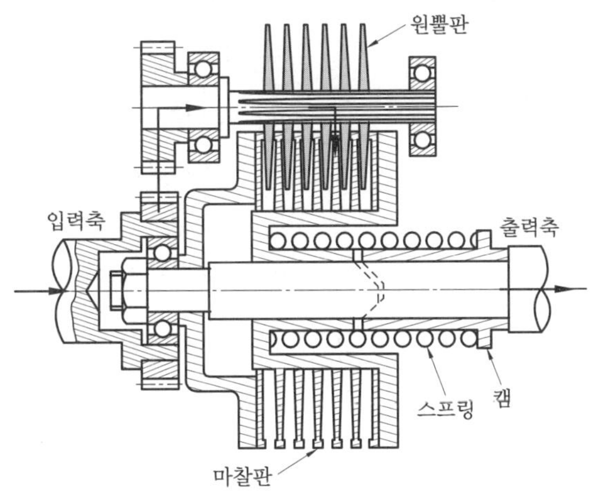

그림 4-38 바이엘 무단변속기구

(2) 링 · 콘 무단변속기구

링(ring)과 콘(cone)을 이용한 것으로서 한쪽을 콘으로 하고, 다른 쪽을 축방향으로 이동시킬 수 있는 링으로 하면 무단변속으로 동력을 전달시킬 수가 있다. 그림 4-39는 링 · 콘 무단변속기구를 나타낸 것이다.

앞에서 설명한 바와 같이 2개의 원뿔차에 1개의 링을 끼워 링의 위치를 이동시킴으로써 무단변속되는 것을 알 수 있다. 또한 링과 콘을 유성(遊星)기구로 한 것도 있다.

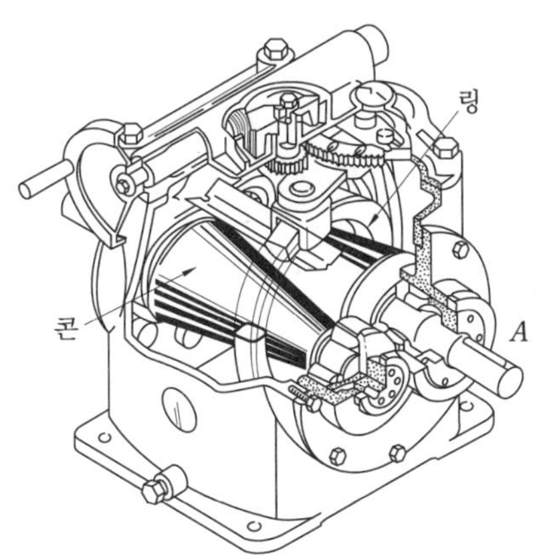

그림 4-39 링 · 콘 무단변속기구

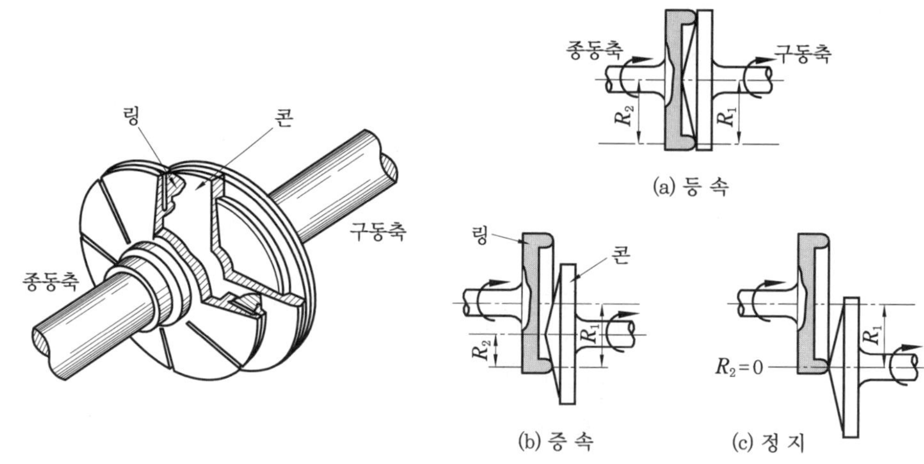

그림 4-40 링 · 콘 무단변속기구의 출력

그림 4-40과 같이 링과 콘의 축이 동심일 때는 마찰축 이음이 되어 변속은 없고, 구동축을 이용하여 링이 콘의 중심 가까이 가게 되면 감속 → 정지로 되고, 구동축을 반대로 움직이면 정지 → 감속으로 된다.

(3) 콥 무단변속기구

스위스의 J. E. 콥에 의하여 고안된 것으로서, 그림 4-41과 같은 원리로 되어 있다. 회전은 구와 원뿔 사이의 마찰에 의하여 전달되고 있다. 구의 회전축이 구동축과 종동축에 평행하면 2축에 접하는 구의 지름이 같아지기 때문에 변속은 없다. 이 구의 회전축을 어느 쪽으로 기울이면 양쪽의 원뿔에 접하는 부분의 지름이 한 쪽은 작고, 다른 쪽은 커지므로 이것으로 감속, 등속, 증속 등의 변화가 일어난다.

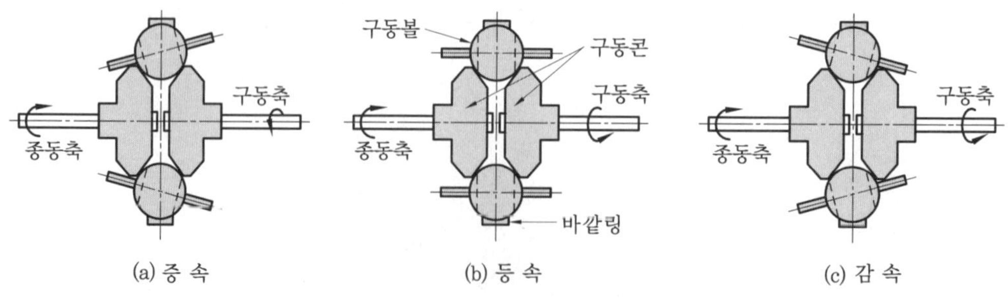

그림 4-41 콥 무단변속기구

이 기구에서 구는 어느 쪽으로 기울여도 상호 접촉하는 위치에 대한 거리는 변화하지 않으므로, 구에 대한 회전축의 기울기를 무단으로 변화시킬 수 있다. 이 기구의 특징은 감속 $\frac{1}{3}$ ~증속 3배까지, 즉 속도비를 1 : 9까지 변화시킬 수 있다는 것이다.

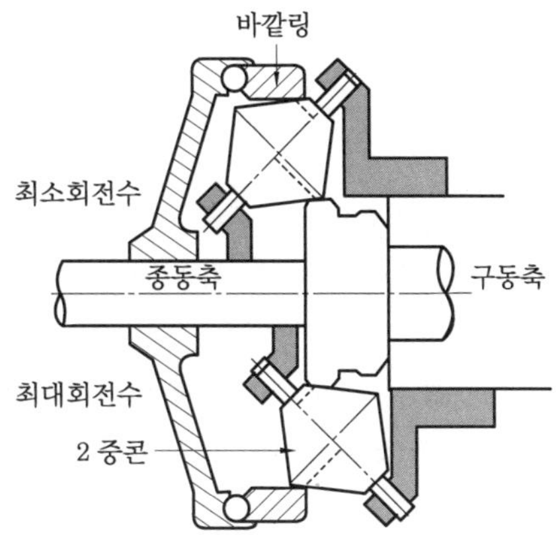

그림 4-42 2중콘 무단변속기구

그림 4-42와 같이 구를 주판알 모양으로 한 2중콘(double cone)으로 하여 동력을 링에 전달하는 방법도 있다. 이 기구는 감속 $\frac{1}{7}$~증속 1.7배까지 속도비 1 : 12의 범위까지 변환이 가능하다. 그림 4-42에서 위쪽 반 부분은 종동축의 회전수가 최소인 상태이고, 아래 반 부분은 종동축의 회전수가 최대상태로 된다.

● 연 습 문 제 ●

1. 축간거리가 1200 mm의 평행한 두 축 사이에 한 쌍의 원통차로 회전을 전달하여 회전비를 1 : 3으로 하고자 한다. 외접 및 내접에 대한 각 바퀴의 지름을 구하시오.

2. 직교하는 2축 사이에 원뿔차를 사용하여 회전을 전달할 때 속도비 $\varepsilon = \frac{2}{3}$로 하려면, 각 원뿔차의 꼭지각을 얼마로 하면 좋은가 ?

3. 축간거리가 300 mm인 같은 크기의 타원차를 사용하여 구름접촉시켜서, 그 속도비가 1/4에서 4로 변화하는 경우 타원의 긴지름과 짧은지름의 길이를 구하시오.

4. 축간거리 400 mm인 평행한 두 축 사이에 원통마찰차로 회전을 전달하고 있다. 구동차의 회전수가 600 rpm, 종동차의 회전수가 200 rpm, 두 바퀴를 밀어붙이는 힘을 2.45 kN, 두 바퀴 사이의 마찰계수를 0.2라고 하면, 최대 몇 마력을 전달할 수 있는가 ?

5. 문제 4에서 홈붙이 마찰차를 사용하면, 최대 몇 마력을 전달할 수 있는가 ? (단, 홈의 각도는 30°로 한다.)

답 **1.** 외접 : 1200 mm, 3600 mm, 내접 : 600 mm, 1800 mm **2.** $\alpha = 33.7°$, $\beta = 56.3°$
3. 300 mm, 240 mm **4.** 4.2 PS **5.** 9.2 PS

제 5 장 기어 전동기구

1. 기어의 개요

1-1 기어의 정의

기어는 각종 기계의 회전 및 동력을 전달하는 부분에 널리 사용되고 있다. 우리가 흔히 볼 수 있는 자동차의 트랜스미션과 차동장치(差動裝置), 공작기계, 시계 등 그 응용예는 대단히 많다.

그러면 이러한 기어는 무엇이며, 어떠한 특징을 가지고 있는가를 살펴보기로 하자.

두 축 사이에 동력을 전달하는 마찰전동기구는 그 접촉부의 마찰력만으로 동력을 전달하므로 조금만 큰 힘이 걸려도 미끄럼이 생기므로 축 및 베어링에 무리한 힘이 걸린다. 또한 마찰차의 마멸 및 발열이 심하게 되고, 각속도비가 불확실하게 된다는 것은 이미 앞에서 설명하였다.

따라서 이러한 결점을 없애기 위하여 한 쌍의 마찰차의 접촉표면을 기준으로 하여 원통차의 둘레에 등간격으로 돌기부분을 만들어 그 하나하나가 맞물리도록 하면, 정확한 각속도비로 회전을 전달할 수가 있다.

이때 이를 붙이기 전의 마찰차의 접촉표면에 해당하는 원을 기어에 대한 피치원(pitch circle)이라 하고, 일정한 크기의 등간격의 돌기부분을 이(齒, tooth)라 하며, 이가 맞물려 동력을 전달시키는 바퀴를 치차(齒車) 또는 기어(gear)라 한다. 두 피치원의 접촉점을 피치점(pitch point)이라 하며, 이 점에서 기어는 구름접촉을 한다. 피치점을 지난 잇면에서는 구름접촉이 아니고, 피치점에서부터는 접촉 방향으로 2개의 이가 서로 미끄럼운동을 한다.

2개의 기어가 접촉하여 동력을 전달할 경우 잇수가 많은 기어를 큰 기어(大齒車), 잇수가 적은 기어를 작은 기어(小齒車) 또는 피니언(pinion)이라 한다. 그리고 서로 맞물리는 기어 중 구동축에서 동력을 전달하는 쪽의 기어를 구동 기어(driver 또는 driving gear) 또는 원동 기어라 하고, 구동 기어에 의해서 동력을 전달받는 기어를 종동 기어(follower 또는 driven gear)라 한다.

그림 5-1 (a)는 레이디얼 드릴 기계의 이송기구(移送機構)이고, 그림 5-1 (b)는 선반의 백기어에 대한 기어 전동기구의 실례를 나타낸 것이다.

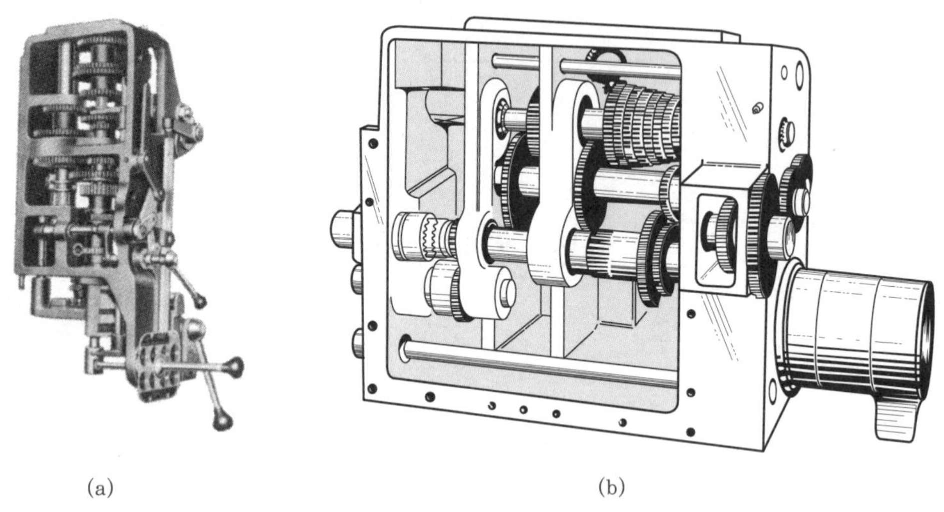

그림 5-1 기어 전동기구의 실례

이와 같은 기어의 특징을 요약하면 다음과 같다.

① 정확한 속도비로 큰 동력을 전달한다.
② 효율이 좋다.
③ 큰 감속(減速)을 할 수 있다.
④ 협소한 장소에서도 설치가 가능하다.
⑤ 정밀도가 필요하다.
⑥ 소음과 진동이 발생한다.

1-2 미끄럼운동의 각속도비

기어 전동에서는 피치점에서만 구름접촉을 하고, 그 밖에서는 미끄럼운동으로 회전을 전달한다.

그림 5-2와 같이 구동차 A와 종동차 B가 O_A, O_B를 중심으로 하여 점 Q에서 접촉하여 서로 미끄럼운동을 한다.

접촉점 Q에 대한 기어 A, B의 속도를 각각 v_A, v_B라 하면 v_A 및 v_B의 법선분속도 v_{An}과 v_{Bn}은 속도의 크기가 서로 같아야 한다. 점 Q에 대한 법선을 $\overline{N_1N_2}$라 하고 $\overline{N_1N_2}$와 v_A 및 v_B가 이루는 각을 각각 α, β라 하자. 기어 A와 B의 각속도를 각각 ω_A, ω_B라 하고 각 축의 중심에서 점 Q까지의 거리를 r_A, r_B라 하면

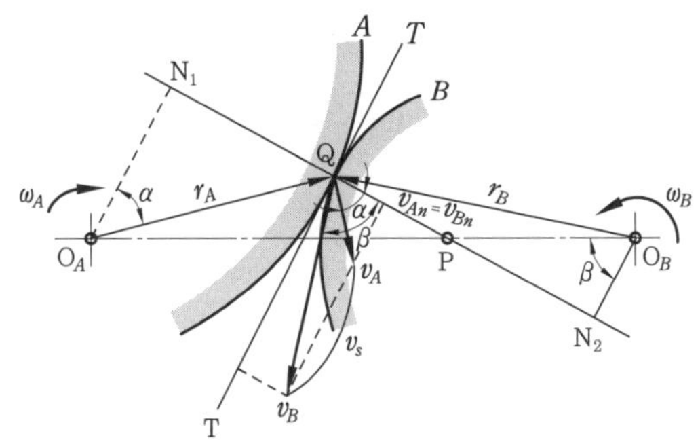

그림 5-2 미끄럼운동의 각속도

$$v_{An} = v_A \cos \alpha$$

$$v_{Bn} = v_B \cos \beta$$

$$\therefore \ v_A \cos \alpha = v_B \cos \beta \qquad (5\text{-}1)$$

또한, $v_A = \omega_A r_A$, $v_B = \omega_B r_B$이므로 식 (5-1)에서

$$\omega_A r_A \cos \alpha = \omega_B r_B \cos \beta$$

$$\therefore \ \frac{\omega_A}{\omega_B} = \frac{r_B \cos \beta}{r_A \cos \alpha} \qquad (5\text{-}2)$$

축 O_AO_B에서 법선 $\overline{N_1N_2}$에 내린 수선을 각각 $\overline{O_AN_1}$ 및 $\overline{O_BN_2}$라 하면

$$\frac{\omega_A}{\omega_B} = \frac{\overline{O_BN_2}}{\overline{O_AN_1}}$$

가 된다. 그러나 $\triangle O_AN_1P \backsim \triangle O_BN_2P$이므로

$$\frac{\omega_A}{\omega_B} = \frac{\overline{O_BP}}{\overline{O_AP}} \qquad (5\text{-}3)$$

식 (5-3)에서도 알 수 있듯이 미끄럼운동을 하는 경우 두 링크의 각속도비는 접촉점 Q에서 세운 공통법선과 두 축을 맺는 중심선과의 교점 P까지의 거리에 반비례한다. 기어 전동기구에서 이 교점을 피치점이라 한다. 다음에 두 개의 링크에 대한 미끄럼속도를 구하여 보기로 하자.

속도 v_A, v_B에 대한 공통접선을 $\overline{TT}$라 하고, 두 링크의 상대 미끄럼속도를 v_S라 하면

$$v_S = v_B \sin \beta - v_A \sin \alpha$$

여기서 $\sin \alpha = \dfrac{\overline{QN_1}}{r_A}$, $\sin \beta = \dfrac{\overline{QN_2}}{r_B}$ 이므로

$$v_S = \omega_B \overline{QN_2} - \omega_A \overline{QN_1}$$

$$= \omega_B(\overline{PQ} + \overline{PN_2}) - \omega_A(\overline{PN_1} - \overline{PQ})$$
$$= \omega_B \overline{PN_2} - \omega_A \overline{PN_1} + (\omega_A + \omega_B)\overline{PQ}$$

또한

$$\frac{\omega_A}{\omega_B} = \frac{\overline{O_B P}}{\overline{O_A P}} = \frac{\overline{PN_2}}{\overline{PN_1}}$$
$$\therefore \ \omega_A \overline{PN_1} = \omega_B \overline{PN_2}$$

따라서

$$v_S = (\omega_A + \omega_B)\overline{PQ} \tag{5-4}$$

식 (5-4)에서 두 링크의 미끄럼속도 v_S는 $\overline{PQ}$, 즉 피치점에서 접촉점까지의 거리에 비례하는 것을 알 수 있다.

만일 점 P와 Q가 일치한다면, $v_S = 0$이므로 미끄럼이 없는 구름접촉만을 하게 된다. 따라서 이 점에 대한 상대속도(相對速度)는 0이 되고, 점 P는 두 개의 회전하는 링크에 대한 순간중심이 된다.

이상과 같이 한 쌍의 기어가 피치점에서 접촉할 때 접촉점은 기어의 순간중심이므로 그 순간만은 구름접촉을 하고, 피치점 이외의 다른 위치에서 접촉할 때는 서로 미끄럼접촉을 한다.

미끄럼속도는 순간중심으로부터 접촉점까지의 반지름에 비례하므로 최대 미끄럼속도는 이가 접촉하기 시작하는 순간, 또는 접촉이 끝나는 순간에서 일어난다.

1-3 치형의 기구학적 필요조건

기어가 원활한 운동을 하기 위해서는 기어의 치형(齒形)이 중요한데, 치형을 만드는 데는 어려운 문제점이 많다. 서로 회전하는 두 개의 기어가 일정한 각속도비로 회전하려면 피치원이 완전한 구름접촉을 하여야 하며, 구름접촉을 하기 위한 필요조건은 다음과 같다. 즉, 임의의 순간에 이와 이의 접촉점에서 치형에 세운 공통법선(共通法線)은 항상 그 순간의 피치점을 통과하여야 한다.

이것은 1766년 프랑스의 카뮈(Camus)가 제시한 것으로서 카뮈의 정리(theory of Camus)라고도 한다. 그러면 이 정리(定理)에 대한 증명을 하여 보기로 한다.

그림 5-3에서 A, B를 구름접촉하는 피치선(pitch line), P를 피치점, $\overset{\frown}{ab}$와 $\overset{\frown}{cd}$를 치형이라 하고, Q를 임의순간에 있어서 접촉점, QP'을 점 Q에서 치형에 세운 공통법선이라 한다.

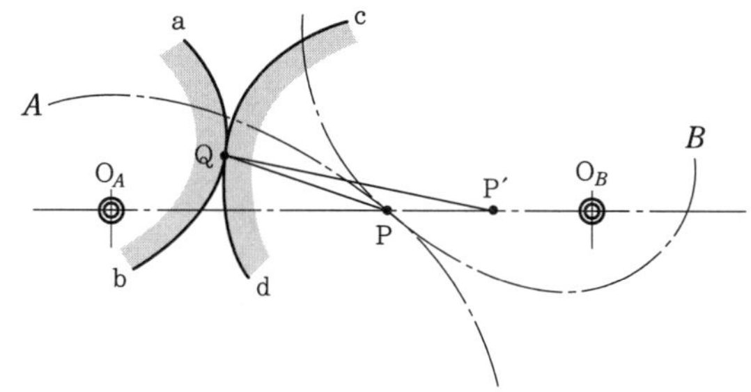

그림 5-3 치형의 기구학적 조건

A, B가 구름접촉을 하므로 그 각속도비는 다음과 같이 된다.

$$\frac{\omega_A}{\omega_B} = \frac{\overline{O_B P}}{\overline{O_A P}}$$

또한, 치형 $\overset{\frown}{ab}$, $\overset{\frown}{cd}$는 미끄럼접촉에 의하여 운동을 전달한다고 하면, 두 치형의 각속도비는 점 Q에서 세운 공통법선 $\overline{QP'}$과 중심연결선 $\overline{O_A O_B}$가 이루는 교점에서 접촉점까지의 거리에 반비례하므로 다음 식과 같이 된다.

$$\frac{\omega_A}{\omega_B} = \frac{\overline{O_B P'}}{\overline{O_A P'}}$$

따라서 두 기어가 피치선의 구름접촉 또는 이와 이의 직접접촉을 하더라도 두 기어의 각속도비가 같으려면, 다음 식이 성립하여야 한다.

$$\frac{\omega_A}{\omega_B} = \frac{\overline{O_B P}}{\overline{O_A P}} = \frac{\overline{O_B P'}}{\overline{O_A P'}} \tag{5-5}$$

즉, P와 P′은 같은 점이 되어야 하고, 이와 이의 접촉점에서 세운 공통법선은 피치점을 통과하여야 한다.

1-4 기어의 종류

기어에는 많은 종류가 있는데, 이것은 두 축의 관계위치와 치형곡선(齒形曲線)에 따라 분류할 수 있다.

(1) 두 축의 관계위치에 의한 분류

두 축의 위치관계에 따라 기어를 분류하면 표 5-1과 같다. 그리고 그림 5-4는 기어의 종류를 나타낸 것이다.

표 5-1 기어의 분류

축의 관계 위치	명 칭	이의 접촉 상태	특 징
두 축이 평행한 것	평기어 (spur gear)	직선	이가 축에 평행한 원통 기어이며, 이의 형상이 간단하여 공작이 쉬우므로 가장 널리 사용된다 [그림 5-4 (a)].
	헬리컬 기어 (helical gear)	직선	이가 나선(helical)으로 된 원통 기어이고, 평기어에 비하여 이의 물림이 원활하며, 진동과 소음이 적고, 큰 하중과 고속전동에 사용된다. 평기어보다 공작이 어렵고, 축에는 추력(thrust)이 발생한다 [그림 5-4 (b)].
	2중 헬리컬 기어 (double helical gear, herringbone gear)	직선	크기가 같은 2개의 헬리컬 기어를 서로 대칭으로 조합한 것으로서 헬리컬 기어의 결점인 추력을 없애고, 균일한 회전을 전달할 수가 있다 [그림 5-4 (c)].
	래크와 피니언 (rack & pinion)	직선	래크는 반지름이 무한대인 원통 기어의 일부분이라 할 수 있으며, 피니언의 회전에 대하여 래크는 직선운동으로 된다 [그림 5-4 (d)].
	내접기어 (internal gear)	직선	원통 또는 원뿔의 안쪽에 이가 붙어 있는 기어와 이것과 물리는 바깥 기어를 말한다. 두 기어의 회전 방향이 같고, 고속인 경우에 사용된다 [그림 5-4 (e)].
두 축이 교차하는 것	직선 베벨 기어 (straight bevel gear)	직선	원뿔면에 이를 만든 것으로서 이가 원뿔 꼭지점의 방향을 향하고, 이가 직선으로 된 베벨 기어를 말하며, 일반적으로 많이 사용된다 [그림 5-4 (f)].
	스파이럴 베벨 기어 (sprial bevel gear)	곡선	이가 원뿔면에 나선으로 된 베벨 기어를 말하고, 큰 하중과 고속 전동에 사용된다 [그림 5-4 (g)].
	제롤 베벨 기어 (zerol bevel gear)	곡선	나선각이 *O*인 한 쌍의 곡선 베벨 기어를 말한다 [그림 5-4 (h)].
두 축이 교차하지도 평행하지도 않는 것	하이포이드 기어 (hypoid gear)	곡선	베벨 기어의 축을 엇갈리게 한 것으로서, 자동차의 차동 기어 장치의 감속 기어로 사용된다 [그림 5-4 (i)].
	웜 기어 (worm gear)	곡선	웜과 웜 휠(worm wheel)에 의한 한 쌍의 기어를 말하고, 큰 감속비를 필요로 할 때 많이 사용된다 [그림 5-4 (j)].
	나사기어 (screw gear)	점	헬리컬 기어를 점에서 점접촉으로 하여 운동을 전달하는 것으로 스큐 헬리컬 기어(skew helical gear)라고도 한다 [그림 5-4 (k)].
	페이스 기어 (face gear)	선	평기어 또는 헬리컬 기어와 물리는 원통 기어의 한 쌍을 말한다. 두 축이 교차하는 것도 있는데, 보통은 축각이 직각이다 [그림 5-4 (l)].

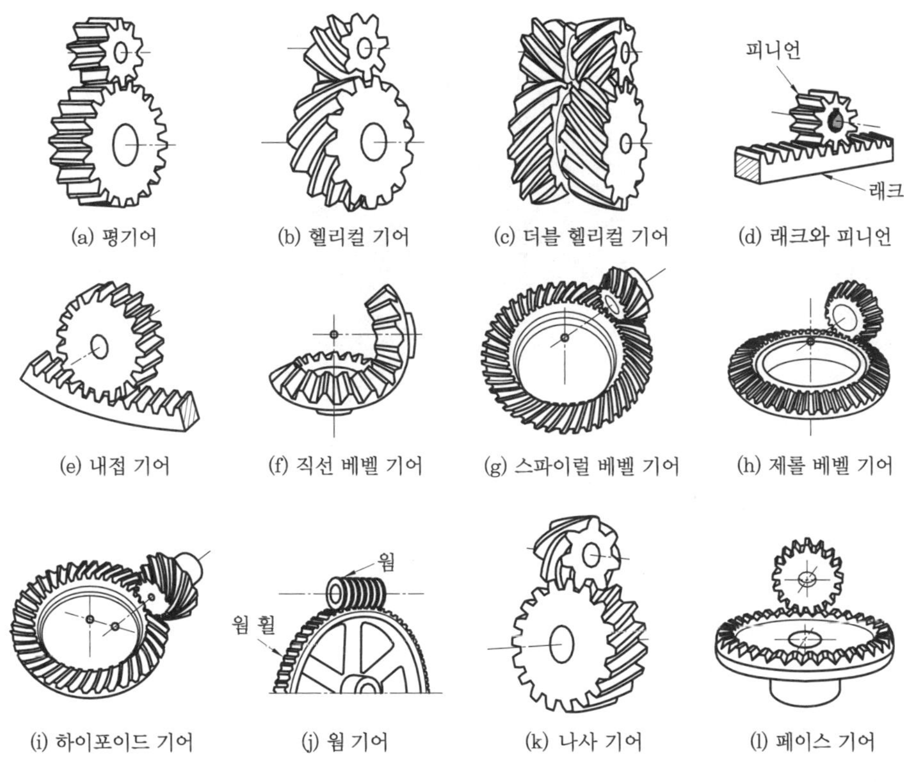

그림 5-4 기어의 종류

(2) 치형에 의한 분류

① 인벌류트 기어(involute gear) : 가장 일반적으로 널리 사용되는 기어로서 산업기계, 공작기계, 일반기계 등에 사용된다.

② 사이클로이드 기어(cycloid gear) : 주로 정밀용에 사용되는 기어로서 정밀기계, 측정기기, 시계 등에 사용된다.

③ 트로코이드 기어(trochoid gear) : 유압 펌프 등에 사용된다.

2. 평 기 어

그림 5-5와 같이 평행한 두 축 사이에서 각 축을 서로 반대 방향으로 회전시키는 기어를 평기어(平齒車, spur gear)라 하고, 이는 축에 평행하게 원통의 바깥 면에 만들어져 있다. 앞에서도 설명한 바와 같이 공작이 용이하고, 정밀도도 높게 제작할 수 있으므로 가장 널리 사용되고 있다.

그림 5-5 평기어

2-1 기어의 각 부 명칭

그림 5-6은 평기어의 각부 명칭을 그림으로 나타낸 것으로서 각부 명칭에 대해 간단히 설명하면 다음과 같다.

① 피치원(pitch circle) : 평기어는 원통마찰차의 마찰면에 이를 붙인 것이라 생각되므로, 이 마찰차의 구름접촉에 해당하는 가상원을 피치원이라 한다. 서로 구름접촉하는 한 쌍의 기어의 피치원은 서로 접촉하고, 그 접촉점을 피치점(pitch point)이라 한다.

② 이끝원(addendum circle) : 이의 끝을 연결하는 원을 이끝원이라 한다.

③ 이뿌리원(dedendum circle) : 이의 뿌리를 연결하는 원을 이뿌리원이라 한다.

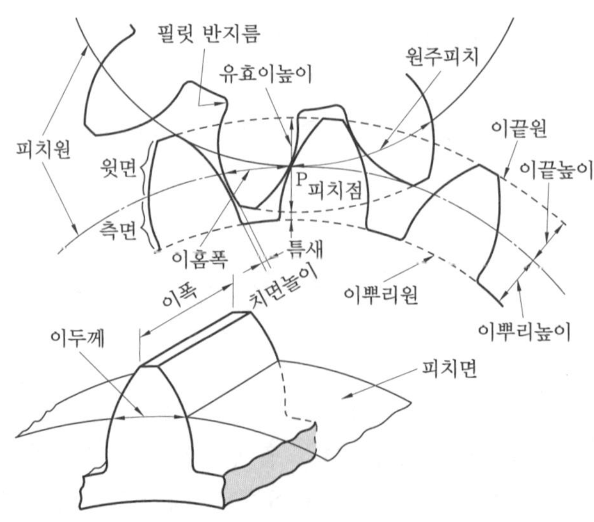

그림 5-6 평기어의 각부 명칭

④ 이끝높이(addendum) : 기어의 피치원에서 이끝원까지의 반지름의 거리로서 어덴덤을 말한다.
⑤ 이뿌리높이(dedendum) : 기어의 피치원에서 이뿌리원까지의 반지름의 거리로서 디덴덤을 말한다.
⑥ 총이높이(whole depth) : 이뿌리원에서 이끝원까지의 반지름의 거리를 말한다. 즉, 총이높이는 어덴덤 (a)과 디덴덤 (d)을 합한 크기이며, 총이높이를 h라 하면 $h=a+d$이다.
⑦ 틈새(clearance) : 한쪽 기어의 이끝이 상대편의 이뿌리에 닿지 않도록 하기 위한 간격으로서, 한 기어의 이끝원에서 이것과 물리는 상대편 기어의 이뿌리원까지의 거리를 말한다. 이 틈새를 c라 하면, $c=d-a=h-2a$이다.
⑧ 유효이높이(working depth) : 실제로 접촉한 한 쌍의 기어 높이로 물림이높이라고도 하며, 총이높이에서 틈새를 뺀 값이 된다. 유효이높이를 h_w라 하면, $h_w=h-c=2a$가 된다.
⑨ 원주 피치(circular pitch) : 서로 인접한 2개의 이 사이의 대응점 간의 피치원의 거리를 말한다.
⑩ 이끝면(tooth face) : 피치원에서 이끝원에 이르는 이면을 말한다.
⑪ 이뿌리면(tooth flank) : 피치원에서 이뿌리원에 이르는 이면을 말한다.
⑫ 이두께(tooth thickness) : 피치원을 따라 측정한 이의 두께를 말한다.
⑬ 이홈폭(width of tooth space) : 피치원을 따라 측정한 두 이 사이의 공간의 폭을 말한다.
⑭ 치면놀이(backlash) : 한 쌍의 기어를 물렸을 때 이면 사이의 간극을 말하고, 두 기어의 꽉 끼워짐이 없이 원활한 운동을 하도록 하기 위하여 약간의 틈새를 둔다.
⑮ 필릿(fillet) : 이뿌리원과 이뿌리면이 접촉하는 부분은 오목한 곡선으로 하는 것을 말하고, 이 필릿 곡선의 반지름을 필릿 반지름(fillet radius)이라 한다.
⑯ 이폭(face width) : 회전축에 평행한 피치면(pitch surface)에서 측정한 값을 말한다.

2-2 이의 크기

기어의 크기는 피치로 표시하며 서로 맞물려 회전하는 기어의 피치는 같아야 한다. 또한 이 피치는 피치원과 잇수에 관계된다. 피치원의 크기가 같아도 잇수를 달리하여 이의 크기(magnitude of tooth)를 변경시킬 수가 있다. 따라서 피치 또는 잇수를 기준으로 하여 이의 크기를 결정할 수 있다.

이의 크기를 표시하는 방법에는 그림 5-7과 같이 3가지 방법이 있고, 각각 다음과 같이 설명된다.

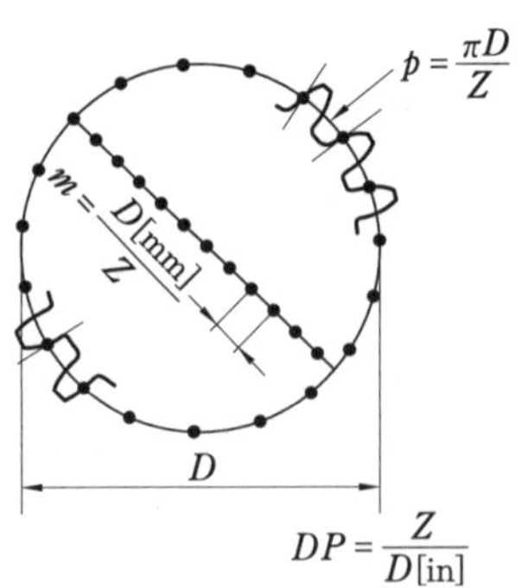

그림 5-7 이의 크기

(1) 원주 피치(circular pitch) : p

일반적으로 피치라고 하며, 피치원의 지름을 D[mm 또는 in], 잇수(number of teeth)를 Z, 원주 피치를 p라 하면, 원주 피치는 피치원의 둘레를 잇수로 나눈 값이 된다.

$$p = \frac{\pi D}{Z} \tag{5-6}$$

원주 피치가 클수록 동일 기어에서 잇수는 적어지고, 이는 커진다. 그러나 식 (5-6)에서도 알 수 있듯이 문자에 π가 포함되어 있기 때문에 p나 D의 값에 소수점이 포함되므로 계산이 불편하여 이의 크기를 결정하는 기준으로서는 별로 사용하지 않는다.

(2) 모듈(module) : m

피치원 지름을 잇수로 나눈 값이며, 1개의 이가 차지하는 피치원에 대한 지름의 길이를 의미한다.

모듈을 m이라 하면 다음 식과 같이 표시된다.

$$m = \frac{D[\text{mm}]}{Z} \tag{5-7}$$

이때 피치원의 지름 D의 단위는 [mm]이다. m이 클수록 잇수는 적어지고 이는 크게 된다. 이 모듈의 단위는 독일, 프랑스, 일본 등지에서 널리 사용된다.

(3) 지름 피치(diametral pitch) : DP

잇수를 피치원 지름으로 나눈 값이며, 피치원 지름 1″에 대한 잇수를 나타낸다.

지름 피치를 DP라고 하면 다음 식으로 표시된다.

$$DP = \frac{Z}{D[\text{in}]} \tag{5-8}$$

이때 D의 단위는 [in]를 사용한다.

DP가 클수록 동일 기어에서는 잇수가 많아지고, 이는 작게 된다. 이상의 3가지 방법의 상호관계를 살펴보면

식 (5-7)과 식(5-8)에 의하여

$$\left.\begin{aligned} m &= \frac{25.4}{DP} \\ \text{또는}\ DP &= \frac{25.4}{m} \end{aligned}\right\} \qquad (5-9)$$

식 (5-6)과 식 (5-7) 또는 식 (5-6)과 식 (5-8)에 의하여

$$\left.\begin{aligned} p &= m\pi\,[\mathrm{mm}] \\ \text{또는}\ p &= \frac{\pi}{DP}\,[\mathrm{in}] \end{aligned}\right\} \qquad (5-10)$$

가 성립한다.

표 5-2 모듈의 표준값(KS) (단위 : mm)

KS								
	0.2	0.5	0.8	2	3.5	6	11	18
	0.25	(0.55)	0.9	2.25	3.75	6.5	12	20
	0.3	(0.6)	1	2.5	4	7	13	22
	(0.35)	(0.65)	1.25	2.75	4.5	8	14	25
	0.4	0.7	1.5	3	5	9	15	
	0.45	(0.75)	1.75	3.25	5.5	10	16	

( ) 안의 값은 되도록 사용하지 않는다.

표 5-3 지름 피치의 표준값

지름 피치 (DP)	모듈 $m=25.4/DP$[mm]	지름 피치 (DP)	모듈 $m=25.4/DP$[mm]	지름 피치 (DP)	모듈 $m=25.4/DP$[mm]
24	1.0588	9	2.8222	3	8.4667
22	1.1546	8	3.1750	$2\frac{3}{4}$	9.2364
20	1.2700	7	3.6286	$2\frac{1}{2}$	10.1600
18	1.4111	6	4.2333	$2\frac{1}{4}$	11.2889
16	1.5875	5	5.0800	2	12.7000
14	1.1848	$4\frac{1}{2}$	5.6411	$1\frac{3}{4}$	14.5143
12	2.1167	4	6.3500	$1\frac{1}{2}$	16.9338
10	2.5400	$3\frac{1}{2}$	7.2571	$1\frac{1}{4}$	20.3200
				1	25.400

모듈과 지름 피치의 크기를 멋대로 하면 이의 크기가 달라서 기어의 종류가 상당히 많아지므로 교환성에도 문제가 있고, 공작도 대단히 불편하므로 표준규격(標準規格)을 정하여 놓고 이들을 사용한다.

표 5-2와 표 5-3에 각각의 모듈 및 지름 피치에 대한 표준값을 나타내었다.

2-3 기어의 회전비와 표준 기어의 크기

서로 맞물려 회전하는 한 쌍의 기어에 대한 회전비(回轉比)를 생각하여 보자. 그림 5-8에서와 같이 A를 구동차, B를 종동차라 하고, 매분회전수를 n_A, n_B, 그 피치원의 지름을 각각 D_A, D_B라 하면, 두 기어가 같은 시간에 접촉한 길이는 같으므로

$$2\pi r_A n_A = 2\pi r_B n_B$$

$$D_A n_A = D_B n_B$$

$$\therefore \ \frac{n_A}{n_B} = \frac{D_B}{D_A} \tag{a}$$

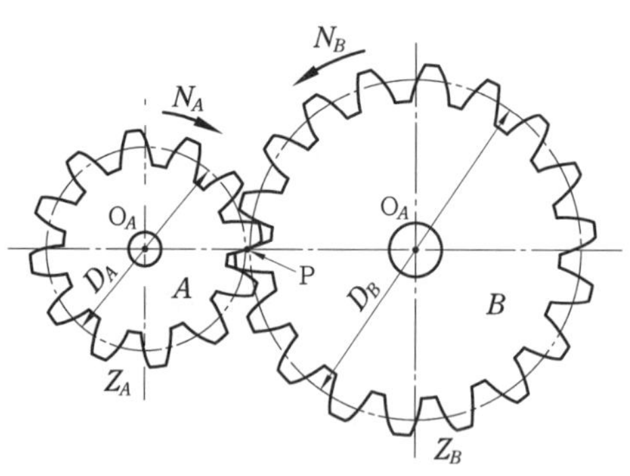

그림 5-8 기어의 회전비

또한, 잇수를 각각 Z_A, Z_B라 하고, 피치를 p라 하면

$$p = \frac{\pi D_A}{Z_A} = \frac{\pi D_B}{Z_B}$$

$$\therefore \ \frac{D_B}{D_A} = \frac{Z_B}{Z_A} \tag{b}$$

따라서 회전비는 식 (a), (b)에 의해서

$$\varepsilon = \frac{n_A}{n_B} = \frac{D_B}{D_A} = \frac{Z_B}{Z_A} \tag{5-11}$$

즉, 한 쌍의 기어가 맞물려 회전할 때 회전비는 피치원의 지름 또는 잇수에 반비례한다.

이때 두 축 사이의 중심거리 C는 다음 식과 같이 된다.

$$C = \frac{D_A + D_B}{2} = \frac{m(Z_A + Z_B)}{2} \tag{5-12}$$

표 5-4에는 표준 평기어의 각 부의 크기를 표시되어 있다.

표 5-4 표준 평기어의 각 부의 크기

명 칭	크 기	명 칭	크 기
모듈 (m)	$m = \frac{D}{Z} = \frac{p}{\pi}$	잇수 (Z)	$Z = \frac{D}{m}$
지름 피치 (DP)	$DP = \frac{Z}{D}$	이두께 (t)	$t = \frac{\pi m}{2} = \frac{p}{2}$
원주 피치 (p)	$p = m\pi = \frac{\pi D}{Z}$	이끝높이 (a)	$a = m = 0.3183p$
이끝원지름 (D_0)	$D_0 = (Z+2)m$	이뿌리높이 (d)	$d = a + c = 1.15708m$
피치원 지름 (D)	$D = mZ = \frac{pZ}{\pi}$	총이높이 (h)	$h = a + d = 2.15708m$
이뿌리원 지름 (Dr)	$Dr = (Z - 2.31416)m$	틈새 (c)	$c = 0.15708m = \frac{t}{10}$

예제 5-1 피치원 지름이 180 mm이고, 60개의 잇수를 가지는 기어에 대한 모듈 m은 얼마인가? 또 피치 p를 구하시오.

해설 식 (5-7)에서 $m = \frac{D}{Z} = \frac{180}{60} = 3$

또한, 식 (5-10)에 의해 $p = \pi m = 9.4248$ mm

예제 5-2 피치원 지름 $D = 12$ in, 지름 피치 $DP = 8$인 기어의 잇수는 몇 개인가?

해설 식 (5-8)에 의해 $Z = DP \times D = 8 \times 12 = 96$개

예제 5-3 예제 5-1에서 이끝원의 지름은 얼마인가?

해설 $D_0 = D + 2a = mZ + 2m = m(Z+2) = 3(60+2) = 186$ mm

예제 5-4 서로 맞물려 회전하는 한 쌍의 평기어 A, B가 있다. 모듈 $m = 5$이고, 잇수 $Z_A = 20$, $Z_B = 30$일 때 두 기어의 축간 거리는 얼마인가? 또한 회전비는 얼마인가?

해설 축간거리는

$$C=\frac{D_A+D_B}{2}=\frac{m(Z_A+Z_B)}{2}=\frac{5\times50}{2}=125\text{ mm}$$

회전비 : $\varepsilon=\dfrac{n_B}{n_A}=\dfrac{Z_A}{Z_B}=\dfrac{20}{30}=\dfrac{2}{3}$

3. 치형곡선

치형곡선으로서의 기구학적 필요조건을 만족시키기만 하면 어떤 모양의 것이라도 치형곡선으로 사용할 수 있다. 여러 가지 종류가 고안되었으나 강도, 제작, 교환성 등의 조건을 고려하여 일반적으로 사이클로이드 곡선과 인벌류트 곡선의 두 가지가 사용되고 있다.

인벌류트 치형을 이용하는 인벌류트 기어는 일반적으로 공업용에 많이 쓰이고, 사이클로이드 치형을 이용하는 사이클로이드 기어는 계산기 등의 정밀기계 등에 주로 사용된다.

3-1 사이클로이드 치형

(1) 사이클로이드 곡선

그림 5-9와 같이 원 C가 직선 AB 위를 굴러갈 때 원 C의 점 Q가 그리는 궤적은 DEF와 같은 곡선이 된다. 이 곡선을 사이클로이드 곡선(cycloidal curve)이라 하고, 이 때의 원 C를 사이클로이드의 구름원(rolling circle)이라 한다.

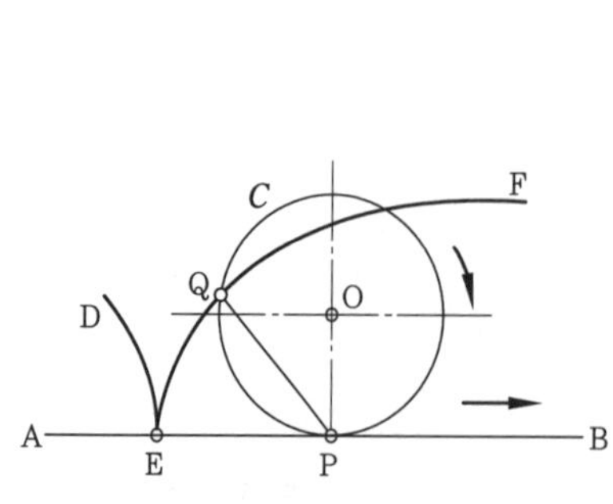

그림 5-9 사이클로이드 곡선의 성립

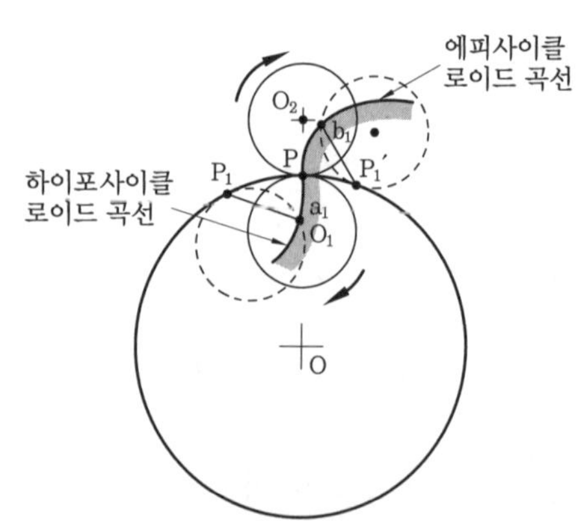

그림 5-10 구름원과 사이클로이드 곡선

또한, 그림 5-10과 같이 구름원이 O를 중심으로 하는 하나의 피치원의 바깥둘레를 굴러갈 때 구름원 위의 정점 Q가 그리는 궤적을 에피사이클로이드 곡선(epicycloidal curve)이라 하고, 구름원이 피치원의 안쪽 둘레를 굴러갈 때 이 구름원 위의 정점이 그리는 궤적을 하이포사이클로이드 곡선(hypocycloidal curve)이라 한다.

(2) 사이클로이드 곡선의 작도

그림 5-11에서 AB는 피치원의 일부이고 반지름 r인 구름원이 피치원의 안쪽둘레를 화살표 방향으로 굴러갈 때, 사이클로이드 곡선을 그리는 방법을 생각하여 보자.

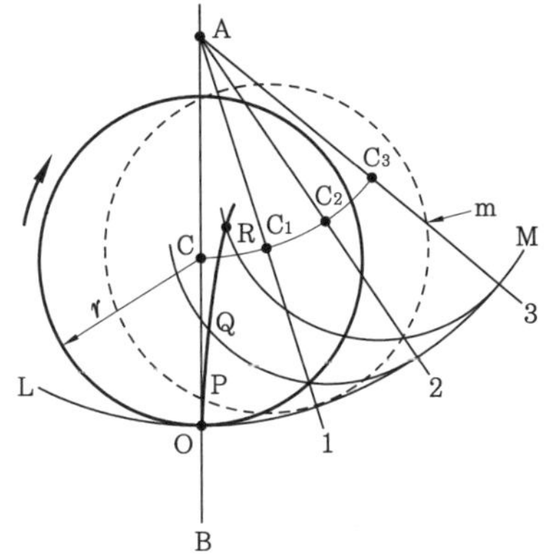

그림 5-11 사이클로이드 곡선을 그리는 방법

구름원이 점 1에서 피치원과 만났을 때 구름원의 중심은 $\overline{1A}$ 위의 한 점 C_1이 되고, 원은 점선으로 표시된다. 이때 점 O의 새로운 위치 P는 원호의 길이 $\widehat{1P} = \widehat{O1}$이 되도록 한다. 이 원호는 구름원과 피치원 사이에서 구름접촉하므로 길이가 같다. 또한 $\widehat{Q2} = \widehat{O2}$, $\widehat{R3} = \widehat{O3}$, …이 되도록 잡은 점 P, Q, R …을 연결하면 이 곡선이 하이포사이클로이드 곡선이 된다.

에피사이클로이드 곡선도 구름원이 피치원의 바깥둘레를 굴러갈 때 위에서와 같은 방법으로 구한다.

3-2 사이클로이드 기어

(1) 사이클로이드 곡선의 성립

에피사이클로이드 곡선과 하이포사이클로이드 곡선을 이용하여 만든 기어를 사이클로이드 기어(cycloidal gear)라 한다. 이때 에피사이클로이드 곡선은 이끝면을 형성하고, 하이포사이클로이드 곡선은 이뿌리면을 형성한다.

그림 5-12는 사이클로이드 기어를 나타낸 것이다. 기어 B의 이끝면의 형상은 구름원

C_1이 기어 B의 피치원 위에 그린 에피사이클로이드 곡선이고, 이뿌리면의 형상은 구름원 D_1이 동일 피치원의 안쪽에 그린 하이포사이클로이드 곡선이 된다.

이와 같이 서로 접촉하는 기어 A의 이끝면의 형상은 구름원 D_1이 D_2와 같이 기어 A의 피치원 위를 굴러가면서 그린 에피사이클로이드 곡선이고, 이뿌리의 형상은 C_1이 C_2와 같이 동일 피치원의 안쪽에 그리는 하이포사이클로이드 곡선으로 형성된다.

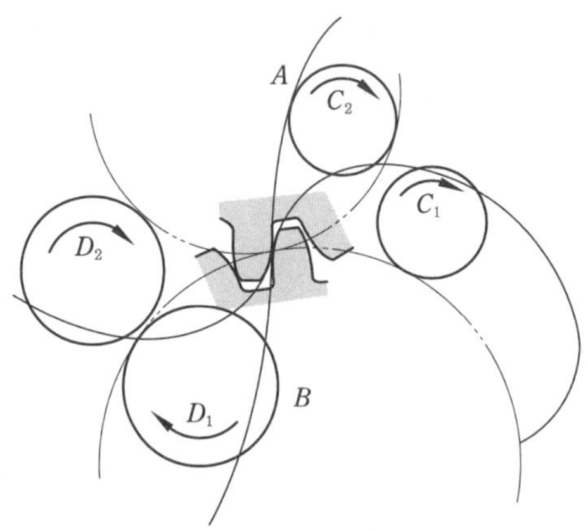

그림 5-12 사이클로이드 기어

(2) 구름원의 크기

2개의 구름원의 크기는 같아야 할 필요는 없지만, 서로 맞물고 돌아가는 한 쌍의 기어에 대한 이끝면과 이뿌리면을 형성하는 데는 같은 크기의 구름원을 사용한다.

실제로 교환성이 있는 기어를 만들기 위하여 구름원의 반지름이 같은 원을 사용하는 것이 일반적이다. 구름원의 크기는 사이클로이드 기어의 이뿌리면에 영향을 주므로 구름원의 크기에 따른 이뿌리면의 영향을 고려할 필요가 있다.

그림 5-13은 이러한 관계를 나타낸 것으로서 그림 5-13 (a)는 구름원의 지름이 피치원의 반지름보다 작은 경우이고, 이뿌리면의 형상은 이뿌리가 넓어지므로 강한 기어가 얻어진다.

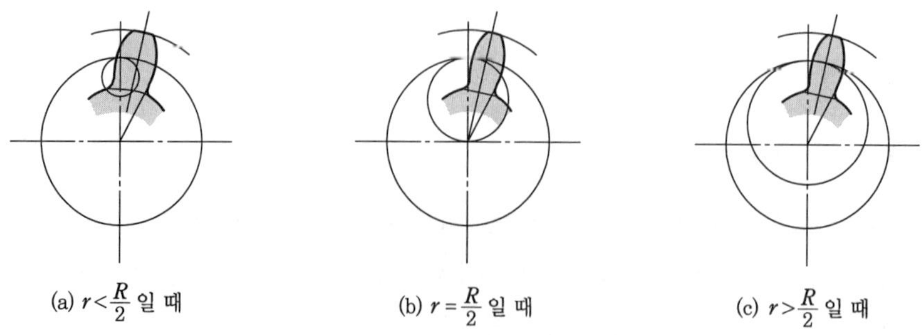

(a) $r < \frac{R}{2}$ 일 때 (b) $r = \frac{R}{2}$ 일 때 (c) $r > \frac{R}{2}$ 일 때

그림 5-13 구름원과 이뿌리면의 형상

그림 5-13 (b)는 구름원의 지름이 피치원의 반지름과 같은 경우로서 이뿌리면은 반지름 방향이 직선이 되고, 이는 이뿌리면에서 약간 좁아진다. 그림 5-13 (c)는 구름원의 지름이 피치원의 반지름보다 클 경우로서 이뿌리가 좁아지고 약하게 된다.

구름원의 크기를 크게 하면 접촉호의 길이가 길어지고 접촉률이 크게 되지만, 압력각은 작게 되므로 힘의 전달면에서는 유리하다. 그러나 이를 약하게 하므로 일반적으로 구름원의 지름이 피치원의 반지름보다 작은 범위에서 사용한다.

(3) 사이클로이드 기어의 물림작용

그림 5-14에서와 같이 한 쌍의 사이클로이드 기어가 화살표 방향으로 회전한다면, 두 기어는 기어 O_2의 이끝원과 기어 O_1의 구름원의 교점 A에서 물림이 시작하여 기어 O_1의 구름원 위를 접촉점이 이동하게 된다. 접촉점이 피치점을 지나도록 하면, 기어 O_1의 이끝원과 기어 O_2의 구름원과의 교점 B까지 접촉점이 기어 O_2의 구름원 위를 이동한다.

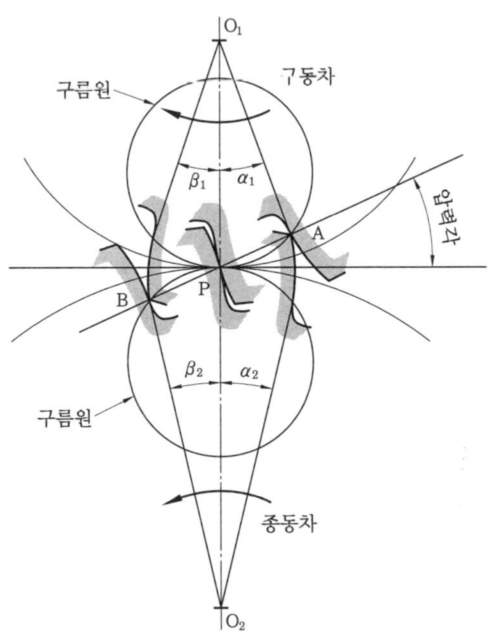

그림 5-14 사이클로이드 기어의 접촉

따라서 $\overline{APB}$가 접촉경로가 된다. 그런데 카뮈의 정리에 의해서 접촉점에서 접촉하는 잇면에 세운 공통법선은 피치점을 통과해야 하므로 접촉점에 대한 힘은 접촉점과 피치점을 맺는 직선 방향으로 작용한다. 이와 같이 접촉점과 피치점을 연결하는 직선 방향으로 힘이 작용하므로 이 선을 기어의 작용선(line of action)이라 하고, 작용선(作用線)과 두 기어의 피치원의 공통접선과 맺는 각을 압력각(pressure angle)이라 한다.

따라서 사이클로이드 기어에서는 이의 접촉점이 구름원 위를 이동하므로 작용선을 일정하게 하면, 압력각은 접촉이 시작하는 점 A와 접촉을 끝마치는 점 B에서 최대가 되고, 피치점 P에 가까워질수록 작아지며 피치점에서는 압력각이 0으로 된다.

3-3 인벌류트 치형

(1) 인벌류트 곡선

사이클로이드 곡선에서 구름원의 지름이 무한대로 되면 구름원은 직선이 되고, 이 직선이 하나의 일정한 원 주위를 굴러갈 때 직선 위의 한 점이 그리는 궤적을 인벌류트 곡선(involute curve)이라 한다.

예를 들면, 그림 5-15와 같이 원통의 바깥둘레에 실을 감고, 이 실을 팽팽히 잡아당기면서 풀어 나갈 때 실끝의 연필이 그리는 곡선은 인벌류트 곡선이 된다.

시발점(始發點)을 P라 하면 $\widehat{PP_1} = \overline{PQ}$의 관계가 성립한다. 이때 O를 중심으로 하는 원을 기초원(基礎圓, base circle)이라 부르고, 인벌류트 곡선의 모양은 기초원의 크기에 의해 결정된다.

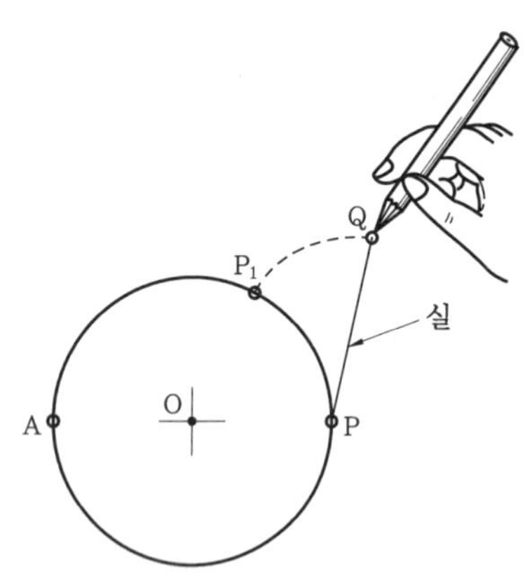

그림 5-15 인벌류트 곡선

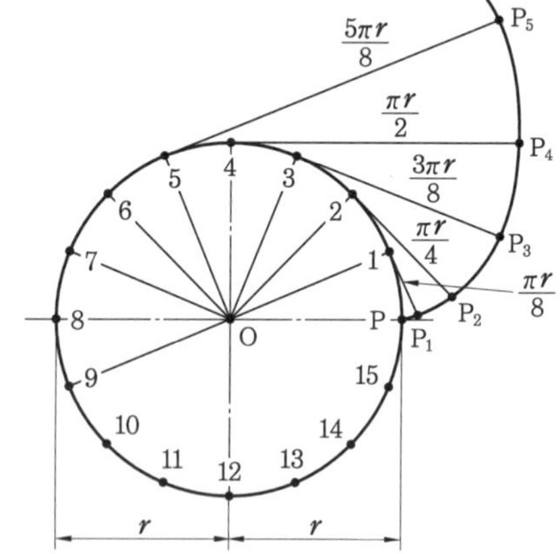

그림 5-16 인벌류트 곡선을 그리는 방법

(2) 인벌류트 곡선을 그리는 방법

인벌류트 곡선에서 실이 풀리는 집선부분은 임의의 위치에서 실이 풀린 기초원의 원호와 같은 길이가 된다. 즉, 인벌류트 곡선 위의 임의의 점으로부터 기초원에 그은 접선의 길이는 접점으로부터 곡선의 시발점까지의 원호의 길이와 같다. 인벌류트 곡선을 그리는 데는 이러한 성질을 이용한다.

인벌류트 곡선을 그리려면, 먼저 주어진 원둘레를 임의로 등분한다. 그림 5-16에서는 원둘레를 16등분하고, 등분점 P, 1, 2, 3 ……에서 접선을 긋는다. 접선의 길이를 차례로 $\widehat{P1}$의 길이의 1, 2, 3, ……배로 끊으면 P1, P2, P3 …의 각 점이 구해진다. 이렇게 하여 얻어진 각 점을 이으면 인벌류트 곡선이 된다. 이때 각 점을 구하는데 접선 위에 $\overline{1P_1}=\frac{\pi r}{8}$, $\overline{2P_2}=\frac{\pi r}{4}$, $\overline{3P_3}=\frac{3\pi r}{8}$, …의 점 P_1, P_2, P_3 …를 결정하여 각 점을 이어 주어도 인벌류트 곡선이 된다.

3-4 인벌류트 기어

(1) 인벌류트 기어의 성립

기초원의 반지름이 각각 R_{g1}, R_{g2}의 원에 실을 감고 O_1, O_2를 중심으로 하여 화살표 방향으로 회전시키면 공통법선의 접점 N_1에서 풀리고 N_2에서 감겨진다.

그림 5-17에서 공통법선을 N_1N_2라고 하면, 이것이 인벌류트 곡선을 그리는 구름직선이 되기 때문에 2개의 인벌류트 곡선은 $\overline{N_1N_2}$ 위의 점 Q에서 서로 접촉하면서 공통법선 N_1N_2와 일치한다.

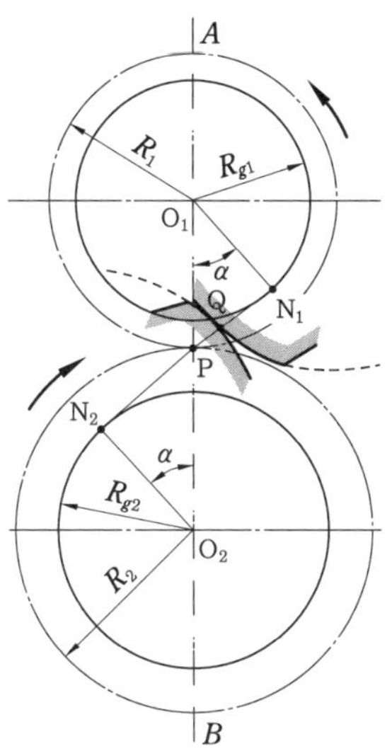

그림 5-17 인벌류트 기어

$\overline{N_1N_2}$는 항상 공통법선이 되며, 중심연결선상의 한 점 P를 통과하기 때문에 O_1 및 O_2를 중심으로 하고, 이 2개의 인벌류트 곡선을 치형으로 하는 바퀴를 만든다. 이 바퀴의 피치원이 R_1, R_2가 되도록 결정하면, 이가 접촉하는 Q에 대한 공통접선에서 세운 공통법선이 항상 피치점을 통과하게 되므로, 이 두 치형곡선은 치형의 조건을 만족시킨다.

따라서 이 두 기어의 정확한 각속도비로 회전을 전달할 것이다. 이와 같이 인벌류트 곡선을 이용하여 만든 기어를 인벌류트 기어(involute gear)라 한다. 이때 $\overline{N_1N_2}$의 경사각 α를 인벌류트 기어의 압력각이라 한다.

인벌류트 기어에 있어서 압력각은 물림의 위치에 관계없이 일정하므로 처음에는 14.5°에서 15°를 사용하였고, 최근에는 대체로 20°를 사용하고 있다.

사이클로이드 기어는 2개의 곡선을 이용하지만, 인벌류트 기어에서는 이끝면과 이뿌리면이 연속된 하나의 곡선으로 되어 있다. 또 인벌류트 곡선은 기초원 안에서는 존재하지 않으므로 인벌류트 기어의 기초원 안쪽 부분은 기어의 물림에는 관계가 없고, 대개 반지름 방향으로 직선이 되도록 한다.

(2) 인벌류트 기어의 기초원과 회전비

그림 5-17에서 압력각 $\alpha = \angle PO_1N_1 = \angle PO_2N_2$가 된다.

구동 기어의 피치원과 기초원의 반지름을 각각 R_1, R_{g1}이라 하고, 종동 기어의 피치원과 기초원의 반지름을 R_2, R_{g2}라 하면

$$\frac{R_{g1}}{R_1} = \cos\alpha \text{이고,} \quad \frac{R_{g2}}{R_2} = \cos\alpha \text{이므로}$$

$$R_{g1} = R_1 \cos\alpha, \quad R_{g2} = R_2 \cos\alpha \tag{5-13}$$

따라서 기초원의 크기는 피치원의 크기에 $\cos\alpha$의 값을 곱한 크기로 된다. 또한 인벌류트 기어의 회전비는

$$\varepsilon = \frac{\omega_2}{\omega_1} = \frac{R_1}{R_2} = \frac{R_1\cos\alpha}{R_2\cos\alpha} = \frac{R_{g1}}{R_{g2}} \tag{5-14}$$

그런데, 인벌류트 기어의 기초원의 반지름은 미리 정해져 있으므로 한 쌍의 인벌류트 기어의 중심거리가 변하더라도 일정한 회전비로 된다.

(3) 인벌류트 기어의 법선 피치

그림 5-18에서와 같이 잇면에 직각으로 측정한 피치를 법선 피치(normal pitch)라 한다. 그림에서 치형곡선상의 점 Q_1은 $\overline{Q_1N_1}$을 기초원에 감았을 때 점 Q_1'에 오고, 점 Q_2는 $\overline{Q_2N_1}$을 기초원에 감았을 때는 점 Q_2'에 오기 때문에, $\overline{Q_1Q_2}$의 길이는 기초원 위의 원호 $\overline{Q_1'Q_2'}$의 길이와 서로 같다.

따라서 기초원의 반지름을 R_g, 잇수를 Z라 하면 법선 피치 p_n은 다음 식과 같이 된다.

$$\overline{Q_1'Q_2'} = \frac{2\pi R_g}{Z} = \overline{Q_1Q_2} = p_n$$

$$\therefore\ p_n = \frac{2\pi R}{Z}\cos\alpha = p\cos\alpha$$

또한, $\overline{Q_1'Q_2'} = p_g$로 놓고 기초원 피치라 하면, 위의 관계에서 다음과 같이 된다.

$$p_n = p_g = p\cos\alpha \tag{5-15}$$

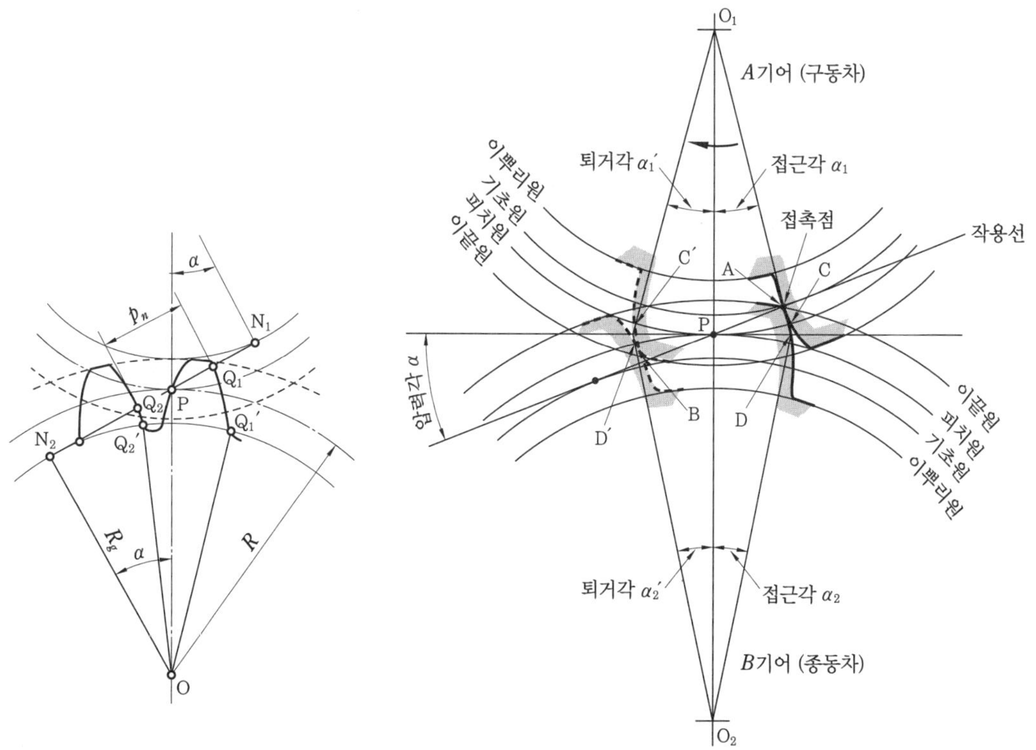

그림 5-18 인벌류트 기어의 법선 피치 **그림 5-19 인벌류트 기어의 접촉호**

(4) 인벌류트 기어의 물림작용

한 쌍의 기어의 이가 접촉하기 시작하여 접촉이 끝날 때까지 기어가 회전하는 각을 접촉각(angle of contact)이라 하고, 이 접촉각에 대한 피치원의 호를 접촉호(arc of contact)라 부른다.

접촉할 때 접촉이 시작되어서 그 접촉점이 피치점에 갈 때까지 기어의 회전각을 접근각(angle of approach)이라 하고, 피치점에서 접촉이 시작되어 접촉이 끝날 때까지 기어의 회전각을 퇴거각(angle of recess)이라 한다. 또한, 이들 각에 대한 피치원의 길이를 각각 접근호(arc of approach) 및 퇴거호(arc of recess)라 부른다.

그림 5-19는 서로 맞물고 돌아가는 한 쌍의 인벌류트 기어를 나타낸 것이다. 점 A는 접촉을 시작하는 점이고, 점 B는 접촉을 끝마치는 점이다. $\overline{AB}$가 접촉점의 궤적이고, 이 것이 인벌류트 기어에서 실제로 맞물리고 있는 길이이므로 물림길이(length of action)라 한다.

점 A에서 접촉이 시작되어 점 B에서 접촉이 끝날 때 그 사이에 각 기어가 회전한 $\angle CO_1C'$ 및 $\angle DO_2D'$이 접촉각이고, 이 각에 대한 피치원 위의 원호 $\widehat{CPC'}$ 및 $\widehat{DPD'}$가 접촉호가 된다. 따라서 접촉호의 길이는 접근호와 퇴거호의 합이 된다.

3-5 기어의 성능

(1) 접촉률

기어가 서로 맞물려 원활한 회전을 전달하려면 한 쌍의 기어에 대한 이의 물림이 완전히 끝나기 전에 다음 이가 물림상태에 있어야 한다.

한 쌍의 이의 물림에서 물림의 끝남과 물림의 시작이 동시에 이루어진다면 동시에 물리는 잇수는 1이 된다. 동시에 물리는 잇수가 1 이하에서는 기어가 원활한 회전을 계속하지 못하고, 덜커덕거리는 소음과 충격력이 작용하므로 기어가 동시에 물리는 잇수는 항상 1 이상이 되도록 설계하여야 한다. 따라서 접촉호의 길이는 반드시 원주 피치보다 커야 한다.

KS에서 접촉률은 접촉호의 길이를 원주피치로 나눈 값으로 정의하고, 인벌류트 기어에서는 물림길이를 법선 피치로 나눈 값으로 정의한다.

즉, 접촉률(또는 물림률)

$$\varepsilon = \frac{\text{접촉호의 길이}}{\text{원주 피치}} = \frac{\text{물림길이}}{\text{법선 피치}}$$

접촉호 및 원주 피치는 둘 다 호의 길이이므로 물림길이 및 법선 피치로 취급하면 직선이 되기 때문에 취급이 간편하다.

물림률이 변화하면 물림길이가 달라지므로 이〔齒〕에 걸리는 하중이 변화한다. 이에 걸리는 하중의 급격한 변화는 소음 및 진동발생의 원인이 되므로 접촉률을 2로 하는 것이 가장 이상적이지만, 실용상 제한을 많이 받기 때문에 보통 1.2～1.8 범위로 한다. 접촉률의 크기를 증가시키려면 접촉호의 길이를 크게 하여야 한다.

접촉호의 길이를 크게 하려면 다음과 같이 한다.

㈎ 어덴덤(이끝높이)을 크게 한다.

㈏ 사이클로이드 기어에서는 구름원의 지름을 크게 하면, 접촉호의 길이는 커지지만 이뿌리가 약하게 된다.

㈐ 인벌류트 기어에서는 압력각을 작게 하면 되지만, 이뿌리가 약하게 된다.

① 사이클로이드 기어의 접촉호의 길이

그림 5-20에서 A를 구동차, B를 종동차라 하고, 종동차 B의 이끝원과 구름원 C와의 교점을 Q라고 하면 Q는 접촉이 시작되는 점이고, $\overparen{QP}$ 의 길이는 접촉호의 길이와 같다.

점 Q에서 두 기어의 치형곡선과 피치원과의 교점을 각각 E, F라 하면

$$\overparen{QP} = \overparen{PE} = \overparen{PF}$$

가 되고, 이것이 접근호가 된다.

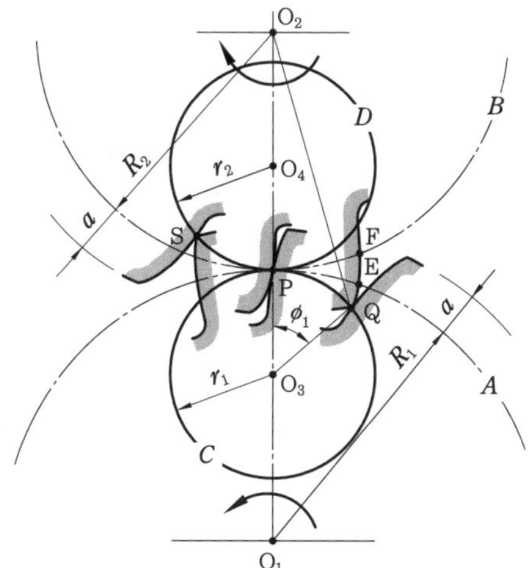

그림 5-20 사이클로이드 기어의 접촉호의 길이

원 A, B, C, D의 반지름을 각각 R_1, R_2, r_1, r_2라고 하고, 기어 A 및 기어 B의 이끝 높이를 a라 하면 접근호 및 퇴거호의 길이 L_a, L_r은 다음과 같은 방법으로 구한다.

$\triangle O_2O_3Q$의 3변의 길이의 합을 S라고 하면

$$2S = \overline{O_3Q} + \overline{QO_2} + \overline{O_2O_3} = r_1 + (R_2 + a) + (R_2 + r_1)$$

또한, $\triangle O_2O_3Q$에서 다음의 관계식이 성립한다.

$$\tan\frac{\phi_1}{2} = \sqrt{\frac{\{S-(r_1+R_2)\}(S-r_1)}{S\{S-(R_2+a)\}}}$$

$$\therefore\ \phi_1 = 2\tan^{-1}\sqrt{\frac{a(2R_2+a)}{(2R_2+2r_1+a)(2r_1-a)}}$$

따라서 접근호의 길이 L_a는

$$L_a = \widehat{QP} = r_1\phi_1 = 2r_1\tan^{-1}\sqrt{\frac{a(2R_2+a)}{(2R_2+2r_1+a)(2r_1-a)}} \tag{5-16}$$

같은 방법으로 $\triangle O_1O_4S$에서 퇴거호의 길이 L_r을 구하면 다음 식과 같이 된다.

$$L_r = r_2\phi_2 = 2r_2\tan^{-1}\sqrt{\frac{a(2R_1+a)}{(2R_1+2r_2+a)(2r_2-a)}} \tag{5-17}$$

접촉호의 길이를 L이라 하면 다음 식과 같이 된다.

$$L = L_a + L_r = 2r_1\tan^{-1}\sqrt{\frac{a(2R_2+a)}{(2R_2+2r_1+a)(2r_1-a)}} + 2r_2\tan^{-1}\sqrt{\frac{a(2R_1+a)}{(2R_1+2r_2+a)(2r_2-a)}} \tag{5-18}$$

② 인벌류트 기어의 접촉호의 길이

그림 5-21과 같이 종동차의 이끝원과 경사진 접촉선의 교점 Q에서 접촉이 시작되고, 구동차의 이끝원과 접촉선과의 교점 S에서 접촉이 끝난다. α_1, α_2를 접근각이라 하고 β_1, β_2를 퇴거각이라 하며, $\overline{PQ}=y$, $\overline{PN}=c$이다.

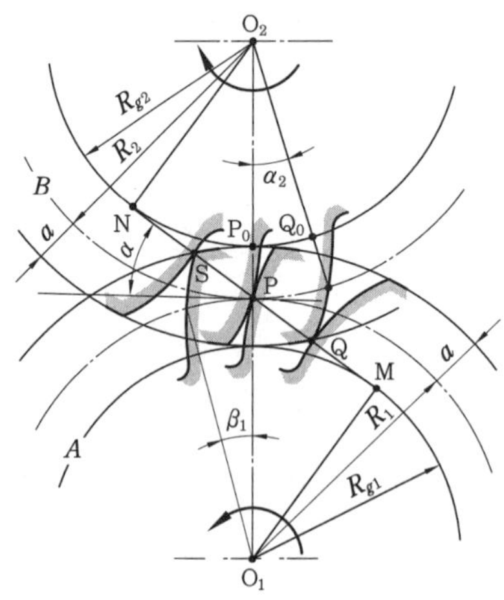

그림 5-21 인벌류트 기어의 접촉호의 길이

$\triangle QNO_2$는 직각삼각형이므로

$$(R_2+a)^2=(y+c)^2+(R_{g2})^2$$

따라서

$$y+c=\sqrt{(R_2+a)^2-(R_{g2})^2}$$

그런데 $c=R_2\sin\alpha$, $R_{g2}=R_2\cos\alpha$이므로

$$y=\sqrt{(R_2+a)^2-(R_2\cos\alpha)^2}-R_2\sin\alpha$$

인벌류트 곡선의 성질에 의하면

$$y=\overline{PQ}=\widehat{P_0Q_0}=R_{g2}\alpha_2 \text{ 이므로}$$

$$\alpha_2=\frac{y}{R_{g2}}=\frac{\sqrt{(R_2+a)^2-(R_2\cos\alpha)^2}-R_2\sin\alpha}{R_2\cos\alpha} \tag{5-19}$$

접근호의 길이 L_a는 다음 식과 같이 된다.

$$L_a=R_1\alpha_1=R_2\alpha_2=\frac{\sqrt{(R_2+a)^2-(R_2\cos\alpha)^2}-R_2\sin\alpha}{\cos\alpha} \tag{5-20}$$

같은 방법으로 퇴거호의 길이를 구하면 다음 식과 같이 된다.

$$L_r=R_1\beta_1=R_2\beta_2=\frac{\sqrt{(R_1+a)^2-(R_1\cos\alpha)^2}-R_1\sin\alpha}{\cos\alpha} \tag{5-21}$$

따라서 접촉호의 길이 L은

$$L = L_a + L_r = \frac{1}{\cos\alpha}\{[\sqrt{(R_2+a)^2-(R_2\cos\alpha)^2} - R_2\sin\alpha]$$
$$+(\sqrt{(R_1+a)^2-(R_1\cos\alpha)^2} - R_1\sin\alpha)\} \tag{5-22}$$

표준 기어에서는 모듈 m, 잇수 Z일 때 이끝높이 $a=m$, $R_1 = \frac{1}{2}mZ_1$, $R_2 = \frac{1}{2}mZ_2$이므로 식 (5-20) 및 식 (5-21)에 이 관계를 대입하여 정리하면 각각 다음 식이 얻어진다.

$$L_a = \frac{m\{\sqrt{(Z_2+2)^2-(Z_2\cos\alpha)^2} - Z_2\sin\alpha\}}{2\cos\alpha} \tag{5-23}$$

$$L_r = \frac{m\{\sqrt{(Z_1+2)^2-(Z_1\cos\alpha)^2} - Z_1\sin\alpha\}}{2\cos\alpha} \tag{5-24}$$

③ 접촉률의 계산

앞에서도 설명한 바와 같이 접촉호의 길이가 구해지면 접촉률이 쉽게 계산된다.

즉, 접촉률 ε_1은

$$\varepsilon_1 = \frac{L}{p} = \frac{L_a+L_r}{p} = \frac{1}{\pi m}(L_a+L_r)$$
$$= \frac{\sqrt{(Z_1+2)^2-(Z_1\cos\alpha)^2} + \sqrt{(Z_2+2)^2-(Z_2\cos\alpha)^2} - (Z_1+Z_2)\sin\alpha}{2\pi\cos\alpha} \tag{5-25}$$

그런데 인벌류트 기어에서는 접촉률을 물림률로 통용하며, 물림률은 물림길이를 법선 피치로 나눈 값이므로 그 계산결과는 접촉률과 같은 값이 된다.

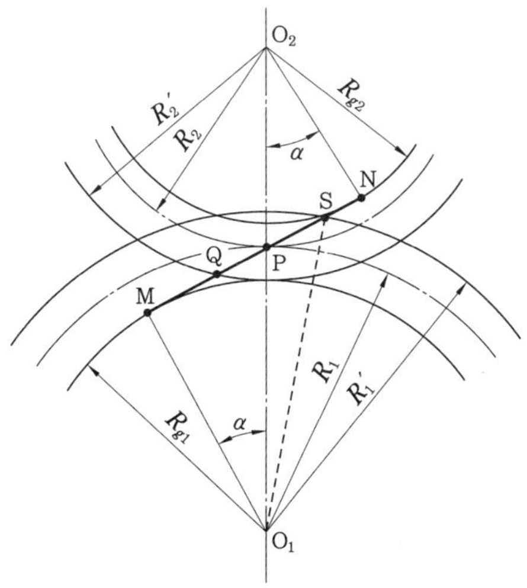

그림 5-22 인벌류트 기어의 물림길이

그림 5-21에서 $\overline{SQ}$가 물림길이가 된다. 더욱 상세히 설명하기 위하여 그림 5-21을 그림 5-22와 같이 나타내었다.

$\triangle O_1SM$에서

$$\overline{O_1S}^2 = \overline{SM}^2 + \overline{O_1M}^2$$

$$(R_1')^2 = \overline{SM}^2 + (R_1 \cos\alpha)^2$$

$$\therefore\ \overline{SM} = \sqrt{(R_1')^2 - (R_1 \cos\alpha)^2}$$

$$\overline{PM} = R_1 \sin\alpha$$

$$\overline{PS} = \overline{SM} - \overline{PM} = \sqrt{(R_1')^2 - (R_1 \cos\alpha)^2} - R_1 \sin\alpha$$

같은 방법으로

$$\overline{PQ} = \sqrt{(R_2')^2 - (R_2 \cos\alpha)^2} - R_2 \sin\alpha$$

따라서 물림길이를 l 이라 하면

$$l = \overline{PS} + \overline{PQ}$$

$$= \sqrt{(R_1')^2 - (R_1 \cos\alpha)^2} + \sqrt{(R_2')^2 - (R_2 \cos\alpha)^2} - (R_1 + R_2)\sin\alpha \quad (5\text{-}26)$$

표준 기어에서

$$R_1' = R_1 + m = m\left(\frac{Z_1}{2} + 1\right),\quad R_2' = R_2 + m = m\left(\frac{Z_2}{2} + 1\right)$$

이므로, 식 (5-26)에 이 관계식을 대입하면 다음 식과 같이 된다.

$$l = \frac{m}{2}\{\sqrt{(Z_2+2)^2 - (Z_2 \cos\alpha)^2} + \sqrt{(Z_1+2)^2 - (Z_1 \cos\alpha)^2}$$

$$-(Z_1 + Z_2)\sin\alpha \quad (5\text{-}27)$$

법선 피치 $p_n = \pi m \cos\alpha$이고, 물림률을 ε_2라 하면

$$\varepsilon_2 = \frac{\text{물림길이}}{\text{법선 피치}} = \frac{l}{p_n}$$

$$= \frac{m\{\sqrt{(Z_1+2)^2 - (Z_1 \cos\alpha)^2} + \sqrt{(Z_2+2)^2 - (Z_2 \cos\alpha)^2} - (Z_1 + Z_2)\sin\alpha\}}{2\pi m \cos\alpha}$$

$$= \frac{\{\sqrt{(Z_1+2)^2 - (Z_1 \cos\alpha)^2} + \sqrt{(Z_2+2)^2 - (Z_2 \cos\alpha)^2} - (Z_1 + Z_2)\sin\alpha\}}{2\pi \cos\alpha} \quad (5\text{-}28)$$

따라서 물림길이=접촉호의 길이× $\cos\alpha$가 되고, 식 (5-25)와 식 (5-28)에서 접촉률 ε_1과 물림률 ε_2의 값은 같다.

압력각이 감소하면 물림률은 증가하고, 압력각이 커지면 강도가 증가하며, 앞으로 배

울 미끄럼률 및 언더컷의 감소 등에 유리하다.

그림 5-23은 표준 기어의 물림률에 대한 일본의 나카다(中田)의 연구 결과를 나타낸 것이다. 그림에서도 쉽게 알 수 있듯이 물림률은 압력각이 20°일 때보다 14.5°일 때가 크다.

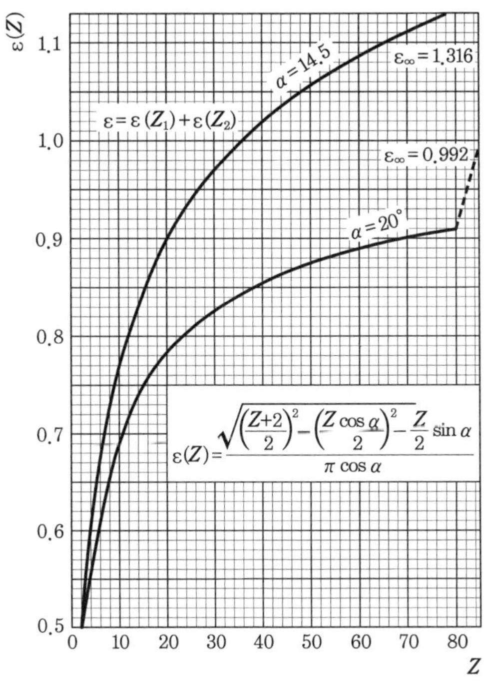

그림 5-23 표준 기어의 물림률 계산표

예제 5-5 잇수 $Z_1 = 30$개, $Z_2 = 50$개인 표준 기어의 물림률을 구하시오 (단, 압력각은 20°로 한다).

해설 식 (5-28)에서

$$\varepsilon_2 = \frac{\sqrt{(Z_1+2)^2-(Z_1 \cos\alpha)^2}+\sqrt{(Z_2+2)^2-(Z_2 \cos\alpha)^2}-(Z_1+Z_2)\sin\alpha}{2\pi\cos\alpha}$$

$$= \frac{\sqrt{32^2-30^2\times 0.94^2}+\sqrt{52^2-50^2\times 0.94^2}-80\times 0.342}{2\pi\times 0.94} = 1.2$$

(2) 이의 미끄럼률

서로 맞물려 회전하는 한 쌍의 기어는 피치점 이외에서는 항상 미끄럼접촉을 한다. 따라서 잇면은 미끄럼접촉으로 인한 이의 마멸이 생기고, 작은 기어는 큰 기어보다 미끄럼 접촉을 하는 빈도(頻度)가 크므로 큰 기어보다 마멸이 크다. 만일 동일 재질로 기어를 만들었다면, 미끄럼량이 클 때 마멸량도 클 것이다.

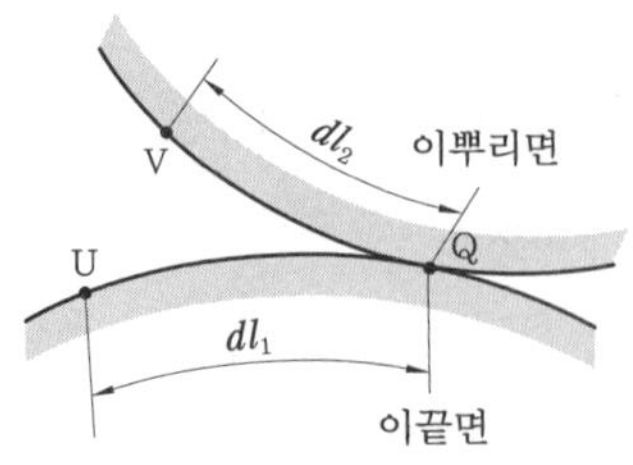

그림 5-24 기어의 미끄럼률

그림 5-24는 서로 맞물고 회전하는 두 잇면의 미소부분을 나타낸 것이다. 점 Q에서 접촉하고 있는 기어가 미소각도만큼 회전하여 U, V의 2점에서 접촉하였을 때 회전한 미소길이를 $\widehat{QU}=dl_1$, $\widehat{QV}=dl_2$라고 하면 (dl_1-dl_2)가 미끄럼의 길이가 되고, dl_2가 굴러간 길이가 된다.

면 QU와 면 QV의 마멸량이 같고, 미끄럼의 양 (dl_1-dl_2)에 비례한다고 하면, 잇면에 대한 마멸 깊이는 이뿌리면에서는 $\dfrac{dl_1-dl_2}{dl_2}$에 비례하며, 이끝면에서는 $\dfrac{dl_1-dl_2}{dl_1}$에 비례하여야 할 것이다.

이와 같이 미끄럼접촉을 하는 한 쌍의 기어에 대하여 미끄러지는 비율을 미끄럼률(specific sliding)이라 한다.

즉, 미끄럼률을 각각 σ_1, σ_2라 하면 다음 식과 같이 된다.

$$\left.\begin{aligned}\sigma_1&=\frac{dl_1-dl_2}{dl_1}\\ \sigma_2&=\frac{dl_1-dl_2}{dl_2}\end{aligned}\right\}\tag{5-29}$$

그림 5-25와 같이 인벌류트 기어의 이가 점 Q에서 맞물고 화살표 방향으로 회전할 때의 미끄럼률을 구해보기로 하자.

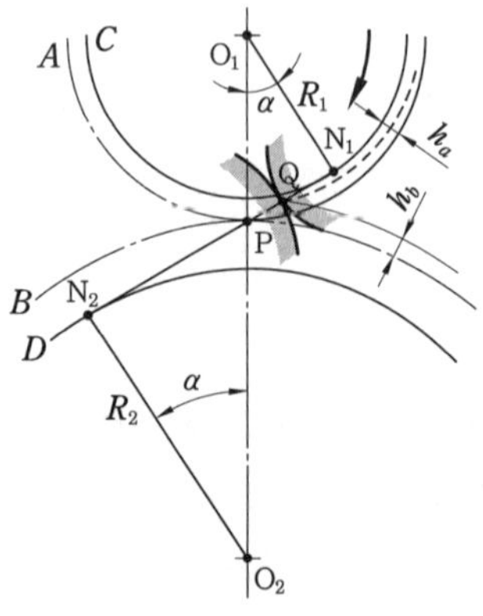

그림 5-25 인벌류트 기어의 미끄럼률

y는 $\overline{PQ}$의 길이라 하고 A, B가 구름접촉을 하여 그 원주가 dx 길이만큼 회전하였다고 하자. 또 A, B, C, D의 각 반지름을 R_1, R_2, r_1, r_2라고 하면 A, B의 회전각도는 dx/R_1, dx/R_2이 된다. 이때 A에 붙인 종이 위에 연필 Q가 그리는 이뿌리면의 길이 dl_2는 C에 고정하고, 실 N_1Q를 그림과 같은 회전 방향으로 각도 dx/R_1만큼 풀어 갈 때 연필이 그리는 길이와 같기 때문에

$$dl_2 = \overline{N_1 Q} \times \frac{dx}{R_1} = (R_1 \sin \alpha - y)\frac{dx}{R_1} \tag{a}$$

또한, 연필 Q가 B에 붙인 종이 위에 그리는 이끝면의 길이 dl_1은

$$dl_1 = (R_2 \sin \alpha + y)\frac{dx}{R_2} \tag{b}$$

따라서 식 (5-29)와 식 (a), 식 (b)에 의해서 미끄럼률은

$$\sigma_{2A} = \frac{y\left(1 + \dfrac{R_1}{R_2}\right)}{R_1 \sin \alpha - y} \tag{5-30}$$

$$\sigma_{1B} = \frac{y\left(1 + \dfrac{R_2}{R_1}\right)}{R_2 \sin \alpha + y} \tag{5-31}$$

식 (5-30) 및 식 (5-31)에서 y는 다음 식과 같이 된다.

$$(y + R_2 \sin \alpha)^2 + (R_2 \cos \alpha)^2 = (R_2 + h_b)^2$$

$$y + R_2 \sin \alpha = \{(R_2 + h_b)^2 - R_2 \cos^2 \alpha\}^2$$

$$\therefore \ y = \sqrt{(R_2 + h_b)^2 - (R_2 \cos \alpha)^2} - R_2 \sin \alpha \tag{5-32}$$

윗식에서 h_b는 이의 접촉점 N_2의 피치원 B의 바깥쪽에 대한 반지름의 거리이다. h_a를 이의 접촉점의 피치원 A의 안쪽에 대한 반지름의 거리라고 하면, $\triangle O_1N_1P$에서

$$R_1 - h_a = \sqrt{R_1^2 + y^2 - 2R_1 y \cos(90^\circ - \alpha)}$$

$$\therefore \ h_a = R_1 - \sqrt{R_1^2 + y^2 - 2R_1 y \sin \alpha} \tag{5-33}$$

같은 방법으로 하면 퇴거호 사이에 다음 관계식이 성립한다.

$$\left.\begin{aligned} \sigma_{1A} &= \frac{z\left(1 + \dfrac{R_1}{R_2}\right)}{R_1 \sin \alpha + z} \\ \sigma_{2B} &= \frac{z\left(1 + \dfrac{R_2}{R_1}\right)}{R_2 \sin \alpha - z} \end{aligned}\right\} \tag{5-34}$$

여기서 $z=\sqrt{(R_1+h_c)^2-R_1^2\cos^2\alpha}-R_1\sin\alpha$ (5-35)

식 (5-35)에서 h_c는 이의 접촉점의 피치원 A의 바깥쪽에 대한 반지름의 거리이다.

또한 접촉점의 피치원 B의 안쪽에 대한 반지름의 거리 h_b는

$$h_b=R_2-\sqrt{R_2^2+z^2-2R_2 z\sin\alpha} \tag{5-36}$$

식 (5-30), (5-31), (5-34)를 보면 4개의 미끄럼률은 항상 y 또는 z의 함수이고, y나 z는 변수이기 때문에 인벌류트 기어에서 미끄럼률은 잇수의 위치에 따라서 각각 다른 값을 갖는다.

이상의 관계식에서 피치점에 대한 미끄럼률은 0이 되며, 이끝면과 이뿌리면의 미끄럼률은 피치면에서 떨어질수록 미끄럼률은 커지고, 이뿌리면의 미끄럼률이 이끝면의 미끄럼률보다 크다.

(3) 이의 간섭

① 이의 언더컷

표준 인벌류트 곡선을 가지는 두 기어를 맞물려 회전시키는 경우 한쪽 기어의 이끝부분이 다른 쪽 기어의 이뿌리부분에 부딪쳐 회전이 곤란한 현상이 생기는데, 이것을 이의 간섭(干涉, interference)이라 한다.

이러한 간섭을 일으키는 한 쌍의 기어를 회전시키게 되면, 큰 기어의 이끝부분이 작은 쪽 기어의 이뿌리부분을 갉아버리는 현상이 생기는데, 이것을 언더컷(under-cut)이라 한다. 이러한 현상은 잇수가 특히 적을 때, 두 기어의 잇수비가 매우 클 때, 또는 압력각이 작을 때 일어나기 쉽다.

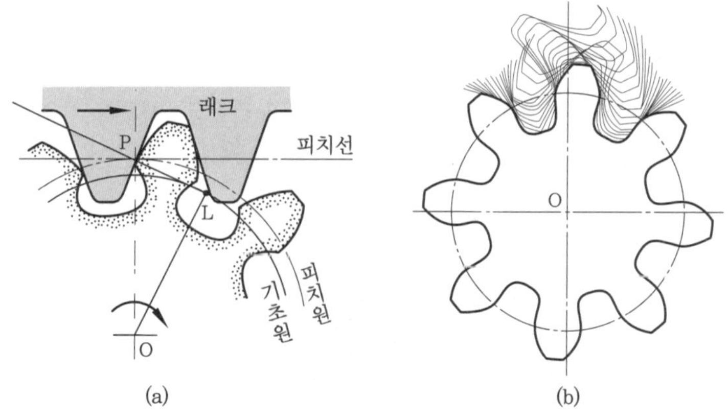

그림 5-26 인벌류트 기어의 언더컷

따라서 래크(rack)와 호브(hob)를 사용하여 작은 기어를 절삭할 때 이러한 간섭이 일어나면, 그림 5-26 (a)와 같이 작은 기어의 이뿌리부분이 깎여 가늘어지고 약하게 된다.

또한 언더컷이 일어나면 접촉률이 감소하기 때문에 언더컷을 방지하여야 한다.

언더컷을 방지하기 위해서는 다음과 같이 한다.

㈎ 피니언의 잇수를 최소잇수 이상으로 한다.

㈏ 기어의 잇수를 한계잇수 이하로 한다.

㈐ 압력각을 크게 한다.

㈑ 치형을 수정한다.

㈒ 기어의 이높이를 줄인다.

② 간섭점과 한계잇수

그림 5-27에서 기어 B의 이끝원과 작용선과의 교점 N_1은 간섭을 일으키지 않는 극한점으로서 N_1의 바깥쪽을 이끝원이 통과할 때 기어 A의 이뿌리를 갉아먹게 되므로 간섭이 일어난다. 따라서 N_1은 간섭을 일으키지 않는 극한점으로서 이의 간섭점이라 한다.

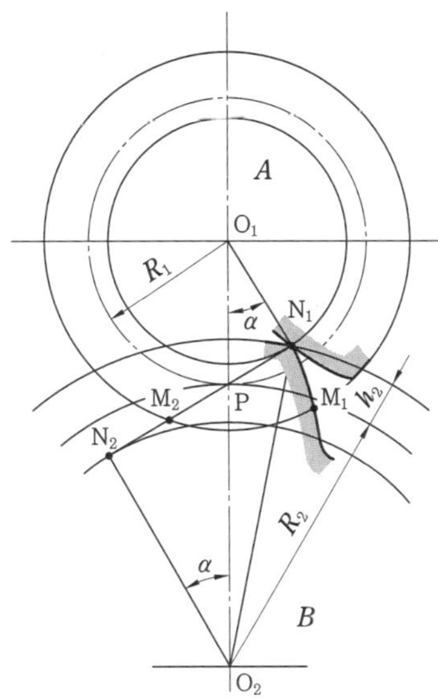

그림 5-27 이의 간섭점

그림 5-27에서 기어 A의 잇수를 Z_1, 기어 B의 잇수를 Z_2, 기어 B의 이끝높이를 h_2, 압력각을 α, 모듈을 m이라 하면 다음의 관계가 성립한다.

$$\overline{N_1N_2} = \overline{N_1P} + \overline{N_2P} = \frac{1}{2}\,(D_1 \sin\alpha + D_2 \sin\alpha)$$

따라서

$$(\overline{O_2N_1})^2 = (\overline{O_2N_2})^2 + (\overline{N_1N_2})^2$$

$$= \left(\frac{1}{2}\,D_2\cos\alpha\right)^2 + \left\{\frac{1}{2}\,(D_1\sin\alpha + D_2\sin\alpha)\right\}^2$$

$$=\left(\frac{m}{2}\right)^2[(Z_2\cos\alpha)^2+\{(Z_1+Z_2)\sin\alpha\}^2]$$

$$=\left(\frac{m}{2}\right)^2[Z_2{}^2+\sin^2\alpha(Z_1{}^2+2Z_1Z_2)]$$

$$\therefore\ \overline{O_2N_1}=\frac{m}{2}\sqrt{Z_2{}^2+\sin^2\alpha(Z_1{}^2+2Z_1Z_2)} \tag{5-37}$$

즉, 식 (5-37)의 $\overline{O_2N_1}$은 이의 간섭을 일으키지 않는 한계반지름이 되므로 간섭이 일어나지 않으려면, 큰 기어(여기서는 기어 B)의 이끝원의 반지름이 한계반지름보다 작아야 한다.

따라서 $\frac{D_2}{2}+h_2\leqq\overline{O_2N_1}$이 되어야 한다.

$$\therefore\ \frac{mZ_2}{2}+h_2\leqq\frac{m}{2}\sqrt{Z_2{}^2+\sin^2\alpha(Z_1{}^2+2Z_1Z_2)}$$

이것을 정리하면

$$Z_2\leqq\frac{m^2Z_1{}^2\sin^2\alpha-4h_2{}^2}{2m(2h_2-mZ_1\sin^2\alpha)} \tag{5-38}$$

서로 맞물고 회전하는 한 쌍의 기어에 대한 간섭은 작은 기어의 이뿌리면에서 일어나므로, 식 (5-38)에서 간섭이 일어나지 않는 큰 기어의 잇수를 결정할 수 있다.

표준 기어에서 $h_2=m$이므로 식 (5-38)은 다음 식과 같이 된다.

$$Z_2\leqq\frac{Z_1{}^2\sin^2\alpha-4}{4-2Z_1\sin^2\alpha} \tag{5-39}$$

또한, 래크 기어의 경우 식 (5-38)에서 분모 $2h_2-mZ_1\sin^2\alpha=0$인 경우에 $Z_2=\infty$이므로

$$Z_1\geqq\frac{2h_r}{m\cdot\sin^2\alpha}=Z_c \tag{5-40}$$

여기서 h_r은 래크의 치형에 대한 이끝높이이다.

또한, 표준기어의 경우에는 $h_r=m$이므로

$$Z_1\geqq\frac{2}{\sin^2\alpha}=Z_c \tag{5-41}$$

식 (5-41)에서 래크와 물리는 작은 기어의 잇수가 Z_c보다 크면, 간섭이 일어나지 않는다. 따라서 이 Z_c를 한계잇수 또는 최소잇수라 한다.

압력각 $\alpha=14.5°$, $15°$, $20°$의 경우에 대하여 최소잇수를 계산하면 최소잇수 Z_c는 각

각 32개, 30개, 17개가 된다.

예제 5-6 압력각이 20°일 때 최소잇수는 몇 개인가?

해설 최소잇수 Z_c는 식 (5-41)에서

$$Z_c = \frac{2}{\sin^2\alpha} = \frac{2}{\sin^2 20°} \fallingdotseq 17\text{개}$$

3-6 사이클로이드 기어와 인벌류트 기어의 비교

사이클로이드 기어와 인벌류트 기어는 각기 다른 특성을 가지며, 그 특징을 요약 비교하면 표 5-5와 같다.

표 5-5 사이클로이드 기어와 인벌류트 기어의 비교

비교 내용	사이클로이드 기어	인벌류트 기어
치형곡선	2개의 곡선으로 구성	1개의 곡선으로 구성
압력각 (α)	변화 (α ~0~ α), 피치점에서 0	일 정
추력(thrust)	작 다	크 다
굽힘강도	약하다	강하다
미끄럼률 (σ)	균 일	불균일(피치점에서 0)
마 멸	균일하고 치형이 변화	불균일하고 치형이 변화
중심거리 (C)	정확을 요함	정확을 요하지 않음
공 작	곤 란	용 이
언더컷	무 관	발 생
조 립	곤 란	용 이
교환성	피치와 구름원의 크기가 동일	피치와 압력각이 동일

표 5-5에서 마멸이나 추력(推力) 등에 대하여 사이클로이드 기어가 우수하지만, 사이클로이드 기어는 이뿌리면과 이끝면의 곡선이 다르기 때문에 중심거리에 오차가 있어서 피치점끼리 완전히 접촉하지 않으면, 사이클로이드 기어의 물림이론에 어긋나게 되고 일정한 속도비로 회전할 수 없다.

그러나 인벌류트 기어는 피치점을 어느 곳에 가져가도 물림이 잘 이루어지기 때문에 중심거리의 오차가 있어도 인벌류트 물림이론을 만족시킨다. 그리고 래크의 치형이 직선으로 얻어지기 때문에 창성 이절삭에 의하여 정확한 치형이 쉽게 얻어진다.

따라서 현재 동력전달용으로 인벌류트 기어가 널리 사용되고 있으며, 사이클로이드 기어는 추력을 특히 피하는 측정기 또는 시계와 같은 정밀기기에 많이 사용된다.

4. 전위 기어

4-1 전위 기어의 정의

이의 언더컷을 방지하고, 인벌류트 표준 기어의 결점을 개선하기 위하여 사용되는 기어를 전위 기어(轉位齒車, profile shifted gear 또는 corrected gear)라 한다.

현재에는 이의 언더컷의 방지는 물론 기어의 성능도 더욱 개선되었고, 표준 기어를 창성(創成)하는 경우와 같은 공구 및 공작기계를 이용하여 공작이 가능하므로 널리 사용되고 있다.

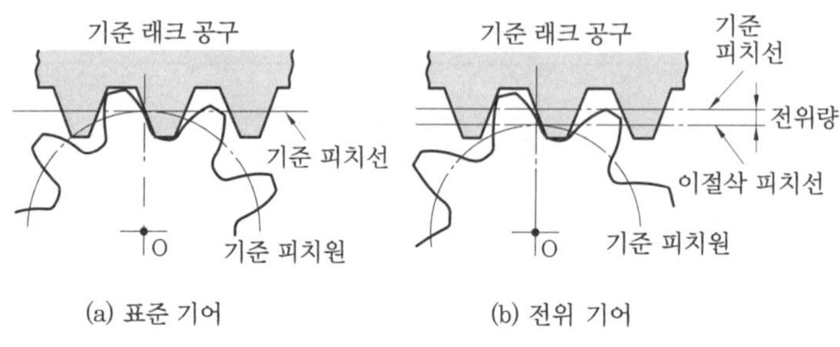

그림 5-28 표준 기어와 전위 기어

그림 5-28 (a)에서와 같이 래크의 기준 피치선과 이것과 맞물리는 기어의 기준 피치원이 접하여 미끄럼이 없이 굴러가는 기어를 표준 기어라 하고, 그림 5-28 (b)와 같이 래크의 기준 피치선과 기어의 피치원이 직접 접촉하지 않고, 약간 떨어진 평행한 직선과 구름접촉하는 기어를 전위 기어라 한다.

이때 기준 피치원과 접촉하는 직선을 이절삭 피치선이라 하고, 래크의 기준 피치선과 평행하게 떨어진 이절삭 피치선과의 거리를 전위량(amount of addendum modification)이라 한다. 전위량을 y라 하면 $y=xm$이 되고, 이때 x를 전위계수(addendum modification coefficient)라 한다.

이렇게 하여 창성된 기어는 기어 소재의 바깥지름을 반지름에 대하여 모듈의 x배만큼 크게 만들어 놓은 것이 된다. 표준 기어와 같은 이높이 h의 이를 절단하면 이뿌리가 더욱 두텁고 강한 이가 얻어진다. 따라서 이뿌리높이가 xm만큼 깊고 이끝높이가 그만큼 짧게 되지만, 인벌류트 곡선은 표준 기어와 같은 곡선이 된다.

이때 표준 기어의 치형곡선을 그림 5-29 (a)에서와 같이 이끝원과 이뿌리원을 바깥쪽으로 전위시키고, 크게 하여 (+) 전위시킨 치형을 사용하든지, 또는 그림 5-29 (b)와 같이 안쪽으로 전위시켜서 이끝원과 이뿌리원을 작게 하여 (−) 전위시킨 치형을 사용한다.

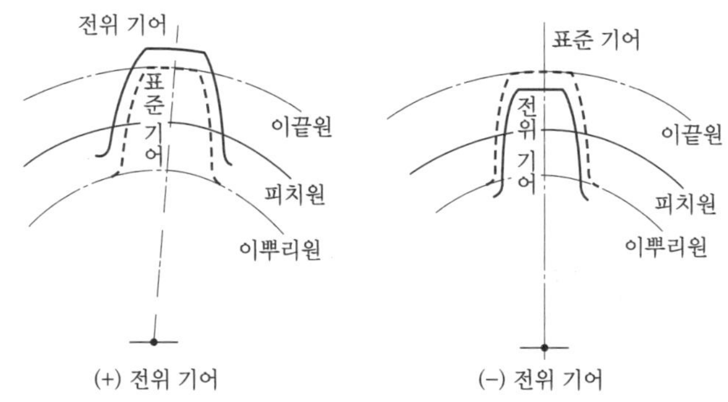

그림 5-29 (+) 전위 기어와 (-) 전위 기어

따라서 (+) 전위시키면 이의 높이는 같지만, 이끝원과 이뿌리원이 크게 되므로 그만큼 이두께도 크게 되고, (-) 전위는 이와 반대로 된다.

4-2 전위 기어의 특징

전위 기어는 표준 기어에 비하여 이끝높이가 낮고, 이뿌리가 두텁게 되며 다음과 같은 특징을 가진다.

① 모듈에 비하여 강한 이〔齒〕가 얻어진다.
② 공작이 정확하다.
③ 미끄럼률이 작게 되므로 물림이 원활하다.
④ 이의 마멸이 적고 효율이 좋다.
⑤ 최소잇수를 매우 적게 할 수 있다.
⑥ 교환성이 없다.
⑦ 설계하기가 복잡하다.
⑧ 베어링 압력이 커진다.

이상과 같이 전위 기어의 설계는 표준 기어의 경우보다 약간 복잡하지만, 주로 다음과 같은 목적에 사용된다.

① 중심거리를 자유로이 변화시키려고 할 때
② 언더컷을 방지하려고 할 때
③ 이의 강도를 개선하려고 할 때

4-3 언더컷과 전위계수

래크 공구를 사용하여 기어를 절삭할 때 언더컷을 일으키는 한계는 공구가 이끝의 간섭점을 지나는 경우이므로, 언더컷을 방지하기 위하여 전위계수를 결정하여 주면 된다.

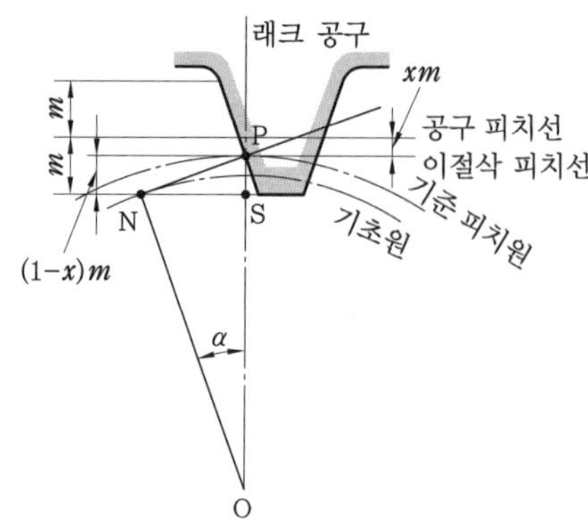

그림 5-30 언더컷과 전위계수

그림 5-30에서 전위계수 x를 구하여 보자.

$$\overline{PS} = (1-x)m = \overline{OP}\sin^2\alpha$$
$$= \frac{mZ}{2}\sin^2\alpha \qquad (5\text{-}42)$$

그러므로 전위계수 x는

$$x \geqq 1 - \frac{Z}{2}\sin^2\alpha \qquad (5\text{-}43)$$

이 되도록 선정하면 언더컷이 일어나지 않는다.

$$\left.\begin{aligned} \alpha = 20^\circ \text{일 때 } x = \frac{17-Z}{17} \\ \alpha = 14.5^\circ \text{일 때 } x = \frac{32-Z}{32} \end{aligned}\right\} \qquad (5\text{-}44)$$

식 (5-44)에서 전위계수 x는 최소값이고, 이 전위계수를 주어서 언더컷을 방지할 수 있다. 그러나 기어 제작의 오차, 열팽창, 유막의 두께, 부하 등에 따라 이론적으로 구한 x의 값보다 약간 큰 실용상의 값을 사용하는 것이 좋다.

표 5-6은 언더컷을 방지하기 위한 이론 및 실용상의 전위계수를 나타내고 있다.

표 5-6 언더컷을 방지하기 위한 한계전위계수

구 분 \ 압력각	20°	15°	14.5°
이 론 값	$1-\frac{Z}{17}$	$1-\frac{Z}{30}$	$1-\frac{Z}{32}$
실 용 값	$\frac{14-Z}{17}$	$\frac{25-Z}{30}$	$\frac{26-Z}{32}$

5. 기어 제작과 이에 걸리는 힘

5-1 기어의 제작법

기어 전체를 주조(鑄造)로 제작하는 방법은 널리 이용되어 왔으나 주조기어는 정밀도가 떨어지므로 현재는 특수한 경우 외에는 사용되지 않는다. 현재 기어는 거의 절삭에 의하여 만드는데, 다음과 같은 제작 방법이 있다.

(1) 총형 바이트에 의한 방법

플레이너(planer)나 셰이퍼(shaper)의 바이트를 그림 5-31 (a)와 같이 곡선 *abcd*를 이홈처럼 만들어서 여러 번 깎아 내어 만들든가, 또는 바이트 대신에 그림 5-31 (b)와 같이 총형 바이트(forming tool, formed cutter)를 사용하여 밀링 머신(milling machine)으로 가공하는 방법이다. 일단 1개의 이홈이 절삭되면 분할대(dividing head, index head)에 의하여 1 피치만큼 회전시킨 후 다음의 이홈을 절삭한다.

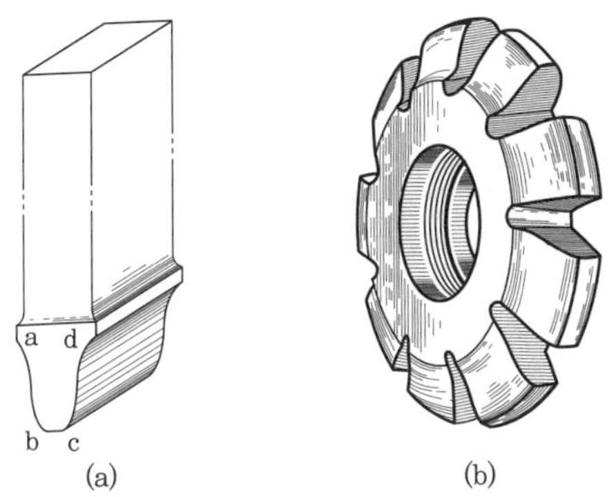

그림 5-31 기어의 절삭 바이트

원리는 간단하지만 치형곡선이 잇수에 따라 다르기 때문에 어떠한 잇수의 기어라도 절삭하기 위해서는 무한히 많은 개수의 커터(cutter)가 필요하다.

이와 같은 일은 곤란하므로 실제로는 한 모듈에 대하여 8~15개의 커터를 만들어 모든 잇수의 절삭에 사용되고 있다. 따라서 절삭된 치형은 근사적인 치형이 되어 정밀하지 못하다. 최근에는 큰 기어에 가끔 쓰이는 정도이고, 일반적인 공작법은 아니다.

(2) 형판을 이용하는 방법

셰이퍼의 테이블에 형판(型板)과 재료를 고정하고 치형을 나타내고 있는 형판에 따라 절삭하는 방법인데, 이것도 큰 기어에 가끔 사용될 뿐 일반적인 방법은 되지 못한다.

(3) 창성법

현재 기어의 절삭은 거의 이 방법에 의하여 이루어진다. 그림 5-32에 나타낸 바와 같이 래크 형상의 공구로 기어의 축방향으로 절삭운동을 시키고, 그 절삭의 1 행정이 끝날 때마다 소재를 약간 회전시킨다. 래크 공구는 이에 상당하는 거리만큼 옆으로 움직이게 하여 절삭운동을 하도록 한다.

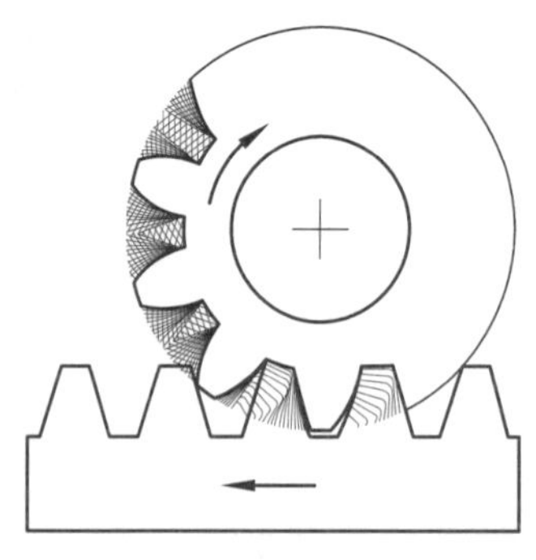
그림 5-32 기어의 창성

그림 5-33 호 브

이와 같이 하여 이 래크와 물리는 인벌류트 치형이 소재(素材)에 창성(創成)된다. 래크 공구 대신에 단면이 래크와 같은 형상을 한 나사 모양의 공구를 사용하기도 한다. 이 공구를 호브(hob)라 하며, 그 형상은 그림 5-33과 같다.

호브를 회전시키면 그 단면인 래크형이 축방향으로 이동하는 것이 되므로 소재에도 이에 따른 회전운동을 시키면 연속적인 절삭이 되며, 능률적인 작업이 되는 동시에 정밀도가 높다.

이와 같이 호브를 사용하여 기어를 깎는 공작기계를 호빙 머신(hobbing machine)이라고 하며, 가장 널리 사용된다. 그림 5-34는 호브로 기어를 절삭하는 호빙 머신이다.

그림 5-34 호빙 머신

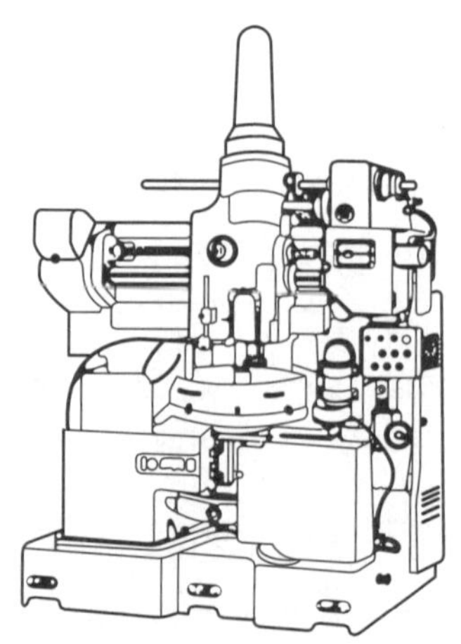
그림 5-35 기어 셰이퍼

래크 공구 대신에 기어 모양을 한 피니언형 공구를 사용하여 그림 5-35와 같은 특수한 셰이퍼로 기어를 절삭할 수도 있는데, 이것을 기어 셰이퍼(gear shaper)라 한다.

기어 셰이퍼는 미국 펠로스 기어 셰이퍼(Fellows gear shaper)와 마그 기어 셰이퍼(Maag gear shaper)가 그 대표적인 것이다.

기어는 절삭한 그대로 사용하기도 하지만 이의 강도(強度)나 잇면의 경도(硬度)를 높이기 위하여 열처리를 하기도 한다. 열처리로 인한 변형이나 가공에 의한 응력 등으로 인하여 치형에 오차가 있을 수 있으므로 이것을 수정하기 위하여 기어를 다듬질 가공하는 방법을 셰이빙(shaving)이라 하고, 이 방법이 널리 이용된다.

5-2 이에 걸리는 힘

기어가 전달하는 전달력은 기어에 걸리는 힘에 크게 좌우된다. 특히 큰 동력의 감소장치로서는 여러 가지 이론과 함께 그 전달하려고 하는 힘을 지탱할 수 있어야 한다. 기어의 이에 대한 강도계산은 기어 설계에서는 상당히 중요하므로 큰 힘에 견딜 수 있는 이를 만들려면, 먼저 이에 걸리는 힘을 정확히 구한 후 이것에 적합한 이를 설계하여야 한다.

대개의 경우 이를 크게 하면 큰 힘을 지탱할 수 있다. 즉, 이를 크게 하기 위해서는 모듈을 크게 하거나, 같은 모듈이라면 이의 폭을 크게 하여야 한다. 그러나 최적설계(最適設計)의 입장에서 본다면 기어에 어떻게 힘이 걸리는가를 정확히 알아야 한다.

이에 걸리는 응력을 해석하는 데 가장 실용적인 방법으로서 광탄성 실험법(method of photoelastic experiment)이 널리 이용되고 있다. 이 실험방법은 감도가 좋은 에폭시판(epoxy plate)을 사용하여 실험하고자 하는 모형(model)을 만든 후, 그것에 힘을 가하여 편광을 비추면 힘이 걸리는 부분에 무늬(fringe)가 나타난다. 힘의 작용정도에 따라 무늬 차수(fringe order)가 증가하므로 힘이 많이 걸리는 부분에는 상당히 조밀한 무늬가 나타나기 때문에 이것을 사진으로 찍어 응력을 해석한다.

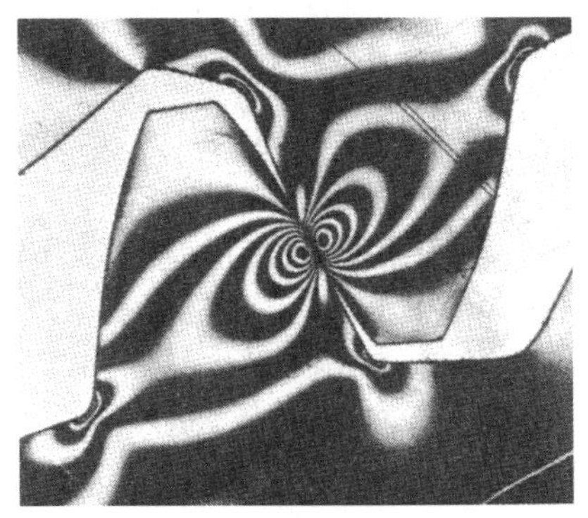

그림 5-36 이에 걸리는 힘의 상태

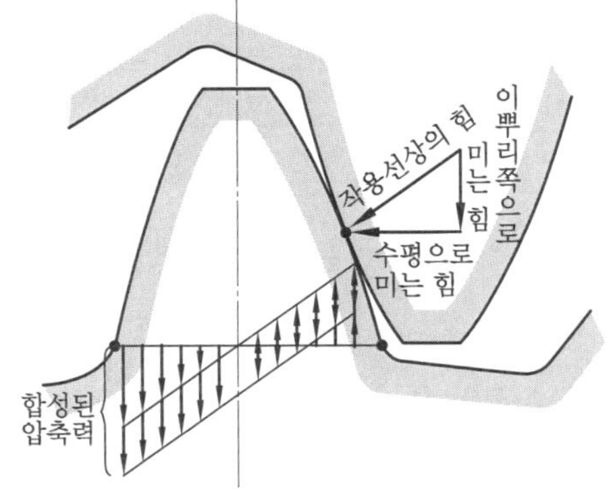

그림 5-37 이에 걸리는 분포력

그림 5-36은 에폭시판을 사용하여 맞물린 한 쌍의 기어에 걸리는 응력분포를 실험한 것이다. 이가 접촉하고 있는 부분에 더욱 많은 힘이 집중되어 있는 것을 알 수 있고, 양쪽의 이에 똑같은 무늬가 대칭으로 되어 있다. 그리고 한쪽 이뿌리에 무늬가 집중되어 나타나 있다.

이것은 기어의 회전에 따라 이를 밀기 때문에 이뿌리 부분이 당겨지는 것이다. 반대쪽 이뿌리 부분에도 이가 압축되는 압축력이 작용한다.

그림 5-37은 이에 걸리는 힘의 분포상태를 나타낸 것이다.

6. 헬리컬 기어

6-1 헬리컬 기어의 성립

(1) 단기어의 원리

서로 맞물고 회전하는 평기어의 경우에 기어의 이가 갑자기 물렸다가 떨어졌다 하기 때문에 회전력에 변동이 생기기 쉽고, 고속으로 회전할 때 진동과 소음이 발생하므로 고속에는 적합하지 않다.

이러한 결점을 없애기 위하여 평기어를 회전축에 직각 방향으로 박편(薄片)을 잘라서 각 장을 조금씩 회전시켜 가면서 배열하면, 그림 5-38과 같은 단기어(段齒車, stepped gear)가 형성된다.

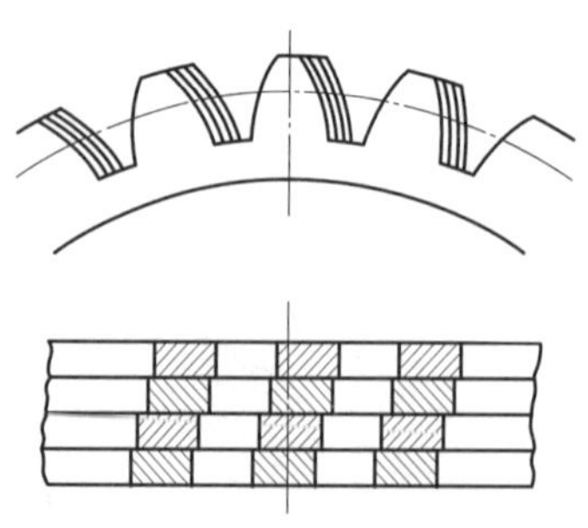

그림 5-38 단기어의 원리

그림 5-39 단기어의 실물

이렇게 하여 만들어진 단기어의 물림상태는 시각에 따라 차례로 일어난다. 따라서 어떤 이는 이의 끝에서 물리고, 어떤 이는 피치점에서, 또 어떤 이는 이뿌리 부근에서 맞물고 회전하기 때문에 평기어와 같이 그림 5-39에 나타낸 단기어의 실물처럼 물림 상태에 변동이 없으므로 회전도 원활하고, 진동과 소음도 적다.

(2) 헬리컬 기어의 원리

위에서 설명한 단기어에서 단이 무수히 많다면 단은 없어지고, 축에 평행하던 평기어의 직선 이가 나선(helical)으로 되어 이는 축과 어떤 각도로 경사지게 된다. 이러한 기어를 헬리컬 기어(helical gear)라 하고, 단기어의 가장 이상적인 경우라 생각할 수가 있다. 이 헬리컬 기어는 그림 5-40 (a)와 같이 잇수만큼 나선실을 감은 나사와 같은 원리에 의한 기어가 된다. 이것을 다시 평면전개하면 그림 5-40 (b)와 같이 된다.

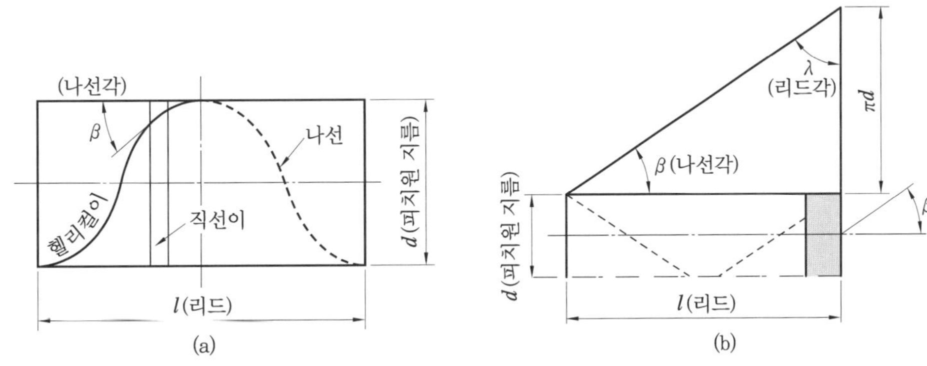

그림 5-40 헬리컬 기어의 원리

그림 5-40 (b)에서 나사가 1회전하여 직진한 거리 l을 리드(lead)라 한다. 나선이 축방향과 이루는 각을 나선각(helix angle)이라 하고 β로 표시하면, 다음 식과 같이 된다.

$$\beta = \tan^{-1}\frac{\pi d}{l} \qquad (5\text{-}45)$$

따라서 리드각(lead angle) λ는

$$\lambda = 90° - \beta$$

가 된다.

그림 5-41 헬리컬 기어의 실물

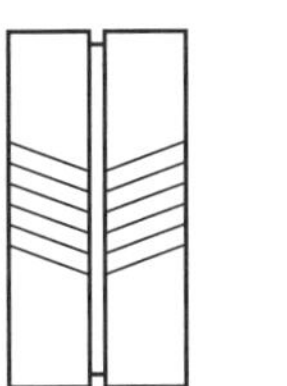

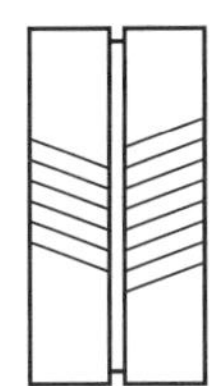

그림 5-42 2중 헬리컬 기어의 조합형식

그림 5-41에서와 같이 서로 맞물리는 한 쌍의 헬리컬 기어에 대한 나선의 방향은 서로 반대이고, 한쪽이 오른쪽 헬리컬 기어이면 상대편의 기어는 왼쪽 헬리컬 기어가 된다.

따라서 헬리컬 기어는 물림상태가 원활하고, 소음과 진동도 적으므로 고속운전에 적합하다. 헬리컬 기어의 결점은 축방향에 추력(thrust)이 생기므로 스러스트 베어링(thrust bearing)이 필요하다.

그러나 그림 5-42와 같이 2개의 헬리컬 기어를 서로 대칭이 되도록 조합하여 설치하면 축방향에 걸리는 추력이 상쇄되는데, 이와 같은 기어를 2중 헬리컬 기어(double helical gear) 또는 헤링본 기어(herringbone gear)라 한다.

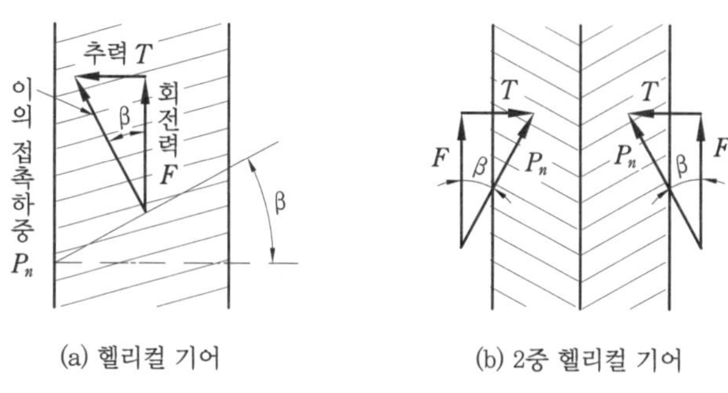

(a) 헬리컬 기어 (b) 2중 헬리컬 기어

그림 5-43 헬리컬 기어의 추력

그림 5-43은 헬리컬 기어와 2중 헬리컬 기어에 대한 추력을 나타낸 것이다. 그림 5-43 (a)에서 이〔齒〕에 직각으로 작용하는 접촉하중을 P_n이라 하면, P_n은 회전 방향의 회전력 F와 축방향의 추력 T로 분해되고, 다음과 같은 관계식이 성립한다.

$$\left.\begin{aligned} F &= P_n \cos\beta \\ T &= P_n \sin\beta = F \tan\beta \end{aligned}\right\} \qquad (5\text{-}46)$$

그림 5-43 (b)에서 2중 헬리컬 기어의 추력 T의 방향은 서로 반대이므로 추력이 상쇄된다.

그림 5-44 2중 헬리컬 기어의 실물

그림 5-45 헬리컬 기어의 응용예

그림 5-44는 2중 헬리컬 기어의 실물이고, 이 기어는 원활한 운전을 하므로 고속의 대형기어에 많이 사용되고 있으며, 증기 터빈(steam turbine)의 감속기어 장치, 기어 펌프 등에 널리 사용된다.

그림 5-45는 헬리컬 기어 및 2중 헬리컬 기어를 3단감속기에 응용한 예를 보여 주고 있다.

6-2 헬리컬 기어의 계산방법

(1) 치형에 따른 방식

헬리컬 기어에서는 축에 직각인 방향으로 측정하는 축직각 압력각 및 모듈을 사용하는 축직각 방식이 있고, 이〔齒〕에 직각 방향인 이직각 압력각 및 모듈을 사용하는 이직각 방식이 있다.

이직각 방식에 의하여 기어를 절삭할 때는 평기어의 절삭공구를 그대로 사용할 수 있기 때문에 일반적으로 이직각 방식이 많이 사용된다.

그림 5-46과 같이 축직각 방식에 의하여 측정된 축직각 피치를 p_s, 축직각 모듈을 m_s라 표시한다. 또한 이직각 피치를 p, 이직각 모듈을 m으로 나타내기도 한다.

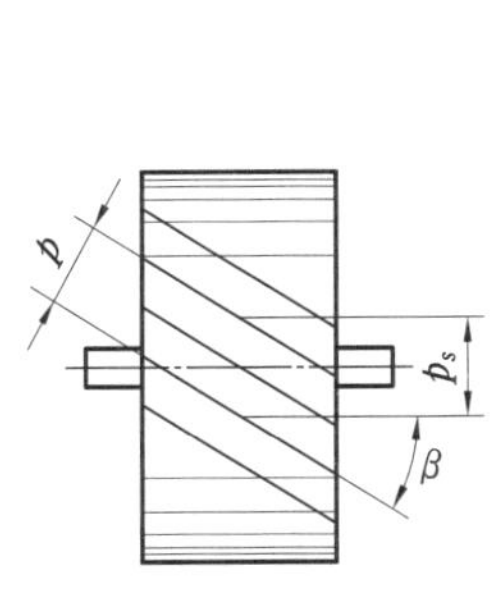

그림 5-46 헬리컬 기어의 피치

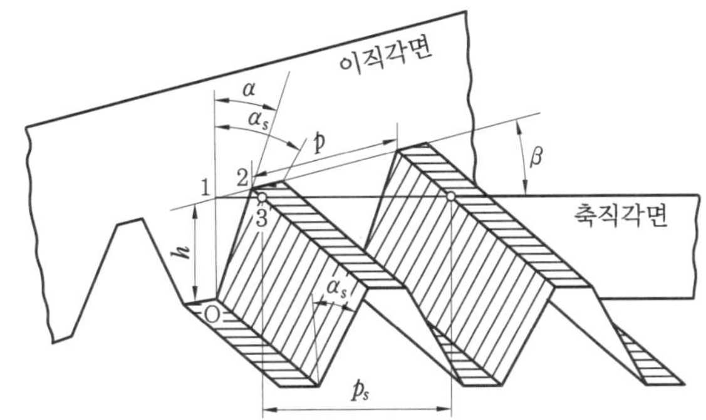

그림 5-47 헬리컬 기어의 압력각

(2) 헬리컬 기어의 압력각

축직각 압력각을 α_s, 이직각 압력각을 α라고 하면, 그림 5-47에서

$$\tan\alpha_s = \frac{\overline{13}}{\overline{01}}, \quad \tan\alpha = \frac{\overline{12}}{\overline{01}}$$

$$\cos\beta = \frac{\overline{12}}{\overline{13}}$$

이므로

$$\frac{\tan\alpha}{\tan\alpha_s} = \frac{\overline{12}}{\overline{13}} = \cos\beta$$

$$\therefore\ \tan\alpha = \tan\alpha_s \cos\beta \tag{5-47}$$

(3) 헬리컬 기어의 기본계산식

이직각 방식이나 축직각 방식은 축에 직각인 이의 높이는 같지만, 원주 방향의 크기는 $1/\cos\beta$배로 된다. 따라서 그림 5-47에서 다음과 같은 관계가 성립한다. 또 표 5-7은 표준 헬리컬 기어의 기본계산식을 나타낸다.

① 축직각 피치 (p_s)

$$p_s = \frac{p}{\cos\beta} \tag{5-48}$$

② 축직각 모듈 (m_s)

$$m_s = \frac{m}{\cos\beta} \tag{5-49}$$

③ 축직각 압력각 (α_s)

$$\alpha_s = \tan^{-1}\left(\frac{\tan\alpha}{\cos\beta}\right) \tag{5-50}$$

표 5-7 표준 헬리컬 기어의 기본계산식

항 목	계 산 식	항 목	계 산 식
중심거리 (C)	$C = \frac{D_{s1}+D_{s2}}{2} = \frac{m(Z_1+Z_2)}{2\cos\beta}$	축직각 압력각 (α_s)	$\alpha_s = \tan^{-1}\left(\frac{\tan\alpha}{\cos\beta}\right)$
축직각 피치 (p_s)	$p_s = \frac{\pi D_s}{Z}$	나선각 (β)	$\beta = \tan^{-1}\left(\frac{\pi D_s}{l}\right)$
이직각 피치 (p)	$p = p_s\cos\beta = \pi m$	리드각 (λ)	$\lambda = 90^\circ - \beta$
리드 (l)	$l = \frac{\pi D_s}{\tan\beta}$	잇수 (Z)	$Z = \frac{D_s\cos\beta}{m}$
피치원 지름 (D_s)	$D_s = \frac{mZ}{\cos\beta}$	축직각 모듈 (m_s)	$m_s = \frac{D_s}{Z} = \frac{m}{\cos\beta}$
이끝원 지름 (D_0)	$D_0 = D_s + 2m = D_s + 2h_1$	이직각 모듈 (m)	$m = \frac{D_s\cos\beta}{Z}$
이뿌리원 지름 (D_r)	$D_r = D_s = 2h_2$	단, h_1: 이끝높이 $= m$ h_2: 이뿌리높이 $= 1.157m$ 이상	

④ 피치원의 지름 (D_s)

$$D_s = m_s Z = \frac{m}{\cos\beta} Z = \frac{D}{\cos\beta} \tag{5-51}$$

⑤ 이끝원 지름 (D_0)

$$D_0 = D_s + 2m = m_s Z + 2m = \left(\frac{Z}{\cos\beta} + 2\right) m \tag{5-52}$$

⑥ 중심거리 (C)

$$C = \frac{D_{s1} + D_{s2}}{2} = \frac{m_s(Z_1 + Z_2)}{2}$$

$$= \frac{(Z_1 + Z_2)}{2} \frac{m}{\cos\beta} = \frac{m(Z_1 + Z_2)}{2\cos\beta} \tag{5-53}$$

6-3 헬리컬 기어의 상당 평기어

헬리컬 기어의 이는 축방향에 대해서 나선으로 되어 있으므로 축에 직각인 단면은 나선각에 관계없이 평기어와 같은 크기의 원이 되지만, 이에 직각인 단면은 원이 아니고 타원이 된다.

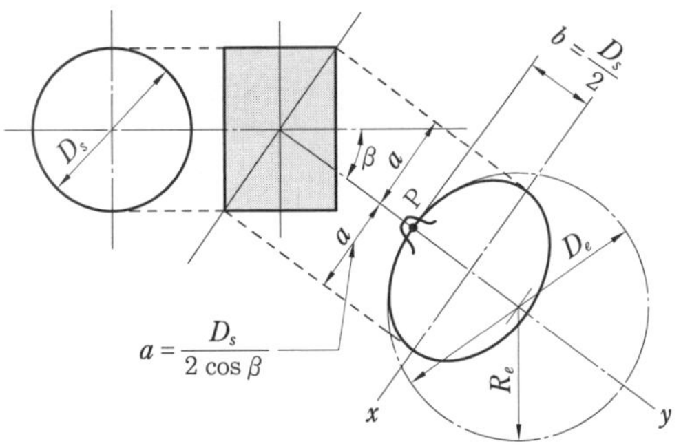

그림 5-48 상당 평기어

그림 5-48에서 타원의 짧은지름을 D_s라 하면, 긴지름은 $D_s/\cos\beta$의 피치 타원이 되므로

$$a = \frac{D_s}{2\cos\beta}, \quad b = \frac{D_s}{2} \tag{a}$$

점 P의 곡률반지름을 R이라 하면, 곡률반지름의 일반식은

$$R = \frac{[1 + (dy/dx)^2]^{\frac{3}{2}}}{d^2y/dx^2} \tag{b}$$

또 타원의 방정식은

$$\frac{x^2}{a^2}+\frac{y^2}{b^2}=1 \tag{c}$$

이고, 점 P의 좌표는 $x=0$, $y=b$이기 때문에 이때의 곡률반지름을 R_e라고 하면

$$R_e=\frac{a^2}{b} \tag{d}$$

식 (d)에 식 (a)를 대입하면

$$2R_e=\frac{D_s}{\cos^2\beta}=D_e \tag{e}$$

R_e를 반지름으로 하는 원주 위에 잇수가 몇 개 존재하는가를 계산하면, 다음 식과 같이 된다.

$$Z_e=\frac{D_e}{m}=\frac{D_s}{m\cos^2\beta}=\frac{mZ}{\cos\beta}\cdot\frac{1}{m\cos^2\beta}=\frac{Z}{\cos^3\beta} \tag{5-54}$$

여기서 Z는 헬리컬 기어의 실제 잇수이고, Z_e를 상당 평기어의 잇수(equivalent number of teeth)라 한다.

따라서 잇수 Z인 헬리컬 기어는 $Z/\cos^3\beta$의 잇수를 가진 평기어와 같은 치형이 필요하게 된다. 실제로 기어를 제작할 때 공구번호의 선정 및 기어의 강도를 계산하기 위하여 치형 계수를 선정할 때 헬리컬 기어에 대한 상당 평기어의 잇수가 필요하다.

예제 5-7 잇수 20개, 축직각 모듈 4, 나선각 20°의 헬리컬 기어가 있다. 피치원 지름, 이직각 피치, 상당 평기어의 잇수를 구하시오.

해설 축직각 피치 p_s는

$$p_s=m_s\pi=4\times\pi=12.566\text{ mm}$$

이직각 피치 p는

$$p-p_s\cos\beta-12.566\cos 20^\circ=11.808\text{ mm}$$

피치원 지름 D_s는

$$D_s=m_sZ=20\times 4=80\text{ mm}$$

상당 평기어의 잇수 Z_e는

$$Z_e=\frac{20}{\cos^3\beta}=\frac{20}{\cos^3 20^\circ}=24\text{개}$$

7. 베벨 기어

7-1 베벨 기어의 성립

원뿔마찰차의 접촉면을 피치면으로 하여 이것에 이〔齒〕를 형성시킨 것으로 잇면의 물림에 의하여 운동과 동력을 전달시키는 기어를 베벨 기어(bevel gear)라 한다.

베벨 기어도 원뿔마찰차와 같이 두 축이 교차하는 경우에 사용되고, 두 원뿔이 교차하는 각도는 임의이지만, 직각으로 교차하는 경우가 많다.

그림 5-49에서도 알 수 있듯이 베벨 기어의 바깥지름은 바깥이끝원의 크기로 표시하고, 베벨 기어의 이는 안쪽으로 갈수록 점점 가늘어진다.

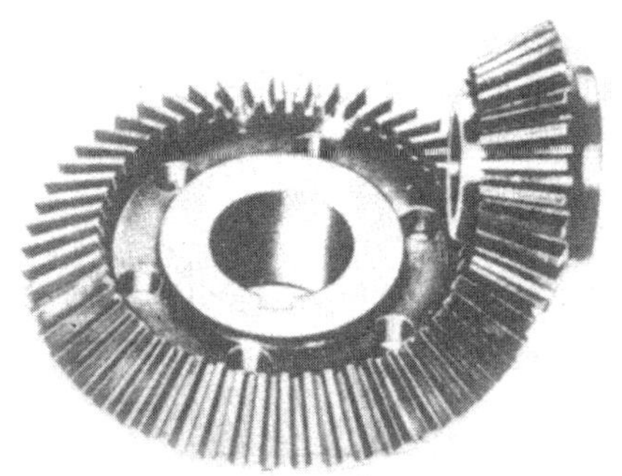

그림 5-49 베벨 기어의 실물

베벨 기어의 회전비는 평기어와 마찬가지로 잇수에 반비례하고, 평기어의 피치원은 베벨 기어에서는 피치원뿔이 되며 기초원은 기초원뿔로 된다. 또한, 베벨 기어는 회전력에 따라서 기어가 축방향으로 밀리기 때문에 베어링의 마찰동력에 의한 손실이 평기어보다 크므로 효율은 평기어보다 조금 낮다.

7-2 베벨 기어의 종류

(1) 축각에 의한 분류

그림 5-50에서와 같이 베벨 기어에 대한 두 축의 교차각도를 축각(shaft angle)이라 하고, 이 축각의 크기에 따라 베벨 기어를 분류한다. 그림에서 $\overline{OP}$는 피치 원뿔(pitch cone)의 공통접촉선이라고 한다. 또한 θ는 두 축이 교차하는 축각이고, r_1과 r_2는 두 기어의 피치 원뿔각(pitch cone angle)을 나타내고 있다.

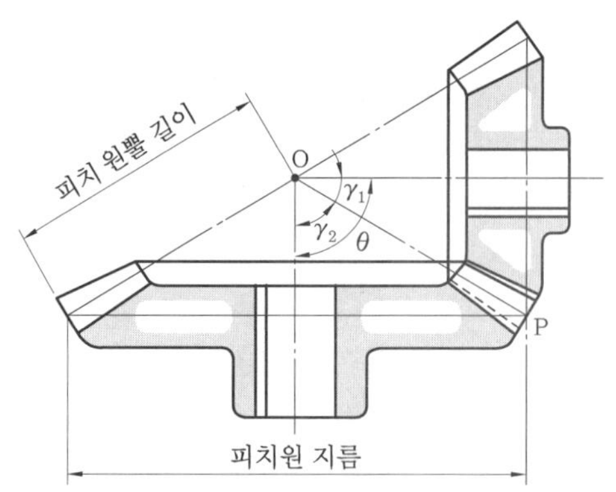

그림 5-50 베벨 기어의 축각

① 보통 베벨 기어 : 축각 $\theta = \gamma_1 + \gamma_2 = 90°$이고, 두 기어의 회전비에 따라 피치 원뿔각 γ_1과 γ_2의 값이 달라진다. 그림 5-50은 $\theta = 90°$인 보통 베벨 기어를 나타낸 것이다.

② 예각 베벨 기어(acute bevel gear) : 축각 $\theta = \gamma_1 + \gamma_2 < 90°$인 베벨 기어를 말한다.

③ 둔각 베벨 기어(obtuse bevel gear) : 축각 $\theta = \gamma_1 + \gamma_2 > 90°$이고, $\theta < 180°$인 베벨 기어를 말한다.

④ 마이터 기어(miter gear) : 축각 $\theta = 90°$이고, $\gamma_1 = \gamma_2 = 45°$인 베벨기어를 말한다. 두 기어의 축이 직각으로 교차하고, 두 기어의 크기가 같으므로 회전비는 1이 된다.

⑤ 크라운 기어(crown gear) : 축각 $\theta = \gamma_1 + \gamma_2 > 90°$이고, $\gamma_2 = 90°$인 베벨 기어를 말한다.

⑥ 내접 베벨 기어(internal bevel gear) : 축 $\theta = \gamma_1 + \gamma_2 < 90°$이고, 피치 원뿔각 $\gamma_2 > 90°$인 경우의 베벨 기어를 말한다.

(2) 잇줄곡선에 의한 분류

잇줄이 피치 원뿔선과 일치하는 베벨 기어를 직선 베벨 기어(straight bevel gear)라 하고, 곡선으로 된 기어를 스파이럴 베벨 기어(spiral bevel gear)라 한다.

스파이럴 베벨 기어의 물림은 이의 한쪽 끝에서 점차적으로 다른 끝으로 이동하므로 직선 베벨 기어에 비하여 물림률이 크고, 회전이 원활하고 정숙하다. 또한, 효율상의 결점을 보완하기 위하여 개발된 헬리컬 베벨 기어(helical bevel gear), 2중 헬리컬 베벨 기어(double helical bevel gear) 등이 있다.

그림 5-51은 직선 베벨 기어를 나타내고, 그림 5-52는 스파이럴 베벨 기어를 나타내고 있다.

그림 5-53은 헬리컬 베벨 기어를 나타낸 것이다. 헬리컬 베벨 기어는 원뿔면을 피치면으로 하여 나선각을 비틀어서 이를 만든 베벨 기어를 말한다.

또한, 그림 5-54는 제롤 베벨 기어(zerol bevel bear)를 나타낸 것이다. 이 제롤 베벨 기어는 스파이럴 기어 중에서도 잇줄의 비틀림각이 0인 것을 말한다.

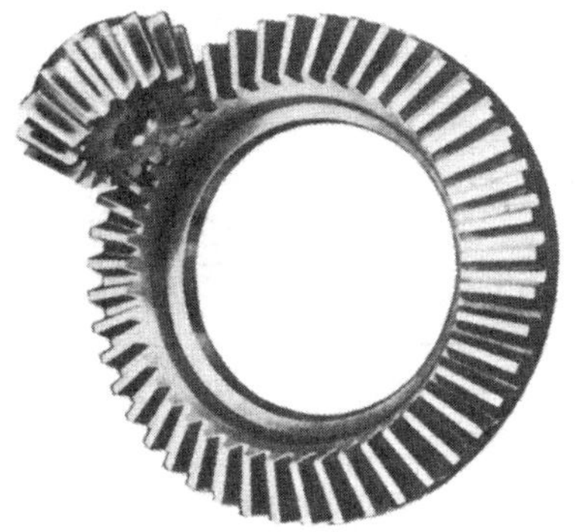

그림 5-51 직선 베벨 기어

그림 5-52 스파이럴 베벨 기어

그림 5-53 헬리컬 베벨 기어

그림 5-54 제롤 베벨 기어

7-3 베벨 기어의 각부 명칭 및 크기

표 5-8은 표준 베벨 기어의 기본계산식 및 각부의 크기를 나타내고 있다.

표 5-8 표준 베벨 기어의 기본계산식

각부 명칭	작은 기어	큰 기 어
피치 원뿔각 (γ)	$\tan\gamma_1 = \dfrac{\sin\theta}{\dfrac{1}{\varepsilon}+\cos\theta}$	$\tan\gamma_2 = \dfrac{\sin\theta}{\varepsilon+\cos\theta}$
피치원 지름 (D)	$D_1 = mZ_1$	$D_2 = mZ_2$
바깥지름 (D_0)	$D_{01} = D_1 + 2a\cos\gamma_1$	$D_{02} = D_2 + 2a\cos\gamma_2$
피치 원뿔 길이 (L)	$L_1 = \dfrac{D_1}{2\sin\gamma_1}$	$L_2 = \dfrac{D_2}{2\sin\gamma_2}$
이끝각 (α)	$\tan\alpha_1 = \dfrac{2\sin\gamma_1}{Z_1}$	$\tan\alpha_2 = \dfrac{2\sin\gamma_2}{Z_2}$

각부 명칭	작은 기어	큰 기 어
이뿌리각 (δ)	$\tan\delta_1 = \dfrac{2.314\sin\gamma_1}{Z_1}$	$\tan\delta_2 = \dfrac{2.314\sin\gamma_2}{Z_2}$
이끝 원뿔각 (ϕ)	$\phi_1 = \gamma_1 + \alpha_1$	$\phi_2 = \gamma_2 + \alpha_2$
이뿌리 원뿔각 (λ)	$\lambda_1 = \gamma_1 - \delta_1$	$\lambda_2 = \gamma_2 - \delta_2$

그림 5-55는 베벨 기어의 주요 각부의 명칭을 나타낸 것이다.

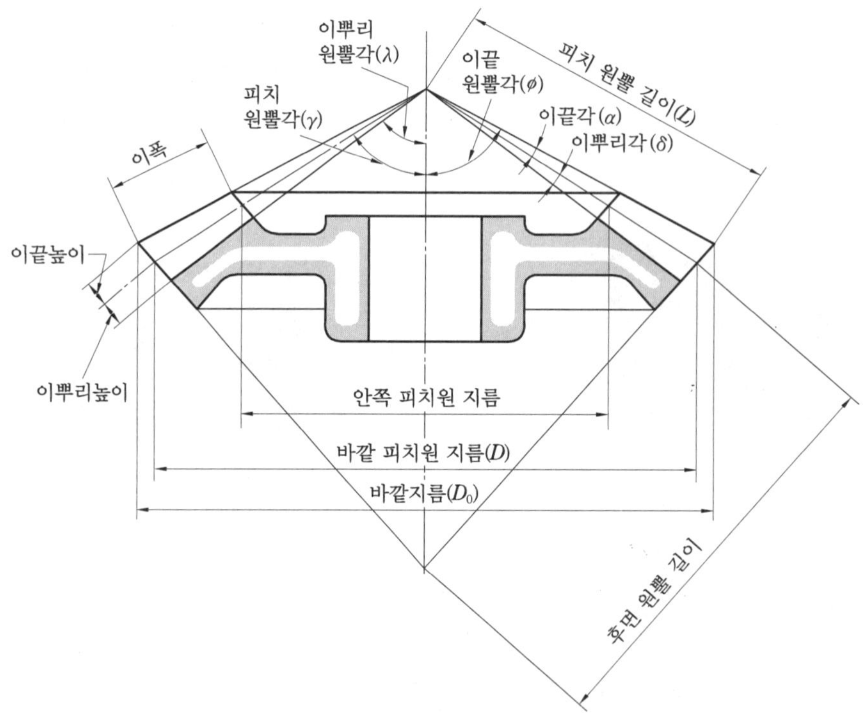

그림 5-55 베벨 기어의 각부 명칭

7-4 베벨 기어의 상당 평기어

베벨 기어의 치형을 표시하려면 헬리컬 기어의 경우와 같이 공구번호의 선정 및 치형계수를 선정할 때 베벨 기어에 대한 상당 평기어를 생각하고, 평기어와 같이 취급한다.

그림 5-56에서 상당 평기어의 피치원(equivalent pitch circle)은 수직원뿔의 길이 $R_{e1} = \overline{O_1P}$, $R_{e2} = \overline{O_2P}$를 반지름으로 하는 원이 된다.

피치를 p, 베벨 기어의 잇수를 Z_1, Z_2, 상당 평기어의 잇수를 Z_e라 하면, 다음과 같은 관계식이 성립한다.

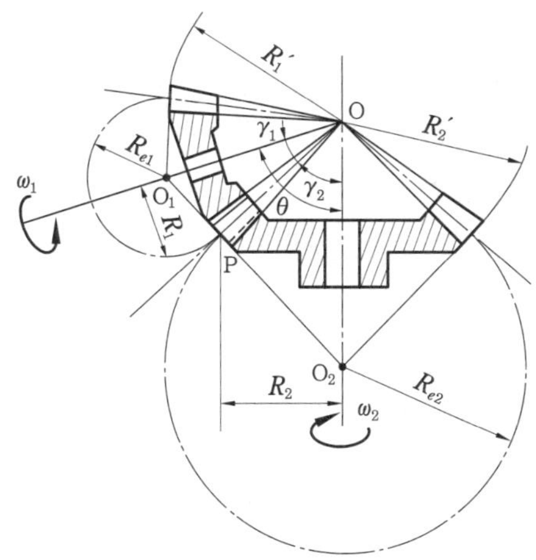

그림 5-56 베벨 기어의 상당 평기어의 잇수

$$Z_1 = \frac{2\pi R_1}{p}, \quad Z_2 = \frac{2\pi R_2}{p} \tag{a}$$

$$Z_{e1} = \frac{2\pi R_{e1}}{p}, \quad Z_{e2} = \frac{2\pi R_{e2}}{p} \tag{b}$$

또한

$$R_{e1} = \frac{R_1}{\cos\gamma_1}, \quad R_{e2} = \frac{R_2}{\cos\gamma_2} \tag{c}$$

식 (a), (b), (c)에서

$$Z_{e1} = \frac{Z_1}{\cos\gamma_1}, \quad Z_{e2} = \frac{Z_2}{\cos\gamma_2} \tag{5-55}$$

식 (5-55)에서 Z_{e1}, Z_{e2}를 각각 베벨 기어의 상당 평기어의 잇수라 한다.

8. 스큐 기어와 하이포이드 기어

8-1 스큐 기어

스큐 기어(skew gear)는 쌍곡선체의 표면을 피치면으로 하는 기어로서, 두 기어의 축은 평행하지도 교차하지도 않는다.

그림 5-57은 구름접촉을 하는 한 쌍의 쌍곡선체와 그 표면의 일부를 피치면으로 하여 만든 스큐 기어가 맞물려 있는 것을 나타낸 것이다.

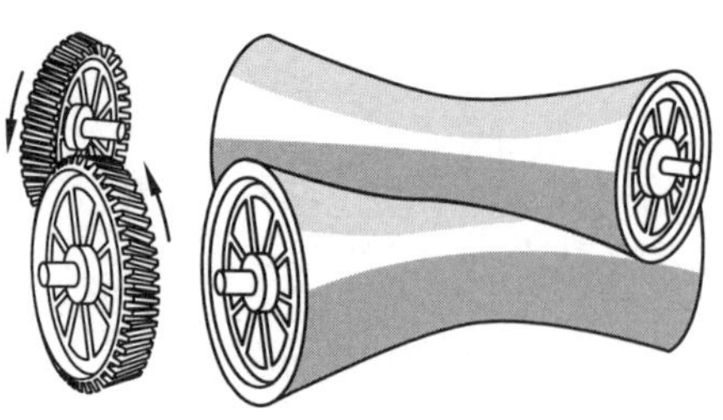

그림 5-57 스큐 기어

이와 같이 쌍곡선체의 일부를 잘라내면 거의 원뿔의 일부와 차이가 없고, 보통의 베벨 기어와 매우 유사하기 때문에 스큐 베벨 기어(skew bevel gear)라 부른다. 그러나 이것은 이의 방향이 축을 향하지 않고, 두 축이 어긋난 것이 보통 베벨 기어와 다르다.

따라서 스큐 기어는 이의 방향과 직각인 방향에서 평기어와 베벨 기어처럼 미끄럼접촉을 하고, 이의 길이에 따라 미끄럼이 생기므로 마찰손실이 크다. 그러므로 전동효율도 평기어와 베벨 기어에 비하면 훨씬 떨어지고, 제작도 곤란하기 때문에 거의 사용하지 않는다.

8-2 하이포이드 기어

스큐 기어 중에서도 그림 5-58과 같이 곡선의 이를 스파이럴 곡선형으로 절삭한 기어를 하이포이드 기어(hypoid gear)라 한다.

하이포이드 기어는 한 점에서 접촉하는 두 개의 원뿔면을 피치면으로 하고, 두 축을 서로 엇갈리게 한 것으로서 축간거리가 가까울 때 사용한다. 물림은 이론적으로는 점접촉이지만, 실제는 선접촉에 가까운 물림이 이루어진다.

하이포이드 기어는 1925년 글리손(Gleason)에 의하여 소개되었으며, 운전이 매우 조용하고 스파이럴 베벨 기어보다 큰 감속비가 얻어진다. 또한, 하이포이드 기어는 스파이럴 베벨 기어와 달라서 하나의 축에서 많은 축을 구동할 수 있고, 축의 위치를 적절히 조절할 수 있어서 자동차의 후차축(後車軸)의 구동 기어나 각종 생산기계에 널리 사용되고 있다.

그림 5-58 하이포이드 기어

9. 나사 기어

9-1 나사 기어의 성립

두 축의 최단거리의 한 점에서 서로 접촉하는 2개의 원통면(圓筒面)을 피치면으로 하는 헬리컬기어를 한 점에서 점접촉으로 맞물린 기어를 나사 기어(screw gear) 또는 스큐 헬리컬 기어(skew helical gear)라고 한다.

따라서 나사 기어는 서로 평행하지도 교차하지도 않는 두 축 사이에 한 쌍의 헬리컬 기어를 이용하여 운동을 전달한다. 이때 한 쌍의 이직각 피치는 서로 같지만 나선각면 및 비틀림각의 방향은 서로 다르다.

그림 5-59는 두 축각이 직각으로서 피치면의 지름은 같고, 회전비가 1인 나사 기어를 나타낸 것이다.

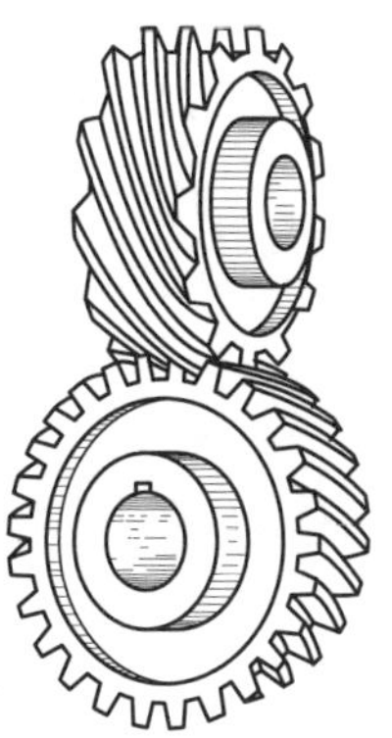

그림 5-59 나사 기어

9-2 나사 기어의 속도비

그림 5-60에서와 같이 각 β를 이루는 두 축에 회전을 전달하는 한 쌍의 나사 기어에 대한 피치 원통이 점 P에서 접촉한다. 이때 접촉점 P에 대한 두 기어의 속도를 각각 v_1, v_2라 하자.

속도 벡터 $\overrightarrow{v_1}$, $\overrightarrow{v_2}$를 그린 후에 점 P에서 수선을 내리면, 그 수선이 두 기어의 물림점에 대한 법선 방향의 속도 $\overrightarrow{v_n}$이 된다. 점 P를 지나고 $\overrightarrow{v_n}$에 수선 $\overline{TT}$를 그으면, $\overline{TT}$ 방향이 두 기어의 점 P에 대한 잇줄 방향이 되고, 잇줄에 대한 잇면의 접촉은 점접촉이 된다. 속도 v_1, v_2의 잇줄 방향에 대한 각 분속도 $v_1 \sin\beta_1$, $v_2 \sin\beta_2$는 다르기 때문에 회전 중 잇줄 방향으로 미끄럼이 생긴다. 따라서 고하중 및 고속회전에는 부적합하다.

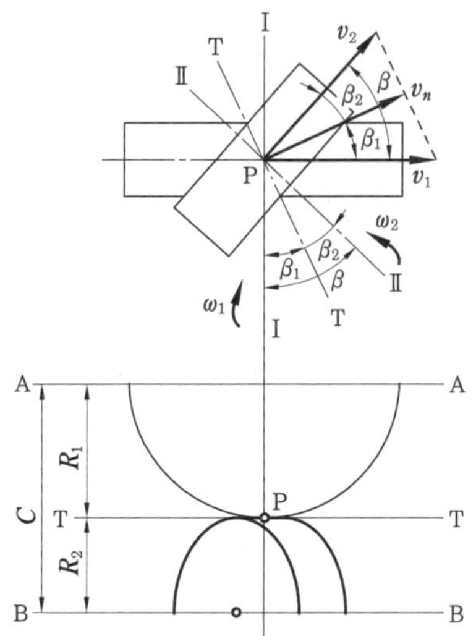

그림 5-60 나사 기어의 속도비

두 기어의 잇수를 각각 Z_1, Z_2, 이직각 모듈을 m이라 하고, 두 축 Ⅰ, Ⅱ와 $\overline{TT}$가 이루는 각을 각각 β_1, β_2라 하며, 각 피치 원통의 반지름을 R_1, R_2라고 하면

$$R_1 = \frac{mZ_1}{2\cos\beta_1}, \qquad R_2 = \frac{mZ_2}{2\cos\beta_2} \tag{a}$$

축간거리를 C라고 하면

$$C = R_1 + R_2 \tag{b}$$

$$\beta = \beta_1 + \beta_2 \tag{c}$$

식 (a), (b), (c)에서

$$C = \left\{ \frac{Z_1}{\cos\beta_1} + \frac{Z_2}{\cos(\beta - \beta_1)} \right\} \frac{m}{2} \tag{5-56}$$

두 축의 각속도를 각각 ω_1, ω_2라고 하면

$$v_1 \cos\beta_1 = v_2 \cos\beta_2$$

$$\omega_1 R_1 \cos\beta_1 = \omega_2 R_2 \cos\beta_2 = v_n \tag{5-57}$$

이므로, 식 (5-57)에서 속도비는

$$\frac{\omega_1}{\omega_2} = \frac{Z_2}{Z_1} = \frac{R_2\cos\beta_2}{R_1\cos\beta_1} \tag{5-58}$$

또한, 상대 미끄럼속도를 v_s라 하면

$$v_s = \omega_1 R_1 \sin\beta_1 + \omega_2 R_2 \sin\beta_2 \tag{5-59}$$

10. 웜 기어 장치

10-1 웜 기어의 성립과 특성

나사 기어에 대해서 작은 기어의 잇수를 한 개에서 여러 개로 하면, 작은 기어는 보통의 나사와 같이 되고, 큰 감속비(減速比)를 얻을 수 있다. 나사 기어에서는 점접촉을 하기 때문에 큰 동력을 전달시킬 수 없고, 마멸도 크기 때문에 이것을 선접촉으로 하기 위하여 큰 기어의 절삭에 작은 기어와 같은 형상의 호브를 사용한다.

호브를 큰 기어의 축방향으로 보내지 않고, 상대운동을 고려하여 창성 이절삭을 하면 작은 기어와 선접촉을 하는 큰 기어가 얻어진다.

그림 5-61에서와 같이 작은 기어를 웜(worm), 큰 기어를 웜 휠(worm wheel), 또는 웜 기어(worm gear)라 하며, 이러한 장치를 웜 기어 장치라 한다.

그림 5-61 웜 기어

그림 5-62 낚시줄 감는 장치

웜은 사다리꼴 나사이고, 웜 휠은 사다리꼴 나사의 암나사 일부를 휠의 바깥둘레에 깎은 것이다. 웜 기어 장치의 운동은 볼트의 회전에 대한 너트의 이동과 흡사하고, 볼트는 직선운동을 하는 데 대하여 웜 휠이 회전운동을 하는 것이 다르다.

웜 기어 장치의 두 축이 이루는 각은 임의이지만 보통은 직각이다. 그림 5-61에서도 알 수 있듯이 두 축은 평행하지도 않고 교차하지도 않으며, 두 축이 이루는 각은 직각이 된다.

그림 5-62는 웜 기어로 구성된 낚시줄을 감는 장치이며, 낚시줄이 감기는 속도는 핸들 회전속도의 5~6배로 되어 있다.

웜 기어 장치의 특징을 요약하면 다음과 같다.

① 큰 속도비가 얻어진다.
② 부하용량이 크다.
③ 역회전(逆回轉)을 방지할 수 있다.
④ 소음과 진동이 적다.
⑤ 미끄럼이 크고 효율이 나쁘다.
⑥ 교환성이 없다.
⑦ 웜과 웜 휠에 추력이 생긴다.
⑧ 웜 휠의 공작이 곤란하다.
⑨ 웜 휠의 소재가 고가(高價)이다.

10-2 웜 기어의 각부 명칭과 속도비

(1) 웜 기어의 각부 명칭

그림 5-63은 웜 기어의 각부 명칭을 나타낸 것이다.

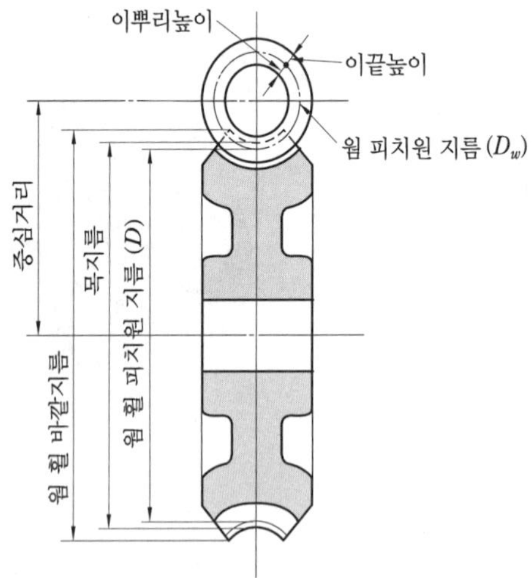

그림 5-63 웜 기어의 각부 명칭

(2) 웜 기어의 속도비

웜에 대한 나사산의 줄수를 Z_w라 하고, 웜 휠의 잇수를 Z라 하면, 회전비 ε은 다음 식과 같이 된다.

$$\varepsilon = \frac{Z_w}{Z} \tag{5-60}$$

즉, 웜 기어의 회전비는 웜나사의 산수와 웜 휠의 잇수에 반비례한다.

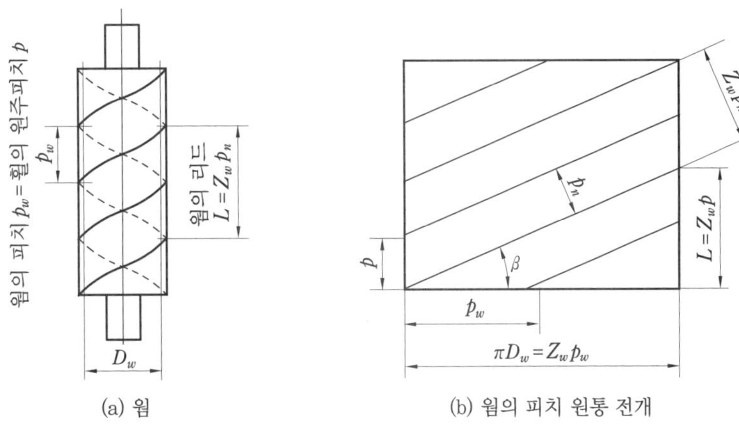

(a) 웜 (b) 웜의 피치 원통 전개

그림 5-64 웜 기어의 성질

그림 5-64에서와 같이 웜의 회전평면상의 원주 피치를 p_w, 웜 휠의 정면 원주 피치를 p, 웜 휠의 이직각 원주 피치를 p_n이라고 하면

$$p_n = p_w \sin\beta = p\cos\beta \tag{a}$$

이 되고, 웜의 피치원 지름을 D_w, 웜 휠의 피치원 지름을 D라고 하면

$$\left.\begin{aligned} D_w &= \frac{Z_w p_w}{\pi} = \frac{Z_w p_n}{\pi \sin\beta} \\ D &= \frac{Zp}{\pi} = \frac{Zp_n}{\pi\cos\beta} \end{aligned}\right\} \tag{b}$$

또한, 웜나사의 1 회전에 대한 리드를 L이라고 하면

$$L = Z_w p_w \tag{c}$$

서로 맞물려 있는 한 쌍의 웜 기어에서 $p_w = p$이므로 식 (b), (c)에서

$$\left.\begin{aligned} Z &= \frac{\pi D}{p} \\ Z_w &= \frac{L}{p} \end{aligned}\right\} \tag{5-61}$$

따라서 식 (5-60)은 다음 식과 같이 된다.

$$\varepsilon = \frac{Z_w}{Z} = \frac{L}{\pi D} \tag{5-62}$$

이상에서와 같이 웜 기어 장치는 한 번에 큰 감속을 쉽게 얻을 수 있으므로 내연기관, 고속원동기 등의 감속장치로서 가장 많이 사용되고 있다.

● 연 습 문 제 ●

1. 잇수가 각각 $Z_A=40$, $Z_B=80$인 한 쌍의 평기어 A, B가 서로 외접하고, 기어 A의 회전수가 400 rpm이다. 이와 이의 접촉점과 피치점과의 거리가 30 mm로 되는 순간에 이의 미끄럼속도는 얼마인가?

2. 잇수 24개와 50개의 평기어가 맞물려 회전할 때 모듈은 4 mm이고 작은 기어의 회전수가 1200 rpm일 때 ① 피치원 지름, ② 원주 피치, ③ 중심거리, ④ 피치 원주속도, ⑤ 큰 기어의 회전수를 구하시오.

3. 잇수 20개와 40개의 베벨 기어가 맞물려 회전하고 있다. 이때 축각이 90°이면, 각각의 상당 평기어의 잇수를 구하시오.

4. 잇수 50개, 축직각 모듈 4, 비틀림각 20°의 헬리컬 기어가 있다. 피치원 지름, 이직각 피치, 상당 평기어의 잇수를 구하시오.

5. 웜 기어 장치에서 웜의 회전수 320 rpm을 10 rpm으로 감속시키려면, 웜 휠의 잇수를 몇 개로 하면 되는가? (단, 웜의 줄수는 2이다.)

6. 잇수 15개의 기어를 압력각 20°의 표준 래크 공구로 창성절삭할 때, 언더컷을 방지할 수 있는 전위계수는 얼마 이상으로 하면 좋은가?

답 **1.** 1.89 m/s **2.** ① 96 mm, 200 mm, ② 12.57 mm ③ 148 mm ④ 6.03 m/s ⑤ 576 rpm
3. 22.4개, 89.5개 **4.** 200 mm, 11.8 mm, 60.3개 **5.** 64개 **6.** 0.123

제 6 장 기어 트레인

1. 기어 트레인의 구성

1-1 기어 트레인의 뜻

기계에서는 축 사이에 확실한 동력을 전달시키고, 다시 회전수를 증감시킬 필요가 가끔 생긴다. 주어진 회전수로부터 필요로 하는 회전수를 얻고자 하면, 몇 개의 기어를 적절히 조합하여 원하는 회전비를 얻을 수가 있다. 이와 같이 기어를 조합하는 것을 기어 트레인(齒車列, gear train)이라 한다.

예를 들면, 축 사이의 거리가 상당히 멀 때 한 쌍의 평기어를 이용하여 동력을 전달하려고 한다면, 평기어가 매우 커야 한다. 그러나 그림 6-1에서와 같이 A, B 두 평행축을 설치하고, 축 B에 기어 C를 설치한 후 다시 기어 C와 기어 D를 맞물리면, 2개의 평기어를 사용하는 것보다 기어의 수는 많아지지만, 그 크기가 작아지기 때문에 실용적으로 널리 사용된다.

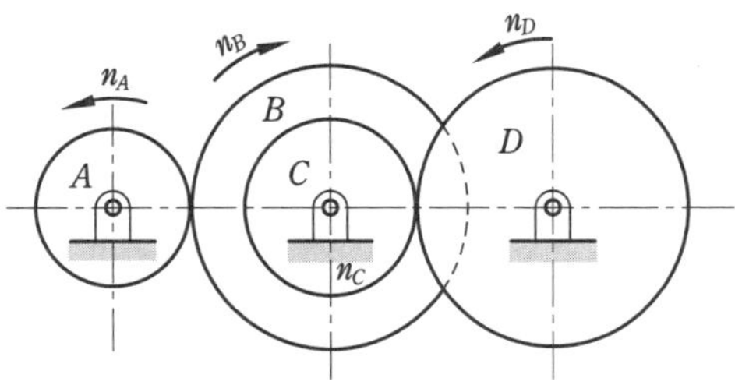

그림 6-1 기어 트레인

이와 같은 기어 트레인은 시계의 경우 초침, 분침 및 시침이 각각 다른 회전비를 갖도록 하는 데 사용되고, 선반의 백 기어(back gear), 자동차의 차동장치 등에 널리 이용되고 있다. 또한 기어 트레인의 종류를 살펴보면, 중심고정 기어 트레인(fixed frame gear trains), 유성 기어 트레인(planetary gear trains) 및 차동 기어 트레인(differential gear trains)으로 분류된다.

1-2 기어 트레인의 종류

(1) 중심고정 기어 트레인(fixed frame gear trains)

그림 6-1에서와 같이 기어 트레인의 각 축의 중심이 고정된 기어 트레인을 말한다. 각 기어의 축이 고정되어 있으므로 움직이지 못하고, 각 기어는 축 주위를 회전하거나 축을 따라서 약간 이동할 수가 있다.

중심고정 기어 트레인은 운전속도를 변화시키는 공작기계, 자동차의 감속장치 등에 사용되고 있다.

(2) 유성 기어 트레인(planetary gear trains)

서로 맞물려 회전하는 한 쌍의 기어 중에서 한쪽 기어가 다른 쪽 기어축을 중심으로 공전(公轉)한다고 하자. 이때 공전하는 기어를 유성 기어(planetary gear)라 하고, 중심의 기어를 태양 기어(sun gear)라 부른다. 이것은 마치 지구가 자전(自轉)하면서 태양의 주위를 공전하는 것과 흡사하므로, 지구에 해당하는 기어를 유성 기어라 하고, 태양에 해당하는 기어를 태양 기어라 한다.

그림 6-2에서 기어 A는 태양 기어이고, B는 유성 기어이며, H는 A, B 두 기어의 축을 받치는 암(arm)이다. 그림 6-2 (a)는 외접 기어이고, 그림 6-2 (b)는 내접 기어를 나타낸 것이다.

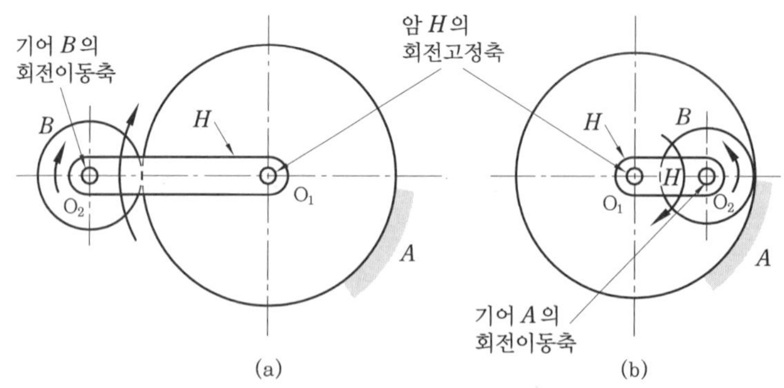

그림 6-2 유성 기어 장치

암 H는 기어 B가 기어 A 주위를 회전하도록 받쳐 주고, 기어 B는 자전과 동시에 기어 A의 주위를 공전한다.

유성 기어 장치는 공작기계, 호이스트(hoist), 항공기의 프로펠러(propeller) 감속장치 등에 많이 사용되고 있다.

그림 6-3은 유성 기어를 이용한 항공기의 프로펠러 감속장치를 나타낸 것이다.

그림 6-3 유성 기어 장치의 예

(3) 차동 기어 트레인(differential gear trains)

유성 기어 트레인에서는 태양 기어가 고정되어 있지만, 태양 기어에도 회전을 주면 유성기어는 공전 외에도 태양 기어의 회전에 의한 영향도 받는다.

이와 같은 기어 트레인을 차동 기어 트레인이라고 한다. 차동 기어 트레인에서는 태양 기어, 유성 기어, 암 중에서 어느 2개의 회전을 주면, 다른 하나는 이들의 영향을 동시에 받아서 회전하게 된다.

그림 6-4는 차동 기어 트레인을 나타내는 것으로서 기어 A는 O_2를 중심으로 자전을 할 수 있으며, O_1을 중심으로 공전도 가능한 것은 유성 기어 트레인과 같고, 기어 B가 O_1을 중심으로 회전이 가능한 것만 다르다.

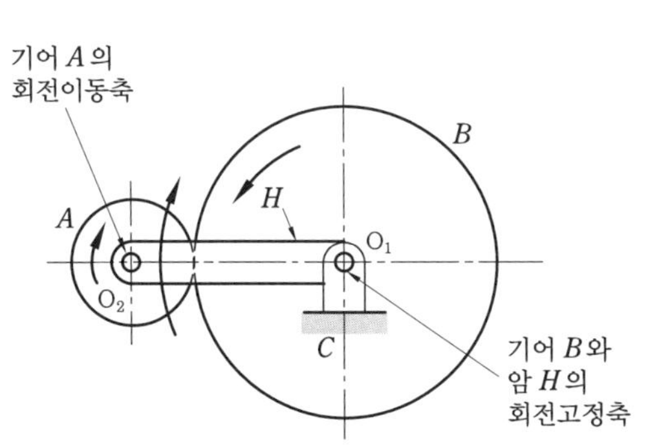

그림 6-4 차동 기어 트레인

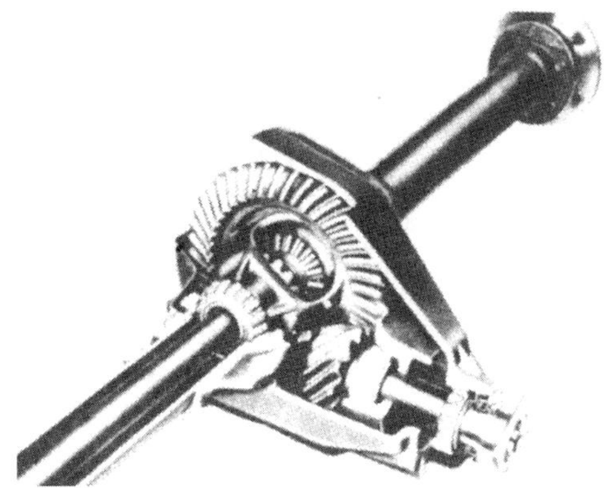

그림 6-5 자동차의 차동 기어 장치

특히 차동 기어 트레인은 자동차의 뒷바퀴의 구동을 위해서 사용되고 있다. 그림 6-5는 자동차에 사용되는 차동 기어 장치를 나타낸 것이다.

2. 기어 트레인의 회전비

2-1 중심고정 기어 트레인의 회전비

(1) 회전비의 계산

그림 6-6에서 A, B는 평기어이고 C, D는 베벨 기어이며 E, F는 웜 기어로 조합되어 있다. B와 C, D와 E가 같은 축일 때 구동축 A에 대한 최후의 축 F의 회전비를 구하여 보자. 이때 각 축의 회전수를 n, 잇수를 Z라 하면

$$\frac{n_A}{n_B} = \frac{Z_B}{Z_A}, \quad \frac{n_C}{n_D} = \frac{Z_D}{Z_C}, \quad \frac{n_E}{n_F} = \frac{Z_F}{Z_E}$$

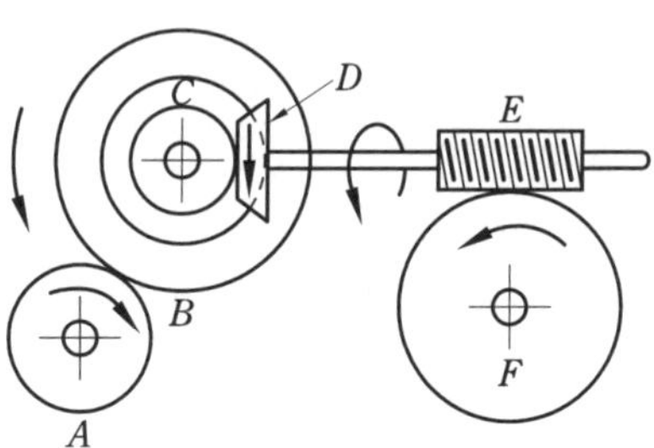

그림 6-6 기어 트레인의 회전비

또한, B와 C, 그리고 D와 E가 동일축이므로 $n_B = n_C$, $n_D = n_E$가 되고, 회전비 ε은 다음 식과 같이 된다.

$$\begin{aligned}\varepsilon &= \frac{n_F}{n_A} = \frac{n_B}{n_A} \times \frac{n_C}{n_B} \times \frac{n_D}{n_C} \times \frac{n_E}{n_D} \times \frac{n_F}{n_E} \\ &= \frac{Z_A \times Z_C \times Z_E}{Z_B \times Z_D \times Z_F} \\ &= \frac{\text{구동차 잇수의 곱}}{\text{종동차 잇수의 곱}} \qquad (6\text{-}1)\end{aligned}$$

또한, 기어 트레인의 종동차에 대한 회전 방향은 기어 트레인에 사용된 축의 수가 짝수이면 구동축과 반대 방향이고, 홀수이면 구동축과 같은 방향이 된다.

예제 6-1 그림 6-7과 같은 기어 트레인에서 기어 A가 900 rpm으로 회전할 때, 기어 G의 회전수와 회전 방향을 구하시오.

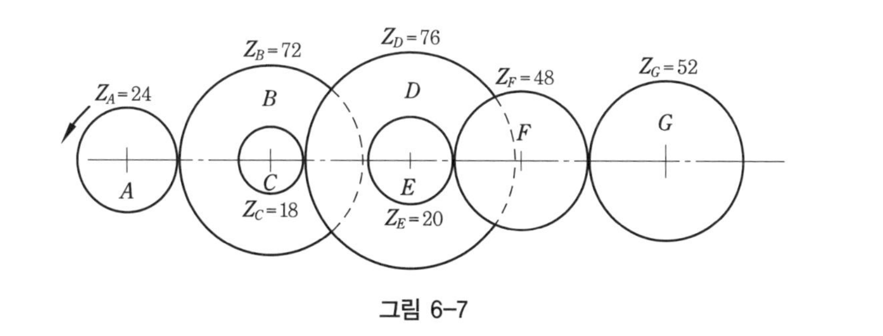

그림 6-7

해설 기어 트레인의 회전비는 식 (6-1)에 의해

$$\varepsilon = \frac{n_G}{n_A} = \frac{Z_A \times Z_C \times Z_E \times Z_F}{Z_B \times Z_D \times Z_F \times Z_G}$$

$$\therefore\ n_G = n_A \times \frac{Z_A \times Z_C \times Z_E \times Z_F}{Z_B \times Z_D \times Z_F \times Z_G}$$

$$= 900 \times \frac{24 \times 18 \times 20 \times 48}{72 \times 76 \times 48 \times 52} = 27.3\ \text{rpm}$$

또한 회전 방향은 축의 수가 5개인 홀수개이므로 A와 동일한 반시계 방향으로 회전한다.

예제 6-2 그림 6-8은 기어 트레인을 이용하여 작은 힘으로 큰 힘을 내도록 한 윈치(winch) 장치로서 A, B, C, D에 대한 각각의 잇수가 20, 80, 25, 100개라고 할 때 기어나 베어링에 마찰이 없다고 하면, 감아 올릴 수 있는 W는 얼마인가?(단, 손잡이 H에 가해지는 힘은 200 N이다.)

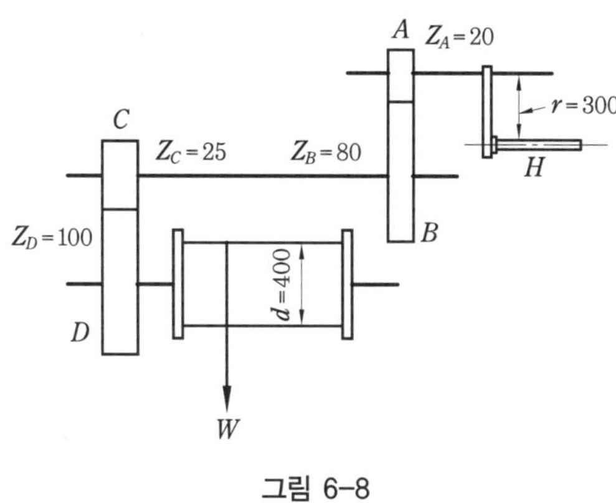

그림 6-8

해설 회전비 $\varepsilon = \dfrac{n_A}{n_D} = \dfrac{80}{20} \times \dfrac{100}{25} = \dfrac{16}{1}$

H에 F [N]의 힘을 가하였을 때 들어 올릴 수 있는 힘 W는 다음 관계식에서 구한다.

$$2\pi r n_A \times F = \pi d n_D \times W$$

$$\therefore\ W = \frac{2r}{d} \times \frac{n_A}{n_D} \times F = \frac{600}{400} \times \frac{16}{1} \times F = 24F = 24 \times 200 = 4.8\ \text{kN}$$

예제 6-3 그림 6-9는 선반의 백 기어를 나타낸 것으로서 A, B, C, D의 잇수를 각각 24, 72, 26, 70개라 하고, 단차의 회전수를 315 rpm이라고 하면, 주축의 회전수는 얼마인가?

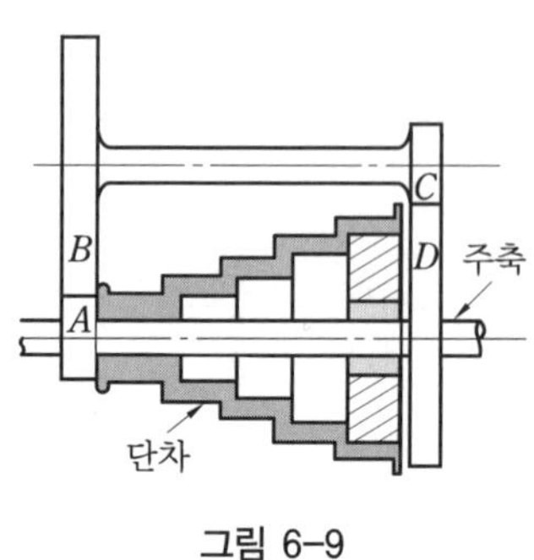

그림 6-9

해설 그림에서 A와 C가 구동차이므로

회전비 $\varepsilon = \dfrac{n_A}{n_D} = \dfrac{Z_B \times Z_D}{Z_A \times Z_C}$

$\therefore\ n_D = n_A \times \dfrac{Z_A \times Z_C}{Z_B \times Z_D} = 315 \times \dfrac{24 \times 26}{72 \times 70} = 39\ \text{rpm}$

(2) 회전비의 도식해법

서로 맞물려 회전하는 한 쌍의 기어 축이 평행한 경우에 기어의 운동은 피치점에서 미끄럼이 없이 구름접촉을 하기 때문에, 피치점에 대한 원주속도는 두 기어에 공통이다. 중심고정 기어 트레인의 각 기어의 각속도, 회전수 사이의 관계는 이 성질을 이용하여 간단히 구할 수 있다.

기어 트레인의 원주속도 또는 회전수를 구할 경우에는 원주속도선도와 회전비선도가 사용된다. 먼저 기어의 회전중심이 고정된 기어 트레인을 생각하여 보자.

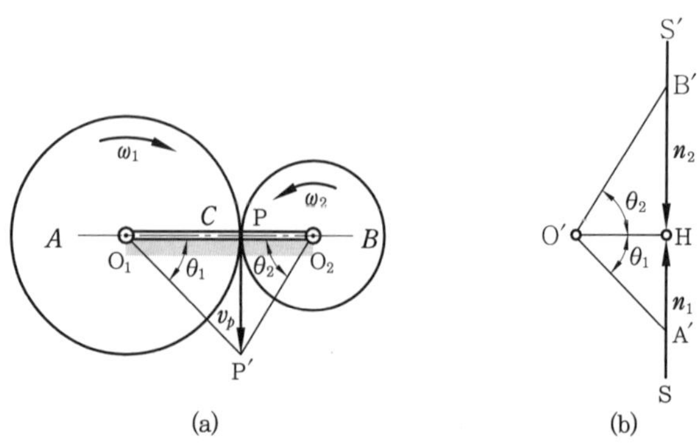

그림 6-10 두 기어의 회전비선도

그림 6-10 (a)에서 A, B의 중심을 고정한 외접 기어로 하고 A, B의 피치원의 반지름

을 각각 r_1, r_2, 각속도를 ω_1, ω_2, 회전수를 n_1, n_2라 하면, 피치점 P의 속도 크기 v_p는

$$v_p = \omega_1 r_1 = \omega_2 r_2$$

이므로 A, B 두 기어의 회전비 ε은

$$\varepsilon = \frac{\omega_1}{\omega_2} = \frac{n_1}{n_2} = -\frac{r_2}{r_1} = -\frac{Z_2}{Z_1}$$

로 된다. 여기서 (−) 부호는 회전 방향이 반대로 됨을 표시한다.

그림 6-10 (a)의 $\overline{PP'}$으로 v_p를 표시할 때 $\triangle O_1P'O_2$를 이 두 기어의 원주속도선도라고 한다.

또한 6-10 (b)에서 임의의 길이의 $\overline{O'H}$를 $\overline{O_1O_2}$의 연장선상에 잡아서 $\overline{A'O'}$, $\overline{O'B'}$을 각각 $\overline{P'O_1}$, $\overline{P'O_2}$에 평행하게 긋고, $\overline{O'H}$에 대한 수선 $\overline{S'HS}$와의 교점을 A', B'이라고 하면 $\triangle O_1PP' \backsim \triangle O'HA'$이고, $\triangle PO_2P' \backsim \triangle HO'B'$이므로 다음과 같이 된다.

$$\varepsilon = \frac{n_1}{n_2} = -\frac{\tan\theta_1}{\tan\theta_2} = -\frac{\overline{HA'}}{\overline{HB'}} \tag{6-2}$$

즉, $\overrightarrow{A'H}$, $\overrightarrow{B'H}$에서 각각 n_1, n_2를 표시할 수 있고, 그림 6-10 (b)를 회전비선도라 한다. 회전비선도에서 A', B'이 $\overline{O'H}$의 반대쪽에 있을 때는 A, B의 회전 방향이 반대로 되고, 같은 쪽에 있을 때는 같은 방향이 된다.

A, B 사이에 1개의 아이들 기어 C를 넣었을 때는 그림 6-11과 같이 되고, 각 기어의 원주속도는 모두 같게 된다. 또한 A, B 두 기어에 대한 회전비는 C의 좌우에 의해서 변화하지 않지만 회전 방향이 변하게 된다.

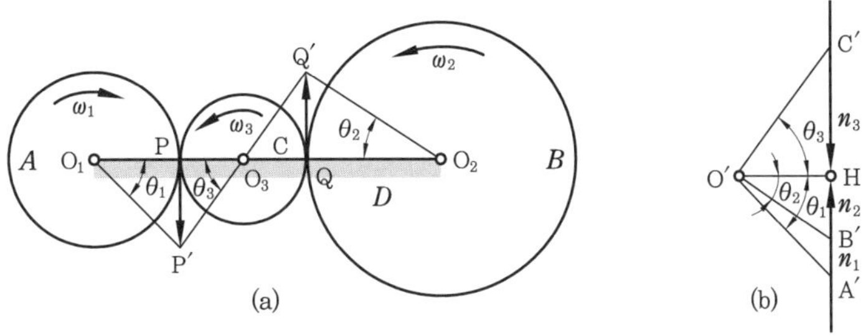

그림 6-11 기어 트레인의 회전비선도

2-2 차동 기어 트레인의 회전비

중심이 회전하는 기어 트레인에는 유성 기어 트레인과 차동 기어 트레인이 있다는 것은 이미 설명한 바와 같다. 여기서는 유성 기어 트레인도 넓은 의미에서 차동 기어 트레

인에 포함되므로 이들 기어 트레인에 대한 회전비를 생각하여 보자.

이와 같은 차동 기어 트레인의 회전비를 계산하는 방법에는 다음과 같은 3가지가 있다.

① 표시에 의한 방법
② 수식에 의한 방법
③ 회전비선도에 의한 방법

(1) 표시에 의한 방법

이것은 암(arm)의 회전에 의한 것과 기어의 회전을 각기 별도로 생각하여 그 회전수를 구한 후 이 두 회전수를 합성하는 방법이다.

그림 6-12와 같은 차동장치에서 기어 A, B의 잇수를 Z_A, Z_B라 하고, 암 H의 시계 방향 회전수를 $+a$, 기어 A의 시계 방향 회전수를 $+m$이라고 하였을 때 기어 B의 회전수를 구하여 보자.

우선 A, B 두 기어가 암에 고정되었을 때 암 H가 $+a$ 회전하면, A 및 B는 모두 $+a$ 회전하게 된다. 다음에 암만을 고정하고, A를 $+a$ 회전과 반대 방향으로 돌려 그 결과의 회전수가 $+m$ 회전하도록 역회전을 주면, 이때 A는 $(-a+m)$ 회전한다.

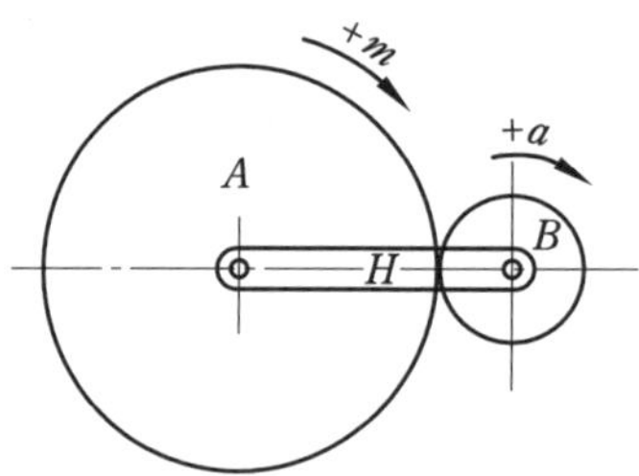

그림 6-12 차동 기어 장치

표 6-1 표시에 의한 회전수 계산

작동방법 \ 기소	암 H	기어 A	기어 B
전체 기어를 암에 고정	$+a$	$+a$	$+a$
암만을 고정	0	$-a+m$	$(-a+m)\times\left(-\frac{Z_A}{Z_B}\right)$
합성회전수	$+a$	$+m$	$(+a)+(-a+m)\times\left(-\frac{Z_A}{Z_B}\right)$

이와 같은 A의 회전에 의한 B의 회전수는

$$(-a+m)\times\left(-\frac{Z_A}{Z_B}\right)$$

가 된다. 따라서 B의 회전수 n은 이 두 회전수의 합이 되고, 다음과 같은 식으로 표시된다.

$$n = (+a) + (-a + m) \times \left(-\frac{Z_A}{Z_B}\right) \tag{6-3}$$

이것을 표 6-1과 같은 방법으로 표시하면 계산이 편리하다.

또한 그림 6-13과 같이 중간 기어 C를 갖는 차동 기어 트레인에 대하여 생각하여 보자. 각 기어 A, B, C의 잇수를 각각 80, 40, 20개라 하고 기어 A가 -2 회전(반시계 방향 회전)하고, 암 H가 기어 A의 축둘레를 $+3$ 회전(시계 방향 회전)할 때 기어 B, C의 회전수를 구한다. 표 6-2에서와 같이 표시하면 쉽게 구할 수 있다.

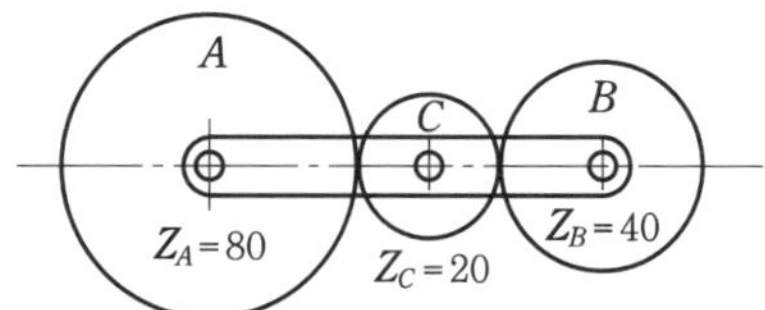

그림 6-13 중간 기어를 갖는 차동 기어 트레인

표 6-2 표시에 의한 회전수 계산

작동방법 \ 기소	기어 A	기어 C	기어 B	암 H
전체 기어를 암에 고정	$+3$	$+3$	$+3$	$+3$
암만을 고정	-5	$(-5)(-1)\times\frac{80}{20}$	$(-5)(-1)\times\frac{80}{20}\times(-1)\times\frac{20}{40}$	0
합성회전수	-2	$+23$	-7	$+3$

중간 기어 C가 있는 차동 기어 트레인에서 기어 B의 회전수와 회전 방향은 중간 기어가 없는 경우와는 다른 것을 알 수 있다. 또한, 그림 6-14에서와 같은 차동 기어 트레인에서 B와 C는 같은 축이고 A와 B, 그리고 C와 D가 서로 맞물려 있다.

기어 A, B, C, D의 잇수는 각각 90, 30, 80, 20개이고, 암 H는 반시계 방향으로 기어 A의 축을 중심으로 5회전하고, 기어 C와 암 H가 같은 방향으로 14 회전할 때 다른 기어의 회전수를 구하려면, 표 6-3에서와 같이 구할 수 있다.

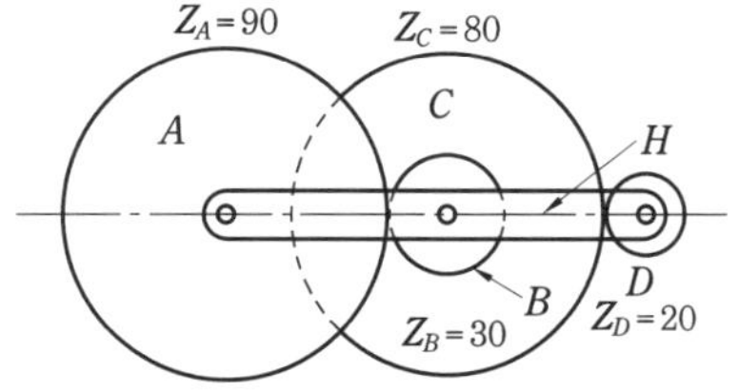

그림 6-14 중간 기어가 없는 차동 기어 트레인

표 6-3 표시에 의한 회전수 계산

작동방법 \ 기 소	기어 C	기어 B	기어 A	기어 D	암 H
전체 기어를 암에 고정	-5	-5	-5	-5	-5
암만을 고정	-9	-9	$(-9)\times(-1)\times\frac{30}{90}$	$(-9)\times(-1)\times\frac{80}{20}$	0
합성회전수	-14	-14	-2	$+31$	-5

예제 6-4 그림 6-12에서 기어 A, B의 잇수를 각각 $Z_A=30$개, $Z_B=20$개라 하고 기어 A를 고정, 암 H를 시계 방향으로 2회전시킬 때 기어 B의 회전수와 회전 방향을 구하시오.

해설 표를 만들어 구하면 편리하다.

작동방법 \ 기 소	기어 A	기어 B	암 H
전체 기어를 암에 고정	$+2$	$+2$	$+2$
암만을 고정	-2	$(-2)\times(-1)\times\frac{30}{20}=+33$	0
합성회전수	0	$+5$	$+2$

따라서 기어 B는 시계 방향으로 5회전한다.

예제 6-5 그림 6-12에서 $Z_A=30$개, $Z_B=20$개일 때 기어 A를 고정하고, 기어 B가 반시계 방향으로 10회전할 때 암 H는 몇 회전하는가?

해설 이때는 암 H의 회전수를 알 수 없으므로 이것을 x라 놓고, x를 미지수로 하는 방정식을 푼 후 B의 합성회전수를 구한다.

작동방법 \ 기 소	A	B	H
전체 기어를 암에 고정	$+x$	$+x$	$+x$
암만을 고정	$-x$	$(-x)\times(-1)\times\frac{30}{20}=\frac{3}{2}x$	0
합성회전수	0	-10	x

B의 합성회전수가 -10회전이므로

$$x+\frac{3}{2}x=-10$$

$$\therefore\ x=-4$$

따라서 암 H는 반시계 방향으로 4회전한다.

(2) 수식에 의한 방법

그림 6-15와 같이 중간 기어를 갖는 차동 기어 장치에서 암 H와 기어 A를 동시에 회전시킬 때, 기어 B의 합성회전수를 구하여 보자. 지금 암 H가 각 θ만큼 시계 방향으로 회전하여 H_1의 위치에 오고, 동시에 기어 A가 각 β만큼 시계 방향으로 회전하여 그 점 a가 a_1의 위치에 왔다고 하자. 이 2개의 회전에 의하여 기어 B는 그 점 b가 b_1의 위치까지 회전하였다고 하면, 기어 A와 B의 암 H에 대한 상대회전은 각각 $(\beta-\theta)$ 및 $(\alpha-\theta)$로 된다.

따라서 A에 대한 B의 각속도비를 ε이라고 하면 다음 식과 같이 된다.

$$\varepsilon = \frac{\alpha-\theta}{\beta-\theta} \tag{6-4}$$

암 H, 기어 A와 B의 회전수를 각각 a, m, n이라고 하면 식 (6-4)는 다음 식과 같이 된다.

$$\varepsilon = \frac{n-a}{m-a} \tag{6-5}$$

여기서 ε은 암 H를 고정하였을 때 A와 B가 같은 방향으로 회전하도록 되어 있는 기어 트레인이면 (+)라 하고, 반대 방향으로 회전하도록 되어 있는 기어 트레인이라면 (−)라 한다.

또한 a, m, n이 시계 방향 회전일 때를 (+)로 하고, 반시계 방향일 때를 (−)로 한다.

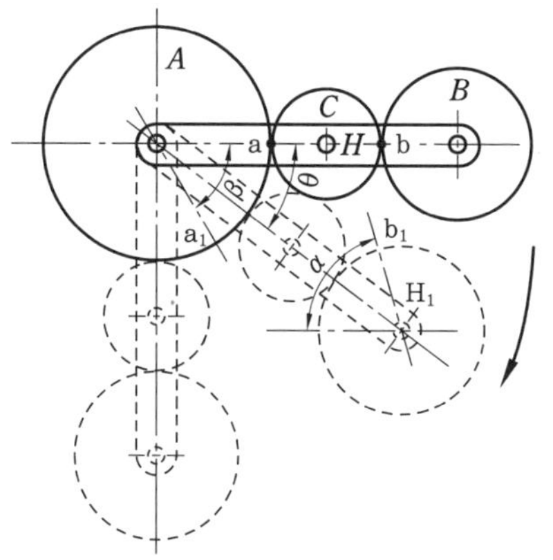

그림 6-15 차동 기어 장치의 수식에 의한 회전비

예제 6-6 그림 6-15에서 기어 A의 잇수는 120개, B의 잇수는 80개이고, 기어 A는 고정되었다고 하자. 암 H가 시계 방향으로 20회전한다면, 기어 B의 회전수와 회전 방향을 구하시오.

해설 A와 B의 회전비는 잇수에 반비례하므로

$$\varepsilon = \frac{B\text{의 회전수}}{A\text{의 회전수}} = +\frac{120}{80} = +\frac{3}{2}$$

이때 A를 고정하였다고 하면, A와 B는 같은 방향으로 회전하므로 ε은 (+)로 한다.
또한, a : 암 H의 회전수 $= +20$

m : 기어 A의 회전수 $= 0$

이므로, 식 (6-5)에서

$$\varepsilon = \frac{n-a}{m-a} = \frac{n-20}{0-20} = +\frac{3}{2}$$

$\therefore\ n = -10$

따라서 기어 B의 회전수는 반시계 방향으로 10회전한다.

예제 6-7 그림 6-16에서 A, B, C, D는 서로 맞물고 회전하는 기어이고, 이 중 B는 고정된 내접기어이고 A, C, D는 모두 암 H에 지지된 평기어이다. A, B, C, D의 잇수가 각각 30, 90, 15, 20개일 때 암 H가 반시계 방향으로 1회전한다면, A의 회전수와 회전 방향을 구하시오.

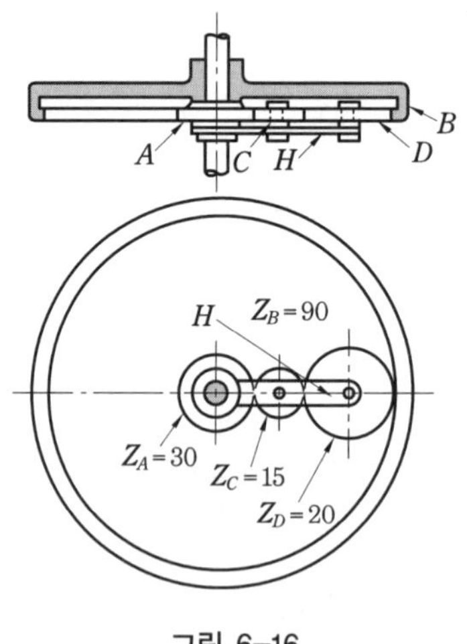

그림 6-16

해설 C와 D는 중간 기어이므로 A와 B의 회전비에는 영향이 없다. 이 장치에서 H를 고정하였다고 하면, A와 B는 같은 방향으로 회전하므로

$$\varepsilon = +\frac{30}{90} = +\frac{1}{3}$$

그런데, $n = 0$, $a = -1$이므로 식 (6-5)에서

$$+\frac{1}{3} = \frac{0+1}{m+1}$$

$\therefore\ m = +2$

따라서 A는 시계 방향으로 2회전한다.

(3) 회전비 선도에 의한 방법

그림 6-17 (a)와 같이 기어 A가 고정되고 회전중심 O_1, O_2를 연결하는 암 H를 O_1의 둘레로 회전시켜 기어 B를 A의 주위로 전동시키는 경우를 생각하자.

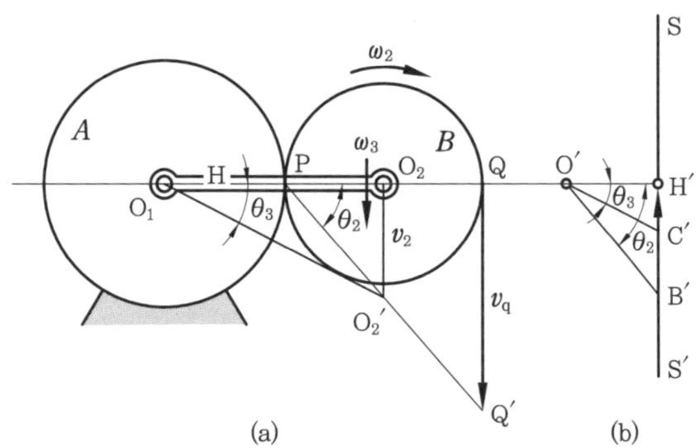

그림 6-17 유성 기어 트레인의 회전비선도

기어 B는 피치점 P를 순간중심으로 하는 회전운동을 하므로, B의 회전중심 O_2 및 지름 PO_2Q에서 Q의 A에 대한 속도는 각각 $v_2 = \overrightarrow{O_2O_2'}$, $v_q = \overrightarrow{QQ'}$로 된다.

이때 B의 A에 대한 각속도의 크기 ω_2는 B의 피치원 반지름을 r_2라고 하면

$$\omega_2 = \frac{v_2}{\overline{O_2P}} = \frac{v^2}{r^2} \tag{a}$$

$\overline{O_1O_2}$의 A에 대한 각속도의 크기를 ω_3라 하고, A의 피치원 반지름을 r_1이라고 할 때

$$v_2 = (r_1 + r_2)\,\omega_3 \tag{b}$$

가 되므로, A, B의 잇수를 각각 Z_1, Z_2라고 하면

$$\omega_2 = \frac{r_1 + r_2}{r_2}\,\omega_3 = \left(1 + \frac{r_1}{r_2}\right)\omega_3 = \left(1 + \frac{Z_1}{Z_2}\right)\omega_3 \tag{c}$$

로 되고, B를 지지하는 $\overline{O_1O_2}$에 대한 각속도 ω_{23}는

$$\omega_{23} = \omega_2 - \omega_3 = \frac{r_1}{r_2}\,\omega_3 = \frac{Z_1}{Z_2}\,\omega_3 \tag{d}$$

로 된다.

따라서 이 경우의 회전비선도는 그림 6-17 (b)와 같이 되고, 회전비 ε_{23}는 다음 식과 같이 된다.

$$\varepsilon_{23} = \frac{n_2}{n_3} = \frac{\omega_2}{\omega_3} = -\frac{\tan\theta_2}{\tan\theta_3} = \frac{\overline{H'B'}}{\overline{H'C'}} \tag{6-6}$$

다음에 그림 6-18과 같이 기어 A도 중심 O_1의 주위를 각속도 ω_1으로 회전하는 차동 기어 트레인에 대하여 생각하여 보자.

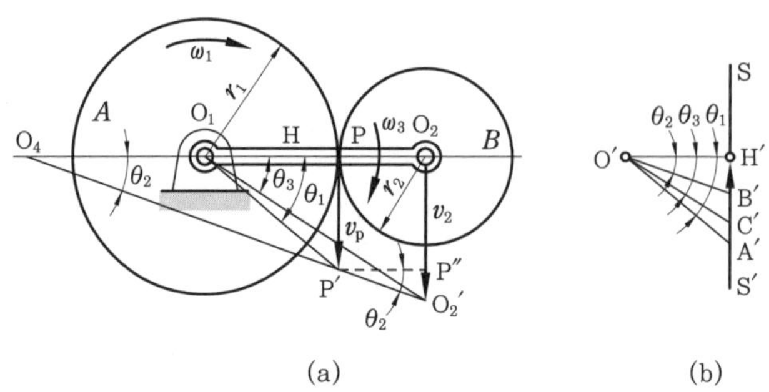

그림 6-18 차동 기어 트레인의 회전비선도

그림에서 피치점 P에 대해서 A, B에 공통의 고정공간에 대한 속도 $v_p = \overrightarrow{PP'}$로 하고, O_2의 고정공간에 대한 속도를 v_2라고 할 때 v_2, v_p의 끝을 연결하는 직선과 $\overline{O_1 O_2}$의 교점 O_4가 B의 순간중심으로 된다.

이때 B의 고정공간에 대한 각속도의 크기 ω_2는 $\overline{O_1 P} = r_1$, $\overline{O_2 P} = r_2$라고 할 때

$$\omega_2 = \frac{v_2}{\overline{O_2 O_4}} = \tan\theta_2 = \frac{v_2 - v_p}{r_2} = \frac{(r_1 + r_2)\omega_3 - \omega_1 r_1}{r_2}$$

$$= \left(1 + \frac{r_1}{r_2}\right)\omega_3 - \frac{r_1}{r_2}\,\omega_1 = \left(1 + \frac{Z_1}{Z_2}\right)\omega_3 - \frac{Z_1}{Z_2}\,\omega_1 \qquad \text{(e)}$$

그림 6-18 (b)는 이 경우에 대한 회전비선도로서 $\overrightarrow{A'H'}$, $\overrightarrow{B'H'}$, $\overrightarrow{C'H'}$이 각각 n_1, n_2, n_3을 표시한다.

2-3 차동 기어 장치의 응용예

(1) 유성운동장치

그림 6-19는 증기기관을 발명한 제임스 와트(James Watt)가 고안한 것으로서, 증기기관의 피스톤이 1 왕복하므로 크랭크축을 2 회전시키는 장치이다.

기어 A와 B는 크기가 같으며 A는 크랭크축에 고정되어 있고, B는 연결봉 C에 고정되어 있기 때문에 피스톤이 1 왕복하여 C가 원래 위치에 오면 B는 전혀 회전할 수 없다. B의 중심이 원 D에 따라 이동하도록 암 H를 사용한다.

암 H는 크랭크축에 고정되어 있으므로 크랭크의 역할은 하지 않고, B가 A의 주위를 회전하므로 유성운동장치(遊星運動裝置)라 한다.

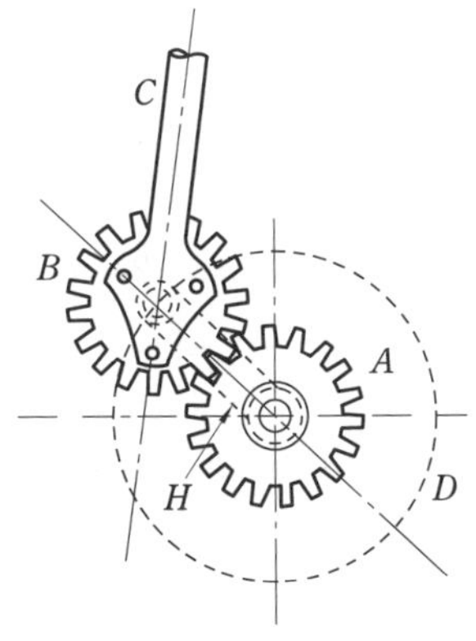

그림 6-19 유성운동장치

표 6-4 유성운동장치의 회전수 계산

작동방법 \ 기 소	B	A	H
전체를 암에 고정	1	1	1
암만을 고정	-1	$(-1)\times(-1)\times\frac{z}{z}$	0
합성회전수	0	2	1

크랭크축은 보통 증기기관의 구조에서는 피스톤 또는 연결봉 C가 1 왕복할 때 1 회전하지만, 이 장치에서는 표 6-4의 계산결과에서와 같이 2 회전을 한다.

(2) 제망기(製網機)

와이어 로프(wire rope)를 만들려면, 여러 가닥의 철사를 한 가닥씩 꼬아서 만든다.

그림 6-20은 이러한 와이어 로프를 만드는 제망기의 기구를 표시하는 것으로서, 여러 개의 기어 B 및 C의 축은 원판 D에 부착되어 있고, A는 고정된 기어로서 잇수는 B와 같다. 로프의 소재가 되는 철사는 점선으로 표시한 b에 감겨서 기어 B에 부착되어 있다.

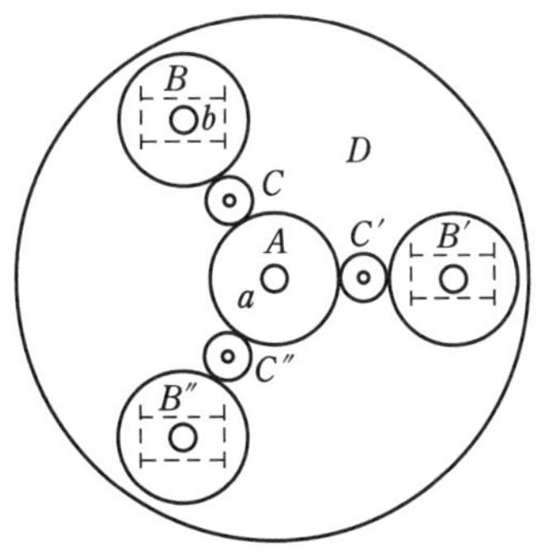

그림 6-20 제망기

지금 원판 D를 회전시키면, 여러 가닥의 철사는 풀어짐과 동시에 서로 합하여진다. 이때 풀려 나온 철사가 꼬여지지 않도록 하기 위해서는 b가 부착되어 있는 기어 B는 회전하지 않아야 한다. 이 기계에서 D는 암의 역할을 하게 된다.

기어 A 및 B의 잇수를 Z, 기어 C의 잇수를 Z_c라 하면, 표 6-5의 계산에서와 같이 원판 D가 회전하여도 기어 B는 회전하지 않는다.

표 6-5 제망기의 회전수 계산

작동방법 \ 기소	A	B	D
전체를 암에 고정	+1	+1	+1
암만을 고정	−1	$(-1)(-1)\times\frac{Z}{Z_c}\times(-1)\times\frac{Z_c}{Z}$	0
합성회전수	0	0	+1

(3) 체인 블록

그림 6-21은 체인 블록(chain block)으로서 Q는 하중 W를 달아 올리는 체인이고, P는 W를 올리기 위하여 손으로 잡아 당겨 스프로킷 휠(sprocket wheel) F를 회전시키는 체인이다.

기어 D는 축 S에 고정되어 있고, 암 E는 같은 축 둘레를 공전한다. 기어 B와 C는 함께 암 E에 고정되어 있으며 B는 A와 맞물리고, C는 D와 맞물리고 있다.

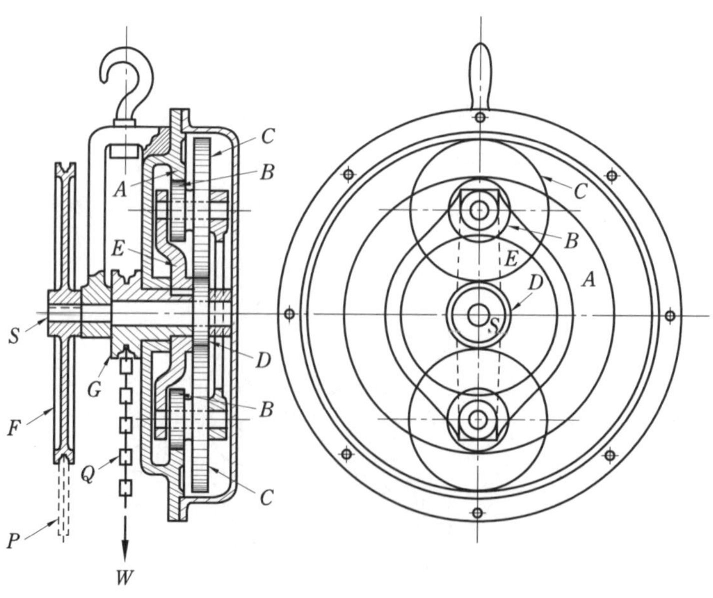

그림 6-21 체인블록

지금 축 S에 연결된 스프로킷 휠 F를 회전시키면, 축 S가 회전하고 기어 D가 회전한다. 이때 기어 A는 고정되어 있으므로 암 E와 일체로 되어 있는 스프로킷 휠 G는 천천히 회전하므로 G에 감겨진 체인 Q에 의하여 하중 W가 매달려서 올라가게 된다. 이때 F와 G의 각속도비를 구하여 보자. 이 장치에서 기어 A, B, C, D는 차동 기어로서 작용하므로

m : D의 회전수 = F의 회전수
n : A의 회전수 = 0
a : 암 E의 회전수 = G의 회전수

이므로, 식 (6-5)에서 F가 1 회전할 때 G의 회전수가 계산된다.

(4) 차동 베벨 기어 장치

그림 6-22에서 기어 D와 E는 크기가 같은 베벨 기어이고, 2개의 기어 G도 크기가 같은 중간기어이다.

F는 십자형의 축이고, B와 D 및 E와 C, 2개의 G는 축 F 위에서 자유로이 회전한다. A, 즉 F를 고정시키고 B를 회전시키면, D와 E는 서로 반대 방향으로 같은 크기의 회전수를 갖는다. 만일 A도 함께 회전시킨다면 E의 회전수는 B와 A 양쪽의 영향을 받게 된다.

이와 같은 장치에서 축 F는 평기어만으로 구성된 차동기어 장치에서는 암에 해당한다. 회전 방향은 편의상 기어 A에서 화살표와 같이 상방향(上方向)인 것을 (+), 기어 B와 같이 하방향(下方向)인 것을 (−)로 한다. 중간 기어 G는 1개로도 좋지만, 이것이 F의 수평축 주위를 회전할 때 중량의 균형을 유지하기 위하여 보통 2개를 사용한다.

그림 6-22에서 기어 A가 +2회전하고, 기어 B가 −3 회전할 때 기어 C의 회전수를 표 6-6과 같이 구할 수 있다.

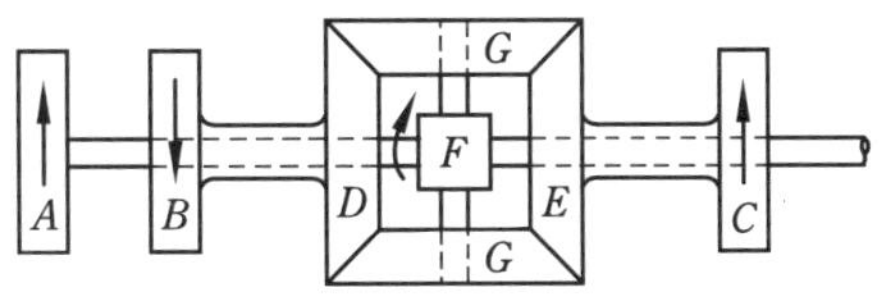

그림 6-22 차동 베벨 기어

표 6-6 차동 베벨 기어 장치의 회전수 계산

작동방법 \ 기 소	기어 A(암 F)	기어 B(베벨 기어 D)	기어 C(베벨 기어 E)
전체를 암에 고정	+2	+2	+2
암만을 고정	0	−5	(−5)(−1)
합성회전수	+2	−3	+7

따라서 기어 C는 화살표와 같은 상방향으로 7 회전한다. 이와 같은 차동 베벨 기어 장치는 자동차에 널리 이용되고 있다.

자동차의 경우 엔진의 회전운동을 클러치와 감속 기어를 통한 후 다시 이 차동 기어 장치를 통하여 뒷바퀴에 운동을 전달한다.

자동차가 그림 6-23과 같이 굽은 길을 달릴 때는 바깥쪽 바퀴 O는 안쪽 바퀴 I보다 더 긴 거리를 달려야 하므로, 더욱 빠른 속도로 회전하여야 한다.

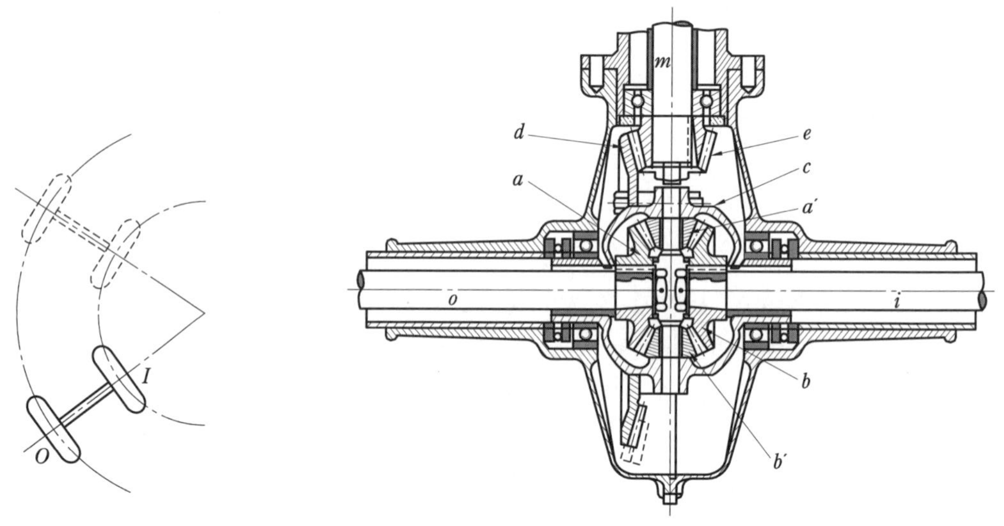

그림 6-23 차륜의 회전

그림 6-24 자동차의 차동 기어 장치

그림 6-24는 이것에 응용되는 기구로서 자동차의 차동 기어 장치를 나타낸 것이다. 그림에서 i는 그림 6-23에 대한 차륜 I의 축, o는 차륜 O의 축이고, m은 엔진의 구동축에 연결되어 있는 축이다. m에 부착되어 있는 기어 e가 d와 맞물려 있고, d는 케이싱(casing) c에 고정되어 있으며, 축 o 위에서는 자유로이 회전한다.

케이싱 내에는 a, a', b, b'의 4개의 베벨 기어가 있고, a는 축 o에, b는 축 i에 고정되어 있으며 a', b'는 케이싱 c에 부착된 축의 주위를 회전한다. 자동차가 길을 달릴 때는 a, a', b, b'가 맞물리지 않는 4개의 기어가 c와 일체로 되어 축 o도 축 i도 기어 d와 같은 회전을 한다. 굽은 길을 달릴 때는 차동장치의 맞물림 작용은 d, i, o가 각각 다른 회전을 하여서 그림 6-23에 나타낸 조건을 만족시킨다.

연 습 문 제

1. 그림 6-25에 표시하는 기어 트레인에 대해서 웜이 1800 rpm 회전을 할 때 베벨 기어 F의 회전수와 회전 방향을 구하시오.

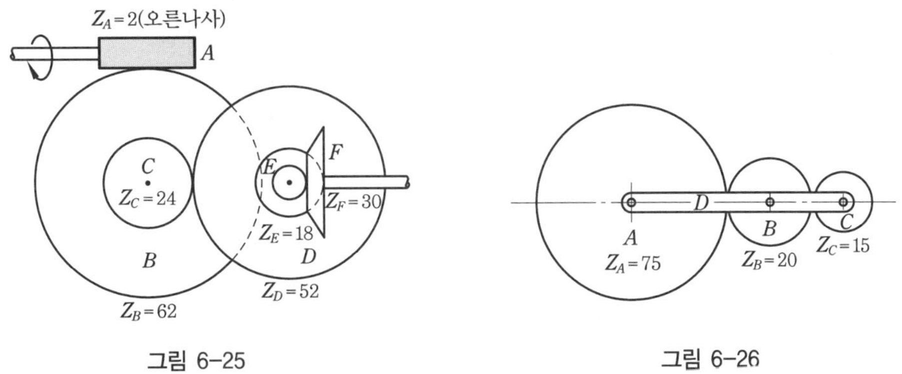

그림 6-25　　　　그림 6-26

2. 그림 6-26의 기어 트레인에 있어서 기어 A가 고정되어 있고, 암 D를 시계 방향으로 3 회전시킬 때 기어 C는 어떤 방향으로 몇 회전하는가? 또, 동시에 기어 A가 반시계 방향으로 4 회전한다면 어떻게 되는가?

3. 그림 6-27에 표시하는 차동장치에 있어서 기어 C와 D, F와 G는 각각 일체로 되어 있고, 암 M의 둘레를 자유로이 회전할 수 있다. 또한, A와 H도 일체로 되어 있다. 축 I을 1 회전시키면 암의 축 II는 몇 회전하는가? 또, 축 I과 II의 회전 방향을 구하시오.

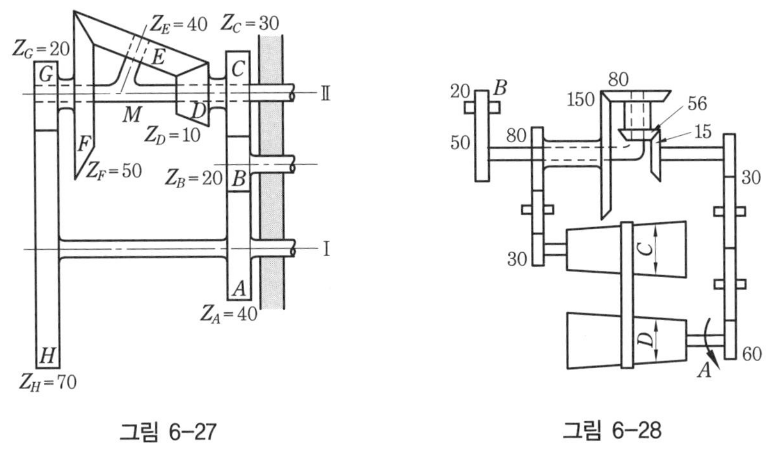

그림 6-27　　　　그림 6-28

4. 그림 6-28과 같은 차동장치에 있어서 벨트가 걸린 원뿔차 C, D의 지름은 각각 75 mm 및 400 mm이고, 축 A가 화살표 방향으로 1 회전할 때 기어 B는 어느 방향으로 몇 회전

하는가 ? (단, 벨트는 바로걸기이다.)

5. 그림 6-29와 같이 축간 거리가 300 mm인 두 축 사이에 평기어로 $A \rightarrow D$로 회전을 전달하고, 회전수를 $\frac{1}{12}$로 감속하려고 한다. 기어 A와 B의 모듈은 5 mm이고, C와 D의 모듈은 4 mm이다. 각 기어의 잇수를 결정하시오.

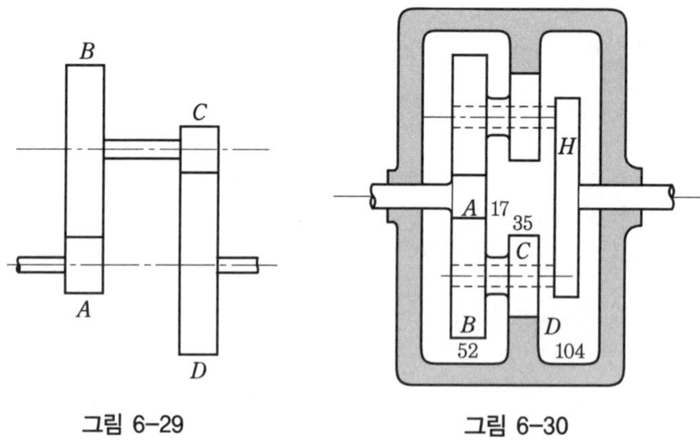

그림 6-29　　　그림 6-30

6. 그림 6-30과 같은 기어 장치에 있어서 B와 C는 일체이고, 암 H는 붙어 있는 축 주위를 자유로이 회전가능하다. 기어 A가 600 rpm으로 회전하면, 암 H는 어떤 방향으로 몇 회전하는가 ? (단, 그림의 숫자는 잇수를 나타낸다.)

답 **1.** 16.1 rpm, A와 반대 방향 **2.** 12회전, 반시계 방향, 32회전, 반시계 방향 **3.** 2.75 회전, 반대 방향 **4.** 2.4 회전, A와 반대 방향 **5.** 30, 90, 30, 120개 **6.** 59.5 rpm, A와 같은 방향

제 7 장 캠기구

1. 캠기구의 성립

1-1 캠기구의 뜻

특수한 윤곽을 가진 링크가 높은 짝을 이루고, 간단한 기어나 링크 기구 등에서 얻어지지 않는 왕복운동, 또는 간헐운동을 주기적으로 종동절에 주는 기구를 캠기구(cam mechanism)라고 한다. 종동절의 복잡한 운동도 하나의 캠으로 용이하게 실현시킬 수 있으므로 자동차, 내연기관 등의 밸브 개폐기구나 공작기계, 인쇄기, 그 밖의 자동기계 등에 널리 이용되고 있다.

모든 캠기구는 적어도 다음의 3가지 링크로 구성되어 있다.

① 캠(cam) : 구동절이 되며, 곡선 또는 직선윤곽의 접촉면을 갖는다.

② 종동자(follower) : 종동절이 되고, 캠 윤곽곡면과 접촉하여 운동을 한다.

③ 프레임(frame) : 캠 및 종동절을 지지한다. 캠과 종동절의 접촉은 높은 짝이고, 접촉부에서는 미끄럼 운동이 행하여지므로 접촉부가 마멸된다. 이 마멸이 문제되는 경우에는 종동절의 선단에 롤러(roller)를 달아서 구름접촉시켜서 마멸을 줄인다.

그림 7-1은 캠기구로서 C가 캠이고, F가 종동절, G가 프레임이며, R은 롤러로서 캠과 종동절의 마멸을 줄여 주고 있다.

그림 7-2는 내연기관의 밸브 기구로서 캠을 이용하고 있으며, 태핏(tappet)이 종동절의 역할을 하고 있다. 캠을 설계할 때 고려할 사항으로는

① 각 순간에 대한 종동절의 위치

② 종동절의 속도 및 가속도

③ 캠 윤곽곡선의 법선과 종동절의 운동 방향과 이루는 각

일반적으로 캠과 종동절의 상대변위 및 종동절의 운동 방향과 캠 윤곽곡선의 법선이 이루는 각이 가장 중요하고, 속도 및 가속도는 이들의 조건이 만족되는 범위 내에서만 고려된다. 따라서 이들의 중요성은 그 용도 및 사용 상태에 따라 다르다.

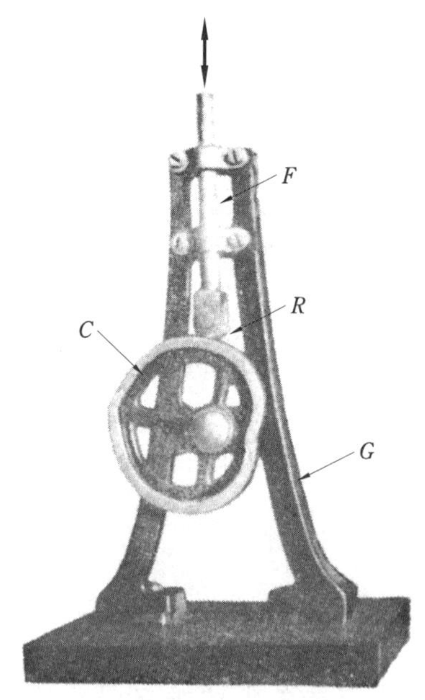

그림 7-1 캠기구

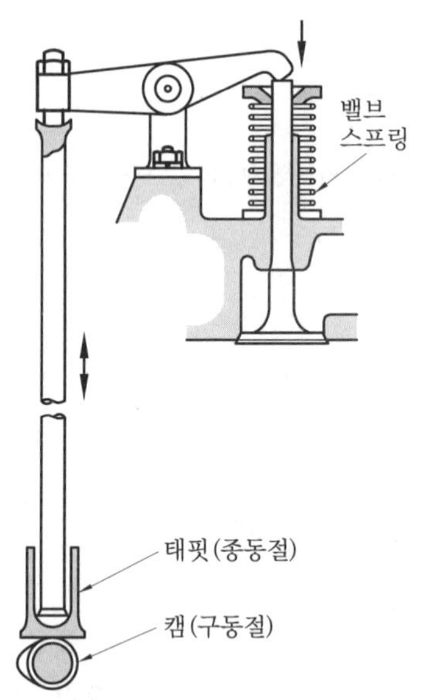

그림 7-2 내연기관의 밸브 기구

1-2 캠에 대한 용어

그림 7-3은 축 A의 주위를 회전하는 캠 ①에 롤러 R이 붙은 종동절 ②가 왕복직선운동을 하는 캠기구로서, 이에 대한 용어를 설명해 보기로 한다.

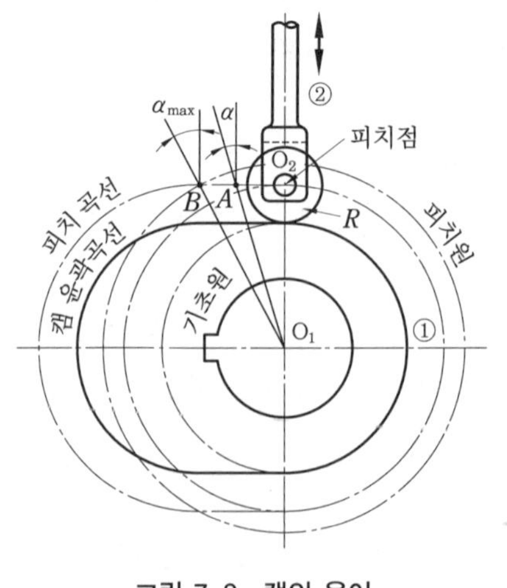

그림 7-3 캠의 용어

(1) 기초원(base circle)

캠의 중심 O_1을 중심으로 하고, 캠의 윤곽곡선(profile curve)에 내접하는 원을 말한다. 이 기초원은 캠의 크기를 결정하므로 캠을 설계할 때 제일 먼저 고려하여야 한다.

(2) 피치 곡선 (pitch curve)

종동절 위의 이론적인 점으로 종동절에 대한 롤러의 중심이 캠의 윤곽곡선을 따라 그린 궤적을 말한다.

만일 종동절에 롤러가 붙어 있지 않고 캠과 종동절의 선단이 직접 접촉한다면, 피치곡선과 윤곽곡선의 크기는 같다.

(3) 피치점 (pitch point)

종동절에 롤러가 붙어 캠과 접촉할 때는 롤러의 중심 O_2가 피치점으로 되고, 종동절의 선단이 직접 캠과 접촉할 때는 그 선단이 피치점으로 된다.

(4) 압력각 (pressure angle)

캠과 종동절이 접촉하는 순간에 피치점에서 피치 곡선에 세운 법선과 종동절의 운동 방향이 이루는 각이다. 점 B에서 캠은 최대압력각 α_{max}을 가지고, 점 A에서는 더욱 작은 압력각 α를 갖는다.

압력각이 커지면 캠면의 경사가 심해지고, 종동절을 옆으로 미는 측면추력(side thrust)이 커지게 되어 종동절의 운동에 지장을 주게 된다.

(5) 피치원 (pitch circle)

캠중심 O_1을 중심으로 하고, 최대압력각으로 되는 피치점을 통과하는 원을 피치원이라 한다.

(6) 주원 (主圓, prime circle)

캠중심 O_1을 중심으로 하고, 피치 곡선에 내접하는 원을 말한다.

2. 캠의 종류

캠은 캠과 종동절의 접촉점의 궤적이 평면곡선인 경우와 공간곡선인 경우가 있는데, 그 접촉점의 궤적이 평면곡선인 캠을 평면캠, 공간곡선인 캠을 입체캠이라 한다.

또, 이들 캠 중에는 종동절의 운동을 완전히 구속하는 확동캠(positive motion cam)이 있고, 다음에 설명하는 정면캠, 원통캠, 그리고 원뿔캠 등이 이에 속한다.

2-1 평면캠

(1) 판캠(plate cam)

그림 7-4에서와 같이 평면곡선을 윤곽으로 하는 판으로 된 캠을 말하고, 가장 많이 사용되고 있다.

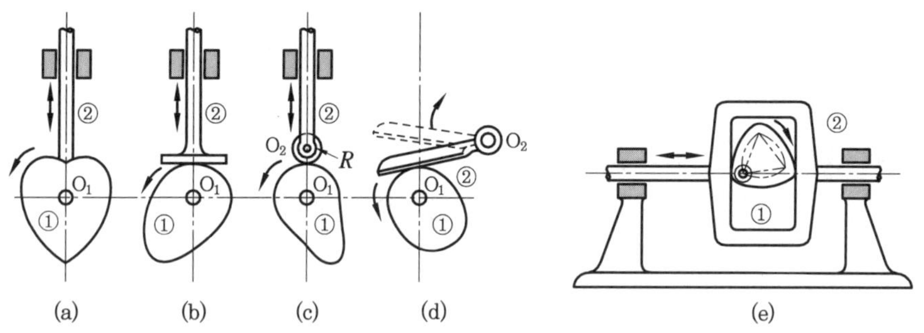

그림 7-4 판캠의 종류

캠 ①의 회전에 의해서 종동절 ②에 왕복직선운동 또는 왕복각운동을 준다. 판캠은 윤곽곡선의 성질, 형상 또는 종동절의 형상 등에 의해서 각기 다른 명칭으로 불리운다.

그림 7-4에서 (a)는 캠의 윤곽곡선이 심장형을 하고 있기 때문에 심장형 캠(heart cam), (b)는 종동절이 버섯 모양을 하고 있기 때문에 버섯형 캠(mushroom cam), (c)는 캠의 윤곽이 접선으로 되어 있기 때문에 접선캠(tangential cam), (d)는 종동절이 요동(搖動)하기 때문에 요동캠(cam with swinging follower arm), (e)는 캠의 윤곽이 삼각형이기 때문에 삼각캠(triangular cam)이라 한다.

(2) 정면캠(face cam)

그림 7-5와 같이 판의 정면에 캠의 윤곽곡선인 홈 G가 파져 있고, 이것에 종동절의 롤러를 끼워 넣어서 작동시키는 캠이다. 이와 같이 종동절이 기구학적으로 구속되어 있으므로 확동캠이라 하기도 한다.

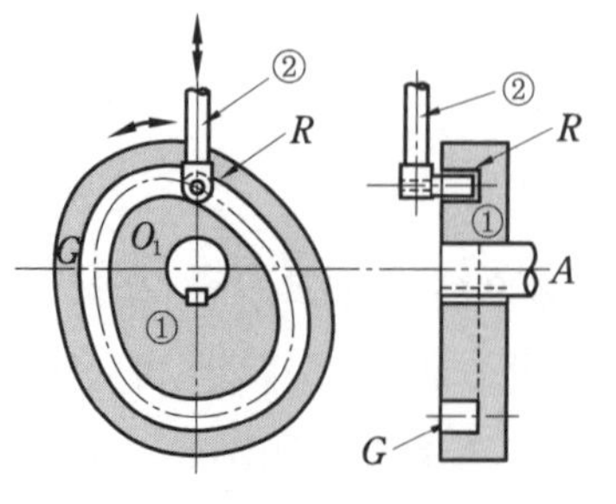

그림 7-5 정면캠

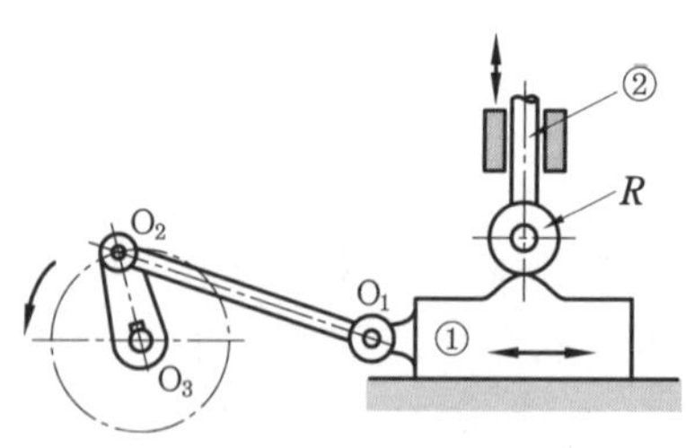

그림 7-6 직동캠

(3) 직동캠(translation cam)

그림 7-6과 같이 왕복직선운동을 하는 캠에 의해서 종동절을 움직이는 형식으로서, 캠은 크랭크에 의해서 구동된다.

(4) 와이퍼 캠(wiper cam)

캠의 회전왕복운동을 종동절의 직선왕복운동으로 변환하는 형식으로서, 그림 7-7과 같이 크랭크에 의해서 구동된다.

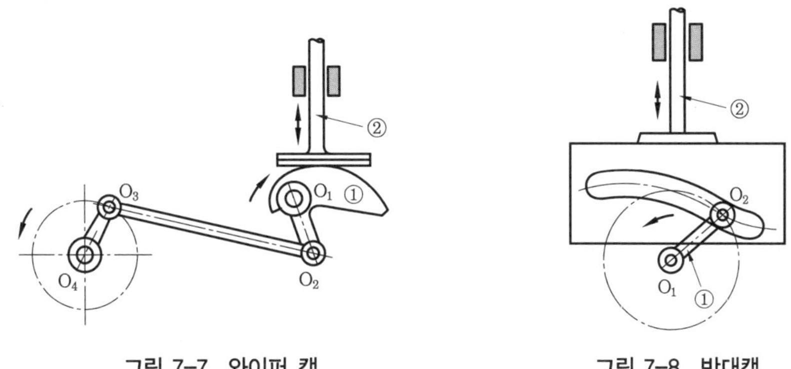

그림 7-7 와이퍼 캠

그림 7-8 반대캠

(5) 반대캠(inverse cam)

그림 7-8과 같이 캠을 종동절로 한 것을 반대캠이라 한다.

2-2 입체캠

(1) 실체캠(solid cam)

캠의 축선을 중심선으로 하여 회전하는 구의 표면상에 캠 윤곽곡선의 홈을 파고, 그 홈에 들어간 롤러 또는 핀으로 종동절에 왕복운동을 주는 캠으로서, 캠의 회전체 형상에 따라 각부명칭이 있다.

그림 7-9에서 (a)는 원통캠(cylindrical cam), (b)는 원뿔캠(conical cam), (c)는 쌍곡선캠(hyperbolic cam), (d)와 (e)는 원호캠(arc cam), (f)는 구면캠(spherical cam)이라 하고, 이들은 모두 확동캠에 속한다.

(2) 끝면캠(end cam)

중공원통의 끝면〔端面〕을 캠의 윤곽곡선으로 한 캠으로서 그림 7-10과 같다.

(3) 경사판캠(swash cam)

회전축과 경사지게 원판을 설치하고, 종동절의 선단을 판면에 접촉시켜 종동절에 왕복

직선운동을 주는 형식으로서 그림 7-11과 같다.

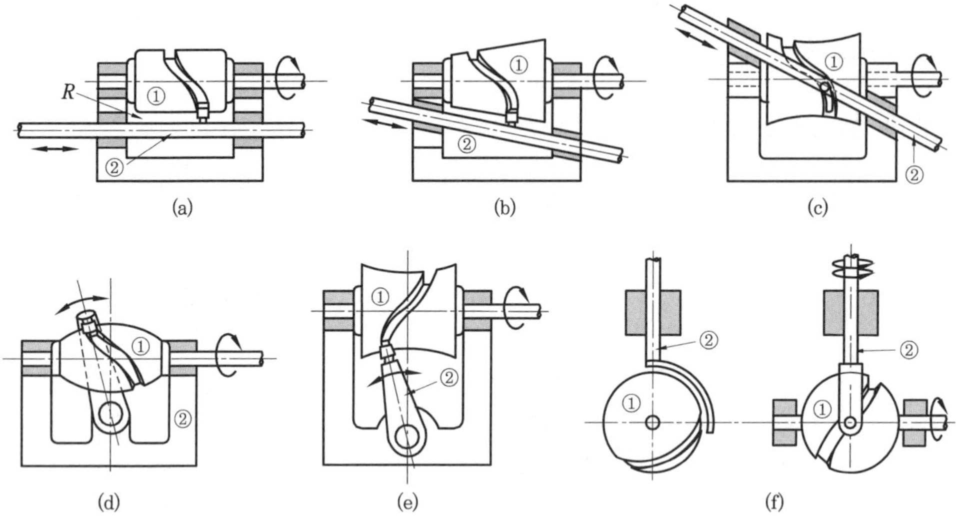

(a) (b) (c)

(d) (e) (f)

그림 7-9 실체캠의 종류

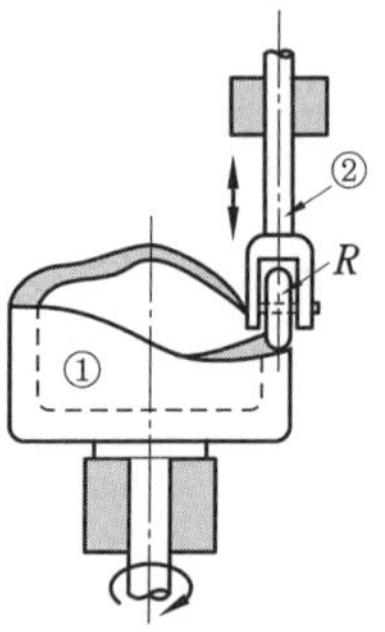

그림 7-10 끝면캠

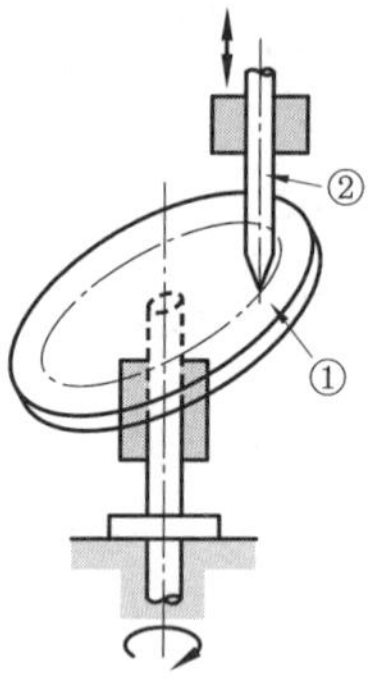

그림 7-11 경사판캠

(4) 조정캠 (adjustable cam)

그림 7-12와 같이 원통 둘레에 볼트 구멍을 무수히 많이 뚫어서 특수한 모양을 한 철판을 볼트로 부착시킨 형식으로서, 자동기계의 캠 등에 사용된다.

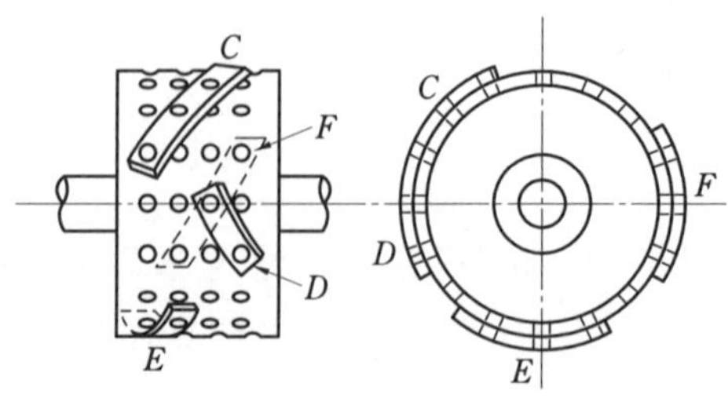

그림 7-12 조정캠

3. 캠 선 도

3-1 변위선도와 캠선도

캠의 회전각을 x 축에 잡고, 종동절의 변위량을 y 축에 잡아서 캠의 회전각에 대한 종동절의 변화량을 나타낸 선도를 캠의 변위선도(displacement diagram)라고 한다.

그러나 이 변위선도만으로는 캠과 종동절의 운동장치가 확실하지 않으므로 종동절의 운동관계를 조사하기 위하여, 이 변위선도에 대한 속도 및 가속도 등의 상태를 나타낸 선도를 캠선도(cam diagram)라 한다. 속도선도는 캠의 회전각과 종동절의 속도와의 상호관계를 표시하고, 가속도선도는 캠의 회전각과 종동절의 가속도에 대한 상호관계를 표시하는 선도이다.

그림 7-13의 캠선도에서 캠이 처음 90° 회전하는 동안(AB 구간) 종동절은 변화하지 않고, 다음 45°의 사이(BC 구간)에서 5 mm 상승하고, 또 45° 사이(CD 구간)에서는 변화하지 않는다.

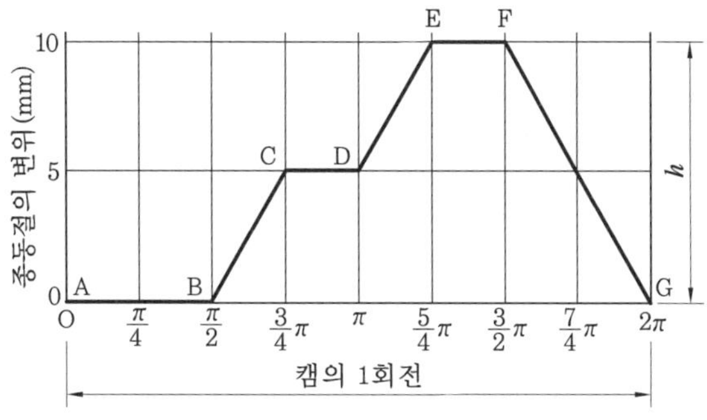

그림 7-13 캠의 변위선도

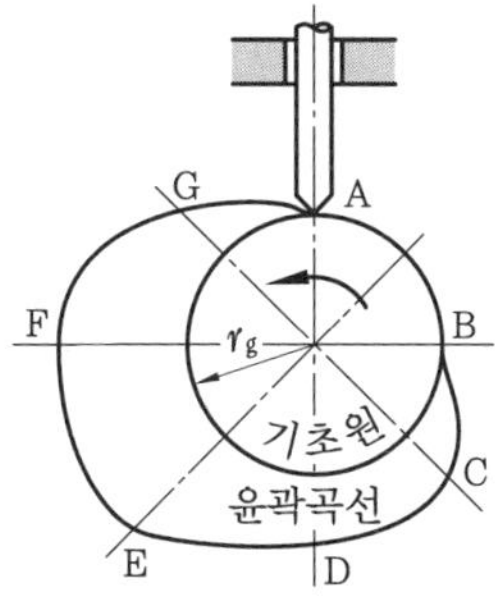

그림 7-14 캠의 윤곽곡선

다음 45° 사이(DE 구간)에서 5 mm 상승하고, EF 사이에서는 변화하지 않는다. 또 $\frac{3}{2}\pi$에서 2π 사이(FG 구간)에서 10 mm 내려가서 처음 위치 A로 되돌아온다.

그림 7-13에서 $A \sim G$ 선을 기초곡선(base curve)이라 하고, 종동절의 최대변위량 h(여기서는 10 mm)를 양정(lift)이라 한다. 종동절에 이러한 운동을 주는 판캠의 윤곽곡선은 그림 7-14와 같이 기초곡선을 반지름 r_g인 기초원의 원둘레에 감아서 얻을 수 있다.

3-2 종동절의 운동에 의한 캠선도

(1) 등속도 운동의 경우

캠의 회전각을 θ, 종동절의 변위를 y, 속도를 v, 기초곡선과 x축이 이루는 각을 ϕ라 하면, 종동절이 등속운동을 하므로

$$v = \frac{dy}{dt} = \tan\phi = c \tag{7-1}$$

x축에 시간 t(또는 각변위 θ), y축에 종동절의 변위를 잡으면, 캠선도는 그림 7-15와 같이 된다.

변위선도는 ϕ의 경사각을 이루는 직선이 되고, 속도선도는 식 (7-1)에서 알 수 있듯이 v가 일정한 직선이 되고, 가속도 $a = \frac{dv}{dt} = 0$이 된다.

그림 7-16에서 캠의 기초원의 반지름을 r_g라 하고, 캠의 윤곽곡선을 종동절의 곡선이 캠의 회전중심 O를 지날 때, O를 원점으로 하는 극좌표로 표시하면 $r = r_g + y$이다.

또한, 그림 7-15에서 $x \fallingdotseq r_g\theta$이므로

$$\tan\phi = \frac{y}{x} = \frac{y}{r_g\theta} = \frac{h_1}{r_g\theta_1}$$

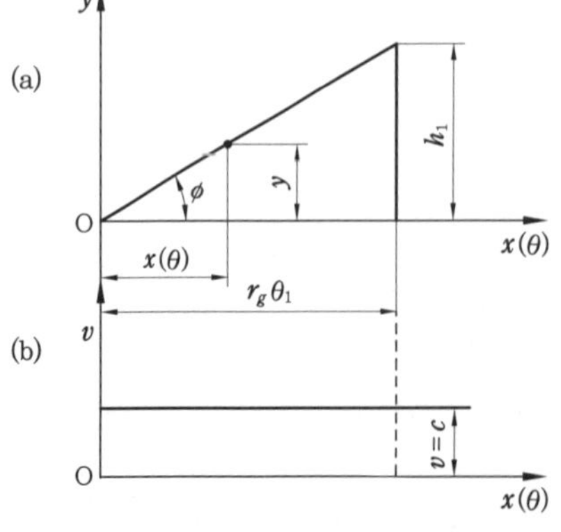

그림 7-15 캠선도 (등속운동)

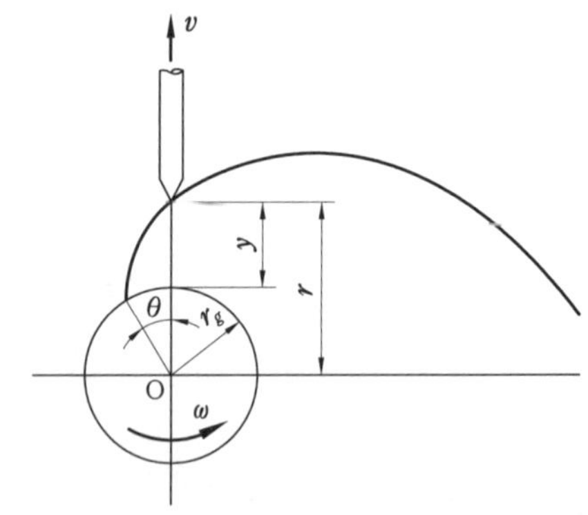

그림 7-16 캠의 윤곽곡선

$$\therefore\ y = r_g\theta\tan\phi \qquad (7-2)$$

따라서 $r = r_g + y = r_g + r_g\theta\tan\phi$이므로

$$\frac{dr}{d\theta} = \frac{dy}{d\theta} = r_g\tan\phi = k \qquad (7-3)$$

식 (7-3)을 적분하면

$$r = r_g + k\theta \qquad (7-4)$$

또한 캠의 각속도를 ω라 하면 k는

$$k = \frac{dy}{d\theta} = \frac{v\,dt}{\omega dt} = \frac{v}{\omega} \qquad (7-5)$$

식 (7-4)에서 r_g는 임의의 상수이므로 윤곽곡선은 식 (7-4)에 캠의 회전각 θ를 대입하면 그림 7-16과 같이 되고, 이 곡선을 아르키메데스의 나선(Archimedes' spiral)이라고 한다.

(2) 등가속도 운동의 경우

초속도가 0인 등가속도 운동은 가속도를 α 라고 하면

$$y = \frac{1}{2}\alpha t^2 \qquad (7-6)$$

또한

$$v = \frac{dy}{dt} = \alpha t \qquad (7-7)$$

가 되고,

$$\alpha = \frac{dv}{dt} = c$$

그림 7-17은 이들의 관계를 나타내는 캠선도를 나타낸다.

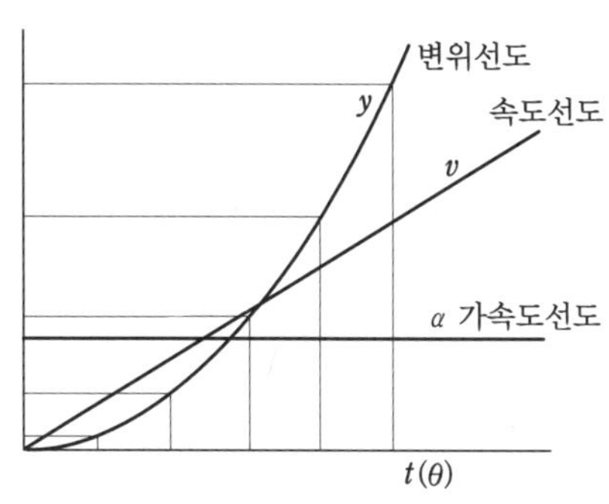

그림 7-17 캠선도(등가속도 운동)

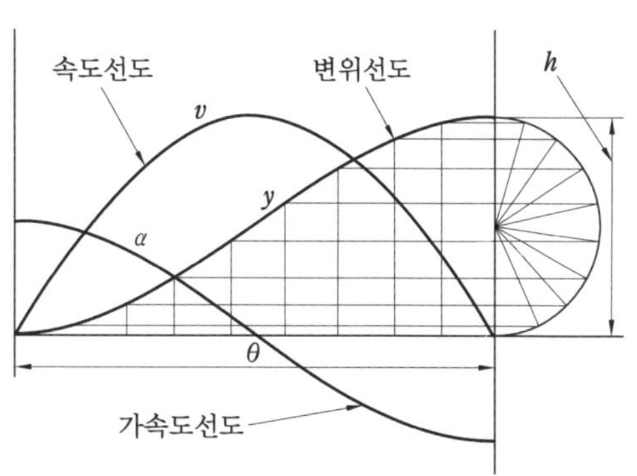

그림 7-18 캠선도(단현운동)

(3) 단현운동을 하는 경우

단현운동(單弦運動)을 종동절에 주는 캠의 변위곡선은 종동절의 변위 y를 그 최저위치에서 측정하고, 캠의 회전각 θ도 동일하게 최저위치에 대응하는 위치에서 측정한 최대변위량을 h라 하면, 다음 식과 같이 된다.

$$y = \frac{h}{2}(1 - \cos\theta) \tag{7-8}$$

식 (7-8)은 그림 7-18의 변위곡선과 같이 정현곡선(正弦曲線, sine curve)이 된다. 또한 이 경우 속도, 가속도는 다음 식으로 표시된다.

$$v = \frac{dy}{dt} = \frac{d}{d\theta}\left\{\frac{h}{2}(1 - \cos\theta)\right\}\frac{d\theta}{dt} = \frac{h}{2}\,\omega\sin\theta \tag{7-9}$$

$$a = \frac{dv}{dt} = \frac{d}{d\theta}\left(\frac{h}{2}\,\omega\sin\theta\right)\frac{d\theta}{dt} = \frac{h}{2}\,\omega^2\cos\theta \tag{7-10}$$

식 (7-9), (7-10)도 정현곡선이 되고, 이 선도는 그림 7-18과 같이 된다. 이 경우 종동절의 속도는 양 끝에서 0, 중앙에서 최대가 되고, 가속도는 양 끝에서 최대이고 중앙에서 0이 되므로 이 캠선도는 비교적 고속운전에 사용된다.

(4) 완화곡선

캠의 변위선도에서 충격의 원인으로 되는 급격한 속도변화를 종동절에 주지 않기 위하여 부분적으로 주어지는 곡선을 완화곡선(緩和曲線, easement curve)이라 한다.

완화곡선은 원호로도 가능하지만 일반적으로 포물선, 정현곡선이 사용된다. 따라서 포물선 및 정현곡선은 종동절의 속도가 0에서 점차 증가하고, 또 감소하는 작용을 하므로 직선의 처음과 마지막에 이 곡선을 이용한다.

그림 7-19는 포물선을 이용한 캠의 완화곡선을, 그림 7-20은 정현곡선을 이용한 캠완화곡선을 나타내고 있다.

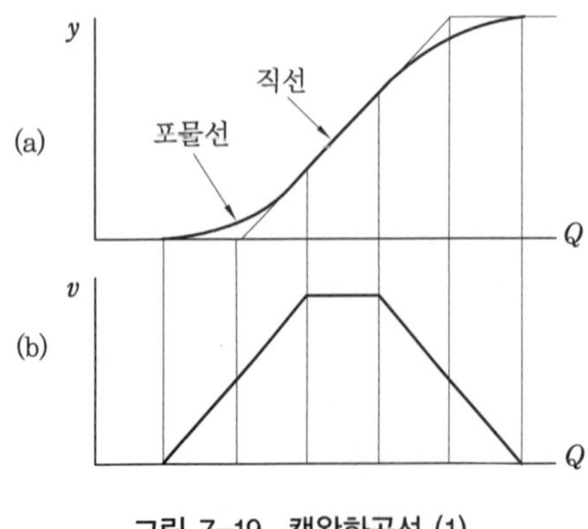

그림 7-19 캠완화곡선 (1)

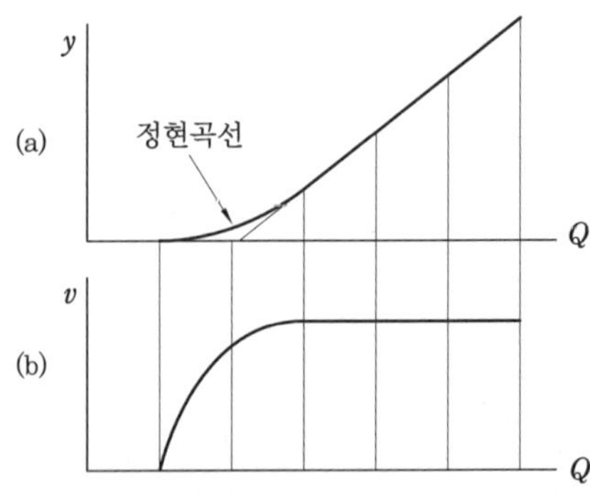

그림 7-20 캠완화곡선 (2)

3-3 피치원 지름의 계산

종동절의 최대양정(最大揚程)을 h, 캠의 변위곡선의 최대압력각 α_{max}에서의 캠계수를 f, θ_0를 양정 h_0에 대한 캠의 회전각, 양정에 대한 캠의 회전수를 n이라고 하면 피치원의 반지름 r_p는 다음 식과 같이 된다.

$$\left.\begin{aligned} r_p &= \frac{360°}{2\pi\theta_0}hf \\ \text{또는} \quad r_p &= \frac{1}{2\pi n}hf \end{aligned}\right\} \tag{7-11}$$

캠계수 f는 h에 대한 피치원 둘레의 길이를 l이라고 하면 $f=\frac{l}{h}$ 이 되고, f의 값은 변위곡선에 따라 다음 식과 같이 된다.

① 직선인 경우

$$\tan(\alpha_{max}) = \frac{h}{l}$$

$$\therefore\ f = \frac{l}{h} = \frac{1}{\tan(\alpha_{max})} \tag{7-12}$$

② 정현곡선인 경우

$$\tan(\alpha_{max}) = \frac{h}{2}\frac{\pi}{l}\left(\sin\frac{\pi}{l}x\right)_{x=\frac{l}{2}} = \frac{\pi h}{2l}$$

$$\therefore\ f = \frac{l}{h} = \frac{\pi}{2\tan(\alpha_{max})} \tag{7-13}$$

③ 포물선인 경우

$$\tan(\alpha_{max}) = \frac{4h}{l^2}(x)_{x=\frac{l}{2}} = \frac{2h}{l}$$

$$\therefore\ f = \frac{l}{h} = \frac{2}{\tan(\alpha_{max})} \tag{7-14}$$

윗식에서 f를 계산하면 표 7-1과 같이 된다.

표 7-1 캠계수 f의 값

곡선의 종류 \ α_{max}	20°	30°	40°	50°	60°
직 선	2.75	1.73	1.19	0.84	0.58
정현곡선	4.32	2.72	1.87	1.72	0.91
포 물 선	5.5	3.46	2.38	1.68	1.15

4. 캠의 역학

4-1 캠의 속도비

(1) 종동절이 직선왕복운동을 하는 경우

① 종동절의 중심이 캠의 회전중심을 지나는 경우

그림 7-21과 같이 캠의 각속도를 ω_c, 속도를 v_c, 종동절의 속도를 v_f, 그리고 접촉점 P에서 공통접선을 TT, 공통법선을 NN이라 하자.

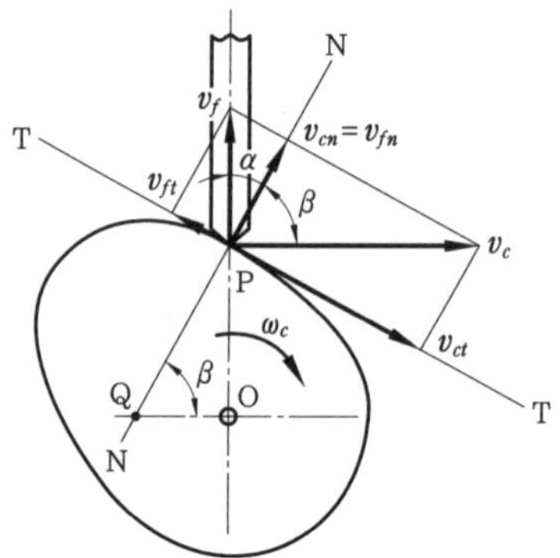

그림 7-21 캠의 속도선도 (1)

속도 v_c, v_f에 대한 접선 방향의 속도를 각각 v_{ct}, v_{ft}라 하고, 법선 방향의 속도를 각각 v_{cn}, v_{fn}이라 하면, 떨어지지 않고 접촉하기 위해서는 $v_{cn}=v_{fn}$이 되어야 한다.

속도 v_f, v_c가 공통법선 NN과 이루는 각을 각각 α, β라 하면

$$v_{cn}=v_c\cos\beta=\omega_c\overline{OP}\cos\beta \qquad \text{(a)}$$

$$v_{fn}=v_f\cos\alpha=v_f\cos(90^\circ-\beta)=v_f\sin\beta \qquad \text{(b)}$$

따라서 식 (a)=식 (b)이므로

$$\omega_c\overline{OP}\cos\beta=v_f\sin\beta \qquad \text{(c)}$$

$$\therefore\ \frac{v_f}{\omega_c}=\frac{\overline{OP}\cos\beta}{\sin\beta}=\overline{OP}\cot\beta \qquad (7\text{-}15)$$

공통법선 NN과 O에서 종동절의 운동 방향에 수직으로 그은 선과의 교점을 Q라 하면 $\angle PQO=\beta$가 되고, $\overline{OP}\cot\beta=\overline{OQ}$가 되므로 식 (7-15)는 다음과 같이 된다.

$$\frac{v_f}{\omega_c}=\overline{OP}\cot\beta=\overline{OQ} \qquad (7\text{-}16)$$

또한, 캠과 종동절의 미끄럼속도 v_s는

$$v_s = v_{ct} - (-v_{ft}) = v_{ct} + v_{ft} \tag{7-17}$$

가 된다.

② 종동절의 중심이 캠의 회전중심을 지나지 않을 때

그림 7-22와 같이 종동절의 중심과 캠의 회전중심이 e만큼 어긋나 있다면

$$v_{cn} = v_c \cos\beta = \omega_c \overline{OP} \cos\beta \tag{d}$$

$$v_{fn} = v_f \cos\alpha$$

$v_{cn} = v_{fn}$이어야 하므로 $\omega_c \overline{OP} \cos\beta = v_f \cos\alpha$가 된다.

공통법선 NN과 O에서 $\overline{NN}$에 내린 수선과의 교점을 M이라 하면, $\overline{OP}\cos\beta = \overline{OM}$이므로

$$\omega_c \overline{OM} = v_f \cos\alpha \tag{e}$$

따라서

$$\frac{v_f}{\omega_c} = \frac{\overline{OM}}{\cos\alpha} \tag{7-18}$$

또한 $\angle MOQ = \alpha$이므로 $\cos\alpha = \dfrac{\overline{OM}}{\overline{OQ}}$이고

$$\frac{v_f}{\omega_c} = \overline{OQ} \tag{7-19}$$

가 되어, 식 (7-16)과 식 (7-19)는 같게 된다.

따라서, 캠의 회전중심과 종동절의 중심이 어긋나 있더라도 속도비는 같은 것을 알 수 있다.

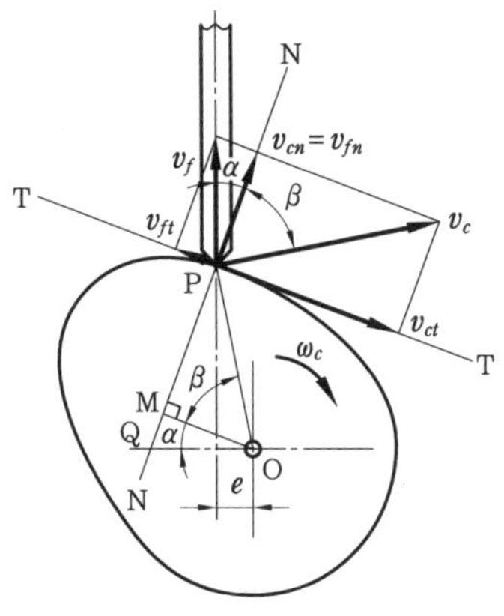

그림 7-22 캠의 속도선도 (2)

(2) 종동절이 요동운동을 하는 경우

그림 7-23에서 캠의 중심을 O_c, 각속도를 ω_c라 하고, 종동절의 중심을 O_f, 각속도를 ω_f라 하면 앞에서와 같은 방법으로 하여

$$v_{cn} = v_c \cos\beta = \omega_c \overline{O_c P} \cos\beta$$
$$v_f = \omega_f \overline{O_f P}$$

가 되므로,

$$\omega_c \overline{O_c P} \cos\beta = \omega_f \overline{O_f P}$$

가 된다. 따라서

$$\frac{\omega_f}{\omega_c} = \frac{\overline{O_c P}\cos\beta}{\overline{O_f P}} = \frac{\overline{O_c M}}{\overline{O_f P}} = \frac{\overline{O_c Q}}{\overline{O_f Q}} \tag{7-20}$$

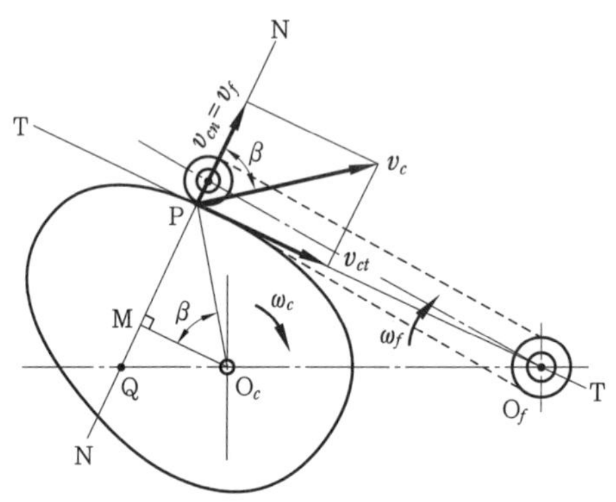

그림 7-23 캠의 속도선도 (3)

(3) 캠과 종동절이 모두 왕복운동을 하는 경우

그림 7-24에서와 같이 캠의 속도를 v_c, 종동절의 속도를 v_f라고 하면 $v_{cn} = v_{fn}$이 되고, 캠의 종동절에 대한 미끄럼속도 v_s는 $v_s = v_{ct} + v_{ft} = \overline{ab}$의 크기로 표시된다.

종동절의 운동 방향으로 점 B를 구하고, 접선 TT와의 교점 A를 구하면, $\triangle abP \backsim \triangle ABP$이 되므로

$$\frac{\overline{BA}}{\overline{Pa}} = \frac{\overline{BP}}{\overline{Pb}} = \frac{\overline{AP}}{\overline{ab}}$$

가 된다.

따라서 다음과 같은 관계식이 성립한다.

$$\frac{\overline{BA}}{v_c} = \frac{\overline{BP}}{v_f} = \frac{\overline{AP}}{v_s} \tag{7-21}$$

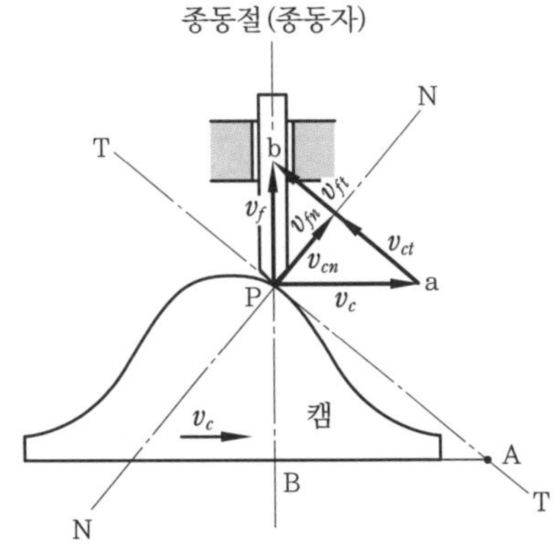

그림 7-24 캠의 속도선도 (4)

4-2 압력각의 영향

그림 7-25에서 종동절의 중심선 SS와 공통법선 NN이 이루는 각 α를 압력각(壓力角)이라 한다. 점 C에 대한 마찰각을 ρ, 마찰계수를 μ라 하면, 종동절에 작용하는 힘은 종동절의 자중, 스프링 등에서 받는 힘 Q, 안내부 G에서 받는 측압(側壓) M, 그리고 캠에서 받는 법선력 N 및 마찰저항 μN이 있다. 이들 힘이 평형을 이룬다면 Q, M, N 및 μN의 힘으로 된 벡터 다각형은 폐다각형(閉多角形)이 되어야 한다.

따라서 종동절이 캠에서 받는 법선력 N과 마찰저항 μN의 벡터합을 R이라 하고, $\overline{OC}$에 수직한 분력을 P라고 하면 $P\times\overline{OC}$가 캠의 외부에서 주어지는 회전력이 된다.

그림 7-25에서

$$P = R\cos(\beta-\rho) \tag{a}$$

$$Q = R\cos(\alpha+\rho) \tag{b}$$

$$\mu = \tan\rho \tag{c}$$

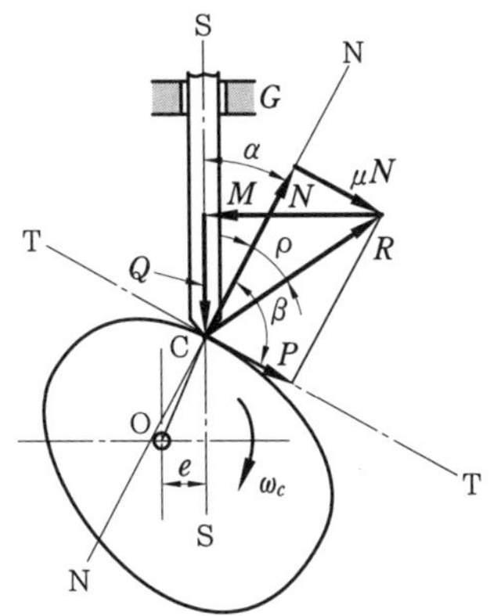

그림 7-25 캠에 작용하는 힘

식 (a), (b), (c)에서 R과 ρ를 소거하면

$$P = Q\frac{\cos(\beta - \rho)}{\cos(\alpha + \rho)} = Q\frac{\cos\beta + \mu\sin\beta}{\cos\alpha - \mu\sin\alpha} \qquad (7-22)$$

식 (7-22)에 의하여 압력각 α의 영향을 고려하면, α는 동경 $\overline{OC}$와 함께 캠의 윤곽곡선을 결정하는 각이고, ρ는 재질에 의하여 결정되므로 일정한 Q에 대한 P의 크기는 압력각 α에 의하여 결정된다.

그러나 α가 크게 되면 종동절이 굽힘 작용을 받게 되고, 측압 M을 증가시켜서 마찰저항이 크게 된다.

따라서 일반적으로 캠의 회전수가 100 rpm 이하의 저속(低速)이면 α는 45° 정도까지이고, 고속(高速) 또는 종동절의 자중 Q가 클 때는 30° 이하로 한다.

5. 판캠 윤곽곡선의 작도

(1) 종동절이 직접접촉하는 경우

① 편위(off-set)가 없는 경우

그림 7-26 (a)와 같은 캠선도가 주어졌다고 하자. 이 캠선도는 양 끝에 완화곡선을 갖는 등속, 등감속 운동을 하는 변위선도이다. 이때 이 변위선도를 만족시키는 캠의 윤곽곡선을 구하여 보기로 하자.

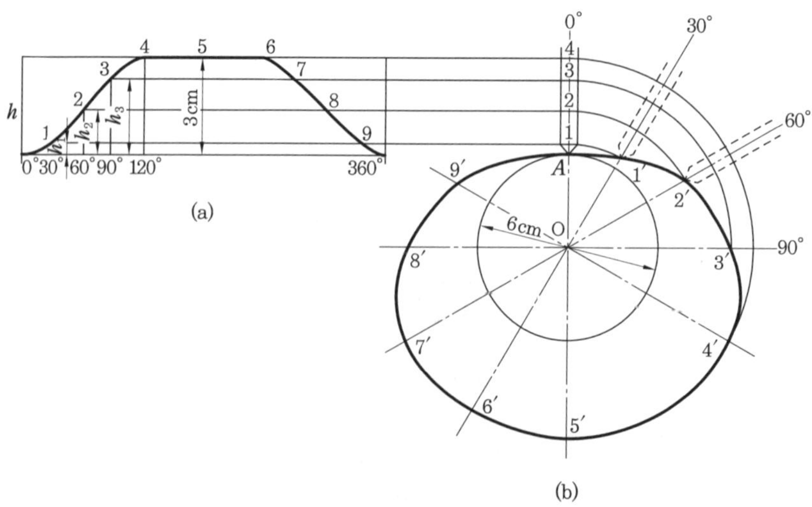

그림 7-26 캠의 윤곽곡선(편위가 없는 경우)

캠의 기초원의 지름을 6 cm, 양정을 3 cm로 하고, 그림 7-26 (b)에서 우선 기초원을 그린다. A에서 종동절의 운동이 시작되므로 종동절은 A에서 기초원에 접한다. $\overline{OA}$의 방향으로 h_1, h_2, h_3와 같게 1, 2, 3의 점을 잡는다. 다음에 30°마다 반지름을 긋고 O를 중심으로 하여 1을 지나서 원호를 그리고, 30°의 반지름과의 교점을 1′이라 한다. 이것이 캠이 30° 회전하였을 경우의 종동절의 위치가 되어야 한다.

같은 방법으로 2′, 3′, … 를 구한 후 이 점들을 연결하면, 캠의 윤곽곡선을 얻을 수가 있다.

② 편위된 경우

종동절의 축선이 캠의 회전중심을 지나지 않고, 그림 7-27에서와 같이 3 cm의 편위(偏位)가 있다고 하자. 이때도 편위가 없는 경우와 같은 방법으로 구하면 되지만, 다만 1점을 지나 O를 중심으로 하는 원호와 $\overline{OA}$에서 측정하여 30°의 반지름이 교차하여 1′점이 되어야 한다. $\overline{O1}$에서 30°의 캠이 회전하였을 때 1은 1′에 오기 때문이다. 같은 방법으로 2′은 $\overline{O2}$에서 측정하여 60°의 반지름과의 교점이 된다. 다른 점도 같은 방법으로 구할 수 있고, 이렇게 구한 각 점들을 연결하면 구하고자 하는 캠의 윤곽곡선이 된다.

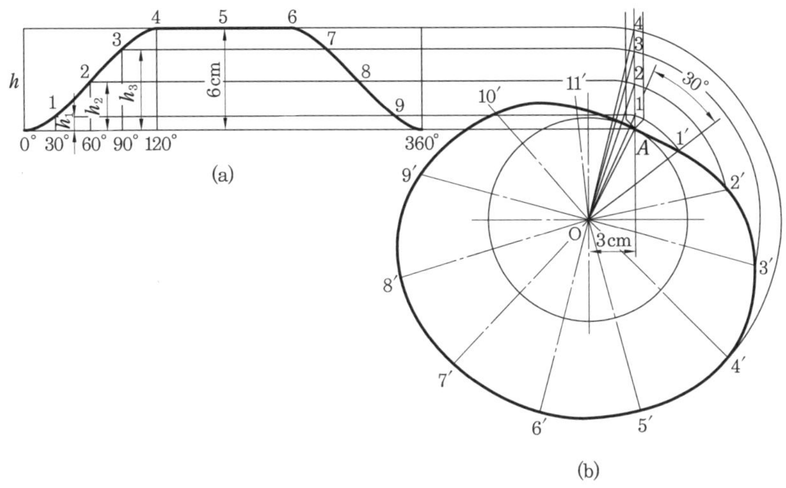

그림 7-27 캠의 윤곽곡선 (편위된 경우)

(2) 종동절이 롤러를 가지는 경우

① 편위가 없는 경우

종동절이 그 선단에 롤러를 가진 경우로 그림 7-28 (a)와 같은 변위선도에 대한 캠의 윤곽곡선에 대하여 생각하여 보자. 이 경우에도 $\overline{OA}$ 방향에 대한 종동절의 변위는 0이므로 롤러는 기초원에 접한다.

그림 7-28 (b)에서 1′, 2′, 3′, …는 기초원에서 h_1, h_2, h_3, …의 크기를 더한 거리가 롤

러의 중심이므로, 여기서 롤러의 반지름과 같은 원을 다수 그려서 이 원에 내접하는 곡선을 연결하면 캠의 윤곽곡선을 얻을 수 있다.

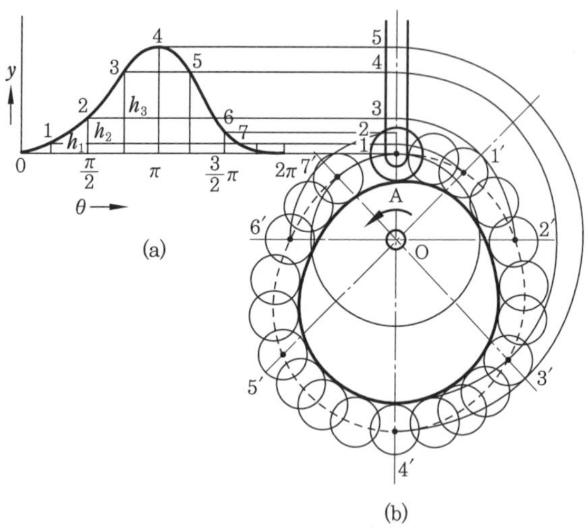

그림 7-28 캠의 윤곽곡선(편위가 없는 경우)

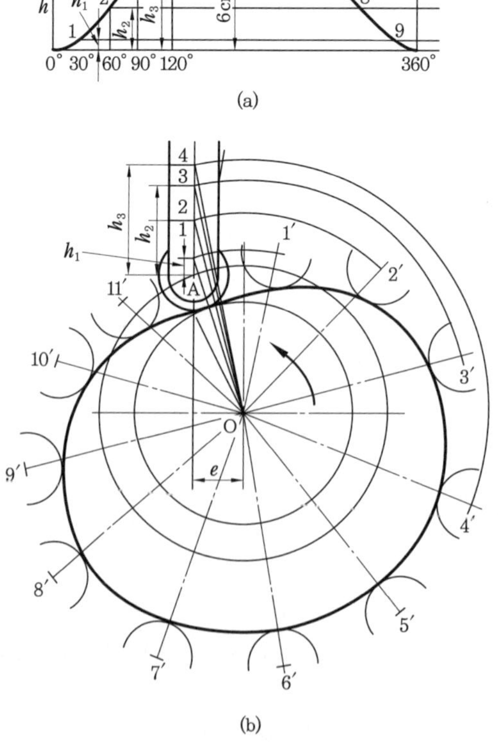

그림 7-29 캠의 윤곽곡선(편위된 경우)

② 편위된 경우

이 경우도 기초원의 반지름이 롤러의 반지름을 더한 크기가 되고, 롤러가 없는 경우와 같은 방법으로 롤러 중심의 궤적을 그린 후 각 점에 따라서 롤러와 접하는 곡선을 연결하면, 구하고자 하는 캠의 윤곽곡선이 얻어진다.

그림 7-29는 롤러가 있고, 편위가 있는 캠의 윤곽곡선을 그리는 방법을 나타낸 것이다.

(3) 심장형 캠의 경우

① 롤러가 없는 경우

그림 7-30 (a)와 같은 변위선도를 갖는 캠의 윤곽곡선을 구하여 보자. $\overline{AC}$의 연장선에 접하는 기초원을 그리고, 캠의 변위선도를 12 등분한 후 1, 2, 3, …, 11로 번호를 붙인다. 각 등분점에 대한 종동절의 변위를 종동절의 운동 방향 $\overline{AB}$ 위에 잡는다. 기초원을 30° 간격으로 12 등분하고, O를 중심으로 하여 $\overline{O1}$을 반지름으로 하는 원과 캠이 30° 회전하였을 때 기초원과 반지름의 교점을 1′으로 한다.

다음에 $\overline{O2}$를 반지름으로 하는 캠이 60° 회전하였을 때 2′을 잡는다. 같은 방법으로 1′~11′을 구하고 A, 1′, …, 11′, A를 곡선으로 연결하면 구하고자 하는 심장형 캠의 윤곽곡선이 얻어진다.

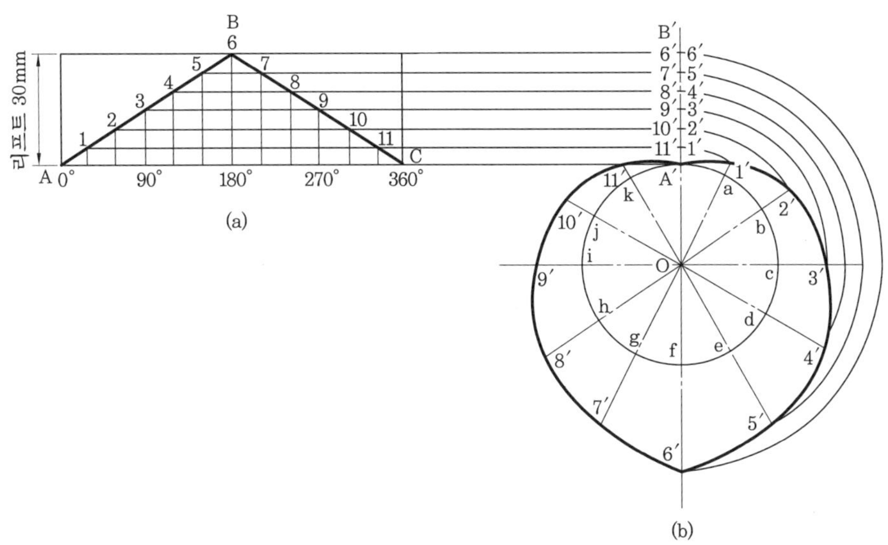

그림 7-30 심장형 캠의 윤곽곡선(롤러가 없는 경우)

② 롤러가 있는 경우

그림 7-31 (a)와 같이 등속운동을 하는 캠의 윤곽곡선을 구하기 위하여 그림 7-31 (b)에서와 같이 기초원을 그린 후 점 O에서 $\overline{O1}$, $\overline{O2}$, …를 반지름으로 하는 원호와 $\overline{O1'}$, $\overline{O2'}$, ……와의 각 교점에서 롤러와 같은 크기의 원을 다수 그린다. 다음에 이들에 내접

하는 곡선을 그리면, 구하고자 하는 캠의 윤곽곡선이 된다.

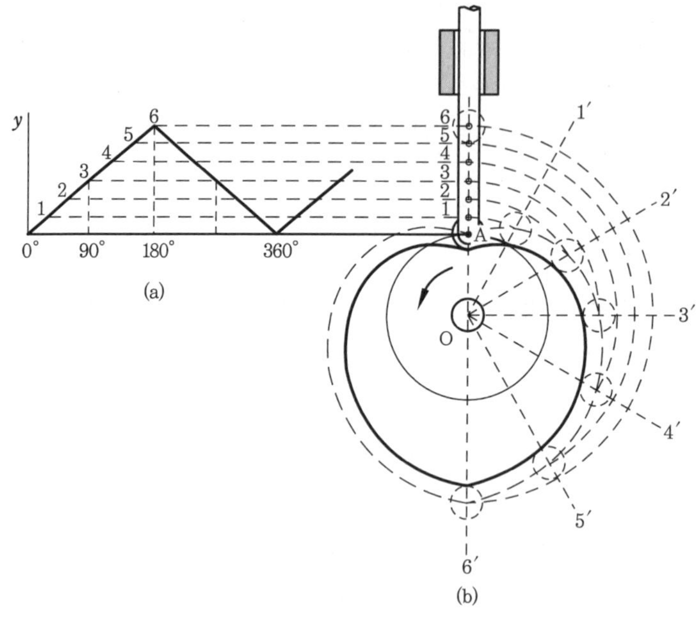

그림 7-31 심장형 캠의 윤곽곡선(롤러가 있는 경우)

6. 원 판 캠

원판(圓板)으로 된 편심캠을 원판캠(circular disc cam)이라 하고, 종동절의 운동은 단현운동으로서 그 선단은 평면으로 되어 있다.

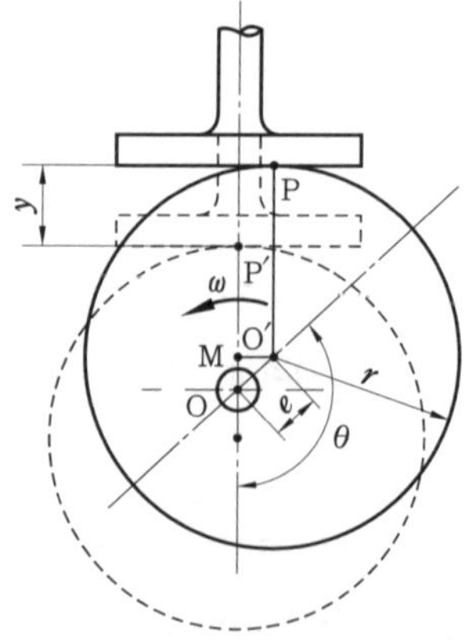

그림 7-32 원판캠(편심된 경우)

그림 7-32와 같은 원판캠의 반지름을 r, 편심거리를 e라고 하면, 회전각이 θ일 때의 종동절의 변위 y, 속도 v 및 가속도 a는 다음 식과 같이 표시된다.

$$y = \overline{PM} - \overline{O'P'} = (\overline{OP} - \overline{OM}) - \overline{O'P'}$$

$$= r - e\cos\theta - (r - e) = e(1 - \cos\theta) \quad (7\text{-}23)$$

$$v = \frac{dy}{dt} = \frac{dy}{d\theta}\frac{d\theta}{dt} = e\omega\sin\theta \quad (7\text{-}24)$$

$$a = \frac{dv}{dt} = \frac{dv}{d\theta}\frac{d\theta}{dt} = e\omega^2\cos\theta \quad (7\text{-}25)$$

7. 접 선 캠

원호와 직선으로 조합된 윤곽곡선으로 이루어진 캠을 접선캠(tangential cam)이라 하며, 내연기관의 밸브 개폐기구(開閉機構) 등에 많이 사용된다.

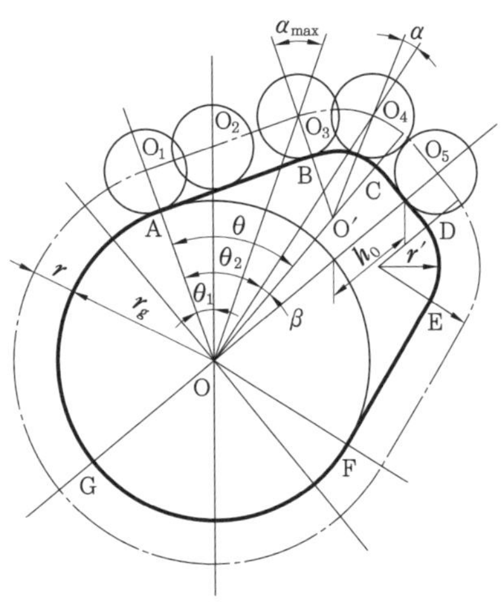

그림 7-33 접선캠

그림 7-33과 같이 롤러를 가진 경우 롤러의 반지름을 r, 캠의 직선부의 반지름을 r'이라고 하면, 롤러 중심의 변위, 속도 및 가속도는 다음 식과 같이 된다.

① 롤러가 직선부 AB 사이에 있는 경우

$$y = \overline{OO_2} - \overline{OO_1} = \frac{\overline{OO_1}}{\cos\theta_1} - \overline{OO_1} = (r_g - r)\left(\frac{1}{\cos\theta_1} - 1\right) \quad (7\text{-}26)$$

$$v = \frac{dy}{dt} = \frac{dx}{d\theta}\frac{d\theta}{dt} = \frac{d}{d\theta}\left\{(r_g + r)\left(\frac{1}{\cos\theta_1} - 1\right)\right\}\omega$$

$$= (r_g + r)\frac{\sin\theta_1}{\cos^2\theta_1}\,\omega \qquad (7\text{-}27)$$

$$\alpha = \frac{dv}{dt} = \frac{dv}{d\theta}\frac{d\theta}{dt} = \frac{d}{d\theta}\left\{(r_g + r)\frac{\sin\theta_1}{\cos^2\theta_1}\right\}\omega^2$$

$$= (r_g + r)\left\{\frac{\sin^2\theta_1 + 1}{\cos^3\theta_1}\right\}\omega^2 \qquad (7\text{-}28)$$

압력각은 종동절의 축선과 $\overline{O_1O_3}$에 수직한 수선으로 되는 각이기 때문에 최대압력각은 롤러 중심이 O_3에 올 때 나타난다.

② 롤러가 캠의 BC 사이에 있는 경우

$$y = \overline{OO_4} - \overline{OO_1} = \overline{OO'}\cos\beta + \overline{O'O_4}^2 - (\overline{OO'}\sin\beta)^2\}^{\frac{1}{2}} - \overline{OO_1} \qquad (7\text{-}29)$$

$$v = \frac{dy}{dt} = \overline{OO'}\left[\sin\beta + \frac{\overline{OO'}\sin 2\beta}{2\{\overline{O'O_4}^2 - (\overline{OO'}\sin\beta)^2\}^{\frac{1}{2}}}\right]\omega \qquad (7\text{-}30)$$

$$\alpha = \frac{dv}{dt} = -\overline{OO'}\left[\cos\beta + \frac{\overline{OO'_3}\sin^4\beta + OO'\cdot\overline{O'O_4}(1 - 2\sin^2\beta)}{\{\overline{O'O_4}^2 - (\overline{OO'}\sin\beta)^2\}^{\frac{3}{2}}}\right]\omega^2 \qquad (7\text{-}31)$$

여기서 $\overline{OO'} = r_g + h_0 - r'$, $\overline{OO_1} = r_g + r$, $\overline{O'O} = r' + r$, $\angle\beta = \theta - \theta_2$가 된다.

③ 롤러가 CD 사이에 있는 경우

그림 7-33에서 $y = h_0$, $v = 0$, $\alpha = 0$인 경우를 생각하자.

이러한 캠을 밸브 개폐용에 사용할 때는 밸브가 최저위치에 올 때 완전히 닫혀지도록 AGF 사이에 캠과 종동절 사이에 틈을 만드는 것이 일반적이다.

8. 삼 각 캠

그림 7-34 (a)와 같이 정삼각형의 꼭지점에 회전중심을 가지고, 각각의 꼭지점을 중심으로 하는 크고 작은 2개의 원호로 이루어진 캠을 삼각캠(triangular cam)이라 한다.

캠의 2개의 원호는 각각 동일중심을 가지므로 그 반지름의 합은 항상 일정하게 된다.

그림 7-34 (b)는 O를 축심으로 하는 삼각캠이다. 따라서 그림에서 큰 원과 작은 원의 반지름을 각각 R, r이라고 하면 양정 $h = R - r$이 된다. 삼각캠을 120° 회전시키면 종동절은 h만큼 이동하고, 행정 끝 120° 회전에 의하여 h만큼 되돌아오며, 다시 60° 정

지하여 맨 처음의 상태로 되돌아온다. 따라서 삼각캠은 1 회전에 대해서 2회 정지하게 된다.

A를 기준점으로 해서 캠의 회전각을 측정하였을 때 종동절의 운동은 접점이 원호 AC 위에 있을 때와 C_1C_2 위에 있을 때는 그 성질에 차이가 있으므로 이것을 고려하여야 한다.

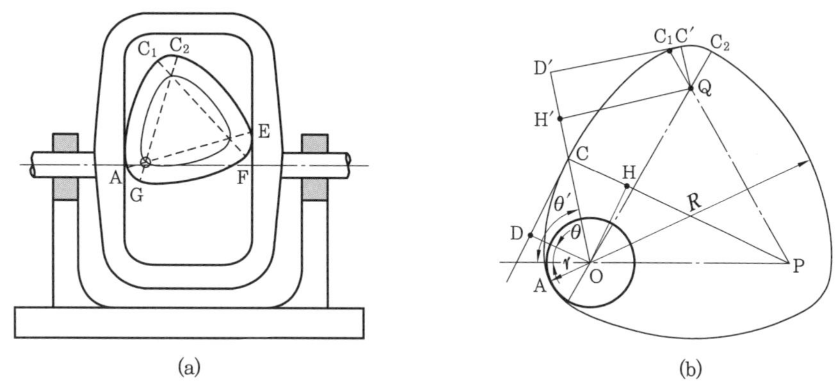

그림 7-34 삼각캠

(1) 원호 AC 위에 접점이 있는 경우

접촉점이 C에 있는 것으로 하여 점 C에 대한 접선과 $\overline{CP}$에서 O에 수선을 내려 각각 $\overline{OD}$, $\overline{OH}$라고 하면, $\angle AOD=\theta$가 이때의 캠의 회전각이 된다.

변위 y는 $0\leqq\theta\leqq 60°$에 대하여

$$y=\overline{OD}-\overline{OA}=\overline{CH}-\overline{OA}$$

또한, $\overline{CH}=\overline{CP}-\overline{PH}=R-(R-r)\cos\theta$이기 때문에 다음 식과 같이 된다.

$$y=R-(R-r)\cos\theta-r=(R-r)(1-\cos\theta) \tag{7-32}$$

속도 v 및 가속도 α는

$$v=(R-r)\omega\sin\theta \tag{7-33}$$

$$\alpha=(R-r)\omega^2\cos\theta \tag{7-34}$$

(2) 원호 C_1C_2 위에 접점이 있는 경우

$60°\leqq\theta\leqq 120°$에 대하여 접촉점이 C'에 있는 것으로 하고, $\angle AOD'=\theta'$으로 하면 변위 $y=\overline{OD'}-\overline{OA}=(\overline{OH'}+\overline{H'D'})-\overline{OA}=\overline{OH'}$이 되고, $\angle QOD'=180°-\theta'$이므로

$$\overline{OH'}=\overline{OQ}\cos(180°-\theta')=-(R-r)\cos\theta'$$

$$y=-(R-r)\cos\theta' \tag{7-35}$$

속도 v 및 가속도 α는 다음 식과 같이 된다.

$$v=(R-r)\omega\sin\theta' \tag{7-36}$$

$$a=(R-r)\omega^2\cos\theta' \tag{7-37}$$

삼각캠에 있어서 종동절이 정지하는 캠의 회전각은 60°이지만, 이 정지하는 각을 정할 때 캠의 윤곽은 그림 7-35와 같이 된다.

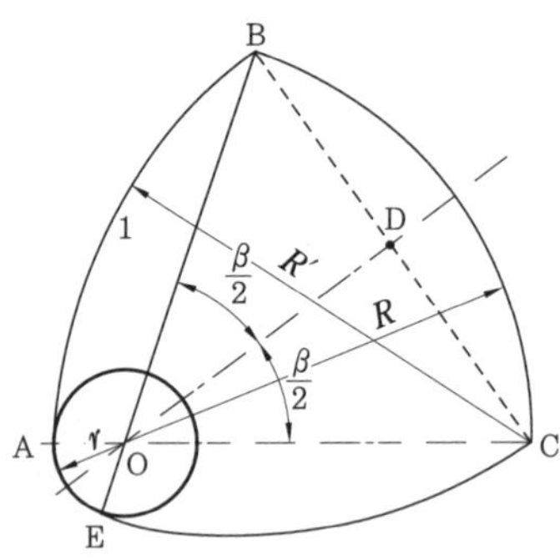

그림 7-35 삼각캠

이 캠에서 B, C 부분에는 완화곡선이 없으므로 운동의 처음과 끝에서 약간의 충격이 따르게 된다.

확동캠의 조건에 의해서 다음 식이 성립된다.

$$R+r=R',\quad R=h+r,\quad R'=h+2r$$

$\overline{BC}$에서 점 O에 수선 OD를 내리면 $\triangle COB$는 이등변삼각형이 된다. $\triangle COD$에 있어서 $\overline{CD}=\overline{OC}\sin\frac{\beta}{2}=\frac{1}{2}R'$이고, $\overline{OC}=R$이므로

$$\frac{1}{2}R'=R\sin\frac{\beta}{2}\quad \text{또는}\quad \frac{h+2r}{2}=(h+r)\sin\frac{\beta}{2}$$

$$2r\left(1-\sin\frac{\beta}{2}\right)=h\left(2\sin\frac{\beta}{2}-1\right)$$

$$\therefore\ r=\frac{2\sin\frac{\beta}{2}-1}{2\left(1-\sin\frac{\beta}{2}\right)}h \tag{7-38}$$

또한 $$R=r+h=\left\{\frac{2\sin\frac{\beta}{2}-1}{2\left(1-\sin\frac{\beta}{2}\right)}+1\right\}h=\frac{1}{2\left(1-\sin\frac{\beta}{2}\right)}h \tag{7-39}$$

$$R'=R+r=\frac{\sin\frac{\beta}{2}}{1-\sin\frac{\beta}{2}}h \tag{7-40}$$

h와 β가 주어지면 R 및 R'이 구해지고, 캠의 작동회전각은 $(180°-\beta)$가 된다.

9. 원 통 캠

그림 7-36 (a)와 같이 종동절이 직선운동을 하는 원통캠의 윤곽곡선에서 캠의 기준선이 $\overline{O1}$의 방향에 있을 때 종동절은 A에 있다고 하자. 다음에 캠이 θ_1만큼 회전하였을 때 롤러의 중심이 점 B에 온다고 하면, 점 2를 지나는 수평선과 점 B를 지나는 수직선과의 교점 B′이 캠홈 위의 한 점이 된다.

같은 방법으로 하여 원주상의 점 3, 4, 5, 6, 7과 이들에 대응하는 롤러 중심의 위치 C, D, $\sim G$에서 캠홈의 위치 C', D' ⋯, G'이 구해진다. A, B', C', ⋯, G'를 곡선으로 연결하면, 이 곡선이 캠홈의 중심선이 된다.

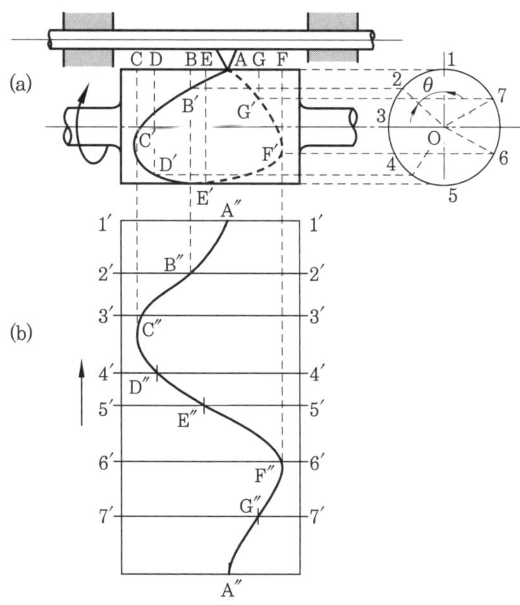

그림 7-36 원통캠의 윤곽곡선

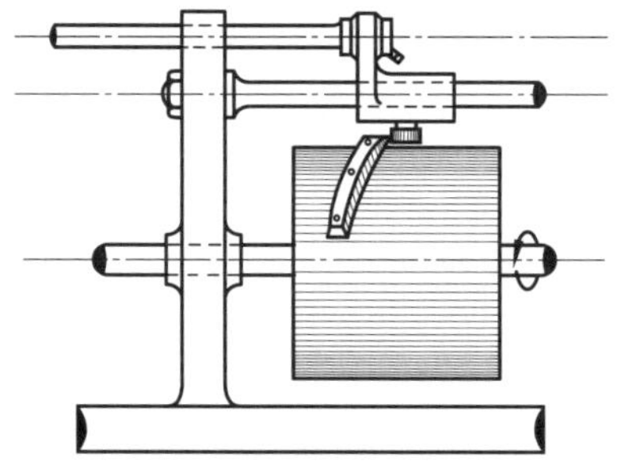
그림 7-37 돌출부를 붙인 원통캠

그러므로, 이 곡선에 따라 롤러 지름과 같은 폭의 홈을 판다.

그림 7-36 (b)는 원통을 평면으로 전개한 그림이다. 원통캠의 홈을 파는 대신에 그림 7-37과 같이 원통의 표면에 돌출부를 붙이는 수도 있다.

10. 구면캠의 윤곽곡선

그림 7-38 은 구면캠에 대한 홈곡선을 구하는 방법을 나타낸 것이다. 처음에 캠홈의 점 A에 있던 종동절의 롤러 중심이 θ_1 각도만큼 회전하였을 때 평면 위에서 점 B에 온다고 하면, 점 B을 $\overline{O2}$ 위에 투영한 점 B를 통과해서 캠축과 평행한 선과 점 B를 통과해서 캠축에 수직한 선과의 교점 B″이 캠홈의 중심곡선 위의 한 점이 된다.

이와 같이 하여 점 A″, B″, C″, …를 구면 위에서 연결하면, 이 곡선이 구하려고 하는 캠홈의 중심선이 된다. 따라서 이 곡선을 따라 롤러 지름과 같은 폭의 홈을 파면 된다.

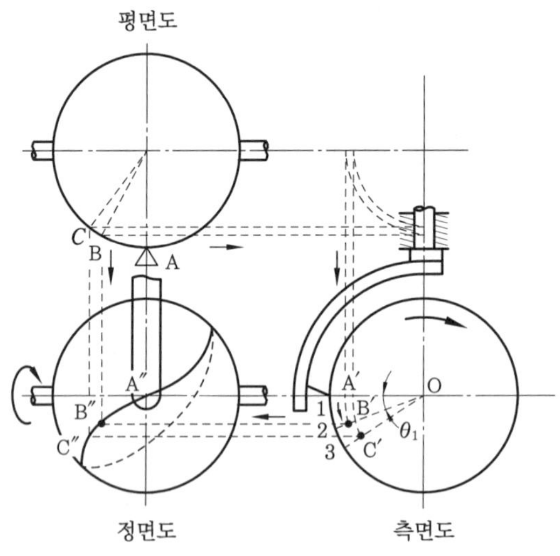

그림 7-38 구면캠

• 연 습 문 제 •

1. 캠의 종류를 분류 설명하고, 그 특징을 비교하시오.

2. 캠이 각속도 $\omega = 0.5$ rad/s로 회전하고, 종동축은 20 mm/s의 일정속도로 직선운동을 하는 경우의 캠선도를 구하시오.

3. 종동절이 2 m/s^{2}의 등가속도에서 왕복운동을 하는 양정이 40 mm의 캠선도를 그리시오.

4. 종동절이 주기 5초, 진폭 30 mm의 단진동을 하는 캠선도를 그리시오.

5. 롤러가 없는 종동절이 다음과 같은 직선운동을 하는 캠의 윤곽곡선을 그리시오.
(1) 처음 90° 등속도로 20 mm 상승
(2) 다음은 30° 정지
(3) 다음은 150° 등속도에서 강하
(4) 최후에 정지
(5) 캠의 회전 방향은 반시계 방향
(6) 최대압력각 30°

제 8 장 나사운동기구

1. 나사의 정의와 종류

1-1 나사의 정의

그림 8-1에서와 같이 ABC의 직각삼각형으로 오린 종이를 원통 S의 둘레에 감았을 때, 빗변 AB는 S의 원주면상에 $aefb$로 표시되는 곡선을 만드는데 이 곡선을 나선(helix)이라고 한다.

나선곡선에 따라서 원주면상에 삼각이나 사각 등의 골을 파면 산과 골로 된 입체가 생기는데, 이것이 나사(screw thread)이다. 나선이 원주를 1회전하여 축방향으로 진행한 거리를 리드(lead)라고 한다.

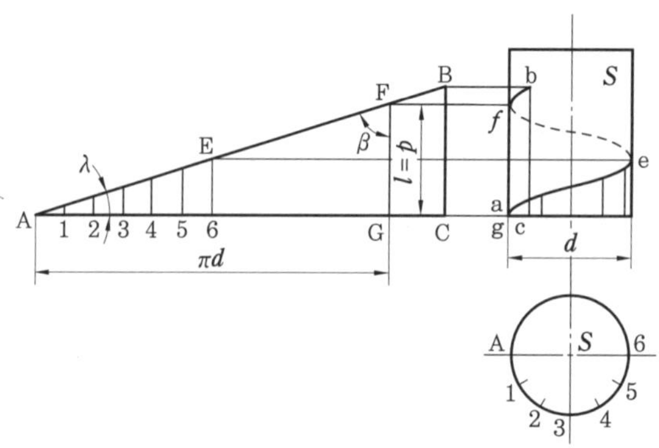

그림 8-1 나사의 성립

각 λ는 나선의 경사를 표시하는 것으로서 리드각(lead angle)이라 하고, 각 β를 나선각(helix angle)이라 한다.

또한, 나사에 있어서 산과 산, 또는 골과 골 사이의 거리를 피치(pitch)라 한다.

지금 원통의 지름을 d라 하면 직각삼각형의 $\overline{AG}=\pi d$가 되고, 피치를 p라고 하면 $p=\overline{af}$가 된다. 따라서 리드각 λ는 다음 식과 같이 된다.

$$\tan\lambda = \frac{p}{\pi d} \tag{8-1}$$

그러므로 리드 l은 다음 식으로 표시된다.

$$l = \pi d \tan\lambda \tag{8-2}$$

그림 8-1에서 보는 바와 같이 한줄나사의 경우는 $l = p$가 된다.

또한, 나사는 나사산, 나사봉우리, 나사골, 나사면(flank) 등으로 구성된다. 나사의 지름은 다음과 같이 분류된다.

① 바깥지름 (d) : 나사의 축에 직각으로 측정한 지름이다. 나사의 크기와 공칭지름은 바깥지름으로 표시한다.

② 골지름 (d_1) : 수나사에 있어서는 최소지름이 되고, 암나사에 있어서는 최대지름이 된다.

③ 안지름 (d_3) : 암나사의 최소지름을 말한다.

④ 유효지름 (d_2) : 바깥지름과 골지름의 평균지름으로 $d_2 = \frac{d + d_1}{2}$ 이다.

이상의 나사 각 부의 명칭을 그림 8-2에 나타낸다.

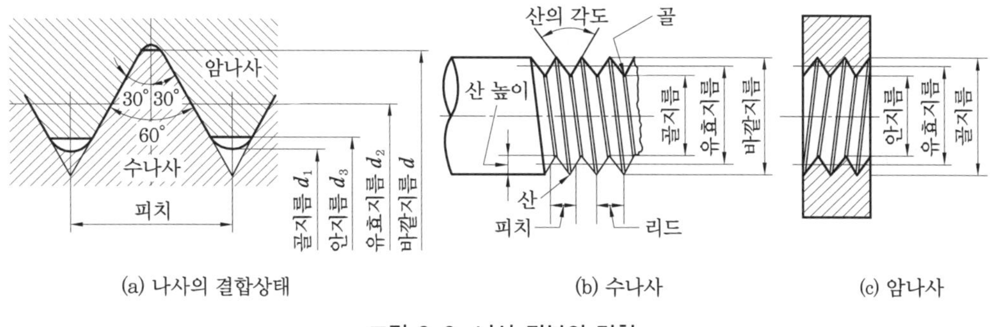

(a) 나사의 결합상태 (b) 수나사 (c) 암나사

그림 8-2 나사 각부의 명칭

1-2 나사의 종류

나사의 골을 구성하고 있는 면을 나사면이라 하고, 나사면의 형상에 따라서 다음과 같은 나사의 종류가 있고, 그림 8-3과 같다.

(1) 삼각나사(triangular screw thread)

나사산의 모양이 삼각형인 것으로서, 체결용으로 쓰인다. 삼각나사에는 미터 나사(metric screw thread) 및 유니파이 나사(unified screw thread)가 있다.

미터 나사는 미터 계열의 나사이고, 나사산의 각도는 60°이다.

유니파이 나사는 인치 계열의 나사로서 피치는 1인치에 대한 나사의 산수로써 표시한다. 나사산의 각도는 60°이다. 유니파이 나사는 미국, 영국, 캐나다의 3나라가 협정에 의하여 만든 나사이다.

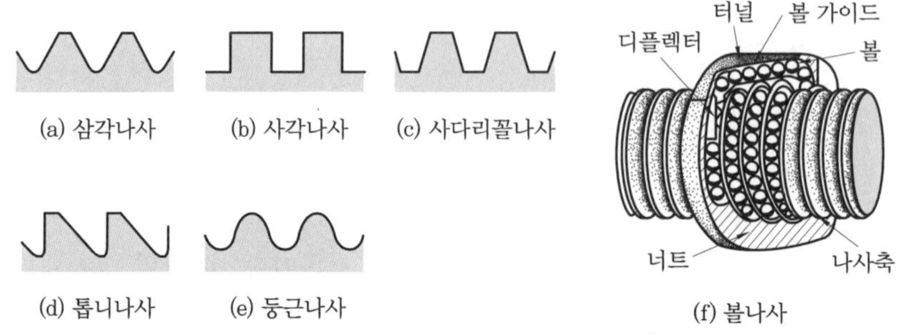

그림 8-3 나사의 종류

(2) 사각나사(square screw thread)

나사산의 모양이 사각형으로서 잭(jack), 나사 프레스, 선반의 이송나사(feed screw) 등과 같은 동력전달용에 널리 사용된다.

(3) 사다리꼴나사(trapezoidal screw thread, 또는 acme screw thread)

나사산의 모양이 사다리꼴로서 사각나사와 같이 운동용으로 사용되며, 사각나사보다 더욱 강하다. 나사산의 각도는 미터 계열에서는 30°, 인치 계열에서는 29°이다.

(4) 톱니나사(buttress screw thread)

프레스, 잭 등과 같이 큰 힘이 한쪽으로만 작용하는 경우에 적합하고, 힘을 받는 면은 축에 직각이므로 힘을 받지 않는 면은 40°로 경사되어 있다.

(5) 둥근나사(round screw thread, knuckle screw thread)

아주 큰 힘을 받는 부분이나 먼지, 모래 등이 나사산 사이에 들어가도 나사의 작용이 그다지 나쁘지 않으므로 호스(hose)의 이음부 나사, 전구와 소켓 등에 쓰인다.

(6) 볼나사(ball screw)

그림 8-3 (f)와 같이 수나사의 나사홈과 암나사의 나사홈을 서로 맞추어 생기는 코일 모양의 공간에 볼 베어링용의 볼을 한 줄로 집어넣으면, 매우 가볍게 미끄럼접촉을 하게 된다.

이때 너트의 한쪽 끝에서 나온 볼은 너트 본체(本體) 중의 구멍, 또는 튜브 속을 통과하여 다시 너트의 다른 쪽 끝의 나사홈부로 복귀하여 볼이 순환하도록 되어 있다.

볼나사는 최근 개발된 것으로서 NC 공작기계의 이송나사, 수치제어장치, 자동차의 조향장치 등에 널리 사용된다.

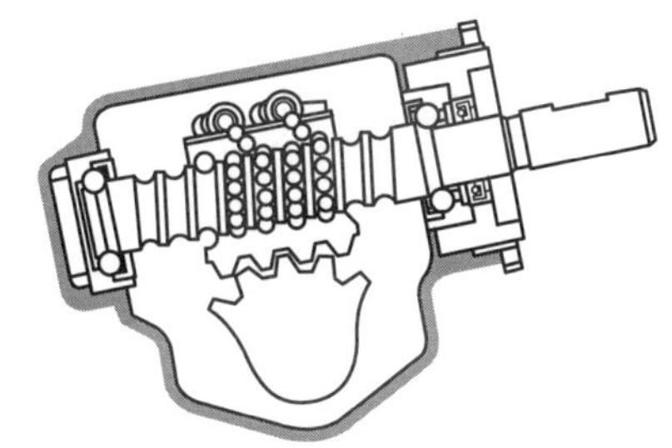

그림 8-4 자동차의 조향장치

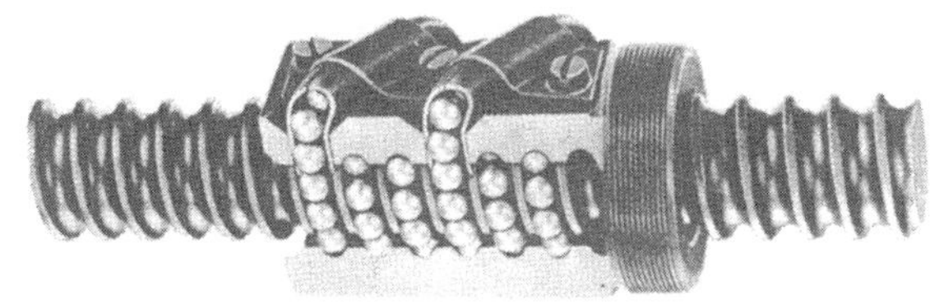

그림 8-5 볼나사의 실물

그림 8-4는 자동차의 조향장치 기어(steering gear)에 사용한 예이고, 그림 8-5는 볼나사의 실물을 나타내고 있다. 볼나사의 특징을 요약하면 다음과 같다.

① 나사의 효율이 좋다.
② 치면놀이(backlash)를 작게 할 수 있다.
③ 윤활에 별 주의를 하지 않아도 좋다.
④ 먼지에 의한 마멸이 적다.
⑤ 정밀도가 오래 유지된다.
⑥ 자동체결이 곤란하다.
⑦ 가격이 비싸다.
⑧ 피치가 크게 된다.
⑨ 너트가 크게 된다.
⑩ 고속회전 때 소음이 발생한다.

또한, 나사를 시계 방향으로 돌릴 때 진행하는 나사를 오른나사(right hand screw)라 하고, 그 반대의 경우를 왼나사(left hand screw)라고 한다.

그리고 그림 8-1에서 $\triangle ABC$와 같은 크기의 또 다른 종이를 피치가 같게 감으면 두줄나사(double screw thread), 세줄나사(tripple screw thread) 등이 얻어진다.

한줄나사는 피치와 리드가 같고, 두줄나사의 피치는 리드의 $\frac{1}{2}$, 세줄나사는 리드의 $\frac{1}{3}$이 된다. 즉 나사의 줄 수를 n이라 하면, 나사의 리드 l은 다음 식과 같이 된다.

$$l = np \tag{8-3}$$

2. 나사운동기구의 성립

원통의 표면에 깎여진 수나사를 볼트(bolt), 내면에 깎여진 암나사를 너트(nut)라 부르며, 나사기구는 일반적으로 이 두 나사를 조합한 것을 말한다.

볼트와 너트의 피치는 같아야 하고, 나사면이 상호접촉하여 운동을 하면 나사짝을 이룬다. 이 두 기소 중 하나를 고정하고 다른 하나를 회전시킬 때 나사는 축방향으로 진행하면서 나선운동을 한다.

너트의 회전각을 θ, 그 운동량을 S, 리드를 l이라고 하면 다음 식과 같이 된다.

$$S = \frac{\theta}{2\pi} l \tag{8-4}$$

나사는 이 관계에 의해서 그 운동이 한정되므로, 회전과 축방향의 운동을 별개로 취급할 수 없다.

식 (8-4)에서 $l=0$이면 θ에 관계없이 $S=0$이고, 나사짝은 회전짝으로 된다. 또한, l을 무한대로 하면 $\theta=0$일지라도 S를 임의로 선택할 수 없고, 미끄럼짝이 된다.

즉, 회전력과 미끄럼짝은 나사짝의 특수한 경우라는 것은 이미 짝의 종류에서도 설명한 바 있다. 따라서 나사짝은 회전만이나 미끄럼만으로써는 성립될 수 없고, 나사기구에 의해서만 가능하다.

나사짝을 기계운동기구에 사용하려면, 회전짝 및 미끄럼짝과 조합시켜야 하므로 3개의 2짝소절의 각 링크는 나사짝, 회전짝, 미끄럼짝 중에서 성질이 다른 짝 2개를 갖는 링크라야 한다. 따라서 각 링크를 각각 ①, ②, ③으로 하고 링크 ①은 나사짝과 회전짝, 링크 ②는 회전짝과 미끄럼짝, 링크 ③은 나사짝과 미끄럼짝으로 하지 않으면, 3개 링크의 나선운동을 기대할 수 없다.

그림 8-6은 이러한 관계를 나타낸 것이다. 이때 고정절(固定節)과 이동절(移動節)을 어느 링크로 선택하는가에 따라서 각각 다른 기구가 만들어진다.

그림 8-7 (a)는 링크 ③을 고정하고, 링크 ①을 이동절로 한 경우로서 나사 프레스 기구가 여기에 속한다.

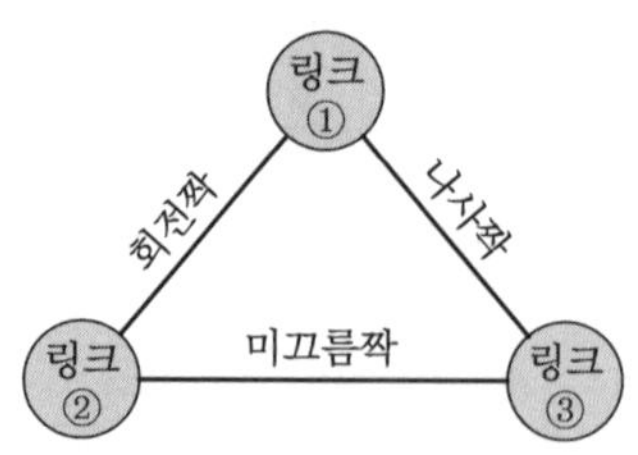

그림 8-6 나사짝

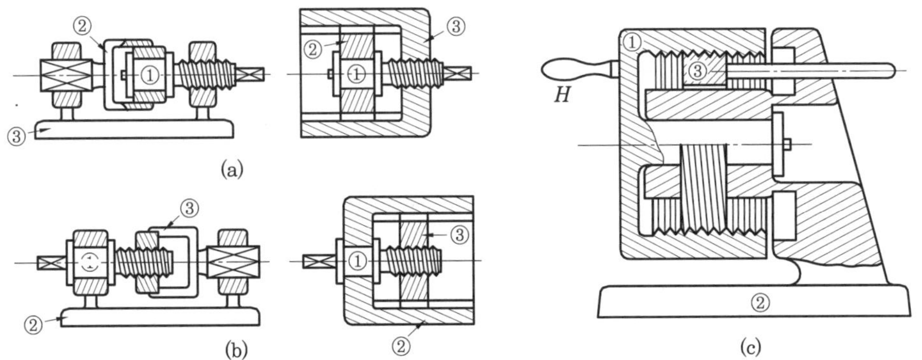

그림 8-7 나사운동기구의 예

그림 8-7 (b)는 링크 ②를 고정하고, 링크 ① 또는 ③을 이동절로 한 경우이다. 그 예로는 심압대(tail stock), 바이스 등이 있고, 가장 많이 이용되고 있는 나사기구이다.

그림 8-7 (c)는 링크 ②를 고정하고, 링크 ①을 이동절로 한 것으로서 배력(培力)나사기구가 여기에 속한다.

3. 나사운동기구의 종류

나사운동기구는 다음과 같은 4종류로 분류된다.

① 단일나사기구
② 2중나사기구
③ 조합나사기구
④ 3중나사기구

이들 나사기구에 대하여 알아보기로 한다.

3-1 단일나사기구

단일나사기구는 한 쌍의 볼트와 너트로 이루어진 나사기구이다. 그림 8-6의 나사짝의 각 링크 중에서 어느 것을 고정하는가에 따라 각기 다른 응용기계가 만들어진다.

(1) 링크 ③을 고정할 경우

그림 8-8과 같이 링크 ①의 나선운동에 의하여 링크 ②는 링크 ③과 연결되어 직선운동을 한다. 따라서 링크 ②는 회전운동을 하지 않으면 안 된다. 이러한 기구의 응용예는 그림 8-9와 같은 나사 프레스 기구가 있다.

그림 8-10은 멍키 렌치(monkey wrench)로서 링크 ③이 고정되어 있고, 링크 ①을 손으로 돌리면 ②에 부착된 래크가 이것과 서로 맞물려지며 링크 ②전체가 링크 ③ 속에 파여져 있는 홈을 따라 미끄럼운동을 한다.

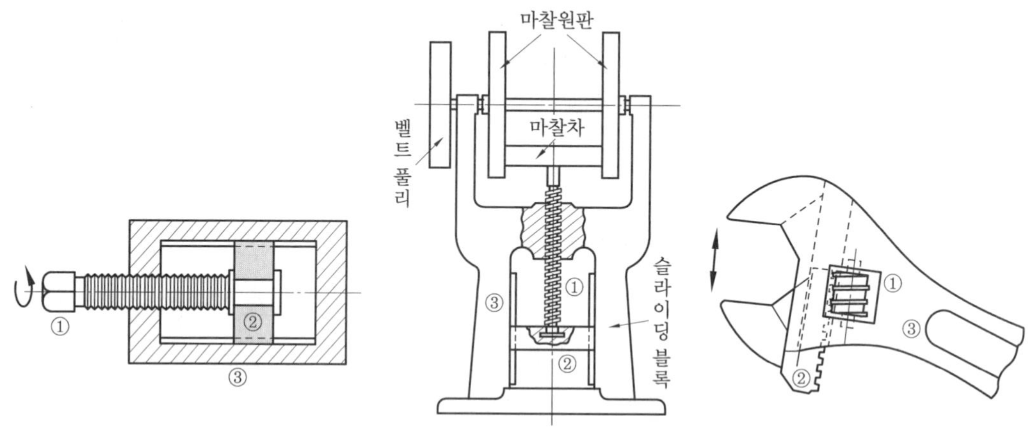

그림 8-8 단일나사기구(링크 ③을 고정) 그림 8-9 나사 프레스 기구 그림 8-10 멍키 렌치

(2) 링크 ②를 고정할 경우

그림 8-11과 같이 링크 ①의 회전에 의하여 링크 ③은 링크 ②에 연결되어 직선운동을 한다. 그러므로, 링크 ①의 축방향 운동과 링크 ③의 회전운동은 서로 구속(拘束)되지 않으면 안된다.

이러한 나사기구의 응용범위가 가장 넓고 그림 8-12와 같은 선반의 심압대, 그림 8-13과 같은 바이스, 그리고 그림 8-14와 같은 나사절삭기구를 예로 들 수 있다.

또한, 그림 8-15는 마이크로미터(micrometer)로서 1/100 mm까지 정밀하게 측정할 수 있는 측정기(測定器)이다. 그림에서 a는 스핀들(spindle)이고 뒷부분의 반은 수나사로 되어 있으며, 눈금이 있는 d의 암나사 ②와 서로 맞물려 있다.

프레임(frame) b의 구멍 ①과 스핀들의 원통부는 서로 회전짝으로 이루어져 있으므로, 앤빌(anvil) e와 스핀들 a의 사이에 측정물을 끼우면, 스핀들의 회전각에 의해서 그 크기를 정확히 측정할 수 있다. 회전각 θ의 측정은 스핀들에 붙어 있는 c와 d의 눈금에 의한다.

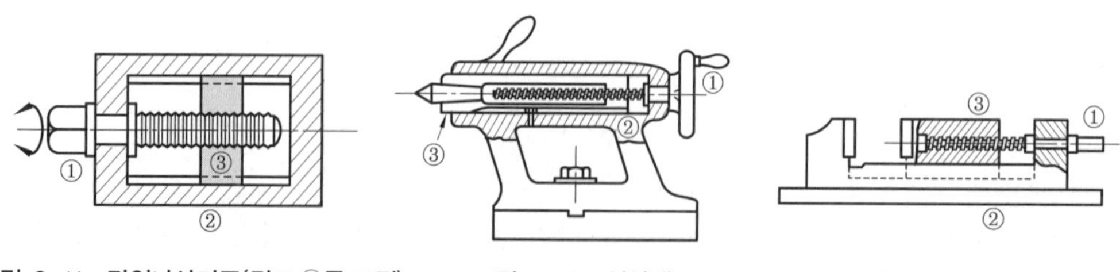

그림 8-11 단일나사기구(링크 ②를 고정) 그림 8-12 심압대 그림 8-13 바이스

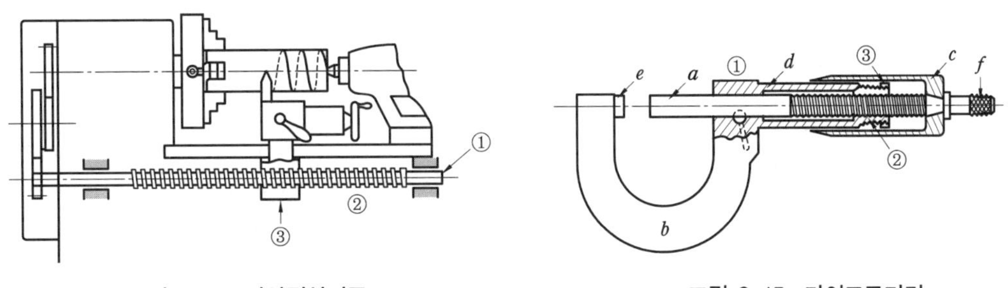

그림 8-14 나사절삭기구　　　　그림 8-15 마이크로미터

일반적으로 마이크로미터는 리드를 0.5 mm, c의 원주를 50등분하고 있기 때문에 c의 눈금에 대한 회전은 식 (8-4)에서 $\theta = 2\pi/50$ 이므로

$$S = \frac{\theta}{2\pi}\, l = \frac{2\pi/50}{2\pi} \times 0.5 = 0.01\ \text{mm}$$

따라서 c의 한 눈금에 대한 회전은 0.01 mm의 이동에 해당하므로, 마이크로미터는 1/100 mm까지 측정이 가능하다.

(3) 링크 ①을 고정할 경우

그림 8-16과 같이 링크 ②의 회전에 의해서 링크 ③은 나선운동을 하며, 또 반대로 링크 ③에 나선운동을 주면 링크 ②는 회전운동을 한다. 따라서 링크 ②의 축방향 운동의 구속이 필요하게 된다. 여기에 속하는 기구로는 그림 8-7 (c)의 배력나사기구이며, 링크 ②를 고정시키고 링크 ①을 회전시켜 링크 ③을 이동시킨다.

이상의 각 링크 ①, ②, ③을 고정시키는 경우는 이미 설명한 바와 같이 나사의 축방향 운동에 의해서 회전운동을 시키는 것은 불가능하지만, 특히 리드가 큰 나사를 이용하면 축방향의 힘을 더하여 회전운동을 할 수 있다.

그림 8-17은 이러한 예로서 스크루 드라이버(screw driver)를 나타낸 것이다.

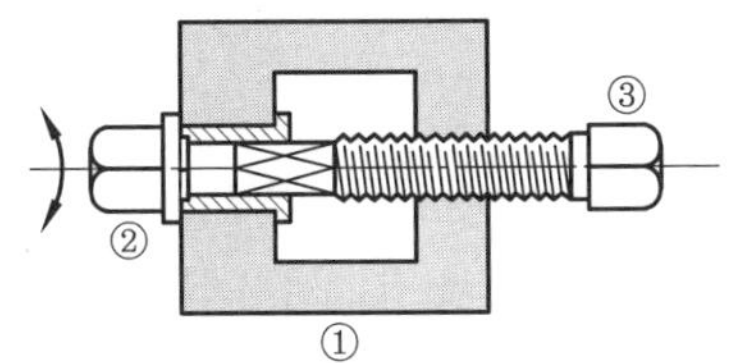

그림 8-16 단일나사기구 (링크 ①을 고정)

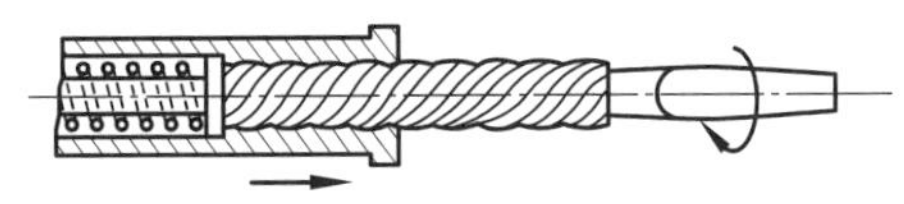

그림 8-17 스크루 드라이버

3-2 2중나사기구

2중나사기구는 단일나사기구에서 회전짝을 나사짝으로 바꾼 것이다. 그림 8-18과 같이 링크 ②와 링크 ③은 동일한 성질의 것이 되므로, 고정 링크를 바꾸어 생기는 기구로

서는 2종류뿐이다. 이때 2개의 나사짝에 대한 나사는 오른나사와 왼나사의 경우가 있으며, 이들은 제각기 다른 효과를 나타낸다.

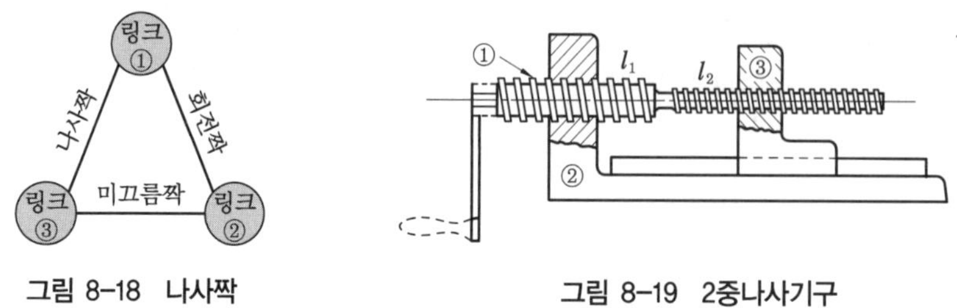

그림 8-18 나사짝

그림 8-19 2중나사기구

그림 8-19는 링크 ①이 동일 방향의 오른나사만으로 되어 있고, 나사의 리드를 각각 l_1, l_2라 하자. 링크 ①을 회전시키면 링크 ③은 링크 ②에 대해서 1회전에 $l_1 - l_2$만큼 이동하게 된다.

그림 8-20은 이 기구를 밀링 머신의 아버(arbor)의 체결 및 빼기에 응용한 예이다. 링크 ②는 밀링머신의 스핀들 주축, ③은 아버, 링크 ①은 너트이다. 여기서 이 기구는 왼나사짝으로 되어 있으므로 링크 ①을 왼쪽으로 회전시키면 죄어지고, 오른쪽으로 회전시키면 아버를 빼낼 수 있다.

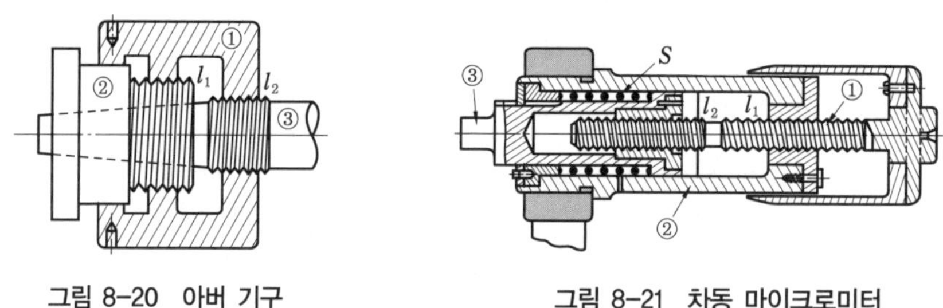

그림 8-20 아버 기구

그림 8-21 차동 마이크로미터

그림 8-21은 차동 마이크로미터(differential micrometer)에 이 기구를 응용한 예이다. 링크 ①의 나사를 오른나사로 하고 리드 $l_1 > l_2$로 하면, 링크 ①을 1회전시키면 스핀들 ③은 $l_1 - l_2$만큼 이동한다.

그림 8-19에서 만일 한쪽 나사를 오른나사, 다른 쪽을 왼나사라고 하면, 링크 ③은 ②에 대해서 1회전할 때마다 $l_1 + l_2$만큼 이동한다. 따라서 이러한 기구는 급속 이동을 필요로 할 때 사용된다.

그림 8-22는 이러한 원리를 이용한 턴 버클(turn buckle)로서, 링크 ①의 회전에 따라 링크 ②와 ③ 사이의 거리가 넓어졌다 좁아졌다 한다.

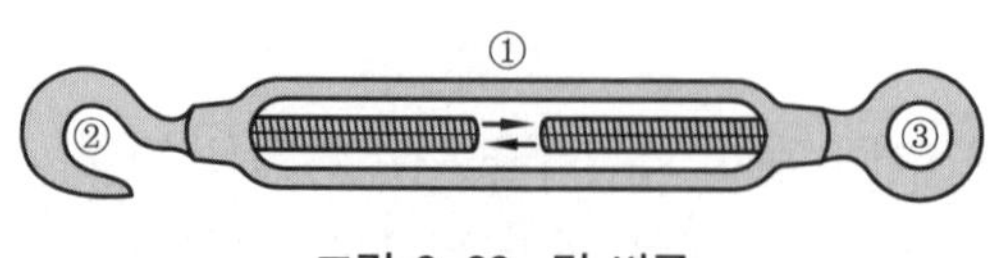

그림 8-22 턴 버클

3-3 조합나사기구

그림 8-23은 나사기구를 왕복운동장치에 사용한 것이다. 링크 ①은 오른나사와 왼나사로 되어 있고, 링크 ②에는 노치 너트 A, B가 암 C의 중심선에 대칭으로 설치되어 있고, 핀 P에 의해서 왕복운동하는 ③과 회전짝을 이룬다.

암 C의 끝 M과 D는 스프링에 의해 강하게 인장되므로 너트를 링크 ①의 나사에 밀어 붙여 나사물림이 벗어나지 않게 한다. 따라서 그림과 같은 위치에서 홈붙이차 W를 회전시키면 너트 B와 나사가 물리고, 링크 ③은 오른쪽으로 이동하며, 그 행정의 끝에서 C와 압입봉(壓入棒) F의 선단(先端)이 부딪쳐 C를 누른다.

C의 선단 M이 S의 위치에 오면 스프링의 작용에 의해서 순간적으로 점 M′에 오고, 너트 A와 링크 ①이 물리고 링크 ②는 오른쪽으로 운동하며, 링크 ③은 왕복운동을 한다. 이 기구는 철사를 감는 권선기(卷線機) 등에 이용되고 있다.

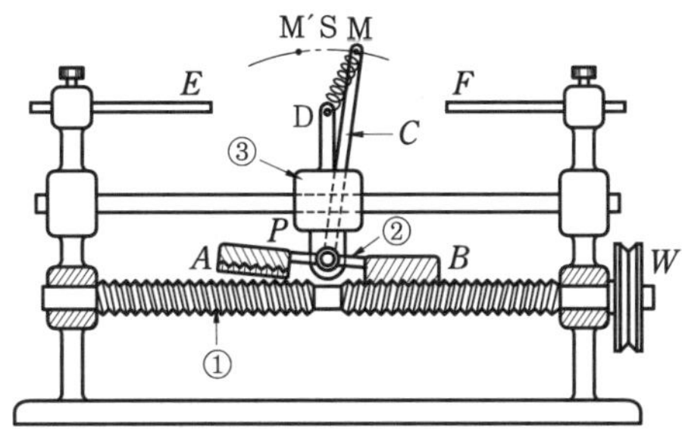

그림 8-23 왕복운동 나사기구

4. 나사의 역학

4-1 나사에 대한 회전력

(1) 사각나사의 회전력

리드각을 λ, 나사에 걸리는 축방향의 힘을 Q, 수평 방향의 힘을 P, 나사산의 평균지름을 d_2, 나사면의 마찰계수를 μ라 하면, 그림 8-24에서 힘의 평형조건을 사용하면

$$P\cos\lambda = \mu(Q\cos\lambda + P\sin\lambda) + Q\sin\lambda$$

$$\therefore\ P = Q\frac{\mu\cos\lambda + \sin\lambda}{\cos\lambda - \mu\sin\lambda} = Q\frac{\tan\rho\cos\lambda + \sin\lambda}{\cos\lambda - \tan\rho\sin\lambda}$$

$$= Q\frac{\tan\rho + \tan\lambda}{1 - \tan\rho\tan\lambda} = Q\tan(\rho+\lambda) \qquad (8\text{-}5)$$

여기서 $\mu = \tan\rho$ 이고, $\tan\lambda = \dfrac{p}{\pi d_2}$ 이므로 회전력 P는

$$P = Q\frac{p + \mu\pi d_2}{\pi d_2 - \mu p} \qquad (8\text{-}6)$$

따라서 나사를 죌 때 필요한 회전 토크 T는

$$T = P\frac{d_2}{2} = Q\frac{d_2}{2}\tan(\rho+\lambda) = Q\frac{d_2}{2}\,\frac{p+\mu\pi d_2}{\pi d_2 - \mu p} \qquad (8\text{-}7)$$

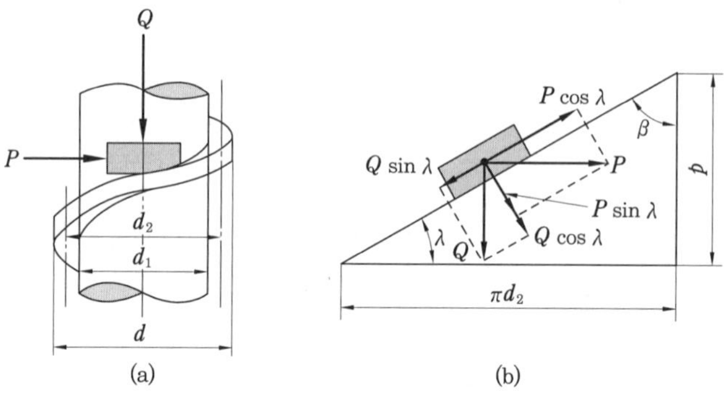

그림 8-24 나사의 회전력

(2) 삼각나사의 회전력

삼각나사의 경우에는 축방향의 힘 Q에 대하여 나사면에 작용하는 수직력은 α를 나사산의 각도라 하면 마찰력 F는 다음 식과 같이 된다.

$$F = \mu\frac{Q}{\cos\frac{\alpha}{2}} = \mu' Q \qquad (8\text{-}8)$$

여기서 $\mu' = \dfrac{\mu}{\cos\frac{\alpha}{2}} = \tan\rho'$

또한, 그림 8-24에서 나사산이 삼각형이라면

$$T = Q\frac{d_2}{2}\tan(\rho' \pm \lambda) \qquad (8\text{-}9)$$

4-2 나사의 자립조건

그림 8-25와 같이 수평력 P로써 너트를 풀 때는 P'의 방향이 P의 힘으로 죌 때와는 힘의 방향이 반대로 된다.

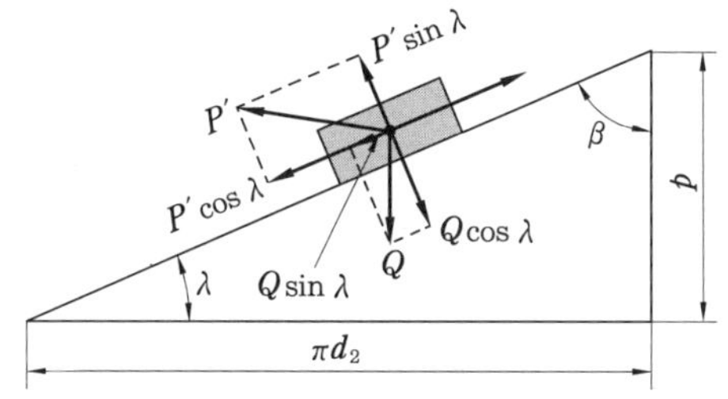

그림 8-25 나사의 자립 상태

$$P' = Q\tan(\rho - \lambda) \qquad (8\text{-}10)$$

따라서

① $P' < 0$, $\rho - \lambda < 0$이면 $\lambda > \rho$이므로 나사는 스스로 풀어진다.

② $P' = 0$, $\lambda - \rho = 0$이면 $\lambda = \rho$이므로, 임의의 위치에서 정지한다.

③ $P' > 0$, $\rho - \lambda > 0$이면 $\rho > \lambda$이므로, 나사를 푸는 데 힘이 필요하게 되어 자립상태(self-sustenance)를 유지한다. 따라서 자립상태(自立狀態)를 유지하기 위한 자립조건(self-locking condition)은 마찰각 ρ가 나사의 리드각 λ보다 커야 한다.

4-3 나사의 효율

나사의 효율(efficiency) η는 실제로 나사를 1회전시키는 데 소비된 일량에 대한 유효한 일량의 비를 말한다.

즉, 나사의 효율 $= \dfrac{\text{마찰이 없는 경우의 회전력}}{\text{마찰이 있는 경우의 회전력}}$

(1) 사각나사의 효율

우선, 마찰이 없는 경우의 회전력을 P_0라 하면

$$P_0 = Q\frac{p}{\pi d_2}$$

나사의 효율 η는

$$\therefore\ \eta = \frac{P_0}{P} = \frac{Qp}{2\pi T} = \frac{Qp}{\pi d_2 p} = \frac{\tan\lambda}{\tan(\lambda + \rho)} \qquad (8\text{-}11)$$

효율이 최대로 되는 리드각은 $d\eta / d\lambda = 0$에서

$$\lambda = 45^\circ - \frac{\rho}{2} \qquad (8\text{-}12)$$

따라서 식 (8-11)에 식 (8-12)를 대입하면

$$\eta_{\max} = \tan^2\left(45° - \frac{\rho}{2}\right) \tag{8-13}$$

(2) 삼각나사의 효율

삼각나사의 효율을 η'이라 하면

$$\eta' = \frac{\tan\lambda}{\tan(\lambda + \rho')} = \frac{p\left(\pi d_2 - \dfrac{\mu p}{\cos\alpha}\right)}{\pi d_2\left(p + \dfrac{\mu \pi d_2}{\cos\alpha}\right)} \tag{8-14}$$

(3) 자립상태일 때의 나사의 효율

나사가 스스로 풀어지지 않는 자립상태의 한계는 $\lambda = \rho$이므로, 이때의 효율 η는 다음 식과 같이 된다.

$$\eta = \frac{\tan\lambda}{\tan(\lambda + \rho)} = \frac{\tan\rho}{\tan 2\rho} = \frac{\tan\rho(1 - \tan^2\rho)}{2\tan\rho}$$

$$= \frac{1}{2} - \frac{1}{2}\tan^2\rho < 0.5 \tag{8-15}$$

따라서 자립상태를 유지하는 나사의 효율은 50 % 미만이다.

그림 8-26은 리드각 λ와 효율 η의 관계를 나타내고 있다.

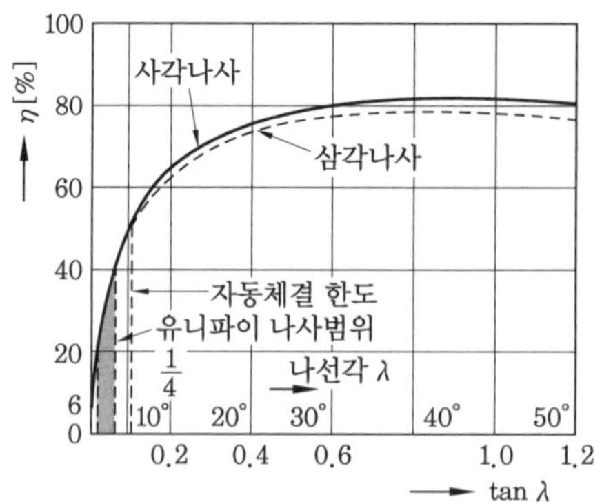

그림 8-26 나사의 효율

ρ'은 ρ보다 항상 큰 값을 가지므로 삼각나사의 효율은 사각나사의 효율보다 작아진다.

동력전달용 나사는 효율이 큰 편이 좋고, 체결용 나사는 저절로 풀리지 않아야 하며, λ가 작아야 하므로 효율은 나쁘게 된다. 동력전달용에는 사각나사, 사다리꼴나사가 사용되고, 체결용에는 삼각나사가 이용되는 것도 이러한 이유 때문이다.

● 연 습 문 제 ●

1. 단일나사기구에 대하여 응용예를 들어 설명하시오.

2. 2중나사기구에 대하여 응용예를 들어 설명하시오.

3. 3중나사기구에 대하여 응용예를 들어 설명하시오.

4. 마이크로미터(micrometer)의 구조와 작동원리를 설명하시오.

5. 나사의 자립상태에 대한 조건을 설명하고, 이때의 효율을 구하시오.

제 9 장 감기전동기구

1. 감기전동기구의 종류

구동축의 회전을 종동축에 전달함에 있어서 두 축 사이의 거리가 가까울 때는 마찰차, 기어 등을 직접접촉시켜 전동(傳動)할 수 있다. 그러나 두 축 사이의 거리가 멀 때는 직접접촉에 의하여 전동하려고 하면 대단히 큰 바퀴를 사용하든지, 또는 중간축을 설치하여 몇 개의 마찰차 또는 기어를 사용하여야 한다. 이와 같은 경우 매개절(媒介節)을 이용하여 구동차와 종동차의 간접접촉에 의하여 운동을 전달시키는 것이 좋다.

매개물을 이용한 중간절에는 여러 가지가 있으나 압축이나 휨에 대한 저항이 없고, 인장력에만 견디어서 운동을 전달하는 유연성 매개절(flexible connector)이 적합하다.

유연성 매개절은 구동차와 종동차를 서로 감아서 회전을 전달하므로 감기매개절(wrapping connector)이라 부르고, 이 감기매개절에 의한 전동기구를 감기전동기구(wrapping driving mechanism)라 한다.

감기전동기구에는 원판과 유연성 매개절 사이에 발생하는 마찰을 이용하여 운동을 전달하는 벨트 전동기구(belt-driving mechanism) 및 로프 전동기구(rope-driving mechanism)와 벨트 대신에 체인을 사용한 체인 전동기구(chain-driving mechanism)로 분류한다.

감기전동기구의 특징을 요약하면 다음과 같다.

(1) 벨트 전동기구

가죽, 면직물(綿織物), 고무 등을 재료로 하여 만든 벨트를 매개설로 사용하는 것으로서, 벨트의 형상에 따라 평벨트와 V 벨트로 분류할 수 있다. 평벨트는 형상이 크게 되므로 최근에는 V 벨트가 많이 사용되고 있다.

또한, 이 기구에서는 접촉부분에 다소의 미끄럼이 생기므로 정확한 속도비는 기대하기 어려우나, 불의의 사고를 큰 하중이 작용하였을 경우에는 미끄러져서 안전장치의 역할을 하게 되고, 비교적 정숙한 운전을 한다. 그리고 벨트 전동기구에서 벨트를 감아서 전동하는 바퀴를 풀리(pulley)라 한다.

그림 9-1은 벨트 전동장치를 나타낸 것이다. 또한 최근에 이〔齒〕를 가진 바퀴에 의하여 구동되는 타이밍 벨트(timing belt), 또는 싱크로 벨트(synchro belt) 등의 사용이 점차 증가되고 있다.

그림 9-2는 타이밍 벨트의 실물로서 이 벨트의 특징은 미끄럼이 없고 초장력(初張力)을 필요로 하지 않으며, 항장력(抗張力)이 크고 넓은 속도 범위에서 사용이 가능하다.

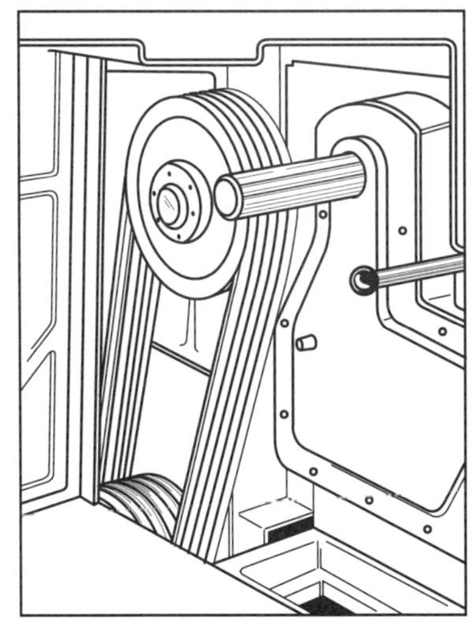

그림 9-1 벨트 전동장치

그림 9-2 타이밍 벨트 장치

(2) 로프 전동기구

면직물, 대마, 강철 등의 로프를 매개절로 사용하는 것으로서, 그림 9-3과 같은 하역기계(荷役機械)는 이 기구의 한 예이고, 엘리베이터 및 케이블 카 등에도 사용되고 있다. 로프 전동기구에서 로프를 감을 수 있는 바퀴를 시브(sheave)라 한다.

그림 9-3 로프 전동장치

그림 9-4 체인 전동장치

(3) 체인 전동기구

벨트나 로프 전동은 미끄럼이 생기고, 정확한 운동의 전달이 어려우므로 체인을 이용하면 정확한 속도비가 얻어진다. 그러나 체인 전동의 경우 소음이 심한 것이 결점이다.

체인에는 롤러 체인(roller chain)과 사일런트 체인(silent chain)이 있고, 체인을 감을 수 있는 바퀴를 스프로킷 휠(sprocket wheel)이라 한다.

그림 9-4는 체인 전동장치를 나타낸 것이다. 감기전동장치에 대한 축간거리의 적용범위를 표시하면 표 9-1과 같다.

표 9-1 감기전동장치의 적용범위

매개절의 종류		축간거리 [m]	속도비	매개절의 속도 [m/s]
평벨트		10 이하	1 : 1~6	10~30
V 벨트		5 이하	1 : 1~7	10~18
로프		10~25	1 : 1~2	15~25
체인	롤러 체인	4 이하	1 : 1~7	4 이하
	사일런트 체인	4 이하	1 : 1~8	8 이하

2. 평벨트 전동장치

2-1 벨트를 거는 방법

벨트를 풀리에 거는 방법에는 그림 9-5 (a)와 같은 바로걸기(open belting)와 그림 9-5 (b)와 같은 엇걸기(cross belting)의 2 종류가 있다.

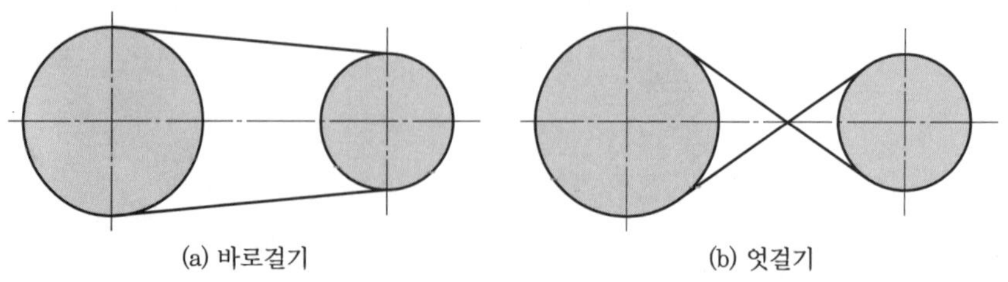

(a) 바로걸기 (b) 엇걸기

그림 9-5 벨트를 거는 방법

바로걸기에서는 2축의 회전 방향이 같고, 엇걸기에서는 회전 방향이 반대로 된다. 엇걸기는 접촉각이 바로걸기 때보다 크므로 작은 풀리로 큰 동력을 전동할 수가 있고, 고속장치에 사용하면 편리하다.

또한, 엇걸기에서는 벨트가 가끔 서로 스치므로 손상되기 쉽다. 벨트에 대한 비틀림 응력은 벨트의 폭이 넓고 축간거리가 짧을수록 심하므로, 축간거리는 보통 벨트 폭의 20배 이상으로 하고, 폭은 되도록 좁은 벨트를 사용한다.

벨트전동은 벨트와 풀리 사이의 마찰력에 의하여 전동되므로, 벨트로 풀리의 둘레에 밀어붙이기 위하여 벨트에 어느 정도의 장력(張力)을 주어야 하는데, 이것을 초장력(initial tension)이라 한다.

이와 같이 초장력을 준 상태에서 운전을 시작하면 그림 9-6과 같이 아래쪽의 벨트는 구동 풀리에 의하여 인장되므로 장력이 증가하고, 위쪽의 벨트는 구동 풀리에 의하여 밀려 나가게 되므로 그 장력이 감소한다. 이와 같은 경우 전자를 인장측(tension side), 후자를 이완측(loose side)이라 하고, 벨트가 구동 풀리에 들어가는 쪽을 인장측, 구동 풀리에서 나오는 쪽을 이완측(弛緩側)으로 한다.

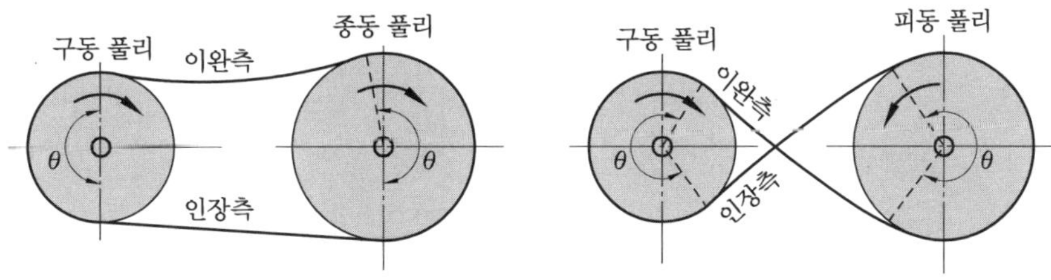

9-6 벨트의 인장과 이완

바로걸기에서는 수평방향으로 이동하는 경우에 이완측을 위쪽으로 하면 접촉각 θ가 커지고 미끄럼이 작아지므로, 가능한 한 이완측이 위쪽으로 되도록 하는 것이 좋다.

만일 이완측을 아래쪽으로 한다면, 벨트의 자중으로 벨트의 걸림각이 감소하여 미끄러지기 쉽다. 엇걸기에서는 일반적으로 바로걸기의 경우보다 접촉각이 커지므로 미끄럼이 작게 된다.

벨트전동은 평행한 두 축 사이에 회전을 전달하는 데 사용되는 것이 보통이다. 그러나 어떤 경우에 두 축이 평행하지 않은 여러 개의 풀리를 설치하는지 그 방법을 살펴보자.

그림 9-7은 회전 중에 벨트가 풀리로 감겨지는 진입측(advancing side)과 풀려 나오는 퇴거측(receding side)을 표시한 것인데, 이때 θ가 너무 크면 곤란하므로 최대 25° 정도로 하여야 한다.

그림 9-8과 같은 위치에 있는 풀리 A, B에 벨트를 감아서 전동하는 것은 그림과 같은 A의 풀리에서 나온 벨트가 B의 풀리의 정면(正面)에 들어가고, 또 B에서 나온 벨트는 A의 정면에 들어가도록 하면 벨트는 전동을 계속한다. 그러나 이 경우 역회전(逆回轉)은 되지 않고, 풀리의 폭은 보통보다 크게 하는 것이 좋다.

그림 9-9는 2개의 중간축을 이용하여 2축이 평행하지 않은 경우에 회전을 전달한다. 이 때 2축 사이의 정·역 양쪽으로 회전이 가능하다.

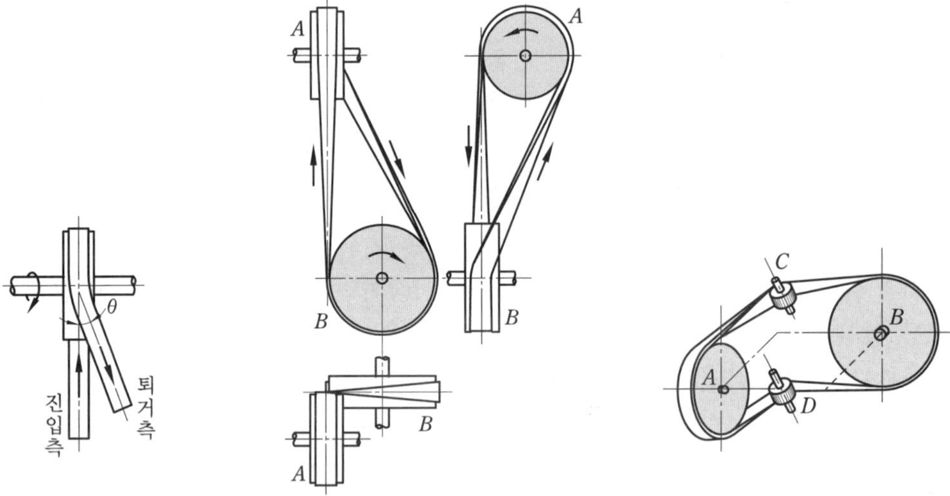

그림 9-7 벨트의 진입과 퇴거 그림 9-8 벨트를 거는 방법 그림 9-9 중간차에 의한 방법 (1)

일반적으로 그림과 같이 중간축 C, D를 기울어지게 놓고, 풀리 A, B가 같은 지름이든가 역회전을 필요치 않을 경우는 C, D의 축을 세로축에 평행하게 놓으면 된다.

그림 9-10은 2축이 평행하지도 않고, 또한 한 평면 내에 있지도 않은 경우로서 그림 9-10 (a)와 9-10 (b)에서 종동차의 회전방향은 반대로 된다.

그림 9-11의 2축은 평행하지만 거리가 상당히 가까운 경우이든가, 또는 2개의 풀리가 한 평면 내에 있지 않을 때 거는 방법이다.

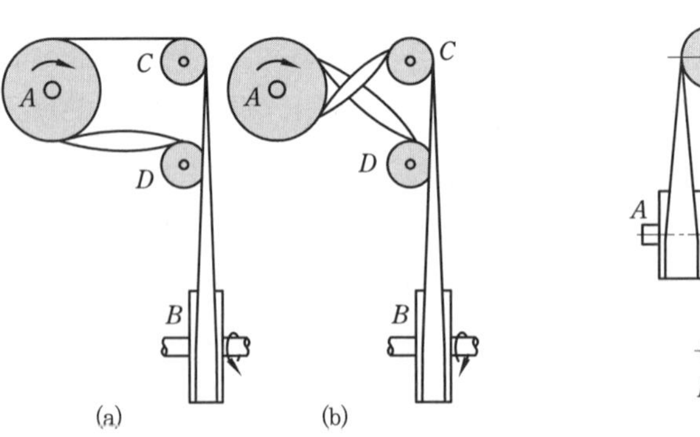

그림 9-10 중간차에 의한 방법 (2)

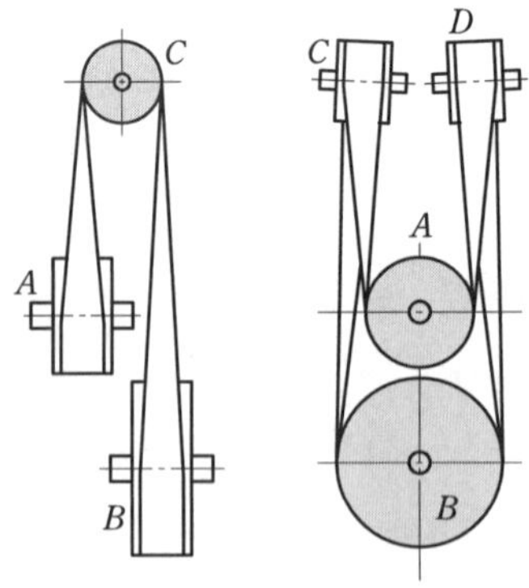

그림 9-11 중간차에 의한 방법 (3)

벨트를 잇는 데는 가죽 벨트, 고무 벨트 등에서는 양 끝을 접착제로 붙이는 것이 좋다. 간단하게는 그림 9-12 (a)와 같이 끈으로 잇거나, 그림 9-12 (b)~(d) 와 같이 이음쇠를 사용하여 고리모양〔環狀〕으로 이어준다.

풀리의 재료로는 일반적으로 주철, 강판, 목재 등이 사용되지만, 중량을 가볍게 하기 위하여 경합금(輕合金)을 사용하기도 한다.

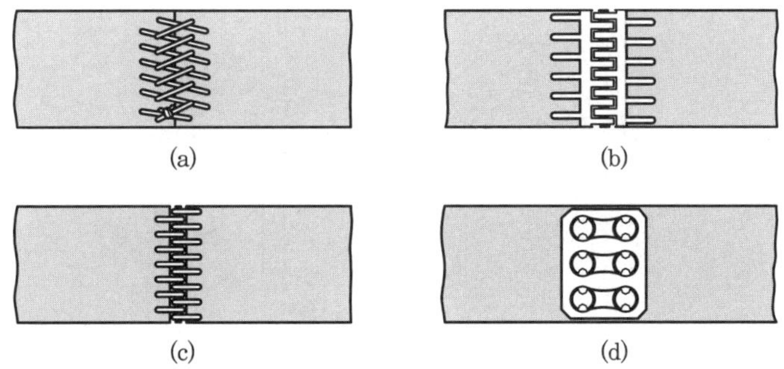

그림 9-12 벨트의 이음방법

풀리의 모양은 간단한 원형의 바퀴이지만, 그림 9-13과 같이 축에 붙이기 편리하게 반원형의 것을 볼트로써 2개를 조합하도록 한 것이 있다.

벨트가 접촉하는 면인 림(rim)의 모양은 그림 9-14(a)와 같이 벨트가 벗겨지지 않도록 양 끝에 플랜지(flange)를 만들어 사용하는 경우가 있으나, 이것은 벨트의 두 바깥면이 마멸된다.

또한, 9-14 (b)와 같이 접촉면의 지름이 같은 원통형의 풀리를 평벨트 풀리(flat pulley)라 한다.

9-14 (c)와 같이 풀리의 중앙부의 지름을 약간 크게 한 것이 많이 사용되는데, 이러한 것을 크라운 풀리(crown pulley)라 한다. 이렇게 중앙부를 약간 높여 줌으로써 벨트가 벗겨지지 않도록 한다.

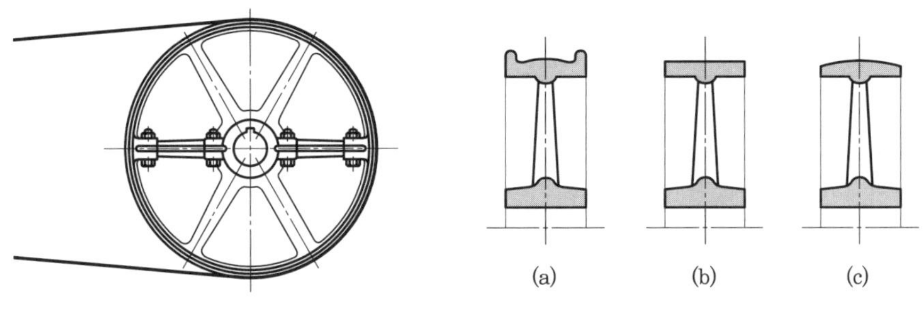

그림 9-13 조합 풀리

그림 9-14 벨트 풀리에 대한 림의 형상

크라운 풀리에서 벨트가 잘 벗겨지지 않는 이유는 그림 9-15에서 보는 바와 같이 벨트는 유연성이 있기 때문에 원뿔면에 따라서 ab와 같이 걸리지만, 풀리가 화살표 방향으로 90° 회전하면 b에서 풀리에 접촉된 벨트는 그대로 a′으로 오기 때문에 벨트는 점선 위치로 오게 된다.

이와 같이 풀리의 회전에 따라서 벨트는 점점 지름이 큰 쪽으로 이동함으로써 벨트 풀리의 중앙을 최대로 하면, 벨트는 항상 풀리의 중앙부에 걸리게 되므로 풀리로부터 벗겨짐을 방지할 수 있다.

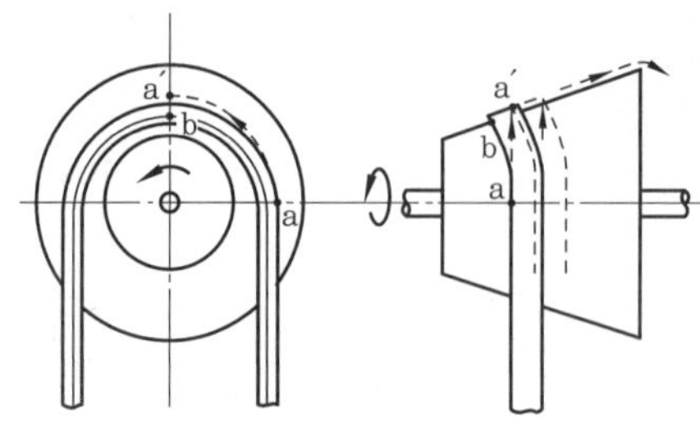

그림 9-15 원뿔 풀리

2-2 벨트와 풀리

일반적으로 벨트의 재료로 사용되고 있는 것은 가죽, 직물, 고무, 강 등이 있지만, 충분한 인장강도와 유연성을 가지고 풀리에 감겨져 동력(動力)을 전달하므로 충분한 마찰을 가지는 재료로 하지 않으면 안 된다.

따라서, 가죽으로 만든 가죽 벨트, 목면(木綿), 마 등으로 만든 직물 벨트, 직물에 고무를 섞어 유화(硫化)하여 만든 고무 벨트 등이 있다. 최근에는 비닐이나 나일론 등으로 만든 벨트 등이 있으나, 현재 가장 많이 사용되고 있는 것으로는 가죽 벨트와 고무 벨트가 있다.

특수한 직물 벨트에서는 이음매가 없는 고리모양으로 만드는 수도 있으나, 보통의 벨트는 한 곳 또는 몇 군데를 이어서 고리형으로 하는 것이 보통이다.

원뿔차를 2개 조합하여 이것에 벨트를 감으면 중앙부가 뾰족하게 돌출되므로 벨트를 손상시킬 염려가 있기 때문에 그림 9-14 (c)와 같이 림 면을 둥글게 하는 수가 많다.

2-3 벨트 전동의 회전비

벨트 전동에 있어서 벨트와 풀리 사이에 미끄럼이 없고 벨트의 두께가 없다고 가정 한다면, 회전비(回轉比)는 구동차의 원주속도가 벨트의 속도 및 종동차의 원주속도와 같다고 하여 구할 수 있다.

그림 9-16에서 구동차의 반지름, 지름, 회전수를 각각 r_A, D_A, n_A라 하고 종동차의 것을 r_B, D_B, n_B라 하면, 벨트의 속도 v는 다음 식과 같이 된다.

$$v = \pi D_A n_A = \pi D_B n_B$$

따라서 회전차의 회전비 ε은 다음 식과 같다.

$$\varepsilon = \frac{n_A}{n_B} = \frac{\omega_A}{\omega_B} = \frac{r_B}{r_A} = \frac{D_B}{D_A} \tag{9-1}$$

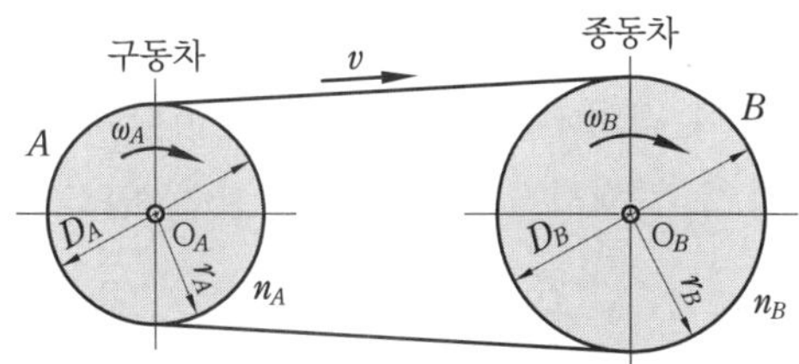

그림 9-16 벨트 전동의 회전비(두께 무시)

그런데 식 (9-1)은 벨트의 두께가 없다고 생각한 것이지만, 실제의 벨트는 어느 정도의 두께가 있으므로 벨트를 풀리에 감으면 원호 모양으로 휘어진다. 이때 벨트 두께의 바깥쪽은 늘어나고 안쪽은 줄어들며, 중앙부는 늘어나지도 줄어들지도 않는 중립면이 된다.

따라서 그림 9-17과 같이 풀리의 지름에 벨트의 두께를 더한 만큼의 지름으로 되는 회전비를 구하여야 한다.

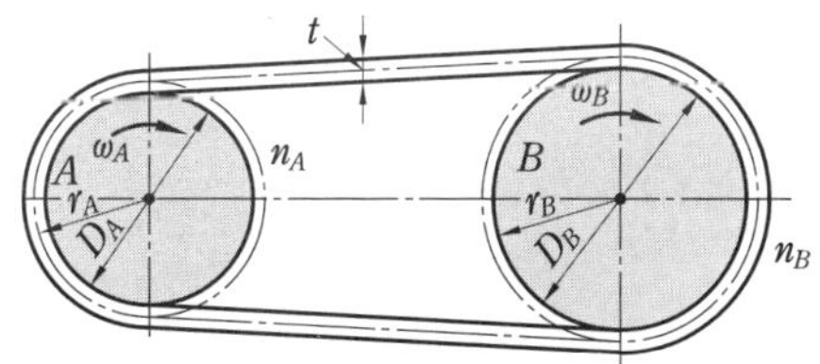

그림 9-17 벨트 전동의 회전비(두께 고려)

즉, 벨트의 두께를 t라 하면 회전비 ε'은 다음 식과 같이 된다

$$\varepsilon' = \frac{n_A}{n_B} = \frac{\omega_A}{\omega_B} = \frac{D_B + t}{D_A + t} \qquad (9\text{-}2)$$

두께 t는 지름 D에 비하여 미소하고, 실제로는 약간의 미끄럼이 반드시 생기므로 식 (9-2)와 같이 정확한 계산을 하기가 곤란하다. 따라서 보통 식 (9-1)에서 속도비를 계산한 후 2% 정도의 속도비에 대한 감소를 고려하여 준다.

속도비가 감소되는 원인에는 벨트에 대한 미끄러짐(slip), 크리핑(creeping) 및 플래핑(flapping) 현상 등을 생각할 수 있다.

벨트 전동의 구동차에 있어서 벨트는 인장측이 늘어난 상태에서 감아 들어가게 되고, 이완측이 줄어든 상태에서 종동차로 보내지므로 벨트의 속도는 풀리의 원주속도보다 작게 된다. 반대로 종동차에 있어서 벨트의 속도는 풀리의 원주속도보다 크게 된다.

이것은 벨트의 탄성에 의한 미끄럼으로서 벨트가 풀리의 림면을 기어가는 듯한 현상이 생기는데, 이와 같은 현상을 크리핑이라 한다. 또한 축간거리가 길고, 매우 고속으로 전동하고 있을 때 벨트가 마치 파도치는 듯한 현상이 생기는데, 이러한 현상을 플래핑이라 한다.

회전비가 커지고, 2개의 풀리 지름의 크기에 상당한 차이가 있다면 벨트가 풀리에 감기는 접촉각(contact angle)이 작아지고, 미끄럼이 일어나기 쉽다.

따라서 접촉각을 크게 하기 위해서 그림 9-18과 같은 인장 풀리(tension pulley)를 사용하여 미끄럼을 적게 한다.

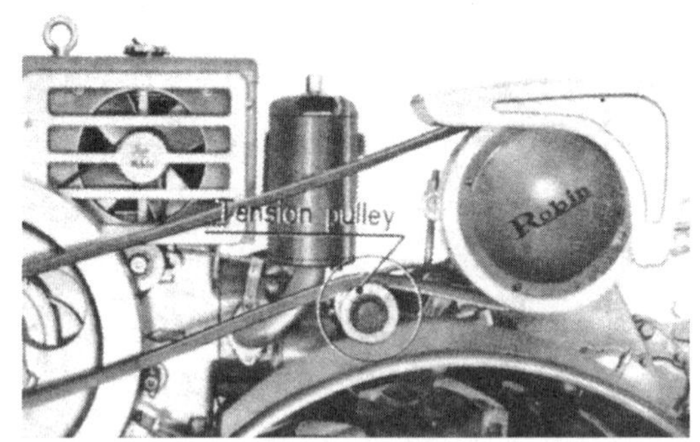

그림 9-18 인장 풀리

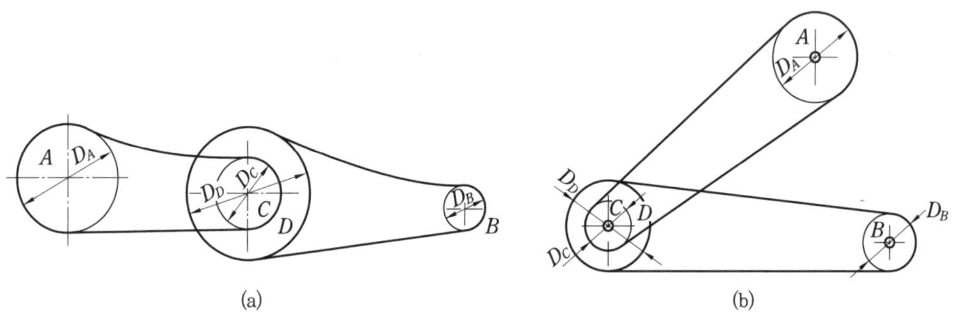

그림 9-19 풀리 트레인의 회전비

또한, 풀리에 대한 지름의 차를 작게 하기 위하여 그림 9-19와 같이 중간축(中間軸)을 넣어도 좋다. 이와 같이 중간축을 넣어 만든 것을 풀리 트레인(pulley train)이라 한다. 이때의 회전비는 다음 식과 같이 된다.

$$\varepsilon = \frac{n_B}{n_A} = \frac{D_A}{D_C} \times \frac{D_D}{D_B} = \frac{\text{구동차 지름의 곱}}{\text{종동차 지름의 곱}} \qquad (9-3)$$

예제 9-1 구동차의 지름이 600 mm, 회전수 200 rpm, 벨트의 두께가 5 mm일 때, 지름 300 mm인 종동차에 대한 1분간의 회전수는 얼마인가?

해설 A를 구동차로 하고, 벨트의 두께가 없고 미끄럼이 없다고 하면, 종동차 B의 회전수 n_B는 식 (9-1)에서

$$n_B = \frac{D_A}{D_B} \times n_A = \frac{600}{300} \times 200 = 400 \text{ rpm}$$

미끄럼이 없고, 벨트의 두께만을 고려하면 식 (9-2)에서

$$n_B = \frac{D_A + t}{D_B + t} \times n_A = \frac{600+5}{300+5} \times 200 = 397 \text{ rpm}$$

미끄럼이 2 % 있다고 하면

$$n_B = \frac{D_A + t}{D_B + t} \times n_A \times \frac{(100-2)}{100} = 397 \times 0.98 = 389 \text{ rpm}$$

2-4 벨트의 길이와 접촉각

벨트의 길이와 접촉각은 다음과 같이 계산하면 된다. 그러나 벨트의 두께는 없는 것으로 한다.

(1) 바로걸기의 경우

그림 9-20에서 b, c를 벨트와 풀리의 접촉점이라 하고, 두 풀리의 지름을 각각 D_1, D_2, 두 풀리의 중심거리를 C, 벨트의 길이를 L이라 하며, 그림에서 알 수 있듯이 다음 식과 같이 된다.

$$L = 2(\widehat{ab} + \overline{bc} + \widehat{cd})$$

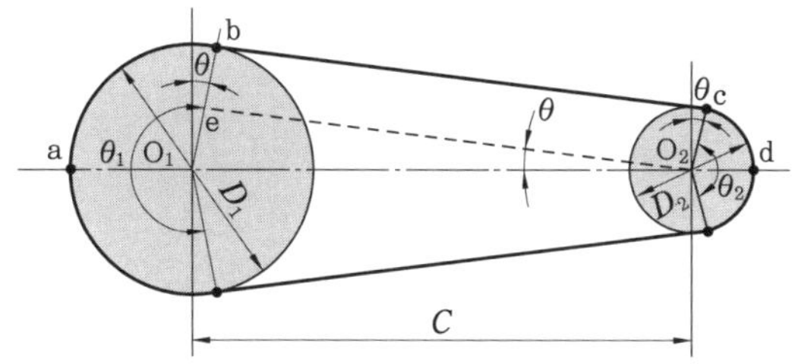

그림 9-20 벨트의 길이 (바로걸기)

여기서

$$\widehat{ab} = \frac{D_1}{2}\left(\frac{\pi}{2} + \theta\right)$$

$$\overline{bc} = \overline{O_2 e} = C\cos\theta$$

$$\widehat{cd} = \frac{D_2}{2}\left(\frac{\pi}{2} - \theta\right)$$

이므로

$$L = D_1\left(\frac{\pi}{2} + \theta\right) + 2C\cos\theta + D_2\left(\frac{\pi}{2} - \theta\right)$$

$$= \frac{\pi}{2}(D_1 + D_2) + \theta(D_1 - D_2) + 2C\cos\theta \qquad (9\text{-}4)$$

각 θ가 작다고 하면

$$\sin\theta \fallingdotseq \theta = \frac{\overline{O_1 e}}{C} = \frac{\overline{O_1 b} - \overline{O_2 c}}{C} = \frac{D_1 - D_2}{2C}$$

$$\cos\theta = \sqrt{1 - \sin^2\theta} = \sqrt{1 - \left(\frac{D_1 - D_2}{2C}\right)^2}$$

$$= \left\{1 - \frac{1}{2}\left(\frac{D_1 - D_2}{2C}\right)^2 - \frac{1}{8}\frac{(D_1 - D_2)^4}{16C^4} \cdots\right\}$$

$$\fallingdotseq 1 - \frac{(D_1 - D_2)^2}{8C^2}$$

로 되기 때문에, 식 (9-4)는 다음과 같이 된다.

$$L = \frac{\pi}{2}(D_1 + D_2) + \frac{(D_1 - D_2)^2}{2C} + 2C\left\{1 - \frac{(D_1 - D_2)^2}{8C^2}\right\}$$

$$= \frac{\pi}{2}(D_1 + D_2) + 2C + \frac{(D_1 - D_2)^2}{4C} \qquad (9\text{-}5)$$

또한, 접촉각 θ_1, θ_2는 다음 식과 같이 된다.

$$\left.\begin{aligned} \theta_1 &= 180^\circ + 2\theta = 180^\circ + 2\sin^{-1}\left(\frac{D_1 - D_2}{2C}\right) \\ \theta_2 &= 180^\circ - 2\theta = 180^\circ - 2\sin^{-1}\left(\frac{D_1 - D_2}{2C}\right) \end{aligned}\right\} \qquad (9\text{-}6)$$

(2) 엇걸기의 경우

그림 9-21에서와 같이 엇걸기에서도 바로걸기에서와 같이 O_2에서 $\overline{bc}$에 평행선을 긋고, $\overline{O_1 b}$의 연장선과의 교점을 e라고 하면 벨트의 길이 L은 다음과 같이 된다.

$$L = 2(\widehat{ab} + \overline{bc} + \widehat{cd})$$

$$\widehat{ab} = \frac{D_1}{2}\left(\frac{\pi}{2} + \theta\right)$$

$$\overline{bc} = \overline{O_2 e} = C\cos\theta$$

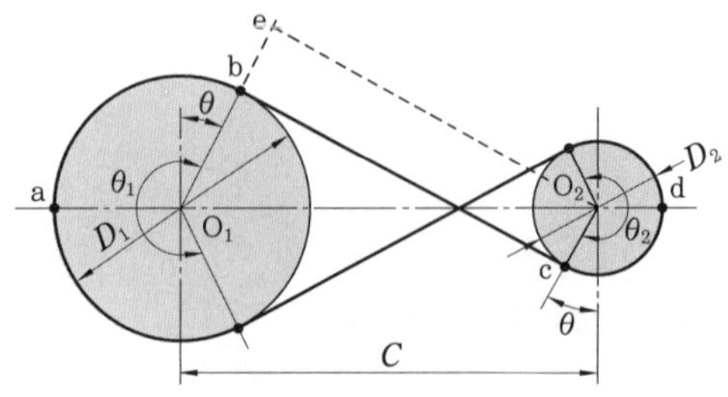

그림 9-21 벨트의 길이(엇걸기)

$$\widehat{cd}=\frac{D_2}{2}\left(\frac{\pi}{2}+\theta\right)$$

따라서

$$L=D_1\left(\frac{\pi}{2}+\theta\right)+2C\cos\theta+D_2\left(\frac{\pi}{2}+\theta\right) \qquad (9-7)$$

각 θ가 작을 때는

$$\sin\theta \fallingdotseq \theta=\frac{\overline{O_1 e}}{C}=\frac{D_1+D_2}{2C}$$

같은 방법으로

$$\cos\theta=\sqrt{1-\sin^2\theta}=\sqrt{1-\left(\frac{D_1+D_2}{2C}\right)^2}\fallingdotseq 1-\frac{(D_1+D_2)^2}{8C^2}$$

로 되기 때문에, 식 (9-7)은 다음과 같이 된다.

$$L=\frac{\pi}{2}(D_1+D_2)+\frac{(D_1+D_2)}{2C}+2C\left\{1-\frac{(D_1+D_2)^2}{8C^2}\right\}$$

$$=\frac{\pi}{2}(D_1+D_2)+2C+\frac{(D_1+D_2)^2}{4C} \qquad (9-8)$$

또한, 접촉각 θ_1, θ_2는 다음 식과 같이 된다.

$$\theta_1=\theta_2=180°+2\theta=18°+2\sin^{-1}\left(\frac{D_1+D_2}{2C}\right) \qquad (9-9)$$

벨트의 미끄럼을 적게 하기 위하여 벨트의 접촉각은 크게 할 필요가 있다. 바로걸기보다도 엇걸기의 접촉각이 크다.

예제 9-2 축간거리를 2.5 m, 풀리의 지름을 각각 600 mm, 400 mm라 하면, 바로걸기의 경우 벨트의 길이와 접촉각을 구하시오.

해설 식 (9-5)에서

$$L=\frac{\pi}{2}(D_1+D_2)+2C+\frac{(D_1-D_2)^2}{4C}$$

$$=\frac{\pi}{2}(0.6+0.4)+2\times2.5+\frac{(0.6-0.4)^2}{4\times2.5}$$

$$=6.146\ \text{m}$$

식 (9-6)에 의해서

$$\theta_1=180°+2\sin^{-1}\frac{D_1-D_2}{2C}=180°+2\sin^{-1}\frac{0.6-0.4}{2\times2.5}=184°40'=3.22\ \text{rad}$$

$$\theta_2=180°-2\sin^{-1}\frac{D_1-D_2}{2C}=180°-2\sin^{-1}\frac{0.6-0.4}{2\times2.5}=175°20'=3.06\ \text{rad}$$

2-5 벨트의 장력과 전달마력

벨트의 장력(張力)을 계산하기 위하여 먼저 다음과 같이 기호를 정한다.

T_1 : 벨트의 인장측 장력 [N]

T_2 : 벨트의 이완측 장력 [N]

Q : 벨트가 단위길이에 대하여 풀리를 누르는 힘 [N/m]

F : 벨트의 단위길이에 대한 원심력 [N/m]

w : 벨트의 단위길이에 대한 무게 [N/m]

v : 벨트의 속도 [m/s]

θ : 벨트의 접촉각 [rad]

μ : 벨트와 풀리 사이의 마찰계수

g : 중력가속도(9.8 m/s^2)

벨트 전동은 벨트와 폴리 사이의 마찰력에 의해서 회전운동과 토크를 전달하게 된다. 벨트는 초장력을 가지므로 구동차가 회전하기 시작하면 한쪽의 벨트는 구동차에 끌려서 장력을 증가시키고, 다른 쪽 벨트는 구동차에서 보내진 장력을 감소시킨다.

즉, 인장측의 장력과 이완측의 장력의 차 $P_e=(T_1-T_2)$가 유효장력(有效張力, effective tension)이 되어 벨트를 구동하게 된다.

그림 9-22의 점 m에 대한 벨트의 장력은 T_1이고 점 n에서는 T_2라 하면, 벨트가 풀리에 감겨져 있는 부분 $\widehat{mn}$ 사이에서 벨트의 장력은 T_1에서 T_2로 점차 변화하는 것으로 생각된다. 따라서 $\widehat{mn}$ 사이의 임의의 미소길이 ds를 생각하면, 이 부분의 이완측에 가까운 쪽에는 T의 장력이 작용하고, 인장측에 가까운 쪽에는 $(T+dT)$가 작용한다고 본다.

또한, 벨트가 풀리를 밀어붙이는 힘을 Qds라 하면 Qds 때문에 벨트와 풀리 사이에는 μQds의 마찰력이 생긴다.

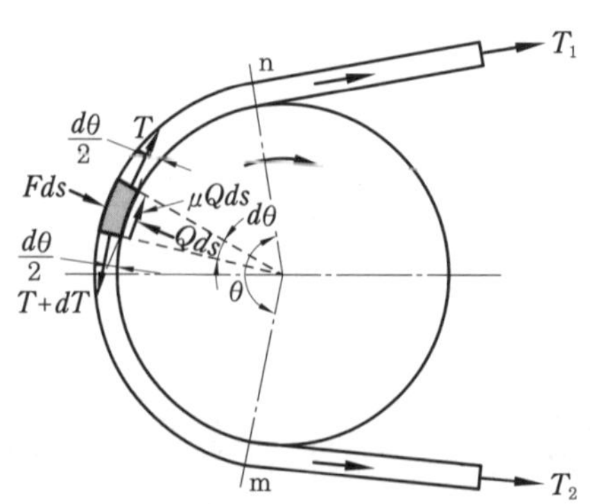

그림 9-22 벨트와 풀리에 대한 힘의 평형

이들 힘 사이에 평형상태가 유지되므로 반지름 방향에 대한 힘의 평형을 생각하면

$$Qds = T\sin\frac{d\theta}{2} + (T+dT)\sin\frac{d\theta}{2}$$
$$= 2T\sin\frac{d\theta}{2} + dT\sin\frac{d\theta}{2}$$

가 되고, dT, $d\theta$는 미소하므로 제 2 항을 생략하고, $\sin\frac{d\theta}{2} \fallingdotseq \frac{d\theta}{2}$로 하면 다음 식과 같이 된다.

$$Qds = 2T\frac{d\theta}{2} = Td\theta \qquad (9\text{-}10)$$

또한, 원주방향에서는

$$T + dT = T + \mu Qds$$
$$dT = \mu Qds \qquad (9\text{-}11)$$

식 (9-10)과 식 (9-11)에 의하여

$$dT = \mu Td\theta$$
$$\therefore \ \frac{dT}{T} = \mu d\theta$$

이것을 m에서 n까지 적분하면

$$\int_{T_2}^{T_1} \frac{dT}{T} = \mu\int_0^{\theta} d\theta$$
$$\log\frac{T_1}{T_2} = \mu\theta$$
$$\therefore \ \frac{T_1}{T_2} = e^{\mu\theta}$$ (여기서, e는 자연대수의 밑으로서 e=2.71830 이다.) (9-12)

만일 고속으로 회전한다면 벨트는 원심력(遠心力)에 의하여 풀리에서 이탈되려고 하므로, 벨트가 풀리에 미치는 압력은 그만큼 감소하여야 할 것이다.

원심력을 고려하기 위하여 반지름을 r이라 하고, ds 길이에 대한 원심력을 Fds라 하면

$$Fds = \frac{w}{g}\cdot\frac{v^2}{r}\cdot ds = \frac{w}{g}\cdot\frac{v^2}{r}\cdot rd\theta = \frac{w}{g}v^2 d\theta$$

로 되기 때문에, 식 (9-10)은 다음 식과 같이 된다.

$$Qds = Td\theta - \frac{w}{g}v^2 d\theta = \left(T - \frac{wv^2}{g}\right)d\theta \qquad (9\text{-}13)$$

식 (9-13)을 식 (9-11)에 대입하면

$$dT = \mu\left(T - \frac{wv^2}{g}\right)d\theta$$

$$\therefore \frac{dT}{T-\frac{wv^2}{g}}=\mu d\theta$$

로 되므로, 이것을 적분하면

$$\int_{T_2}^{T_1}\frac{dT}{T-\frac{wv^2}{g}}=\mu\int_0^{\theta}d\theta$$

$$\log\frac{T_1-\frac{wv^2}{g}}{T_2-\frac{wv^2}{g}}=\mu\theta$$

$$\therefore \frac{T_1-\frac{wv^2}{g}}{T_2-\frac{wv^2}{g}}=e^{\mu\theta} \quad (9-14)$$

또한, 유효장력 $P_e=T_1-T_2$이기 때문에 이것을 식 (9-12)에 대입하면

$$T_1=\frac{e^{\mu\theta}}{e^{\mu\theta}-1}P_e \quad (9-15)$$

$$T_2=\frac{1}{e^{\mu\theta}-1}P_e \quad (9-16)$$

원심력을 고려할 때는 식 (9-14)에 의해서 다음 식과 같이 된다.

$$T_1=\frac{e^{\mu\theta}}{e^{\mu\theta}-1}P_e+\frac{wv^2}{g} \quad (9-17)$$

$$T_2=\frac{1}{e^{\mu\theta}-1}P_e+\frac{wv^2}{g} \quad (9-18)$$

또한, 벨트에 가하여지는 초장력(初張力)을 T_0라 하면, 이것은 일반적으로 다음 식에서 구하면 된다.

$$T_0\fallingdotseq\frac{T_1+T_2}{2} \quad (9-19)$$

표 9-2는 접촉각 θ 및 μ에 대한 $(e^{\mu\theta}-1)/e^{\mu\theta}$의 값을 보여 주고 있다.

표 9-3은 벨트와 풀리 사이의 마찰계수의 값을 나타낸 것이다.

다음에 전달마력(傳達馬力)을 구하여 보기로 하자. 유효장력(有效張力)을 P[N]라 하면 전달마력 H[PS]는 다음 식과 같이 된다.

$$H=\frac{Pv}{735.5}=\frac{(T_1-T_2)v}{735.5}=\frac{T_1v}{735.5}\cdot\frac{e^{\mu\theta}-1}{e^{\mu\theta}}\ \text{[PS]} \quad (9-20)$$

또한, 전달마력을 W로 표시할 때는 1 PS = 735.5 W로 환산하면 된다.

표 9-2 $(e^{\mu\theta}-1)/e^{\mu\theta}$의 값

θ(degree)	$\mu=0.1$	$\mu=0.2$	$\mu=0.3$	$\mu=0.4$	$\mu=0.5$
90	0.145	0.270	0.376	0.467	0.544
100	0.160	0.290	0.408	0.502	0.582
110	0.175	0.319	0.438	0.536	0.617
120	0.189	0.342	0.467	0.567	0.649
130	0.203	0.365	0.494	0.596	0.678
140	0.217	0.386	0.520	0.624	0.705
150	0.230	0.408	0.544	0.649	0.730
160	0.244	0.423	0.567	0.673	0.752
170	0.257	0.448	0.589	0.695	0.773
180	0.270	0.467	0.610	0.715	0.792

표 9-3 마찰계수의 값

재 료	μ
가죽 벨트와 주철제 풀리	0.2~0.3
가죽 벨트와 목제 풀리	0.4
면직 벨트와 주철제 풀리	0.2~0.3
고무 벨트와 주철제 풀리	0.2~0.25

만일 고속일 경우(v>10 m/s) 원심력을 무시할 수 없다면, 전달마력 H[PS]는 다음 식과 같이 된다.

$$H=\frac{Pv}{735.5}=\frac{T_1 v}{735.5}\left(1-\frac{wv^2}{T_1 g}\right)\frac{e^{\mu\theta}-1}{e^{\mu\theta}}\ [\mathrm{PS}] \tag{9-21}$$

예제 9-3 250 rpm으로 회전하는 지름 1500 mm의 구동차가 축간거리 3 m가 떨어진 지름 300 mm의 종동차에 32 kW를 전달할 때, 바로걸기 가죽 벨트의 인장측 및 이완측의 장력을 구하시오.(단, 가죽벨트의 비중은 1로 하고, 벨트의 폭 300 mm, 두께 6 mm로 하여 운전 중에 대한 마찰계수 μ의 값은 0.35로 한다.)

해설 벨트의 속도는

$$v=\frac{\pi DN}{60\times1000}=\frac{\pi\times1500\times250}{60\times1000}=19.63\ \mathrm{m/s}$$

구동력은

$$P_e=(T_1-T_2)=\frac{1000\times[\mathrm{kW}]}{v}=\frac{1000\times32}{19.63}$$
$$=1630\ \mathrm{N}=1.63\ \mathrm{kN}$$

$$\theta = 180° - 2\sin^{-1}\frac{D_1 - D_2}{2C} = 180° - 2\sin^{-1}\frac{1500 - 300}{2 \times 3000} = 156.93° = 2.739 \text{ rad}$$

$$T_1 = \frac{e^{\mu\theta}}{e^{\mu\theta} - 1}P_e + \frac{wv^2}{g} = \frac{2.71830^{0.35 \times 2.739}}{2.71830^{0.35 \times 2.739} - 1} \times 1630 + \frac{300 \times 6 \times 0.001 \times (19.63)^2}{9.8}$$

$$= 2645 + 694 = 3339 \text{ N} = 3.34 \text{ kN}$$

$$T_2 = T_1 - P_e = 3339 - 1630 = 1709 \text{ N} = 1.71 \text{ kN}$$

또한, 인장측에 대한 응력 σ는

$$\sigma = \frac{P}{A} = \frac{3339}{0.3 \times 0.006} = 1.855 \text{ MPa}$$

(여기서, 응력의 단위는 Pa이고, $1 \text{ Pa} = 1 \text{ N/m}^2$)

3. V 벨트 전동장치

3-1 V 벨트 장치의 일반사항

단면이 그림 9-23과 같이 사다리꼴의 고무로 만든 벨트를 외주에 홈을 파서 2개의 벨트 풀리에 감아서 회전운동을 전달시키는 것을 V 벨트 장치라 한다.

마찰력이 크고, 미끄럼이 작으므로 축간거리가 짧고 속도비가 큰 2 축간의 전동에 널리 사용된다. 또한 그림 9-24와 같이 여러 개의 V 벨트를 나란히 걸 수도 있고, 운전도 비교적 조용하다.

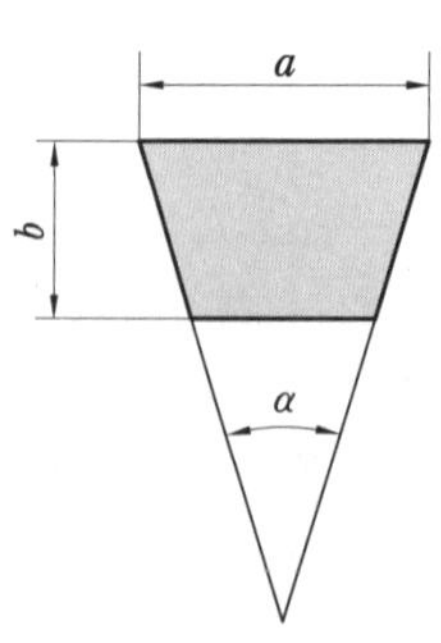

그림 9-23 V 벨트의 단면

그림 9-24 여러 줄 V 벨트

V 벨트의 규격은 KSM 6535에 표 9-4와 같이 규정되어 있고, 사다리꼴의 각도는 주로 40°의 것이 사용되며, 벨트의 크기는 M, A, B, C, D, E의 6 종류가 있다.

이때 사용하는 벨트 풀리를 V 벨트 풀리라 하고, 홈의 단면은 V 벨트의 단면과 같은 모양이다. V 벨트는 풀리에 감겨질 때 바깥쪽은 늘어나서 폭이 좁아지고, 안쪽은 넓어져서 풀리의 각도는 처음보다 약간 작아진다.

표 9-4 벨트의 규격(KS M 6535)

종 류	a [mm]	b [mm]	단면적 [mm²]	1개당 인장강도 [kgf]
M	10.0	5.5	44.0	120 이상
A	12.6	9.0	83.0	250 이상
B	16.5	11.0	137.5	360 이상
C	22.0	14.0	236.7	600 이상
D	31.5	19.0	467.1	1100 이상
E	38.0	25.5	732.3	1500 이상

3-2 V벨트를 거는 방법

V벨트는 일반적으로 2축이 평행한 경우에 사용되며, 바로걸기로 하고 엇걸기는 하지 않는다.

V벨트 전동에서는 접촉각이 작아도 미끄럼이 작으므로, 그림 9-25와 같이 1개의 구동차로부터 2개의 종동차에 전동하는 것도 용이하다. 또한 그림 9-26과 같이 축간거리가 짧고, 회전비가 클 때도 전동이 용이하다. 이 경우 접촉각을 크게 할 목적으로 인장 풀리를 사용할 필요가 없고, 인장 풀리를 사용하면 V벨트가 반대 방향으로 굽혀지므로 V벨트를 빨리 손상시키게 된다.

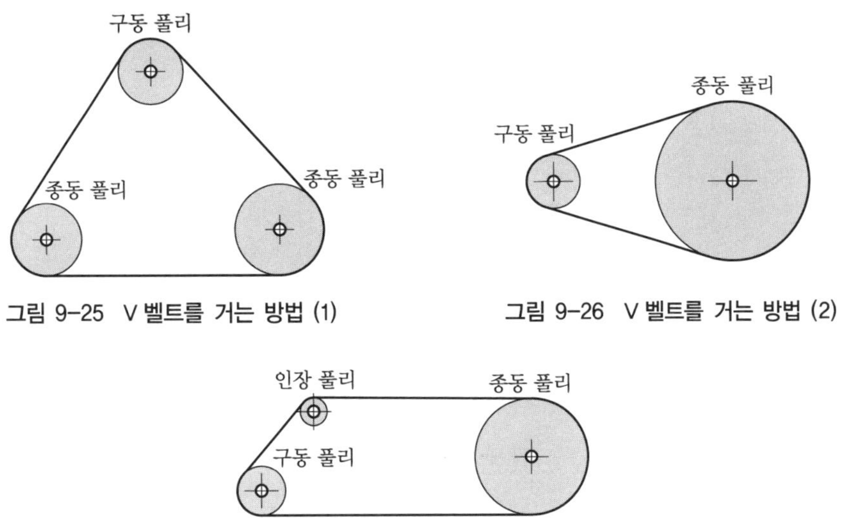

그림 9-25 V벨트를 거는 방법 (1)

그림 9-26 V벨트를 거는 방법 (2)

그림 9-27 인장 풀리의 사용

V벨트는 일반적으로 이음매가 없는 고리모양으로 만들어져 있으므로 길이를 조절할 수 없고, 초장력을 적당하게 하기 위해서는 축간거리를 조절할 수 있도록 하여야 한다.

만일 2축의 위치가 정해져 있어서 축간거리를 조절할 수 없다면, 그림 9-27과 같이 인장 풀리를 사용하여 초장력을 적당한 값으로 한다. 그러나 이와 같이 인장 풀리를 사용하면, 벨트의 접촉부분이 많아지므로 벨트의 수명이 짧아진다.

3-3 회전비, 장력 및 전달마력

V 벨트 전동의 속도비는 구동차와 종동차의 회전수를 각각 n_1, n_2, 지름을 각각 d_1, d_2라 하면, 회전비 ε은 평벨트의 경우와 같이 된다.

$$\varepsilon = \frac{n_2}{n_1} = \frac{d_1}{d_2}$$

그러나 이때의 지름 d_1, d_2를 어떻게 정하느냐가 문제이다. 이것은 V 벨트가 풀리에 감겨졌을 때 신축이 없는 중립면까지의 지름을 선택하여야 하는데, 그 위치는 V 벨트의 모양이나 구조에 따라 다르므로 일반적으로 V 벨트 두께의 중앙까지를 잡는다.

즉, V 벨트 풀리의 바깥지름 D, V 벨트의 두께를 b라 하면, 회전비를 계산할 때 지름은 $D_p = D_0 - b$로 한다. 이 D_p를 V 벨트 풀리의 피치원 지름이라 한다.

또한, V 벨트를 풀리에 감으면 V 벨트는 풀리의 홈 속에 쐐기처럼 들어가서 전동하게 되므로, 마찰계수가 증가한 것과 같은 효과를 발생한다.

그림 9-28에서 V 홈의 꼭지각을 α, V 벨트가 홈에 짓눌려 들어가는 힘을 Q [N], 홈의 경사면에 걸리는 수직력을 R[N]이라 하면, V 홈 면의 두 측면에 따라 μR의 마찰력이 생긴다.

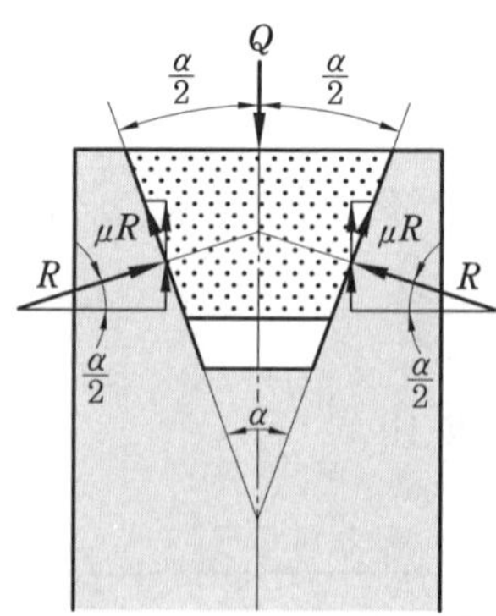

그림 9-28 V 벨트의 전달마력

이때 힘의 평형을 고려하면

$$Q = 2\left(R\sin\frac{\alpha}{2} + \mu R\cos\frac{\alpha}{2}\right) = 2R\left(\sin\frac{\alpha}{2} + \mu\cos\frac{\alpha}{2}\right)$$

이므로, R은 다음과 같이 된다.

$$R = \frac{Q}{2\left(\sin\frac{\alpha}{2} + \mu\cos\frac{\alpha}{2}\right)} \tag{9-22}$$

V 벨트가 풀리를 회전시키려고 하는 접선방향으로 작용하는 마찰력은 μR이 되고, 이것이 홈의 양쪽에 있으므로 $2\mu R$이 된다.

따라서 V 벨트의 회전력 F [N]는 다음 식과 같이 된다.

$$F = 2\mu R = \frac{\mu Q}{\sin\frac{\alpha}{2} + \mu\cos\frac{\alpha}{2}} = \mu' Q \tag{9-23}$$

여기서 $\mu' = \dfrac{\mu}{\sin\frac{\alpha}{2} + \mu\cos\frac{\alpha}{2}}$

μ'을 유효마찰계수 또는 등가마찰계수라 함은 이미 홈마찰차의 경우에서 설명하였다.

이상에서와 같이 V 벨트 전동에서 전달마력은 평벨트의 경우보다 μ'이 μ보다 큰 값만큼 크게 된다. 따라서 전달마력 H [PS]는 다음 식과 같이 된다.

$$H = \frac{Fv}{735.5} = \frac{1}{735.5}\left(T_1 - \frac{wv^2}{g}\right)\frac{e^{\mu'\theta} - 1}{e^{\mu'\theta}}\, v \ \text{[PS]} \tag{9-24}$$

예제 9-4 벨트와 풀리 사이의 마찰계수 $\mu = 0.25$이고, 접촉각 180°일 때 유효장력비는 평벨트와 V 벨트 전동에서 어떻게 다른가? (단, V 벨트 홈의 꼭지각 $a = 36°$이다.)

해설 평벨트의 경우에 있어서

$\mu\theta = 0.25 \times 3.1416 = 0.78$ rad

$\therefore\ T_1/T_2 = e^{\mu\theta} = e^{0.785} = 2.7183^{0.785} = 2.19$

V 벨트에서

$\mu' = \dfrac{0.25}{\sin 18° + 0.25\cos 18°} = \dfrac{0.25}{0.309 + 0.25 \times 0.95} = 0.457$

$\mu'\theta = 0.457 \times \pi = 1.436$

$\therefore\ T_1/T_2 = e^{\mu'\theta} = e^{1\cdot436} = 2.7183^{1.436} = 4.20$

따라서 장력비는 V 벨트 전동일 때 평벨트 전동의 경우에 비하여 $4.20/2.19 = 1.92$배로 된다.

4. 로프 전동기구

회전을 전달하고자 하는 축간거리가 클 때 가죽 벨트 1개의 길이에 한도가 있기 때문에 벨트의 길이가 너무 길면 플래핑이 일어나기 쉽다. 큰 마력을 전동하는 경우 벨트의 폭이나 두께를 크게 하여야 하는데, 이렇게 하는 데는 문제가 있다. 이와 같은 경우에 벨트 대신에 로프를 사용하는 것이 좋다. 로프는 이음매가 없이 길이를 길게 할 수 있고, 큰 동력을 전달하려고 할 때 여러 개의 로프를 꼬아서 감아 줄 수가 있다.

로프 전동기구는 광산, 토목공사 등에서 원거리 전동에 사용하든가, 건설기계 등 장거리 동력전달이나 크레인(crane), 케이블카(cable-car), 엘리베이터(elevator) 등에 사용되고 있다.

그림 9-29는 와이어 로프를 사용한 엘리베이터의 실물을 나타낸 것이다.

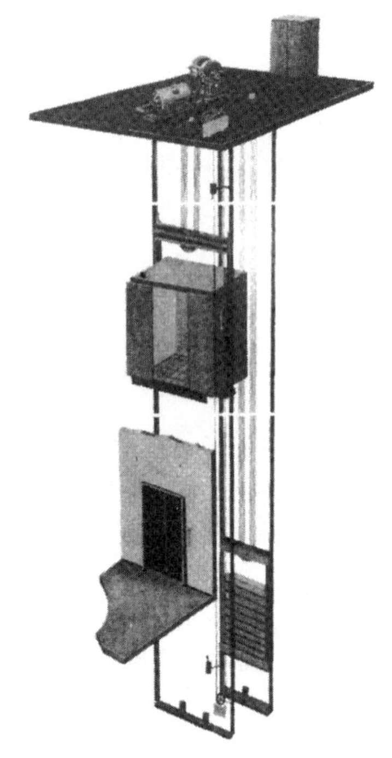

그림 9-29 엘리베이터

4-1 로프의 종류

로프에 사용되는 재료에 의해서 면로프(cotton rope), 마로프(hemp rope), 와이어 로프(wire rope) 등이 있다. 전동용에는 주로 면로프, 마로프가 이용되고, 이것들은 면이나 마의 섬유를 꼬아서 실(yarn)을 만든다. 이 실의 여러 올을 꼬아 합쳐서 스트랜드(strand)를 만들고, 이 스트랜드를 3 올 또는 4 올 꼬아 합쳐서 그림 9-30과 같이 로프를 만든다.

와이어 로프는 질이 좋은 강선소재(鋼線素材)를 몇 올 꼬아서 새끼끈을 만들고, 보통 이것을 6개 모아 그 중심에 대마심(hemp core)을 집어넣는다. 꼬는 방법에는 그림 9-31

과 같이 S꼬임, Z꼬임 방식이 있다.

보통 꼬임은 스트랜드 꼬임의 방향과 로프를 구성하는 소선(素線)을 꼬는 방향이 반대이고, 랑꼬임은 같은 방향으로 꼬는 방법이다. 일반적으로 보통 꼬임이 널리 사용된다.

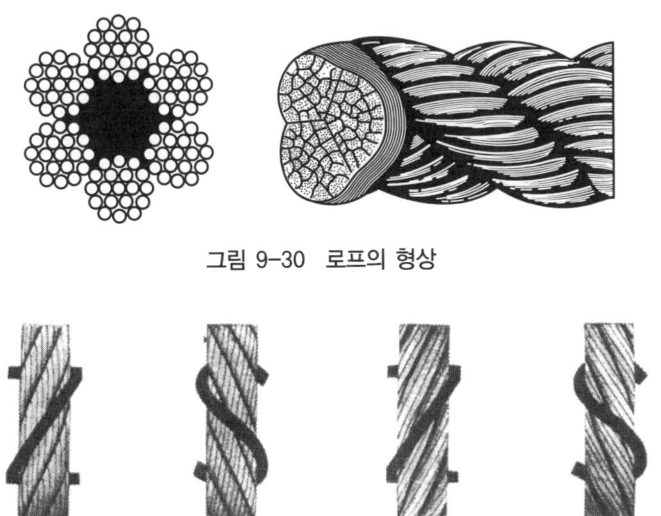

그림 9-30 로프의 형상

보통 Z꼬임(오른쪽) 보통 S꼬임(왼쪽) 랑 Z꼬임(오른쪽) 랑 S꼬임(왼쪽)

그림 9-31 로프의 꼬임 방법

4-2 로프 풀리

로프를 풀리에 걸 때는 로프가 벗겨지지 않도록 홈이 파진 홈풀리(grooved pulley)를 사용한다. 이것을 로프 풀리(rope pulley), 또는 일반적으로 시브(sheave)라 한다.

로프를 시브에 걸었을 때는 로프를 그림 9-32 (a)와 같이 홈의 양쪽 빗면에서 받쳐지게 하여야 한다. 그러나 회전력을 전달할 필요가 없는 안내 풀리나 인장 풀리의 경우에는 그림 9-32 (b)와 같이 홈의 밑부분에서 직접 받쳐지도록 하여 로프의 손상을 감소시킨다.

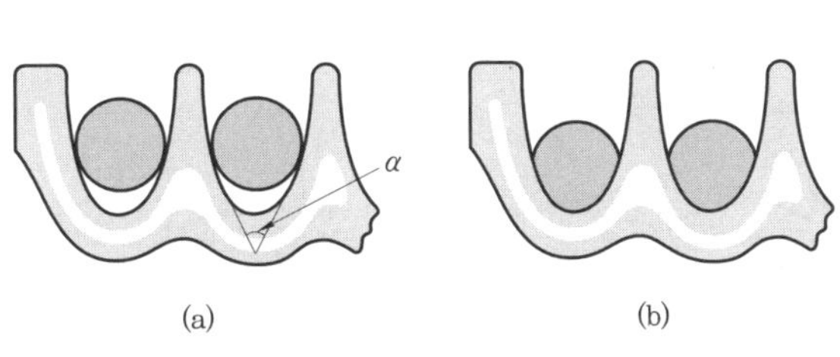

그림 9-32 로프 풀리 (1)

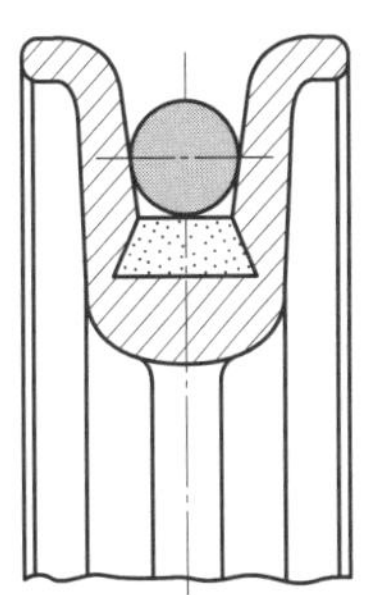

그림 9-33 로프 풀리 (2)

홈의 각도 α는 30~60°이고, 보통 45° 정도로 한다. 또한 마찰을 크게 하기 위하여 그림 9-33과 같이 시브 홈의 밑부분에 나무, 가죽, 고무 등을 끼워서 사용한다.

4-3 로프를 감는 방법

로프는 주로 바로걸기로 하고, 엇걸기로 하면 로프가 서로 비벼져서 상하기 쉽다. 또한 로프는 한 개만 사용하는 것보다 몇 개를 나란히 거는 일이 많다.

이렇게 로프를 거는 방법에는 단독식(multiple system ; 영국식)과 연속식(contin-uous system ; 미국식)의 2종류가 있다.

(1) 단독식

그림 9-34와 같이 몇 개의 로프를 병렬(竝列)로 거는 방법이다. 이 경우 로프 전체의 초장력을 같게 하기가 곤란하고, 초장력이 큰 로프에 많은 부하가 걸리는 결점이 있다.

또한, 이음매의 수가 많아져서 진동을 일으키기 쉬우나 1개의 로프가 끊어져도 부하가 작을 경우 운전을 계속 할 수 있는 장점이 있고, 설비비가 적으므로 많이 이용된다.

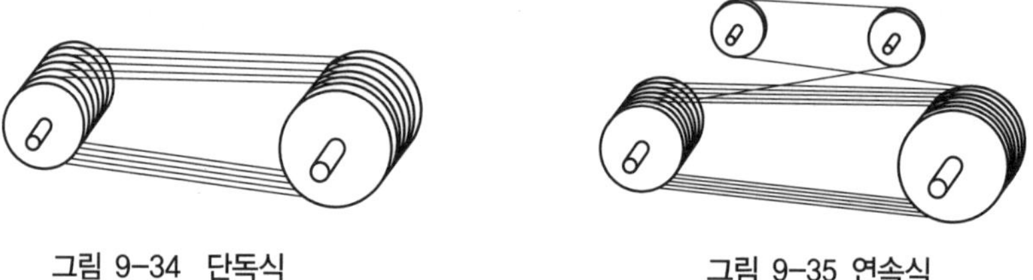

그림 9-34 단독식

그림 9-35 연속식

(2) 연속식

그림 9-35와 같이 1개의 로프를 2개의 시브에 몇 번 감아서 마지막의 인장 풀리를 통하여 최초의 끝에 연결시키는 방법이다.

이 방법에서는 초장력은 인장 풀리에 의하여 자유로이 조절될 수 있고, 장력은 로프 전체에 균등하게 되며 이음매의 수가 적어서 좋다. 그러나 로프의 한 곳만 끊어져도 운전이 불가능하게 된다.

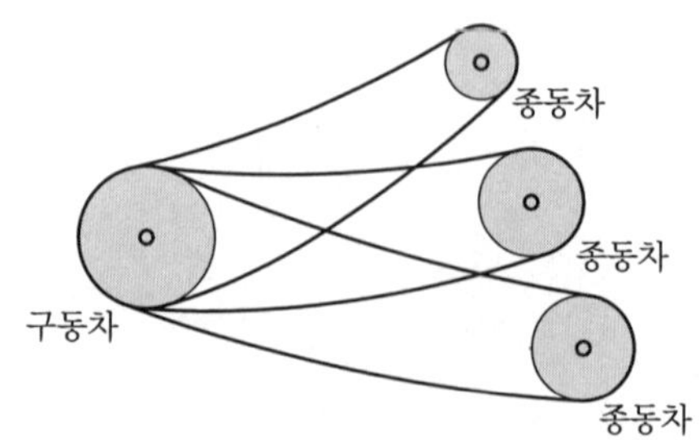

그림 9-36 로프를 거는 방법

1개의 구동차에서 몇 개의 종동차에 동력을 전달할 경우 그림 9-36과 같이 모든 로프는 전부 구동차에 걸고, 종동차에는 그 동력에 해당하는 만큼의 로프를 걸어준다.

이와 같이 로프는 벨트에 비하여 폭이 좁으므로 1개의 구동차로 몇 개의 종동차에 회전을 전달하는 경우에 편리하다.

4-4 로프 장치의 전동력

(1) 로프의 회전비와 장력

로프 전동의 회전비는 벨트전동의 경우와 같은 방법으로 계산한다. 풀리의 지름은 보통 로프의 중심선까지를 잡지만, 면로프는 풀리의 홈 밑면에 접촉하지 않고, 풀리홈의 두 경사면에서 접촉할 때는 그 접촉점까지를 지름으로 잡는다. 로프전동에서 속도비는 보통 1~2정도이고, 미끄럼이 일어나기 쉬우므로 회전비를 정확히 구하기는 어렵고, 속도는 일반적으로 15~30 m/s 정도로 한다.

로프 전동도 벨트전동처럼 마찰력에 의해서 전동되기 때문에 그림 9-37 (a)와 같이 로프가 그 장력에 의하여 풀리를 반지름 방향으로 Q [N]의 힘으로 누르고, 이 때문에 홈의 양쪽 경사면에는 수직력 R [N]이 작용한다.

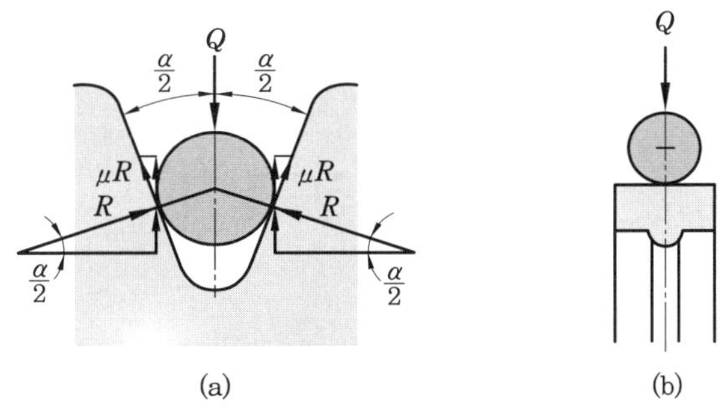

그림 9-37 로프에 대한 힘의 평형

마찰계수를 μ 라 하면, 로프는 풀리의 홈 밑면에 파고 들어가려고 하기 때문에 홈의 경사면에 μR의 마찰력이 생긴다. R과 μR에 대한 반지름 방향의 분력과 Q가 평형을 이루므로

$$Q = 2\left(R\sin\frac{\alpha}{2} + \mu R\cos\frac{\alpha}{2}\right) = 2R\left(\sin\frac{\alpha}{2} + \mu\cos\frac{\alpha}{2}\right) \qquad \text{(a)}$$

$$\therefore\ R = \frac{Q}{2\left(\sin\frac{\alpha}{2} + \mu\cos\frac{\alpha}{2}\right)}$$

따라서 로프가 풀리를 회전시키려고 할 때 원주방향의 마찰력 F [N]는 홈의 경사면에

작용하는 수직력에 마찰계수를 곱한 값이므로, 다음 식과 같이 된다.

$$F = 2\mu R = \frac{\mu}{\sin\frac{\alpha}{2} + \mu\cos\frac{\alpha}{2}} Q = \mu' Q \qquad \text{(b)}$$

또한, 인장측의 장력을 T_1, 이완측의 장력을 T_2, 접촉각을 θ 라 하면

$$\frac{T_1}{T_2} = e^{\mu'\theta} \qquad \text{(c)}$$

만일 원심력을 고려한다면

$$\frac{T_1 - \frac{wv^2}{g}}{T_2 - \frac{wv^2}{g}} = e^{\mu'\theta} \qquad \text{(d)}$$

이상에서와 같이 로프 전동의 장력은 V 벨트 전동에서와 같다.

(2) 로프 전동의 전달마력

장력의 크기가 V 벨트 전동의 경우와 같으므로 로프 한 가닥의 전달마력 H[PS]는 다음 식과 같이 된다.

$$H = \frac{Fv}{735.5} = \frac{\left(T_1 - \frac{wv^2}{g}\right)}{735.5} \cdot \frac{e^{\mu'\theta} - 1}{e^{\mu'\theta}} v \text{ [PS]} \qquad (9\text{–}25)$$

5. 체인 전동장치

벨트와 로프 전동은 마찰에 의하여 전동되기 때문에 미끄럼이 생긴다. 체인 전동은 체인의 이를 스프로킷 휠(sprocket wheel)에 걸어서 동력을 전달하므로, 미끄럼이 없는 정확한 속도비가 얻어진다.

또한, 마찰에 의하지 않으므로 큰 동력을 전달할 수 있고, 초장력이 거의 없기 때문에 베어링의 마멸이 적고, 열의 영향을 받지 않는다. 그러나 운전 중 소음이나 진동이 일어나기 쉬우므로 고속 회전에는 곤란하다.

5-1 체인과 스프로킷 휠

전동용에 사용되는 체인은 주로 롤러 체인(roller chain), 사일런트 체인(silent chain), 코일 체인(coil chain) 등이 있다.

(1) 롤러 체인과 스프로킷 휠

① 롤러 체인

롤러 체인은 그림 9-38과 같이 자유로이 회전할 수 있도록 한 롤러를 끼운 부시(bush)로 고정된 롤러 링크와 이것을 결합하는 핀 링크를 번갈아 이어서 고리형〔環狀〕으로 한 것을 말한다.

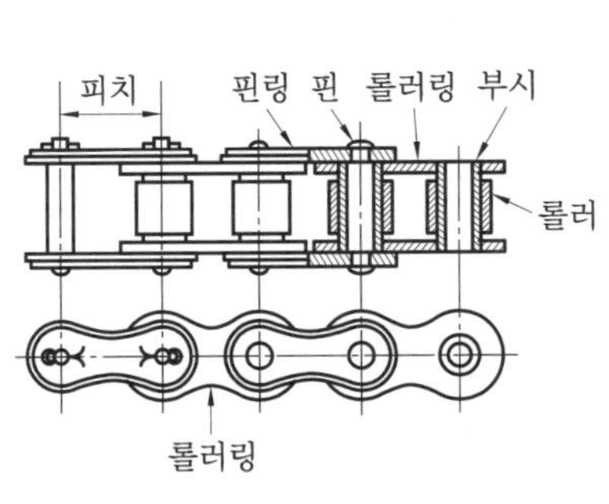

그림 9-38 롤러 체인

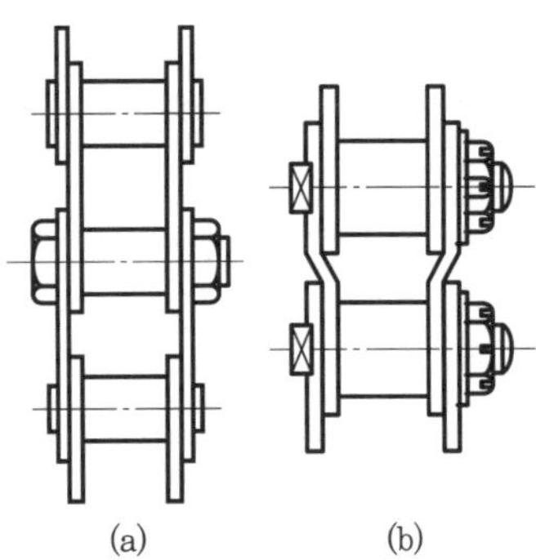

그림 9-39 체인의 연결

체인을 연결하는 핀과 스프로킷 휠의 단면 사이의 마찰과 마멸을 적게 하기 위하여 핀에 롤러가 끼워져 있다. 롤러와 핀 사이에 부시가 있으므로 핀, 롤러, 부시가 겹쳐져 있다. 이때 링크를 잇는 핀과 핀 사이의 거리를 피치(pitch)라 한다.

체인을 고리형으로 연결할 때 링크의 총수가 짝수이면 그림 9-39 (a)와 같이 간단히 결합되지만, 링크의 총수가 홀수일 때는 그림 9-39 (b)와 같은 특수한 오프셋 링크(offset link)를 끼운다.

② 스프로킷 휠

롤러 체인을 감을 수 있도록 이〔齒〕가 달린 바퀴를 스프로킷 휠(sprocket wheel)이라 한다.

그림 9-40과 같이 이뿌리 부분은 롤러가 안정되도록 롤러의 반지름보다 약간 큰 반지름의 원호로 하고, 이의 형상은 체인이 스프로킷 휠에 물려 회전하는데 무리가 없는 형상으로 한다. 현재 ASA 치형과 레이놀즈 치형이 사용되고 있다.

피치원의 지름을 D, 잇수를 Z라 하면 그림 9-40에서

$$\alpha = \frac{2\pi}{Z}$$

$$\overline{OA} = \frac{\overline{AC}}{\sin\frac{\alpha}{2}} = \frac{\frac{p}{2}}{\sin\frac{\pi}{Z}}$$

$$D = 2\times\overline{OA} = \frac{p}{\sin\frac{\pi}{Z}} \tag{9-26}$$

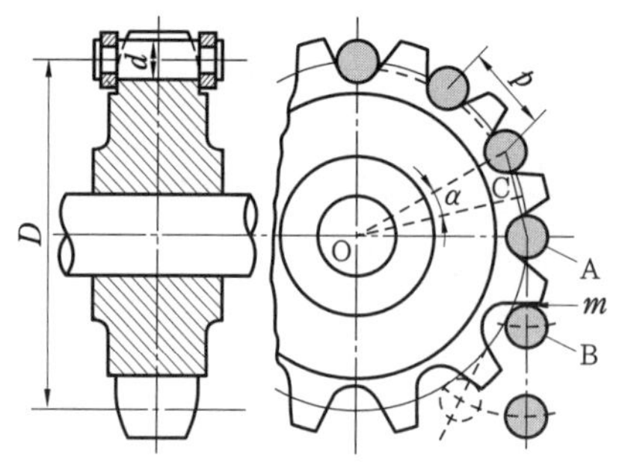

그림 9-40 스프로킷 휠

(2) 사일런트 체인과 스프로킷 휠

① 사일런트 체인

사일런트 체인(silent chain)은 마멸하여 피치가 늘어나더라도 소음이 없이 조용한 운전을 할 수 있다. 따라서 고속운전에 사용할 수 있지만, 높은 정밀도가 요구되고, 공작이 어려우므로 롤러 체인보다 값이 비싸다.

사일런트 체인은 그림 9-41 (a)와 같은 모양을 한 강판(鋼板)으로 만든 여러 개의 링크를 핀으로 연결하여 그림 9-41 (c)와 같이 한 것이다. 이때 체인이 스프로킷 휠에서 옆으로 이탈하지 않도록 그림 9-41 (b)와 같은 안내 링크(guide link)를 중앙 또는 양쪽에 붙인다. 그림 9-42는 사일런트 체인의 실물을 나타낸 것이다.

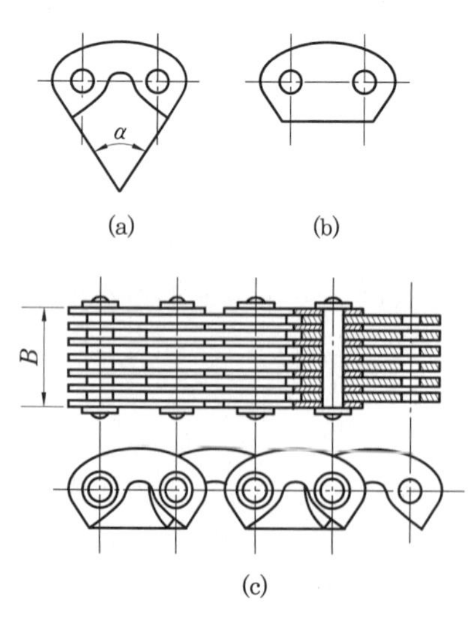

그림 9-41 사일런트 체인

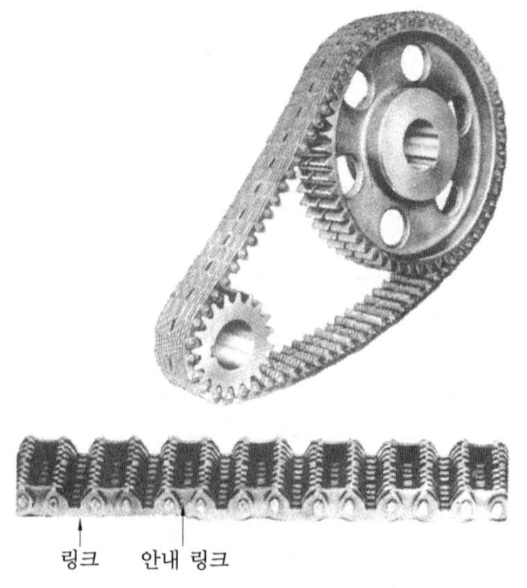

그림 9-42 사일런트 체인의 실물

그림 9-43 (a)는 사일런트 체인과 스프로킷 휠의 물림상태를 나타낸 것이다. 각도 α는 면각(面角, face angle)이라 불리고 52°, 60°, 70°, 80° 등이 사용되고 있다.

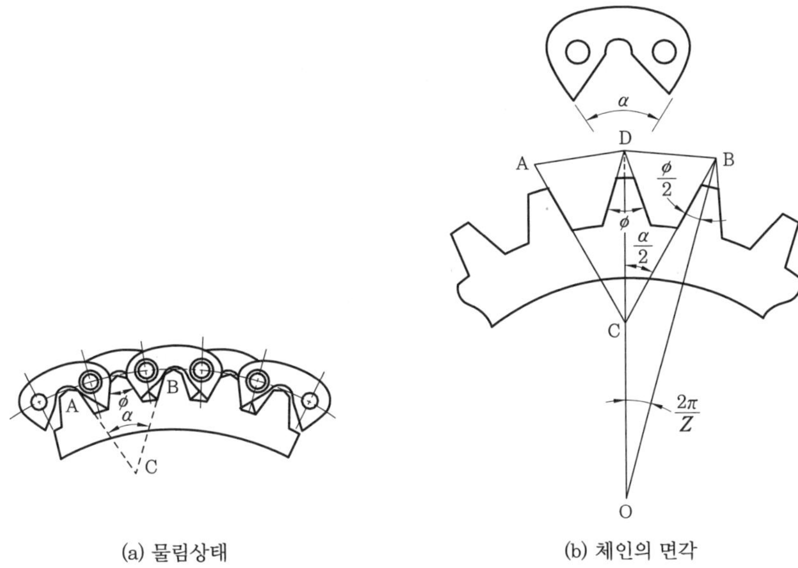

(a) 물림상태　　　　(b) 체인의 면각

그림 9-43　사일런트 체인의 물림상태와 면각

또한, 스프로킷 휠에서 1개 이의 양쪽이 이루는 각을 ϕ, 잇수를 Z라고 하면 그림 9-43 (b)의 $\triangle BCD$로부터

$$\frac{\alpha}{2} = \frac{\phi}{2} + \frac{2\pi}{Z}$$

$$\therefore \phi = \alpha - \frac{4\pi}{Z} \tag{9-27}$$

(3) 코일 체인(coil chain)

코일 체인은 그림 9-44와 같이 쇠고리를 연결하여 만든 체인으로 링크 체인(link chain)이라고도 한다.

그림 9-44　코일 체인을 사용한 체인 블록

코일 체인은 인양용(引揚用) 체인으로서 고속운전에는 부적합하고, 체인블록 등과 같이 수동으로 천천히 작동하는 경우에 사용한다. 코일 체인을 감는 스프로킷 휠은 그 둘레에 고리가 차례로 하나씩 들어갈 수 있는 오목부가 있어서, 이것이 체인의 미끄러짐을 방지할 수 있다.

5-2 체인 전동의 속도비 및 장력

구동 스프로킷 휠 및 종동 스프로킷 휠의 회전수를 n_1 및 n_2, 각각의 잇수를 Z_1, Z_2 라 하면 회전비 ε은

$$\varepsilon = \frac{n_1}{n_2} = \frac{Z_2}{Z_1} \tag{9-28}$$

체인은 바로걸기이므로 두 바퀴는 같은 방향으로 회전한다. 체인의 속도 v_m은 체인의 피치를 p, 스프로킷 휠의 회전수를 n, 잇수를 Z라 하면 다음과 같이 된다.

$$v_m = n_1 p Z_1 = n_2 p Z_2 \tag{9-29}$$

그러나 이 속도는 체인의 평균속도이고, 실제로는 체인이 스프로킷 휠에 그림 9-45와 같이 다각형(多角形)이므로, 다각형의 바퀴에 벨트를 감은 것과 같이 바퀴의 반지름은 주기적(週期的)으로 변한다.

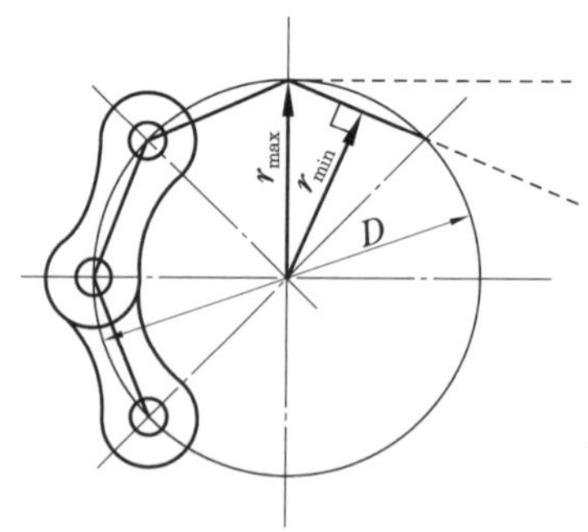

그림 9-45 체인 전동의 속도

따라서 스프로킷 휠이 일정한 속도로 회전하면 체인의 속도는 주기적으로 변화한다. 스프로킷 휠의 피치원 지름을 D, 각속도를 w라 하면

$$r_{\max} = \frac{D}{2}$$

$$r_{\min} = \frac{D}{2}\cos\frac{\pi}{Z} \tag{9-30}$$

그러므로 최대속도 $v_{\max}$ 및 최소속도 $v_{\min}$은

$$\left.\begin{aligned} v_{\max} &= \frac{D}{2}\omega \\ v_{\min} &= \left(\frac{D}{2}\cos\frac{\pi}{Z}\right)\omega \end{aligned}\right\} \tag{9-31}$$

이러한 속도변화 때문에 체인의 장력도 변하게 되어 소음 및 진동의 원인이 된다. 그러나 스프로킷 휠의 지름을 될 수 있는 한 크게 하고 피치를 작게 하면, 체인 속도의 변동은 거의 무시할 수 있을 정도로 작게 된다.

체인 전동은 벨트 전동처럼 마찰에 의한 것이 아니므로 초장력은 필요없다. 또한 원심력에 의한 영향과 자중에 의한 영향을 무시한다면, 인장측의 장력은 유효장력이 되고 이것은 전달력과 거의 같게 된다.

체인의 속도를 v [m/s], 파단하중을 P [N], 안전율을 S라 하면 전달마력 H [PS]는 다음과 같이 된다.

$$H = \frac{Pv}{735.5S} \ \text{[PS]} \tag{9-32}$$

일반적으로 체인전동에서는 위쪽이 인장측이 되도록 회전방향을 결정한다.

예제 9-5 체인의 피치가 25.4 mm, 스프로킷 휠의 잇수가 30개이고, 1000 rpm으로 회전하고 있다. 체인의 속도를 구하시오.

해설 먼저 스프로킷 휠의 피치원 D를 식 (9-26)에서 구하면

$$D = \frac{p}{\sin\frac{\pi}{Z}} = \frac{25.4}{\sin\left(\frac{\pi}{30}\right)} = 243 \text{ mm}$$

체인의 평균속도는

$$v_m = npZ = \frac{1000\times25.4\times30}{60\times1000} = 12.7 \text{ m/s}$$

$$v_{\max} = \frac{D}{2}\omega = \frac{D}{2}(2\pi n) = \pi Dn = \frac{243\times\pi\times1000}{60\times1000} = 12.72 \text{ m/s}$$

$$v_{\min} = v_{\max}\cos\left(\frac{\pi}{Z}\right) = 12.65 \text{ m/s}$$

5-3 체인의 길이

체인은 바로걸기를 주로 하므로 체인의 길이도 벨트 전동의 바로걸기와 같은 방법으로 구하면 된다.

식 (9-5)에서

$$L = \frac{\pi}{2}(D_1+D_2) + 2C + \frac{(D_1-D_2)^2}{4C}$$

이므로, 이 식에서

$$Z_1 = \frac{\pi D_1}{p}, \quad Z_2 = \frac{\pi D_2}{p}$$

로 놓으면 체인의 길이는 다음 식과 같이 된다.

$$L = \frac{(Z_1 + Z_2)p}{2} + 2C + 0.0253\,\frac{(Z_1 - Z_2)^2 p^2}{C} \tag{9-33}$$

또한, 링크의 수를 N이라 하면

$$N = \frac{L}{p} = \frac{Z_1 + Z_2}{2} + \frac{2C}{p} + \frac{(Z_1 - Z_2)^2 p}{4C\pi^2}$$

$$= \frac{1}{2}(Z_1 + Z_2) + \frac{2C}{p} + \frac{0.0253p(Z_1 - Z_2)^2}{C} \tag{9-34}$$

이와 같이 하여 구한 링크의 수에서 소수점 이하는 반올림하여 정수로 한다.

N이 홀수로 되면 양 끝의 접촉에 오프셋 링크가 필요하므로, 축간거리를 조절하여 짝수로 하는 것이 좋다.

예제 9-6 롤러 체인의 피치가 25.4 mm이고, 축간거리가 500 mm이며, 스프로킷 휠의 잇수가 각각 15, 45일 때 체인의 길이와 링크의 수를 구하라.

해설 체인의 길이 L은 식 (9-33)에서

$$L = \frac{(Z_1 + Z_2)p}{2} + 2C + \frac{0.0253(Z_1 - Z_2)^2 p^2}{C}$$

$$= \frac{(15 + 45) \times 25.4}{2} + 2 \times 500 + \frac{0.0253\,(15 - 45)^2 \times (25.4)^2}{500} = 1791.4\text{ mm}$$

또한, 링크의 수 N은 식 (9-34)에서

$$N = \frac{1}{2}(Z_1 + Z_2) + \frac{2C}{p} + \frac{0.0253p(Z_1 - Z_2)^2}{C}$$

$$= \frac{1}{2}(15 + 45) + \frac{2 \times 500}{25.4} + \frac{0.0253 \times 25.4}{500}(15 - 45)^2$$

$$= 70.53 \fallingdotseq 71\text{개}$$

6. 벨트 변속기구

구동축의 회전이 일정할 경우 종동축의 회전을 변화시키려면, 단차(段車)에 의하여 단계적으로 변화시키는 방법과 원뿔 풀리에 의하여 연속적으로 변화시키는 방법이 있다.

(1) 단차에 의한 변속기구

지름이 다른 몇 개의 풀리를 일체로 하여 차례로 나란히 놓으면, 속도비를 단계적으로 변화시킬 수가 있다. 이와 같은 풀리를 단차(steped pulley)라고 부르고, 보통은 그림 9-46과 같이 동일 모양의 단차 2개를 반대 방향으로 배치한다.

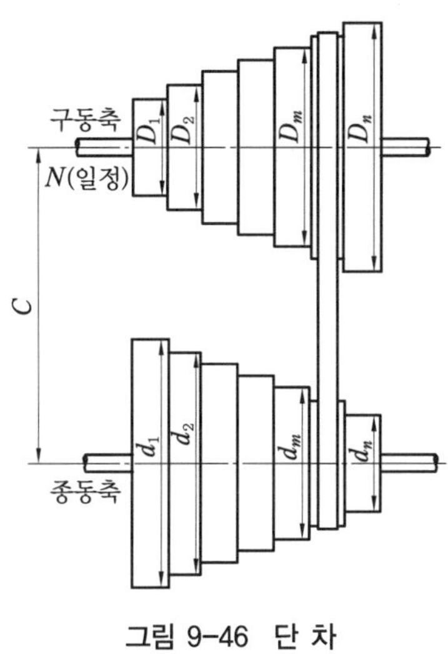

그림 9-46 단 차

단차는 공작기계의 속도를 변화시키는 장치에 많이 이용되고, 종동축에 전해지는 회전수는 등비급수열(等比級數列)로 하는 경우가 많다.

그림 9-46에서 구동축의 회전수를 N이라 하고, 종동축의 회전수를 n_1, n_2, n_3, …, n_n이라 한다. 이때 종동축의 회전수가 등비급수적으로 변화하는 것으로 하고 공비(公比)를 ϕ라 하면

$$\frac{n_2}{n_1} = \frac{n_3}{n_2} = \frac{n_4}{n_3} \cdots \frac{n_n}{n_{n-1}} = \phi \qquad (9-35)$$

$$\phi = \sqrt[n-1]{\frac{n_n}{n_1}} \qquad (9-36)$$

구동차의 단차지름을 D_1, D_2, D_3, …, D_n이라 하고, 종동차의 단차지름을 d_1, d_2, d_3, …, d_n이라 하면

$$\frac{n_1}{N} = \frac{D_1}{d_1}, \quad \frac{n_2}{N} = \frac{D_2}{d_2}, \quad \frac{n_3}{N} = \frac{D_3}{d_3}, \quad \cdots, \quad \frac{n_n}{N} = \frac{D_n}{d_n}$$

또한, 식 (9-35)에서

$$n_2 = \phi n_1, \quad n_3 = \phi n_2 = \phi^2 n_1, \quad n_4 = \phi n_3 = \phi^3 n_1, \quad \cdots, \quad n_n = \phi^{n-1} n_1$$

이므로, 양변을 N으로 나누면

$$\left.\begin{aligned} \frac{n_2}{N} &= \phi\frac{n_1}{N}, \quad \therefore \frac{D_2}{d_2} = \phi\frac{D_1}{d_1} \\ \frac{n_3}{N} &= \phi^2\frac{n_1}{N}, \quad \therefore \frac{D_3}{d_3} = \phi^2\frac{D_1}{d_1} \\ \frac{n_n}{N} &= \phi^{n-1}\frac{n_1}{N}, \quad \therefore \frac{D_n}{d_n} = \phi^{n-1}\frac{D_1}{d_1} \end{aligned}\right\} \tag{9-37}$$

또한, 벨트의 길이는 일정하므로

$$D_1+d_1 = D_2+d_2 = \cdots = D_n+d_n$$

이 되고, 제 m 번째의 단에 대해서는

$$\frac{D_m}{d_m} = \phi^{m-1}\frac{D_1}{d_1}, \qquad D_m+d_m = D_1+d_1$$

이므로, 이 두 식에 의해서 다음과 같이 된다.

$$\left.\begin{aligned} d_m &= \frac{D_1+d_2}{1+\phi^{m-1}\dfrac{D_1}{d_1}} \\ D_m &= D_1+d_1-d_m \end{aligned}\right\} \tag{9-38}$$

따라서 첫 단의 풀리 지름 D_1, d_1 및 최대, 최소회전수와 단수 또는 공비 ϕ가 주어지면 각단의 풀리 지름을 구할 수 있다. ϕ는 보통 1.25~2의 값을 사용하고 있다.

7. 감기전동식 무단변속기구

벨트, 체인 등을 감는 풀리의 유효지름을 변화시켜 변속하는 것을 감기전동식 무단변속기구라 한다. 일반적으로 회전 중에 변속을 하기가 간편하고, 효율도 비교적 좋으며 설비비용도 적게 드는 이점이 있기 때문에 널리 이용되고 있다.

7-1 V 벨트식 무단변속기구

벨트식 무단변속기구는 그림 9-47과 같이 풀리의 V 홈 폭을 넓히든가 좁혀 가면서 풀리의 지름을 변화시키면서 속도비를 변화시키는 기구이다. 풀리가 넓어지면 V 벨트는 중심 가까이 작은 지름의 곳에 들어가고, 반대로 풀리를 좁혀 가면 V 벨트는 풀리의 외주 가까이 큰 지름인 곳에 걸린다.

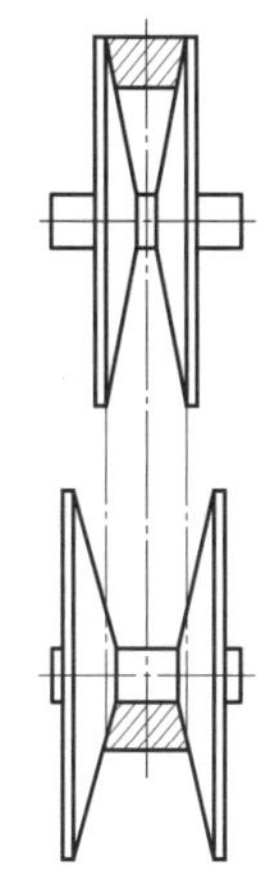
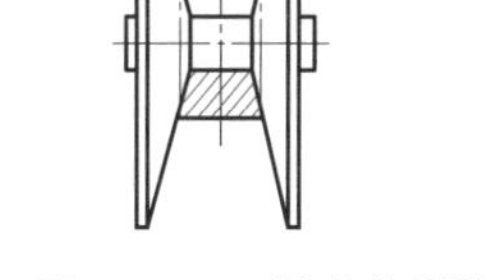

그림 9-47 V 풀리의 변화

그림 9-48 V 벨트식 무단변속기구

핸들로 풀리 지름의 크기를 변화시키면 상대쪽 풀리가 고정되어 있다 하더라도 속도비를 무단계로 바꿀 수 있다. 그림 9-48은 V 벨트식 무단변속기구를 나타낸 것이다.

V 벨트식 무단변속기구로 많이 이용되는 것에 베리어블 다이어미터 풀리(variable diameter pulley)형 무단변속기구가 있다. 이 형식에는 모터에 직접 연결하고, 모터 이동대에서 축간거리를 변화시켜 변속하는 형식과 핸들이 붙은 풀리와 나사식의 풀리를 조합시켜 축간거리를 변화시키는 형식이 있다.

표준 V 벨트를 사용하는 것과 폭이 넓은 변속 벨트를 사용하는 것이 있지만, 어느 것이나 변속 및 동력전달 등에 널리 이용되고 있다.

그림 9-49는 모터를 이동시켜 축간거리를 변화시키는 무단변속방법이고, 그림 9-50은 축간거리는 일정하게 두고 풀리의 지름을 강제로 변화시켜 변속하는 방법이다. 벨트의 길이가 일정하고 풀리의 지름이 변화하므로 벨트에 항상 적절한 인장력을 주어야 한다.

이러한 방법에는 그림 9-49와 같이 모터를 이동시켜 축간거리를 변화시키는 이동축식(移動軸式)과 그림 9-50과 같이 풀리의 지름을 상대적으로 변화시키는 대향식(對向式)이 있다. 이 밖에도 그림 9-51과 같이 중간 풀리를 이용하는 중간차식(中間車式)이 있다.

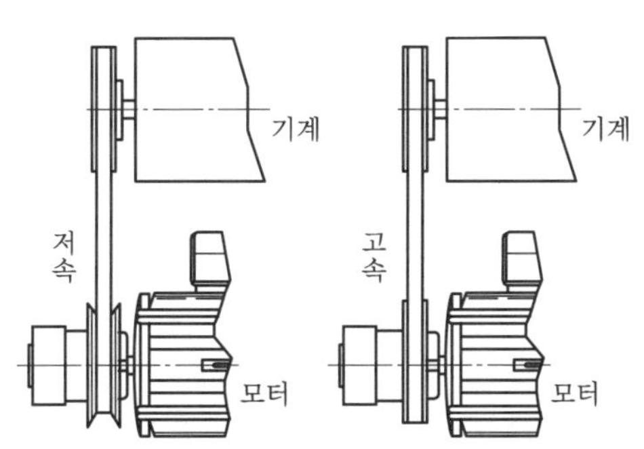

그림 9-49 벨트식 무단변속기구 (축간거리 변화)

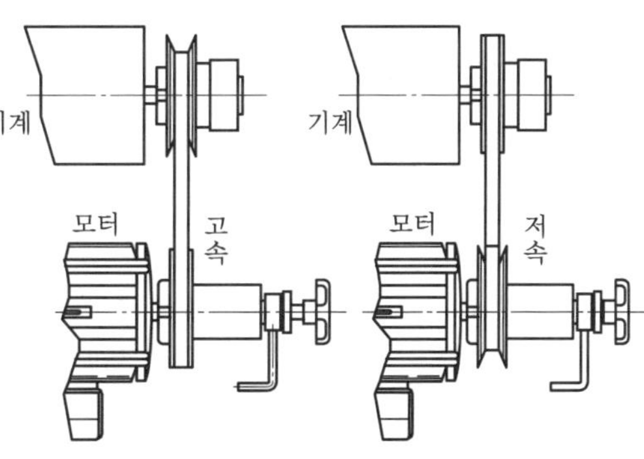

그림 9-50 벨트식 무단변속기구 (풀리 지름 변화)

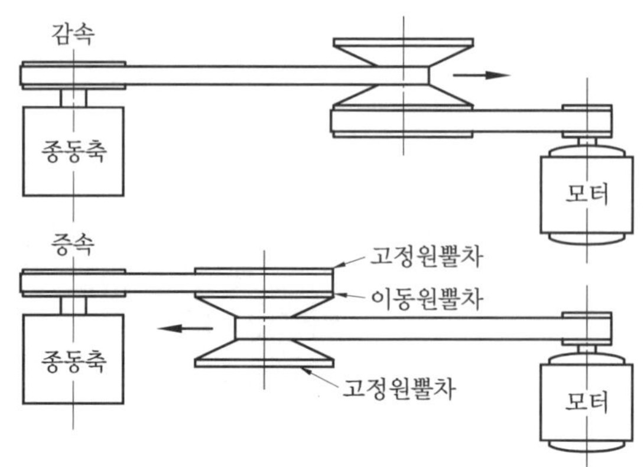

그림 9-51 원뿔차의 이동과 회전속도

그림 9-52는 베리어블 다이어미터 풀리 이동대이고, 그림 9-53은 모터 이동대를 나타내고 있다.

그림 9-52 베리어블 다이어미터 풀리 이동대

그림 9-53 모터 이동대

7-2 PIV 무단변속기구

(1) PIV 무단변속기구의 구성

1928년 영국에서 발명된 것으로서, PIV(positive infinitely variable speed chain gear box)는 V 벨트 기구를 특수한 베벨 기어와 특수한 체인의 측면을 맞물리도록 한 무단변속기구(無段變速機構)이다.

특수한 베벨 기어라고 하는 것은 그림 9-54에서 보는 바와 같이 양쪽 원뿔면에 오목, 볼록을 만들어 양쪽의 볼록과 오목을 미끄러지게 해서 베벨 기어와 같은 관계로 한 것이다. ①은 베벨 기어의 최대지름에서 맞물리고, ②는 최소지름에서 맞물리고 있다. 원뿔은 외주부(外周部)에는 오목, 볼록이 크고, 중심부(中心部)에서는 작아지게 되어 있다.

또한, V 벨트에 상당하는 특수 체인은 그림 9-55와 같이 그 길이방향과 직각으로 출입할 수 있는 얇은 강판(鋼板)이 수많이 조합되어 있어, 이 얇은 강판이 상대편 오목, 볼록에 따라 출입하여 맞물리도록 되어 있다. 이 기구는 다른 마찰차식 무단변속기구와는 다르게 맞물려서 회전을 전달하므로 변속은 확실하지만 값이 비싸다.

그림 9-54 PIV 기구의 특수 베벨 기어

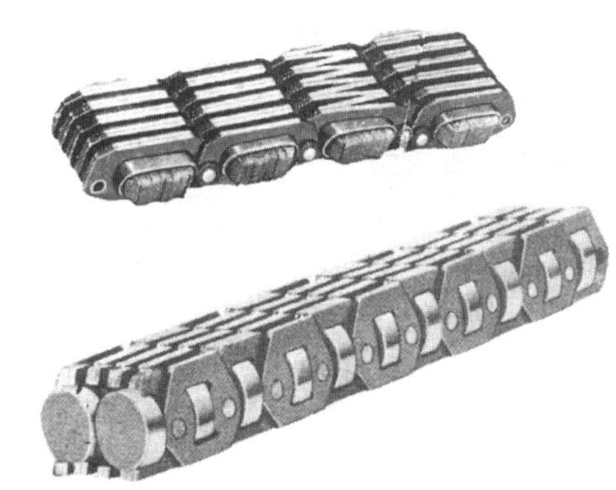

그림 9-55 PIV 기구의 특수 체인

(2) PIV 변속기구의 원리

그림 9-56은 PIV 무단변속기구의 구조를 나타낸 것이다. 일정속도로 회전하는 입력축(入力軸)에 대하여 일정범위에서 출력축(出力軸)의 회전을 자유로이 확실하게 임의의 회전수로 변화시킬 수 있다.

그림 9-56 PIV 기구의 구조

그림 9-57은 이 기구의 변속원리(變速原理)를 나타낸 것으로서, 이 기구에서 가장 중요한 것은 특수체인으로 입력축과 출력축의 축방향으로 이동하는 2개의 원뿔판에 의하여 맞물려 회전하도록 되어 있다.

이 두 원뿔판의 폭은 조속축(調速軸)에 의해서 조절되고 입력축, 출력축의 한쪽 간격을 좁혀 주면 다른 쪽은 자동적으로 넓어진다. 이 변화에 의해서 두 원뿔판 사이에서 맞물려 회전하고 있는 체인의 회전반지름의 비가 변화하기 때문에 출력축의 회전수가 무단(無段)으로 임의로 변화한다.

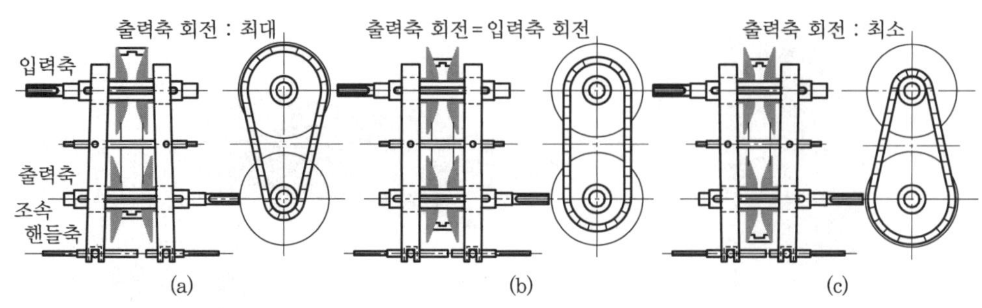

그림 9-57 PIV 변속기구의 원리

8. 활 차 장 치

그림 9-58과 같이 로프와 로프 풀리를 잘 조합시켜 작은 힘으로 큰 힘을 발생시키는 배력장치(倍力裝置)의 일종을 만들 수 있는데, 이것을 활차장치(滑車裝置, pulley block) 또는 도르래라 한다.

로프는 앞에서 설명한 것과 같은 로프를 사용하고, 로프 풀리는 보통 안내차(案內車)와 같은 홈이 있으면 된다. 특히 미끄럼이 있으면 곤란한 경우에는 체인과 스프로킷 휠을 조합하여 사용하면 매우 편리하다. 활차는 조합방법(組合方法)에 따라 여러 가지가 있다.

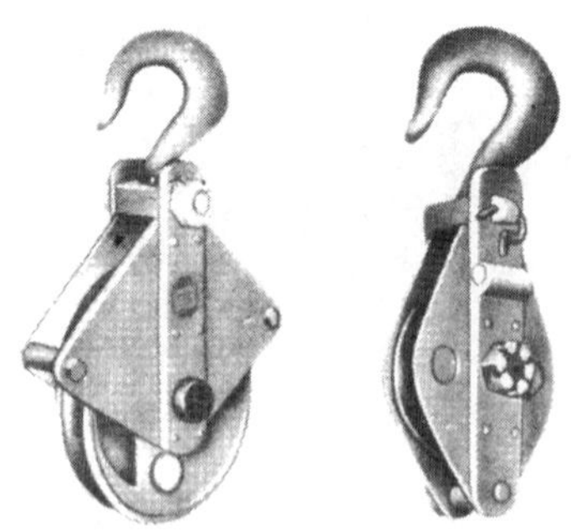

그림 9-58 활차장치

8-1 단독활차

활차장치에 있어서 활차 1개를 사용한 것을 단독활차(單獨滑車)라 한다.

단독활차에는 그림 9-59 (a)와 같이 고정활차(固定滑車, fixed pulley)와 그림 9-59 (b)와 같은 동활차(動滑車, movable pulley)가 있다.

고정활차는 마찰손실이 없다고 하면 $P=W$이고, 배력장치로는 사용할 수 없지만 인장력의 방향을 바꿀 수 있다.

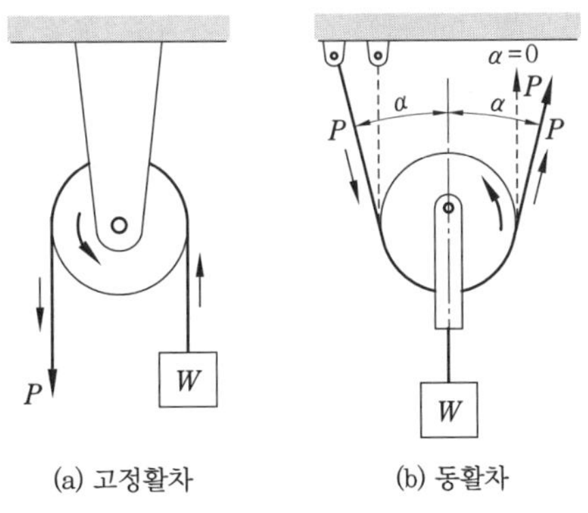

(a) 고정활차 (b) 동활차

그림 9-59 단독활차

동활차는 힘의 방향을 바꿀 수는 없지만 $P=\dfrac{W}{2\cos\alpha}$가 되고, α가 작을수록 P도 작아지므로 배력장치에 사용되며, $a=0$일 때 $P=\dfrac{W}{2}$가 된다.

일반적으로 동활차는 $a=0$인 경우를 많이 사용하므로 무게 W의 물건을 끌어올리려면, 로프에 작용하여할 힘 P는 W의 1/2이 된다.

또한, 물건을 들어올리는 길이는 고정활차에서는 로프를 끌어당긴 길이와 같고, 동활차에서는 로프를 끌어올릴 수 있는 길이의 1/2이 된다.

8-2 복합활차

고정활차와 동활차의 각 이점을 이용하여 조합한 활차장치를 복합활차(複合滑車)라고 한다. 그림 9-60 (a)는 고정활차와 동활차를 각각 1개씩 사용한 복합활차로서, 이것을 하나로 합치면 그림 9-60 (b)와 같이 된다.

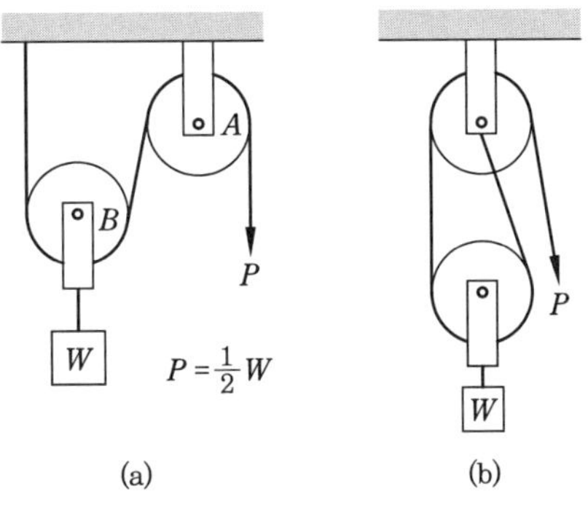

(a) (b)

그림 9-60 복합활차 (1)

이것은 고정활차 A 에 의하여 인장력의 방향을 바꾸고 동활차 B 는 $P=\frac{W}{2}$ 가 되며, 물건의 무게에 해당하는 1/2의 힘으로 그 물건을 들어올릴 수 있다.

또한, 그림 9-61 (a)는 고정활차 2개와 동활차 2개를 조합한 것으로서, 이것을 합하면 그림 9-61 (b), 9-61 (c)와 같이 된다.

이 경우 $P=\frac{W}{4}$ 가 되고, 들어올리는 거리는 잡아당기는 거리의 1/4이다.

그림 9-62 (a)와 같이 조합하면 $P=\frac{W}{3}$ 가 되고, 하나로 합하면 그림 9-62 (b)와 같이 된다. 그림 9-62 (c)는 고정활차 3개를 사용한 것이며, $P=\frac{W}{7}$ 가 된다.

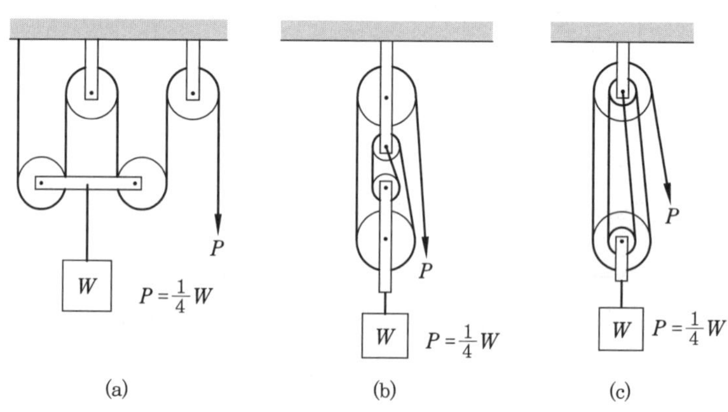

그림 9-61 복합활차 (2)

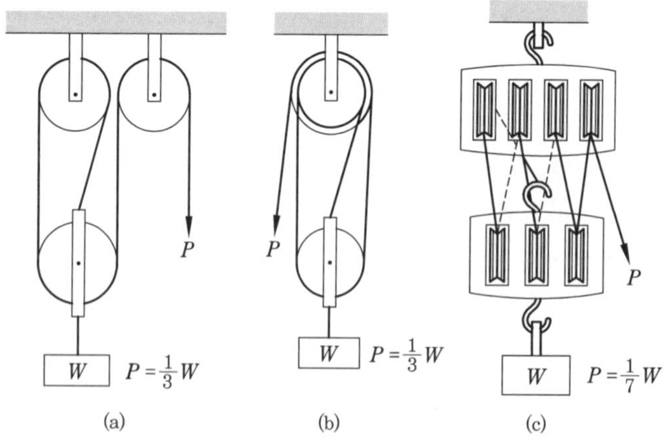

그림 9-62 복합활차 (3)

8-3 조합활차

그림 9-63과 같이 2개의 동활차와 1개의 고정활차를 조합한 활차장치를 조합활차(組合滑車)라 한다. 동활차 1개로 2배의 힘이 나오므로

$$P = \frac{W}{2 \times 2} = \frac{W}{2^2} = \frac{W}{4}$$

가 된다.

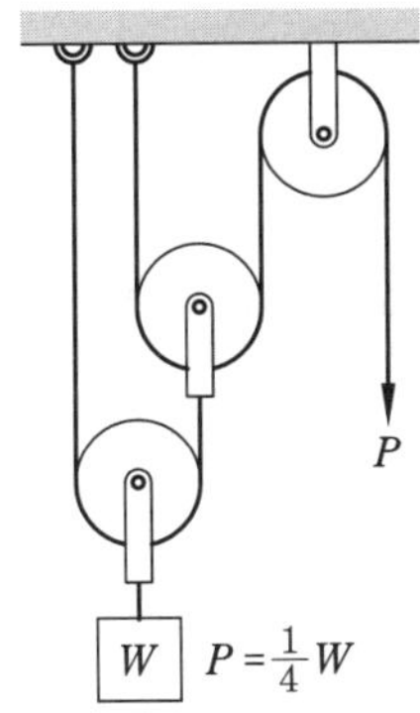

그림 9-63 조합활차 (1)

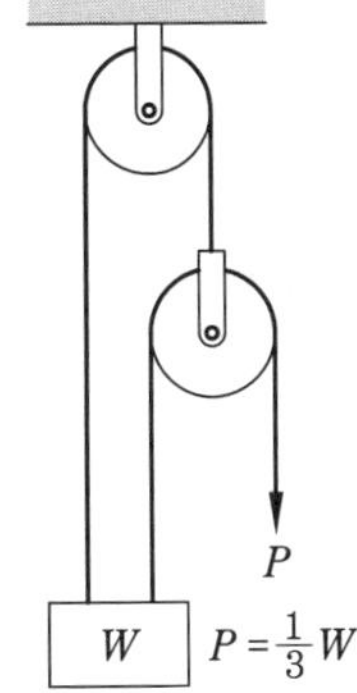

그림 9-64 조합활차 (2)

이와 같은 활차장치에서 동활차 수를 n이라 하면, P는 다음과 같이 된다.

$$P = \frac{W}{2^n} \tag{9-39}$$

또한, 제일 아래에 있는 활차의 이동거리는 $\frac{1}{2^n}$이 된다.

그림 9-64도 조합활차로서 로프에 작용하여야 할 P는 다음과 같이 된다.

$$P = \frac{W}{2^n - 1} \tag{9-40}$$

8-4 단활차

그림 9-65와 같이 지름이 다른 2개의 활차를 일체로 한 활차를 단활차(段滑車)라고 하며, 로프는 각각 반대 방향으로 감기고 로프의 끝은 활차에 고정되어 있다.

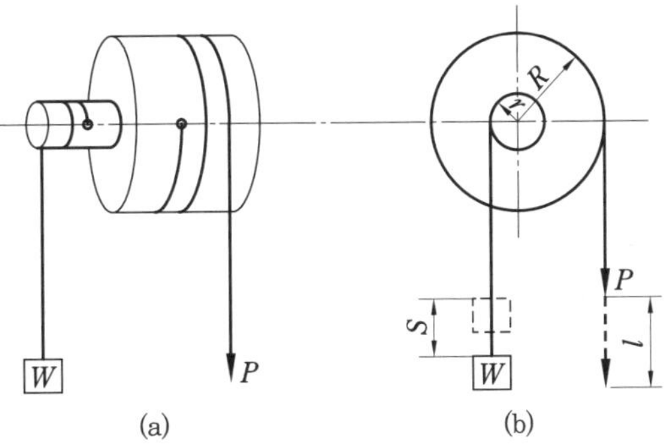

그림 9-65 단활차

큰 활차의 반지름 R, 작은 활차의 반지름 r이라 하고, 로프에 가해지는 힘을 P, 그 끝에 달려 있는 물건의 무게를 W라 하면

$$W \times r = P \times R$$

$$\therefore \ W = \frac{R}{r} P \qquad (9-41)$$

따라서 P가 일정하여도 반지름의 차가 클수록 W는 커진다.

또한 로프를 잡아당기는 거리를 l, 그때의 물건의 이동거리를 S라 하면 다음 식과 같이 된다.

$$S = \frac{r}{R} l \qquad (9-42)$$

8-5 차동활차

그림 9-66과 같이 동활차와 동활차를 조합한 활차를 차동활차(差動滑車)라 한다. 그림에서 단활차에 대한 모멘트를 생각하면

$$P \times R + \frac{W}{2} \times r = \frac{W}{2} \times R$$

$$\therefore \ W = \frac{2R}{R-r} P \qquad (9-43)$$

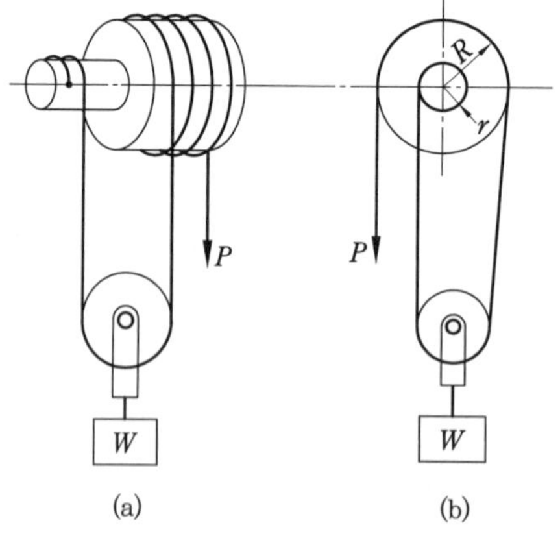

그림 9-66 차동활차

그림 9-67 차동장치를 이용한 호이스트

즉 $(R-r)$의 값이 작으면 작은 힘으로 무거운 물건을 끌어올릴 수 있기 때문에, 차동장치는 복합활차나 조합활차보다 작은 활차의 수로 큰 배력장치를 만들 수 있다.

그림 9-67은 차동활차를 이용한 호이스트(hoist)이다. 호이스트는 단활차를 모터와 기어의 조합으로 운전하도록 한 것이다.

예제 9-7 그림 9-66 (a)와 같이 반지름이 각각 200 mm, 160 mm의 단차를 가지는 차동활차를 사용하여 800 N의 물건을 들어 올리는 데 필요한 힘은 몇 N인가?

해설 식 (9-43)에서 $P = \frac{W}{2}\left(\frac{R-r}{R}\right)$ 이므로

$$P = \frac{800}{2}\left(\frac{200-160}{200}\right) = 80 \text{ N}$$

예제 9-8 그림 9-68과 같은 조합활차에 있어서 W_1의 무게를 40 N으로 할 때, W_2와 P의 무게는 얼마로 하면 평형이 이루어지는가?

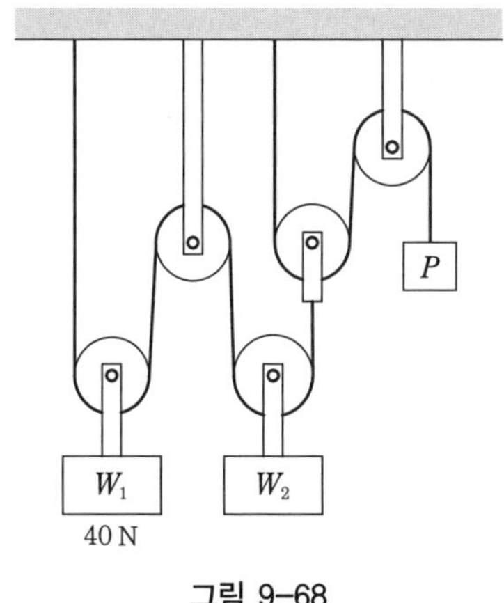

그림 9-68

해설 그림 9-68에서 W_1과 W_2 사이에는 1개의 활차가 있으므로

$$W_2 = \frac{W_1}{2^n} = \frac{40}{2} = 20 \text{ N}$$

W_2와 P 사이에는 2개의 동활차가 있으므로

$$P = \frac{W_2}{2^n} = \frac{20}{2^2} = 5 \text{ N}$$

● 연 습 문 제 ●

1. 평벨트 전동에 있어서 구동 풀리의 지름 200 mm, 종동 풀리의 지름을 360 mm, 벨트의 두께가 6 mm인 경우 구동축이 270 rpm으로 회전한다면, 종동축의 회전수는 얼마인가? 평벨트의 두께를 무시한다면, 종동 풀리의 회전수는 얼마인가? (단, 벨트의 크리프, 미끄럼은 없는 것으로 한다.)

2. 축간거리 $C = 4$ m, 풀리의 지름 $D_1 = 250$ mm, $D_2 = 700$ mm로 하여 바로걸기와 엇걸기로 할 때, 평벨트의 길이는 각각 몇 mm로 하면 되는가?

3. V 벨트의 속도 $v = 30$ m/s인 경우 벨트의 단위길이마다의 무게를 $w = 1.5$ N/m, 인장측의 장력 $T = 200$ N이라 할 때 유효장력과 전달마력 [PS]을 구하시오. (단, 마찰계수 $\mu =$ 0.25, 홈의 꼭지각 $\alpha = 36°$, 접촉각 $\theta = 180°$이다.)

4. 잇수 30개의 스프로킷 휠이 롤러 체인으로 속도 500 rpm으로 회전할 때 전달할 수 있는 마력 [PS]은 얼마인가? (단, 파단하중은 80 kN이고, 피치는 31.75 mm, 안전율은 20이다.)

5. 롤러 체인의 스프로킷 휠의 잇수 $Z_1 = 20$개, $Z_2 = 60$개라 하고, 축간거리가 730 mm이면 필요한 롤러 체인의 길이와 링크수는 어떻게 되는가? (단, 체인의 피치는 25.4 mm로 한다.)

6. 그림 9-69와 같은 풀리 트레인에 대한 구동차 A의 지름은 200 mm, 회전수 1500 rpm이다. 종동차 D의 회전수를 200 rpm으로 하면, 각 벨트 풀리의 지름은 얼마로 하여야 하는가?

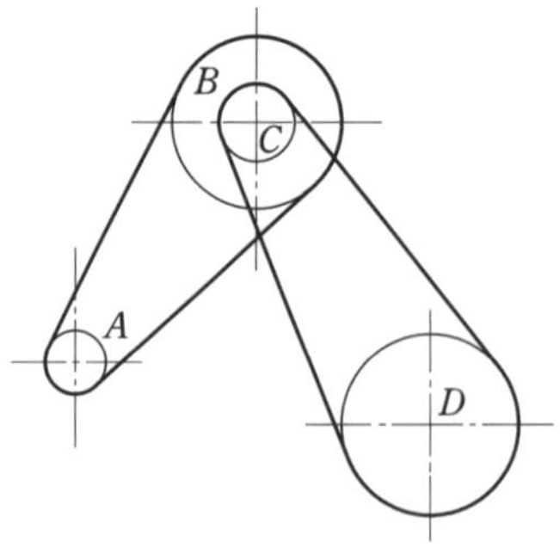

그림 9-69

답 **1.** 152 rpm, 150 rpm **2.** 9504.9 mm, 9548.9 mm **3.** 47.6 N, 1.4 PS **4.** 43.2 PS
5. 2485 mm, 98개 **6.** $D_B = 600$ mm, $D_C = 240$ mm, $D_D = 600$ mm

제 10 장 특수운동기구

1. 평행운동기구

1-1 평행운동기구의 성립

그림 10-1에서 보는 바와 같이 두 쌍이 링크 길이를 링크 ①=③, 링크 ②=④, 링크 ②>①로 하여 링크 ④를 고정하면, 크랭크 ①의 1회전에 대하여 레버 ③도 1 회전하고, 그 회전속도도 같다. 이와 같은 기구에 있어서 링크 ②는 항상 링크 ④에 평행한 위치에 있으므로 이러한 기구를 평행운동기구(平行運動機構)라 한다.

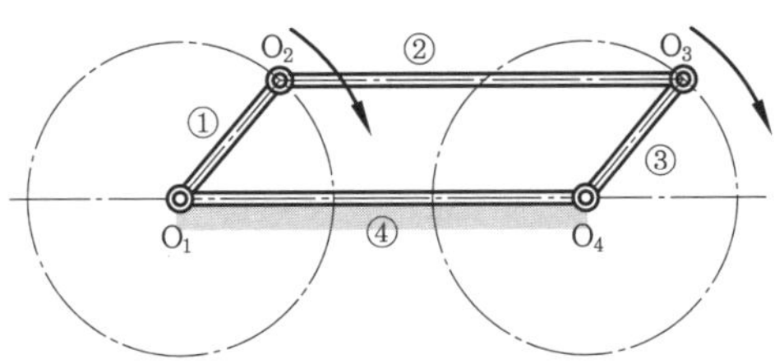

그림 10-1 평행운동기구의 성립

1-2 평행운동기구의 응용

(1) 평행자

그림 10-2는 평행선을 긋기 위해 사용하는 평행자이다. 이 기구는 간단하지만, 그림의 각 변이 어떠한 운동을 하더라도 항상 평행사변형을 이루고 있다.

(2) 기관차의 동륜(driving wheel of locomotive)

기관차가 많은 열차를 끌고 가려면, 동력을 많은 차량(車輛)에 전달하여야 하기 때문에 두 바퀴에 연결봉을 설치하여 평행 크랭크 기구를 형성하여 양쪽의 크랭크가 똑같이 회전하게 한다.

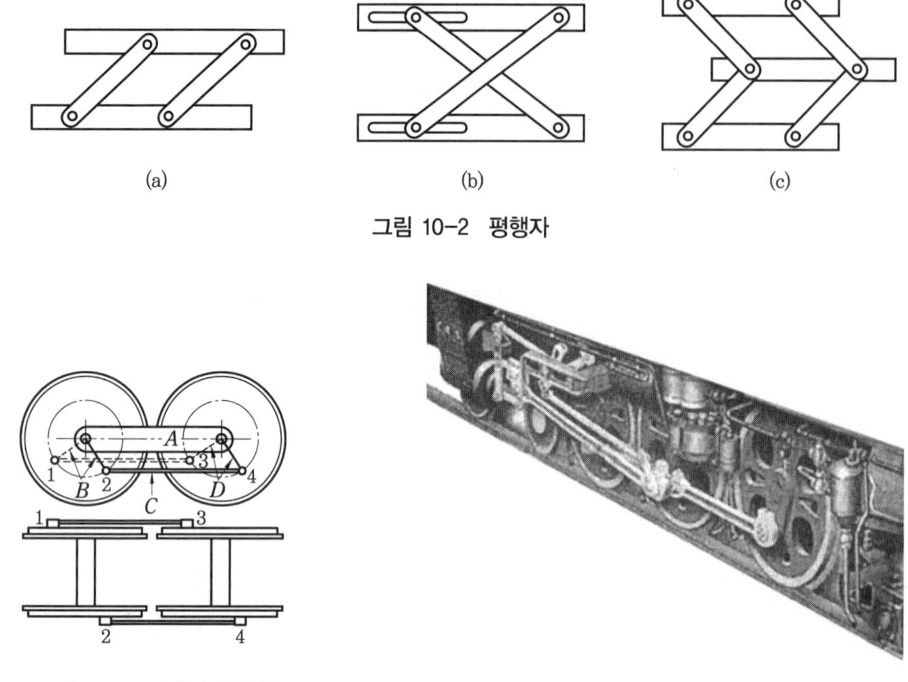

그림 10-2 평행자

그림 10-3 기관차의 동륜

그림 10-4 기관차의 동륜 실물

그림 10-3은 기관차의 동륜(動輪)을 나타낸 것이고, 그림 10-4는 기관차 동륜의 실물이다. A 는 기관차의 차체(車體)에 해당하며, 피스톤에 연결하는 연결봉 C가 크랭크 B를 회전시키면 D도 동시에 회전한다.

(3) 그 밖의 응용예

위에 설명한 평행운동기구의 응용예 외에도 그림 10-5와 같은 로버벌 저울(Roberval balance)이 있다. 이것은 5개의 링크로 2개의 평행사변형을 이루고 있고, 좌우암의 길이가 같은 저울이다. 양쪽의 접시가 상하로 운동하는 거리가 항상 같다. 따라서 분동(分動)과 물건을 접시의 어느 위치에 놓아도 그 중량이 같게 되어 항상 평형을 유지한다.

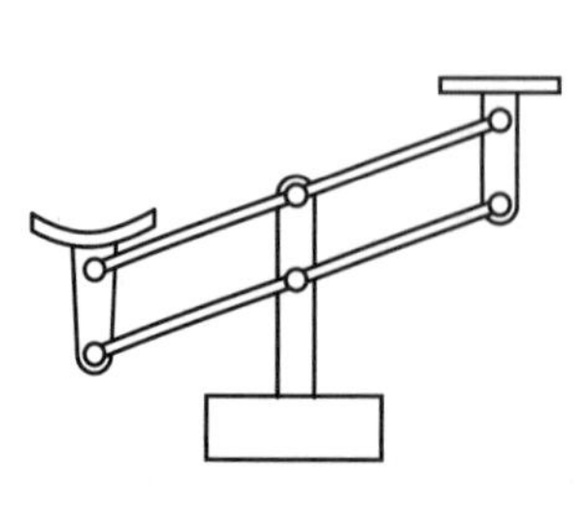

그림 10-5 로버벌 저울

그림 10-6 라이트 스탠드

그림 10-6은 평행운동을 하도록 만들어진 라이트 스탠드(light stand)이다. 이것도 4개의 평행링크로 이루어져 있으므로 라이트는 항상 평행으로 이동한다.

2. 직선운동기구

2-1 직선운동기구의 뜻

링크 장치의 슬라이더는 직선 모양의 안내장치에 유도되어 직선운동을 하는 것이 많다. 그러나 이와 같은 안내장치를 사용하지 않고도 기구 중의 한 점이 직선운동을 하도록 한 기구를 직선운동기구(直線運動機構)라 한다.

직선운동기구는 이론적으로 정확한 직선운동을 하는 엄밀 직선운동기구(exact straight-line motion mechanism)와 근사적인 직선운동을 하는 근사 직선운동기구(approximatc straight-line motion mechanism)가 있다.

2-2 엄밀 직선운동기구

(1) 포슬리어의 기구(Peaucellier's mechanism)

그림 10-7과 같은 기구로 되어 있으며, 여기서 $\overline{AB}=\overline{BC}=\overline{AD}=\overline{DC}$, $\overline{O_1A}=\overline{O_1C}$, $\overline{EF}=\overline{O_2B}$로 되어 있어 링크 EF를 고정하고 OB를 회전시키면, 점 D가 링크 EF에 대해서 직각인 엄밀직선운동을 한다.

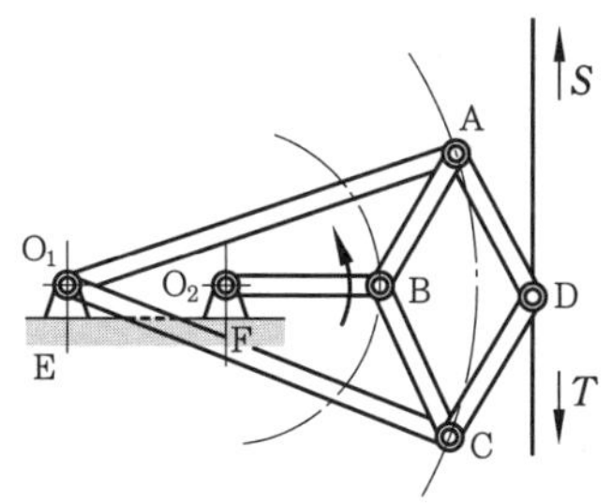

그림 10-7 포슬리어의 기구

(2) 레이지 통스(lazy tonges)

공간에서 물건이 밑에 어떠한 받침도 없이 직선운동을 하도록 평행자기구를 응용한 것이다. 이 기구에서 수평으로 놓여진 선단의 점은 엄밀직선운동을 한다.

이 기구를 응용한 예로는 그림 10-8과 같은 창고나 차고의 조립식 창틀이 있다. 또한 그림 10-9는 물건을 상하로 평행하게 이동시키도록 만들어진 리프터(lifter)이다.

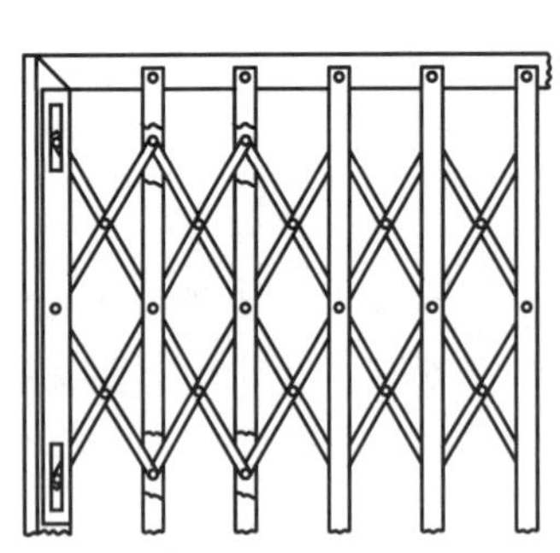

그림 10-8 조립식 창틀

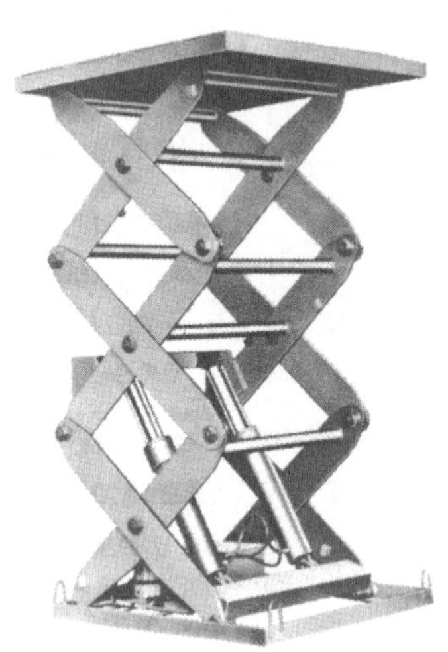

그림 10-9 리프터

2-3 근사 직선운동기구

(1) 와트 기구(Watt's mechanism)

이 기구는 제임스 와트가 자신이 발명한 증기기관에서 피스톤봉(piston rod) 상단의 점에 직선운동을 주기 위하여 고안된 것이다.

그림 10-10과 같이 $AB /\!/ CD$이고, 점 A와 D가 고정된 2중 레버 기구로 되어 있고, 연결봉 ② 위에 $\dfrac{\overline{BP}}{\overline{CP}} = \dfrac{\overline{CD}}{\overline{AB}}$가 되도록 점 P를 정한다. 두 레버를 움직이면 연결봉 ②의 중앙점 P의 궤적은 그림에서와 같이 8자형의 곡선이 되는데, $AB /\!/ CD$인 점 P 부근에서는 AB에 수직한 근사적인 직선운동을 한다.

그림 10-11은 이 기구의 운동궤적을 촬영한 사진이다

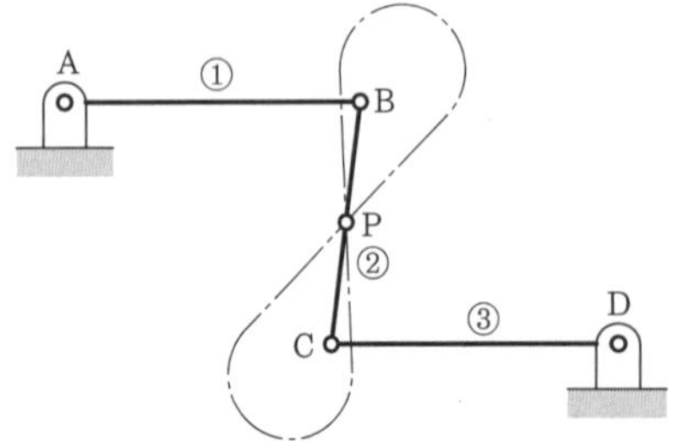

그림 10-10 와트 기구

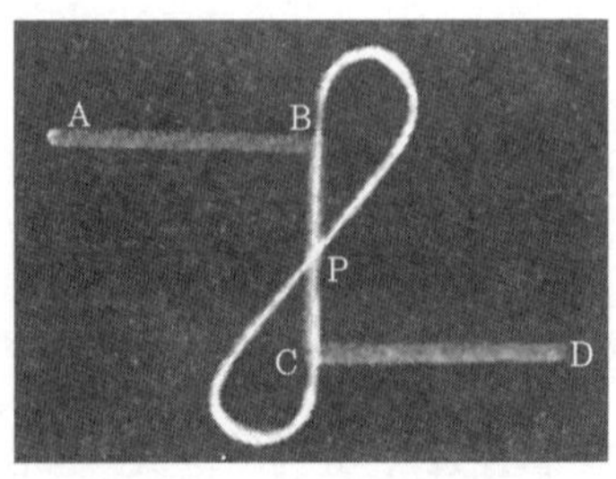

10-11 와트 기구의 운동궤적

(2) 로버트 기구(Robert's mechanism)

그림 10-12와 같이 $\overline{AB}=\overline{CD}$인 2중 레버 기구의 BC에서 암 ④와 ⑤가 나와 있다. 암 ④와 ⑤의 교점 P는 링크 ①, ③이 작은 각도로 회전할 때 P′으로 근사적인 직선운동을 한다. 이 기구는 계기의 지시침(指示針)에 응용되고 있다.

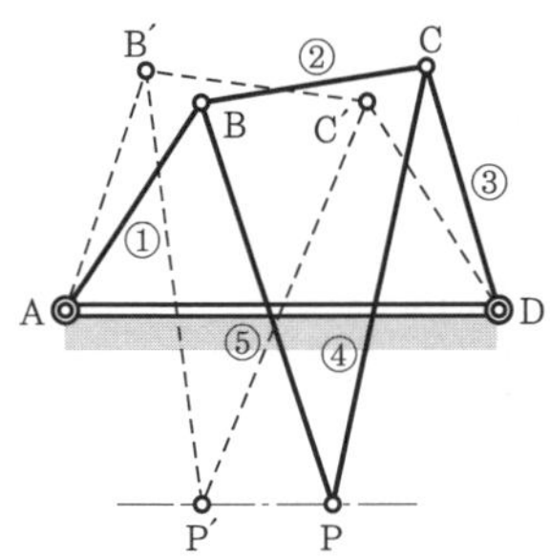

그림 10-12 로버트 기구

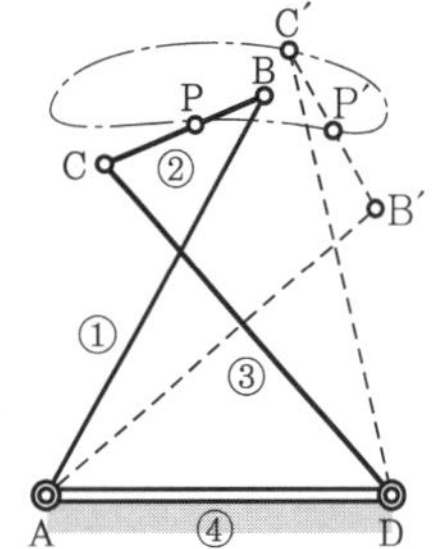

그림 10-13 체비셰프 기구

(3) 체비셰프 기구(Tschebyscheff's mechanism)

그림 10-13에서와 같이 $\overline{AB}$와 $\overline{CD}$가 교차하는 2중 레버 기구를 움직이면, 연결봉(連結棒) $\overline{BC}$의 중앙점 P는 근사적인 직선운동을 한다. 단, $\overline{AB}=\overline{CD}=\frac{5}{4}\overline{AD}$이고, $\overline{BC}=\frac{1}{2}\overline{AD}$가 되면 가장 이상적인 상태가 된다.

2-4 직선운동기구의 응용

(1) 나사에 의한 왕복운동기구

그림 10-14와 같이 회전축 ①은 왼나사 A와 노치 너트(notch nut) C가 맞물려 있기 때문에 슬라이더 ④를 오른쪽으로 직선운동시킨다.

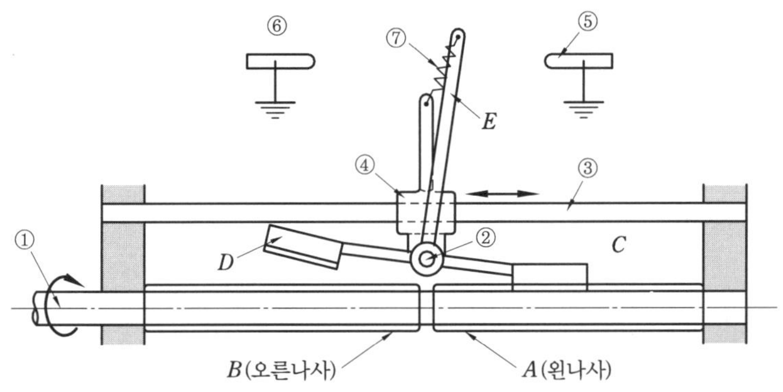

그림 10-14 나사 왕복운동기구

노치 너트 C, D와 링크 E는 스토퍼 ⑤에 닿게 되면, 스프링 ⑦에 의해 노치 너트 D가 오른나사 B와 맞물리게 되고, 슬라이더 ④는 왼쪽으로 직선 등속왕복운동을 한다.

(2) 부채꼴 기어에 의한 직선운동기구

그림 10-15와 같이 부채꼴 기어 ①과 회전 링크 ④가 핀 ③으로 연결되어 있다. 링크 ④가 회전하면 부채꼴 기어 ①은 링크 ⑤와 기어짝으로 되어 있기 때문에 링크 ⑤는 좌우 직선왕복운동을 한다. 이러한 기구는 공작기계의 이송기구(移送機構)에 응용되고 있다.

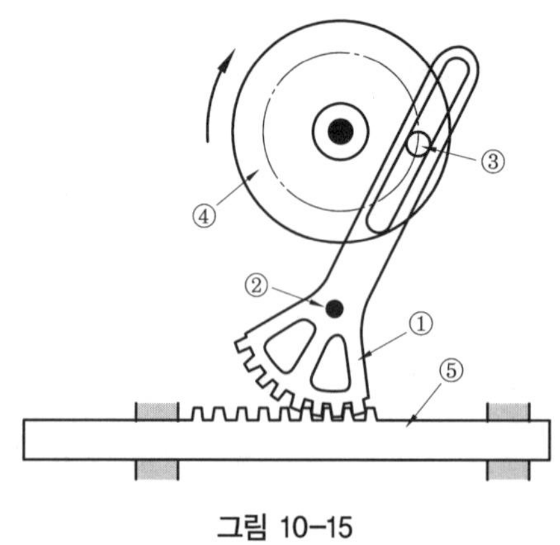

그림 10-15

3. 간헐운동기구

일정한 각속도로 회전하고 있는 구동축의 운동을 종동축에 간헐적으로 회전 또는 왕복운동을 전달하는 기구를 간헐운동기구(intermitent motion mechanism)라고 한다. 이러한 간헐운동기구는 실제의 기계운동에 많이 요구되고, 운동이 필요한 시기 및 기간에 일어나게 하는 것이 중요하다.

또한, 이 기구는 연속적인 운동을 하는 전동기구와는 다르기 때문에 정지에서부터 운동, 또는 운동에서 정지로 운동상태가 변화할 때의 속도 및 가속도의 급격한 변화가 일어나지 않도록 주의하여야 한다.

종동축에 전동되는 간헐운동의 종류도 많지만, 여기에서는 일반적으로 사용되는 간헐운동기구를 설명한다.

3-1 래칫 기구

원주상에 톱니형의 이가 달려 있어서 구동축으로부터 간헐적인 회전운동을 하도록 한 원판을 래칫 휠(rachet wheel)이라 하고, 래칫 휠을 밀어 주는 링크를 폴(pawl)이라 한다. 그림 10-16에서 ①은 래칫 휠이고, ④는 폴이다. 래칫 휠은 O_1을 중심으로 회전하고, ③은 요동 레버로서 폴 ④와 결합되어 있어 O_2를 중심으로 하여 요동운동을 할 수 있다.

링크 ②를 고정하고 레버 ③을 왼쪽으로 움직이면, 폴 ④에 의해서 래칫 휠은 화살표 방향으로 움직인다. 또한, 레버를 오른쪽으로 움직이면 폴 ④는 래칫 휠의 톱니면을 미끄러지므로 래칫 휠은 정지한다. 따라서 레버를 좌우로 움직이면 래칫 휠은 연속적으로 화살표 방향으로 회전한다.

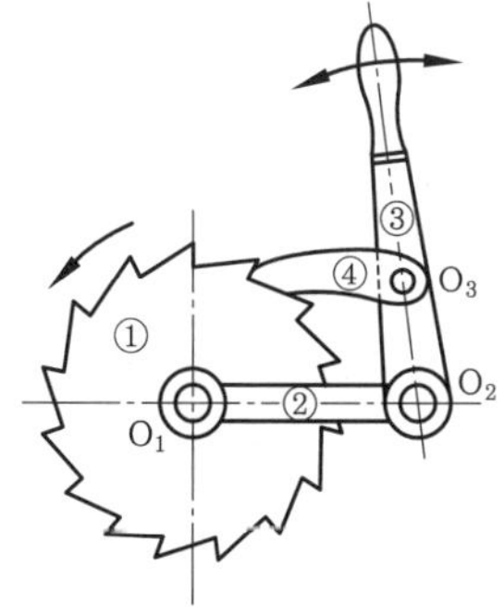

그림 10-16 래칫 기구

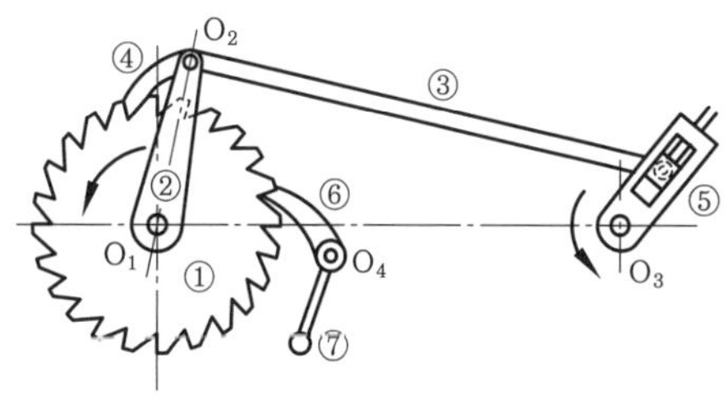

그림 10-17 레버 크랭크에 의한 래칫 기구

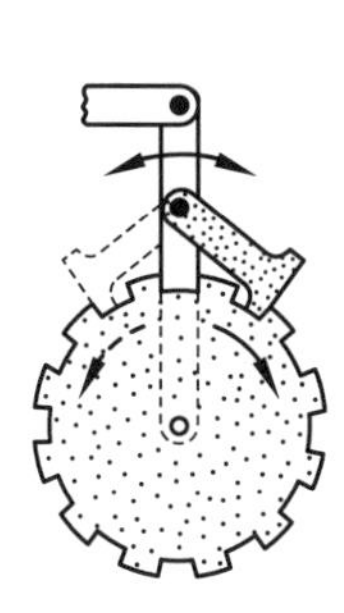

그림 10-18 회전 방향

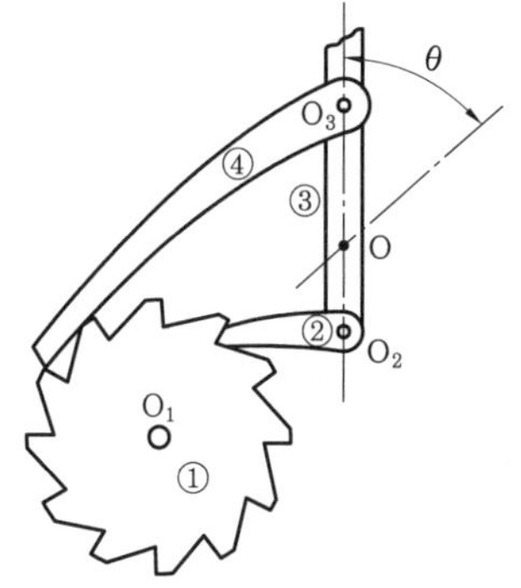

그림 10-19 폴이 2개인 래칫 기구

그러나 그림 10-16에서 ④를 오른쪽으로 움직일 때 ①이 역전(逆轉)할 우려가 있기 때문에 그림 10-17과 같이 핸들 대신에 레버 크랭크 기구를 응용한 것으로서, ⑥이 있으면 역전을 방지할 수 있으므로 ①이 반시계 방향으로만 회전할 수 있다. 또한 ⑦에서 ⑥이 항상 ①에 접촉하도록 추가 달려 있고, 크랭크 ⑤의 길이는 나사에 의하여 조절되며, 암 ②의 요동범위를 조절할 수 있다.

그림 10-17의 기구가 2중 레버 기구가 되면 셰이퍼에 대한 테이블의 가로이송기구가 된다.

그림 10-18은 폴이 좌우 어느 쪽으로나 움직일 수 있도록 한 것으로, 래칫 휠이 좌우

어느 쪽으로나 임의의 방향으로 회전할 수 있다. 이와 같이 간헐 이송방향을 역전시킬 필요가 있을 때 사용한다. 이를 위해서는 폴은 좌우대칭형이 되어야 한다.

그림 10-19는 암에 2개의 폴이 있고 이것이 O를 중심으로 해서 요동하면, 암이 어느 방향으로 움직여도 래칫 휠은 번갈아가면서 1개씩의 이가 회전한다.

폴에 왕복운동을 주려면, 링크장치 이외에 편심원판이나 그림 10-20과 같이 캠을 사용하는 방법이 있다.

그림 10-21은 잭(jack)을 나타내며 레버 A를 요동시키면, 잭의 래크 B가 간헐직선운동으로 상승하므로 물건을 들어 올릴 수 있다. 그림에서 C는 구동폴이고, D는 고정폴로서 래칫 휠의 지름을 무한대로 한 것이다.

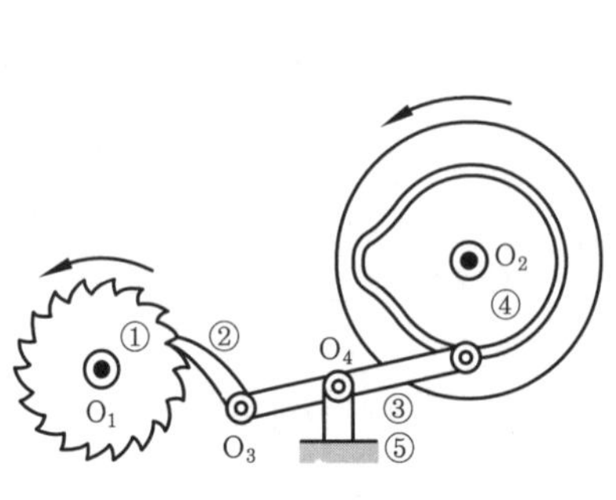

그림 10-20 캠사용 래칫 기구

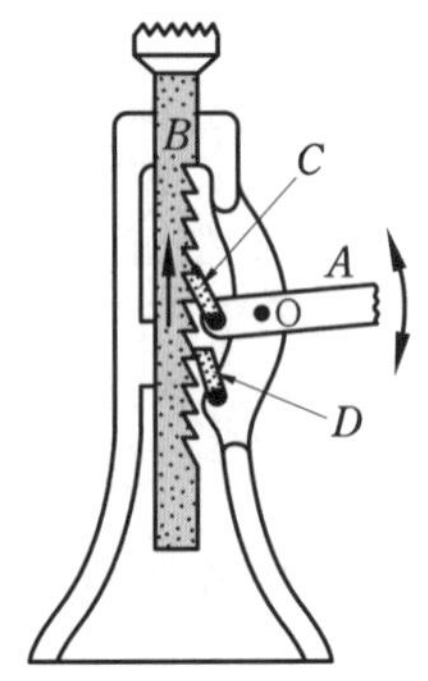

그림 10-21 간헐 직선운동기구

3-2 마찰 래칫 기구

마찰에 의하여 간헐운동을 시킬 때는 조용한 운전을 특징으로 한다. 톱니형의 이가 있는 래칫 기구에서는 폴이 다음의 이에 걸릴 때마다 소리가 나므로, 이 소음을 없애기 위하여 마찰 래칫 기구가 필요하다.

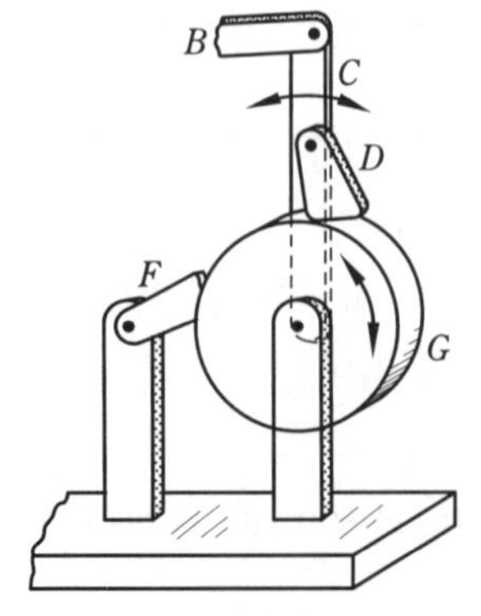

그림 10-22 마찰 래칫 기구 (1)

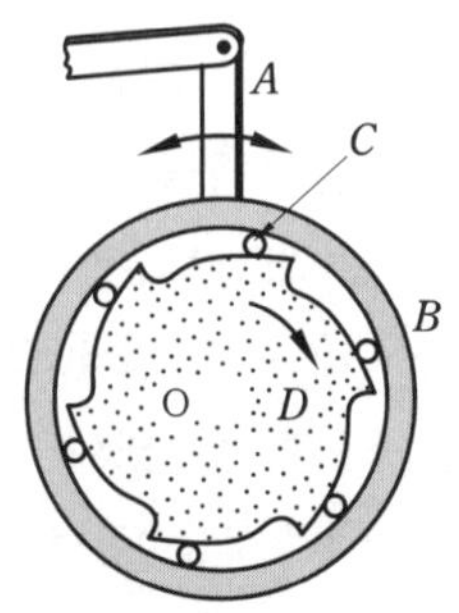

그림 10-23 볼을 이용한 마찰 래칫 기구

그림 10-22는 암 C를 왼쪽으로 움직이면 D가 마찰차를 눌러서 함께 회전한다. 또한 오른쪽으로 회전시키면 미끄러져서 회전하지 않는다. F는 역전방지용 폴이며, 암 A가 요동하여 마찰차는 간헐운동을 한다.

그림 10-23은 암 A를 시계 방향으로 돌리면, 암과 일체로 되어 있는 원통 B도 회전하지만, 볼 C가 미끄러지기 때문에 D에는 회전을 전달하지 않는다. 암 A를 반시계 방향으로 돌리면, 볼 C가 B와 D 사이에 끼워져서 D도 함께 회전시킨다. 따라서 암 A를 요동시키면 D는 간헐운동을 한다.

그림 10-24는 B가 둘러싸고 있는 마찰차 C에 틈새를 두고, 그 한 점을 중심으로 암 A가 왼쪽으로 움직이면 마찰차 C도 함께 회전하며 오른쪽으로 움직이면 미끄러져서 회전하지 않는다.

그림 10-25는 철사나 봉재(棒材)를 이송하는 공작기계 등에 응용되는 간헐이송기구이다. 이 기구는 E에 4개의 부채꼴 래칫 A, B, C, D가 회전짝으로 되어 있고, 이 래칫 사이에 봉재 F를 끼운다. E가 왼쪽으로 움직이면 래칫 A, B, C, D는 미끄러지기만 하고, 오른쪽으로 움직이면 F를 물고 이송하게 된다.

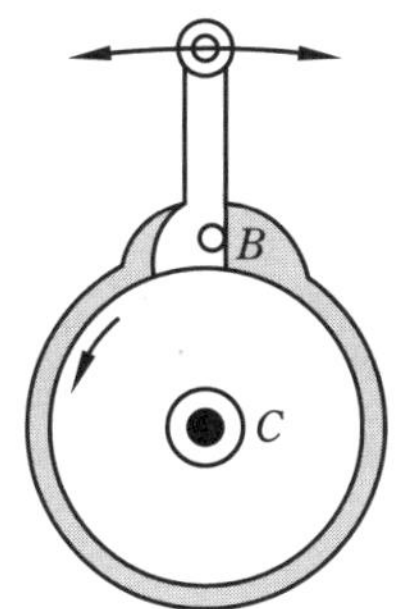

그림 10-24 마찰 래칫 기구 (2)

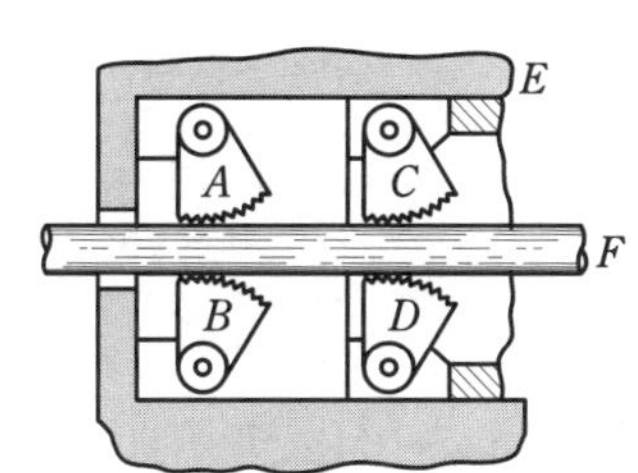

그림 10-25 공작기계의 간헐이송기구

(3) 간헐 기어 운동기구

래칫 기구를 이용한 간헐운동과 같이 구동절의 왕복각운동에 의하여 종동절에 간헐운동을 일으키는 외에 구동절의 연속회전운동으로 종동절에 간헐운동을 시키는 기구가 필요할 때가 있다.

이와 같이 구동축의 일정속도를 종동축에 간헐적으로 전달하는 기어를 간헐 기어라고 한다.

그림 10-26은 평기어에 대한 이의 일부를 제거하고, 구동기어는 그 부분을 피치원과 동일한 중심의 원통면으로 만들고, 종동 기어에는 이것에 접촉하는 오목한 면을 붙인 것이다. 이 부분에서는 회전하고 원통면 부분에서는 정지하므로 구동축의 일정한 회전을 종동축에 간헐회전으로 전달한다.

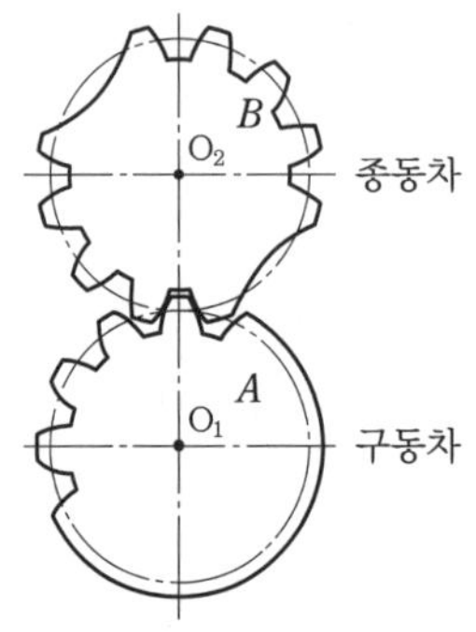

그림 10-26 간헐 기어 (1)

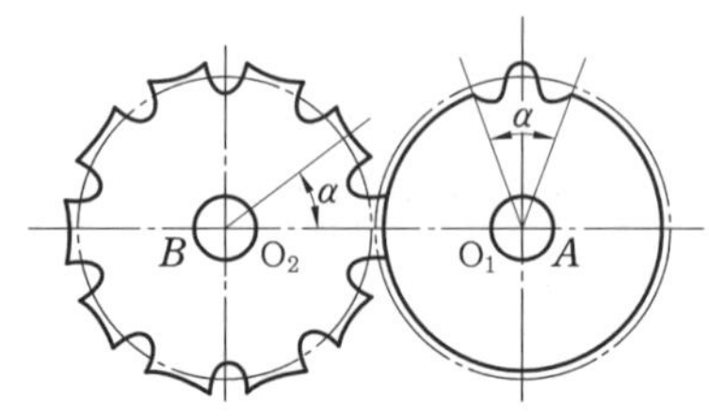

그림 10-27 간헐 기어 (2)

또한, 구동축 1회전마다 일정한 각도만큼 종동축을 회전시키기 위해서는 그림 10-27과 같이 구동축의 바퀴 A에 1개만의 이를 갖는 기어로 하면, 이 이가 종동축의 바퀴 B의 홈과 물고 있는 동안만 회전을 전달하므로, 종동차 B는 구동차 A의 1회전에 대하여 일정한 각 α만큼 회전한다.

그림 10-28은 종동차의 잇수가 3개인 경우이고, 그림 10-29는 1회전 중에 4 종류의 서로 다른 간헐운동을 하는 이의 배열을 나타낸 것이다.

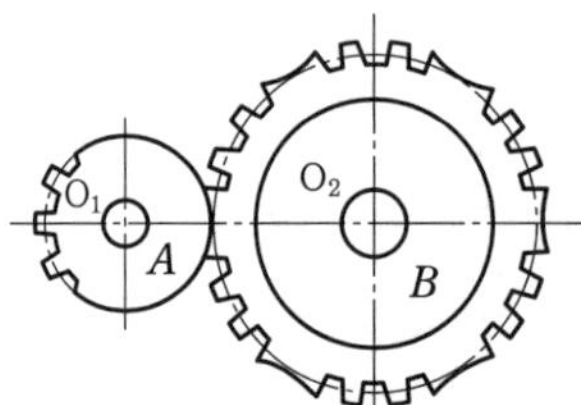

그림 10-28 간헐 기어 (3)

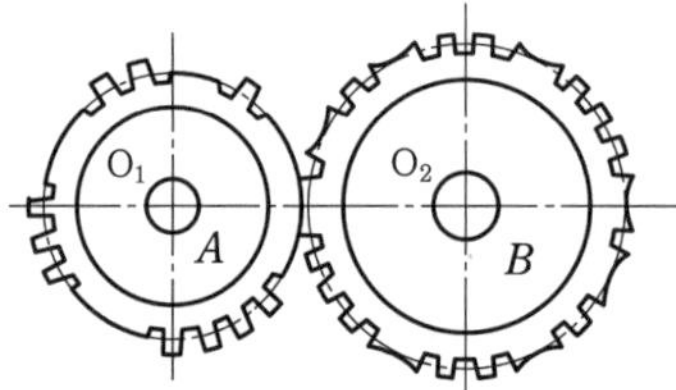

그림 10-29 간헐 기어 (4)

이와 같이 기어를 사용하는 간헐운동기구는 바퀴의 잇수와 배열, 또는 크기에 따라서 필요한 간헐운동을 하는 기구를 만들 수가 있다.

그러나 이러한 기어를 이용한 간헐운동기구는 종동 기어에 급격한 정지 또는 시동을 주기 때문에 충격이 생기므로, 고속운전의 경우에는 부적당하다. 따라서 이러한 기구는 일반적으로 저속운전의 간헐운동기구에만 사용되고 있다.

그림 10-30은 간헐 기어로서, 이와 같은 형상의 기어를 제네바 기어(Geneva gear)라고 한다. 구동차는 잇수 1개의 핀기어이고, 종동차는 반지름 방향의 이홈을 같은 간극으로 둔 기어로 구성된다. 회전의 정지는 구동차 A의 원호부와 종동차 B의 오목한 원호부에서 이루어지고, 잠시 정지한 다음 핀과 이홈부분에 의하여 1/6 회전한다.

그림 10-31은 제네바 기어의 실물을 나타낸 것이다.

제네바 기어를 이용한 고속회전용 간헐기구로는 제네바 정지(Geneva stop)기구가 있다. 이 기구는 핀이 홈에 드나들 때 충격을 주지 않으므로 고속운전용에 적합하다.

그림 10-32는 부채꼴 기어 A와 B가 중심축의 둘레를 번갈아 가면서 같은 방향으로 회전한다. 안쪽의 부채꼴 기어 A에 의하여 회전할 때 피니언은 좌회전하고, 바깥쪽의 부채꼴 기어 B에 의하여 회전될 때는 피니언은 좌회전하면서 궤도운동을 한다.

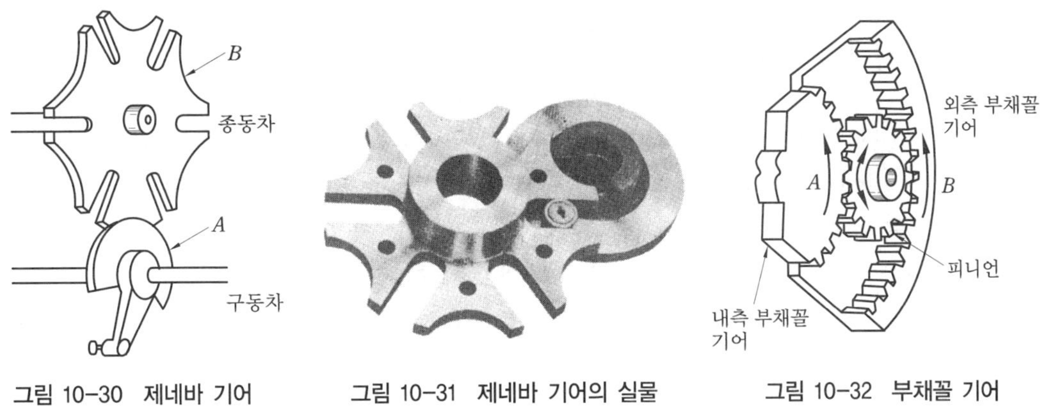

그림 10-30 제네바 기어　　그림 10-31 제네바 기어의 실물　　그림 10-32 부채꼴 기어

4. 탈진기구

4-1 탈진기구의 뜻

탈진기구(脫進機構, escapement)도 간헐운동기구의 일종으로서 래칫 휠에 2개의 폴이 각각 정지작용과 이송작용을 번갈아 차례로 주어서 필요한 간헐운동을 확실하게 하는 기구이다.

그림 10-33에서 A는 구동차이고 화살표 방향으로 회전한다. B는 종동차로서 O를 중심으로 하는 폴이다. 이것이 그림에 표시한 위치에 있을 때는 A에 대한 하나의 이의 선단 a가 왼쪽 폴의 아랫면을 밀어 올리면 B는 화살표와 같이 시계 방향으로 요동한다.

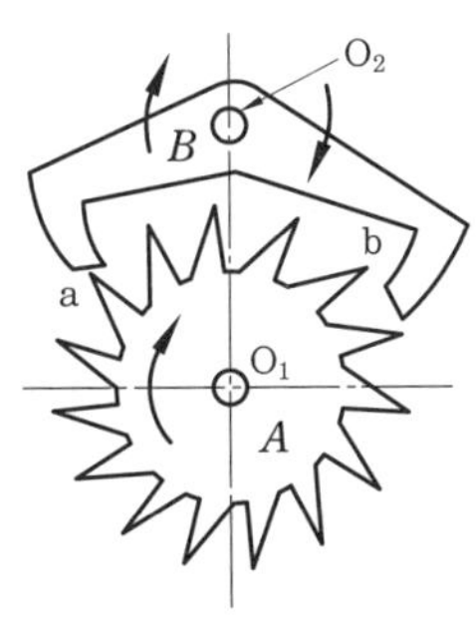

그림 10-33 탈진기구

이와 같이 폴이 a를 떠나면 래칫 A는 화살표 방향으로 빨리 되돌아간다. 이때, 곧 바로 이 b의 선단이 오른쪽 폴로 이것을 위쪽으로 밀어 올리므로 B는 반대방향으로 요동한다. 이렇게 하여 B는 계속 좌우로 요동하고, A는 연속적으로 회전한다.

4-2 탈진기구의 응용

이 기구의 대표적인 응용 예로는 진자시계, 또는 기계식 손목시계 등이 있다. 손목시계는 단진자(simple pendulum)대신에 스프링 진자(spring pendulum)를 마찰이 적은 피벗(pivot)으로 지지하여 사용한다.

그림 10-34는 탈진기구를 시계에 응용한 예로서 래칫 휠 ①은 O_1을 중심으로 회전하고, 폴 ②는 O_2를 중심으로 하여 요동운동을 한다. 폴의 a, b는 보석으로 되어 있으며, 폴의 선단은 포크(fork)형을 하고 핀 P와 조립되어 있다.

진자에는 스프링 S가 있으므로 진자가 요동운동을 하면, 폴 ②가 진동하여 래칫 휠 ①을 한 개씩의 이를 회전운동시킨다. 핀 A, B는 폴 레버의 진동을 제한하는 정지핀이다.

그림 10-34 시계에 응용한 탈진기구

5. 특수 기어

5-1 타원 기어

일반적으로 기어는 일정 각속도비에서 회전을 전달하는 것이지만, 특수한 경우에는 일정한 각속도로 회전하는 구동축의 운동을 종동축이 부등속운동을 하도록 하기 위하여 사용되고 있다.

중심거리가 일정하고 각속도비가 회전 중에 변화하는 기어를 부등속 기어라고 한다. 구름접촉에서 이미 설명한 바와 같이 구름접촉 바퀴의 윤곽을 피치 곡선으로 하여 이를 설계한다.

중심거리가 회전 중에 변화하는 기어를 생각하면, 구름접촉 바퀴의 윤곽곡선은 일반적으로 중심선을 벗어난 점에서 접촉하는 곡선으로 된다. 이러한 기어는 일반적으로 원형이 아니므로 비원형 기어(noncircular gear)라고 부른다. 주로 많이 사용되는 비원형 기어는 그림 10-35와 같이 초점을 중심으로 하고 크기가 같은 타원이든가, 아니면 여기에서 유도된 타원계 나뭇잎형 바퀴를 피치 곡선으로 하는 것이다. 한 쌍의 타원 기어는 유량계(流量計) 등에 사용되고 있다.

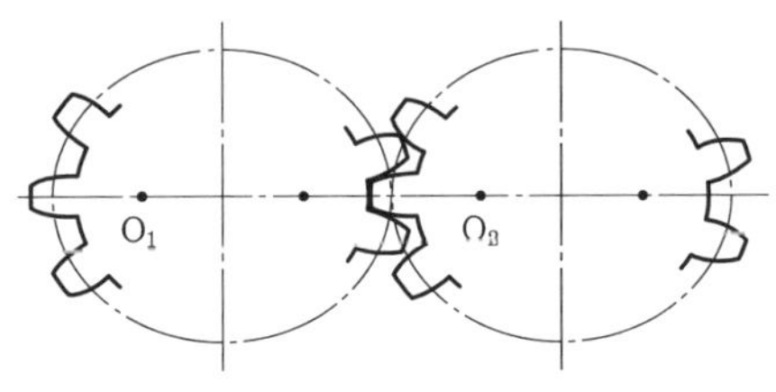

그림 10-35 타원 기어

유량계에 사용되는 타원 기어는 기어의 회전에 따라 유체를 밀어 보내므로 이 기어축을 지침에 연결하든가, 적산(積算)하면 유량계가 된다.

5-2 나뭇잎형 기어

구름접촉을 하는 나뭇잎형 바퀴에 이를 붙인 것을 나뭇잎형 기어라 하고, 그림 10-36과 같은 형상으로 된다. 그림 10-37은 나뭇잎형 기어의 실물을 보여주고 있다. 이와 같이 나뭇잎형 기어의 설계는 곤란한 점이 많고, 이것을 제작하는 데도 특수한 창성 절삭이 필요하다.

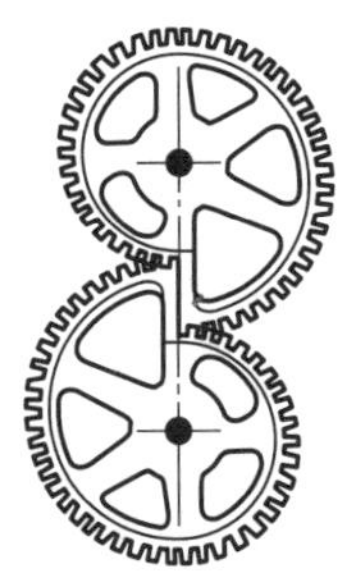

그림 10-36 나뭇잎형 기어

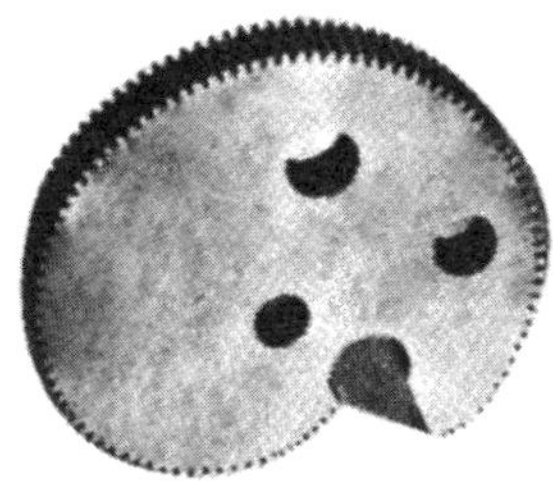

그림 10-37 나뭇잎형 기어의 실물

즉, 커터의 피치원과 소재의 접촉곡선을 항상 접촉시키면서 절삭하지 않으면 안 된다. 이렇게 하기 위해서는 커터와 소재의 중심 거리를 변화시켜야 한다.

5-3 펌프용 기어

그림 10-38과 같이 두 기어의 바깥지름의 일부를 케이싱에 접촉시켜 위쪽의 기어를 시계 방향으로 회전시키고, 아래 기어를 반시계 방향으로 회전시키면, 케이스와 기어의 이홈에 있는 기름이 기어의 회전과 동시에 왼쪽에서 오른쪽으로 흘러나간다. 이러한 펌프를 기어 펌프(gear pump)라 부르고, 구조가 간단하고 작동이 확실하며, 비교적 소량의 수송용 펌프로서 널리 사용되고 있다.

기어 펌프에서 이틈새에 들어가는 기름을 적게 하는 것이 문제가 된다. 또 틈새의 용적(容積)이 너무 적게 되면 고압이 되므로 저항이 증대하고, 반대로 용적이 크게 되어도 캐비테이션(cavitation)을 일으켜 저항이 커지고 진동이 발생한다. 따라서 기어 펌프는 물림률과 틈새의 영향을 고려하여 치형(齒形)을 여러 가지로 변화시킨다.

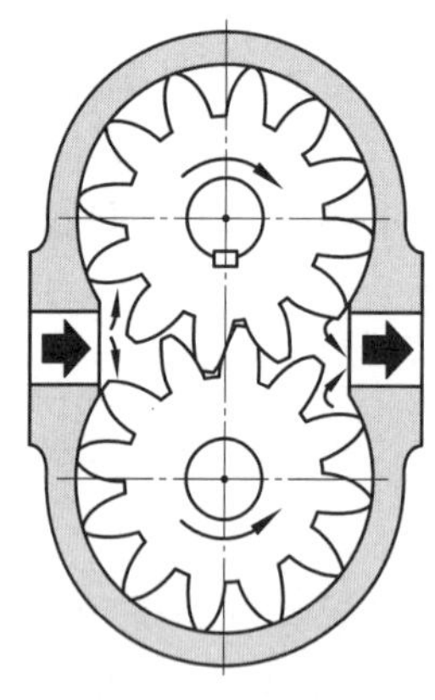

그림 10-38 외접 기어 펌프

그림 10-39 내접 기어 펌프

내접 기어는 그림 10-39와 같은 기어 펌프가 있고, 내접형이 되면 이의 간섭 때문에 잇수가 적은 기어의 제작이 곤란하므로 특수한 치형으로 된다.

내접 기어펌프에서 안쪽 기어의 잇수를 바깥쪽 기어보다 1개 많이 하여 같은 방향으로 회전시킬 수 있는데, 이러한 펌프를 트로코이드 펌프(trochoid pump)라고 한다.

그림 10-40은 트로코이드 펌프의 실물을 나타낸 것이다. 트로코이드 펌프는 각종 엔진 등의 윤활용에 사용된다. 구조가 간단하여 소형에서 고속회전이 가능하고, 기포(氣泡)의 발생도 적고 비교적 성능이 좋다. 또한 형상은 기어와 다르지만, 2개의 이를 가진 기어라고 생각하는 루츠 송풍기(Roots blower)가 있다. 이것은 그림 10-41과 같은 형상으로 공기용 펌프라고 생각할 수 있다.

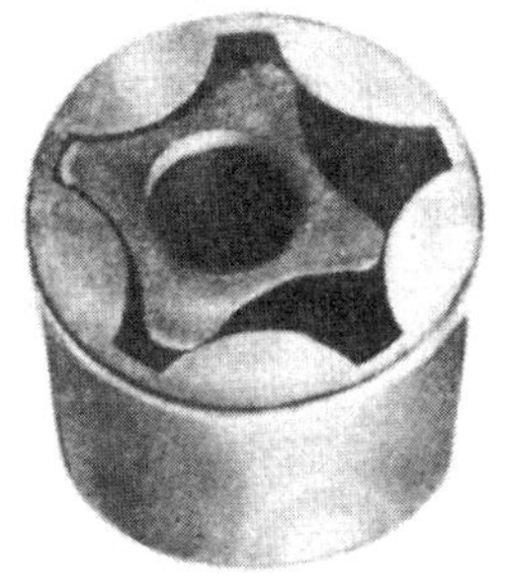

그림 10-40 트로코이드 펌프의 실물

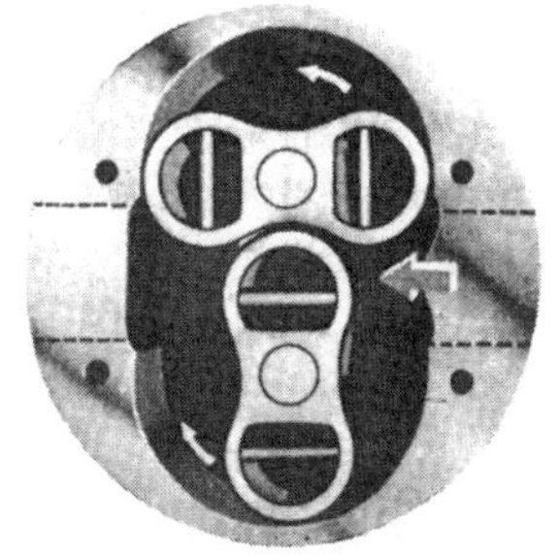

그림 10-41 루츠 송풍기

5-4 편심 기어

그림 10-42는 인벌류트 기어의 물림과 같은 전동을 한다. 여기서는 두 바퀴의 중심 O_1, O_2에서 e 만큼 편심된 O_1', O_2'을 회전 중심으로 하여 한쪽 바퀴를 일정각속도로 회전시킨다고 생각하자. 그렇게 하면 다른 바퀴는 연결하는 실에 의해서 부등속도로 회전하는 것은 분명하다.

특히, 이 실을 점 C에서 잘라서 된 2개의 인벌류트 곡선을 치형으로 하는 기어를 사용하여도 회전의 전달상태는 완전히 같게 된다. 그림 10-43은 이렇게 하여 만든 편심 기어(eccentric gear)를 나타낸 것이다.

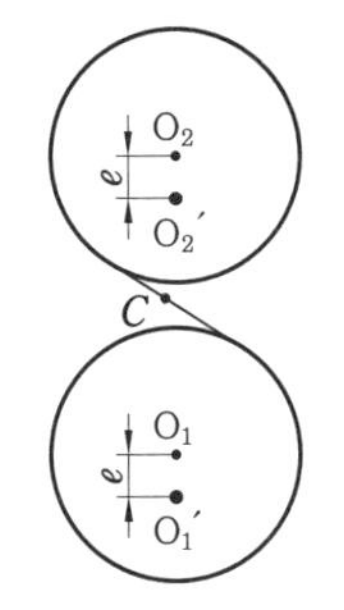

그림 10-42 편심차

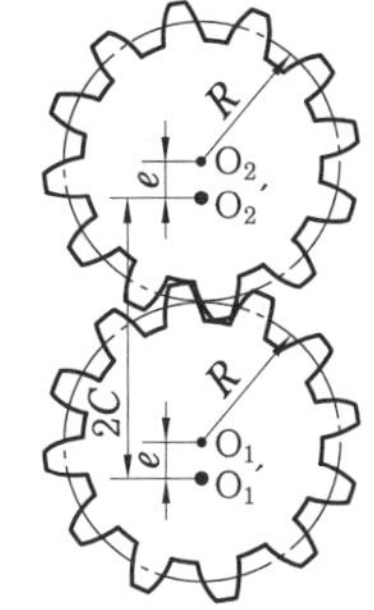

그림 10-43 편심 기어

6. 계산기구

자동제어 및 자동화의 발전에 따라 계산기구의 지속적인 발전이 수행되어 왔다. 키보드에 의해 입력량을 수의 형태로 받아서 덧셈, 뺄셈, 곱셈 또는 나눗셈의 연산작업을 수행하는 계수형 계산기가 있다. 이러한 계산기구는 수동 및 탁상용 계산기와 공작기계,

또는 부품조립 등의 자동화에 이용되고 있다. 이들 기계의 특징은 불연속적인 각각의 계산을 수행하기 때문에 계산시간이 지연되는 단점이 있다.

또한, 수치 대신에 물리량을 입력하면 즉각적인 해가 얻어지는 상사형(相似型) 계산기가 있다. 상사형 계산기는 대수학, 미적분학 또는 벡터 해석 등의 일반적인 연산(演算)에 이용된다.

이러한 예로는 계산자(slide rule), 면적계(planimeter), 속도계(speedometer) 등이 있다.

6-1 덧셈기구

그림 10-44와 같이 슬라이더 ①을 x_1 변위만큼 오른쪽으로 이동시키고, 교차 슬라이더 ②를 슬라이더 ① 내를 x_2만큼 위쪽으로 이동시키면, 슬라이더 ②와 45° 경사진 링크 ⑤ 내를 미끄럼운동하는 슬라이더 ③이 오른쪽으로 미끄럼운동을 한다. 이 미끄럼운동의 변위를 x_3라 하면, 변위의 관계식은 다음과 같이 된다.

$$x_3 = x_1 + x_2 \tag{10-1}$$

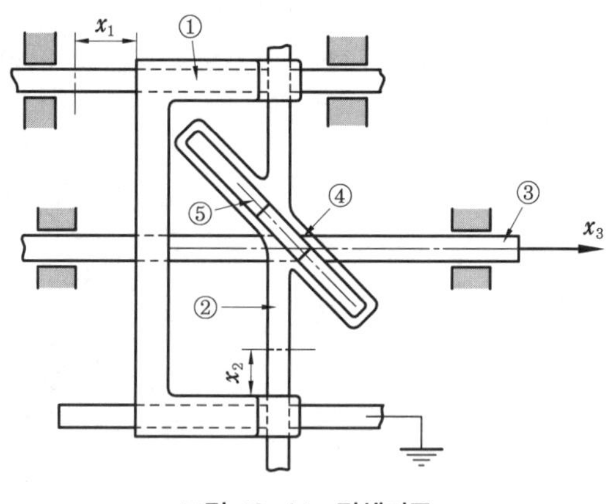

그림 10-44 덧셈기구

6-2 곱셈기구

그림 10-45와 같이 슬라이더 A를 x_1 변위만큼 왼쪽으로 이동시키고, 슬라이더 B를 x_2 변위만큼 오른쪽으로 이동시키면 여기에 붙어 있는 핀 ①과 ②에 끼여 있는 T 형의 링크 C는 반시계 방향으로 회전한다.

이때 핀 ③에 의해 슬라이더 D는 위쪽으로 직선운동을 하는데, 이 변위를 x_3라 하면 다음 식이 성립된다.

$$x_3 = \frac{1}{a} x_1 x_2 \tag{10-2}$$

여기서 a는 슬라이더 A와 B 사이의 중심거리이고, 이 기구는 곱셈계산에 이용된다.

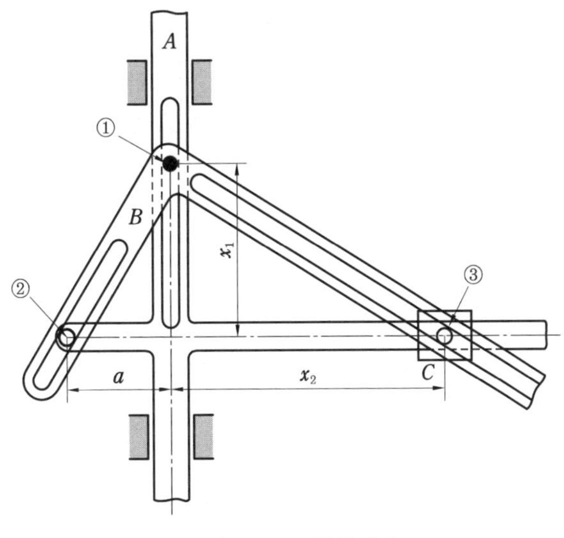

그림 10-45 곱셈기구

6-3 제곱 및 제곱근 기구

그림 10-46과 같이 교차 슬라이더 A를 축 ①에서 x_1만큼 아래로 이동시키면, 직각 링크 B의 운동은 링크 A위를 미끄럼 운동하는 슬라이더 C를 오른쪽으로 직선이동시킨다. 이때 그 변위 x_2는 직각삼각형 1, 2, 3에서 다음과 같은 관계식이 성립한다.

$$x_2 = {x_1}^2 \tag{10-3}$$

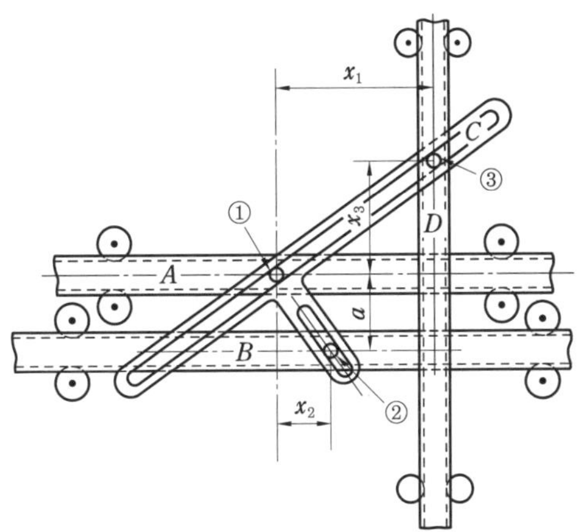

10-46 제곱 및 제곱근 기구

이러한 링크 기구를 이용하여 제곱 또는 제곱근을 구할 수 있다.

6-4 적분기구

그림 10-47과 같이 축 ①의 회전으로 마찰원판 A의 시계방향으로의 회전변위 x_1은 강구(steel ball) B, C에 의해 축 ②와 여기에 붙어 있는 원통 D가 x_3만큼 오른쪽으로 직선이동할 때

$$dx_3 = \frac{1}{R} x_2 dx_1$$

$$\therefore \ x_3 = \frac{1}{R} \int x_2 dx_1 \qquad (10-4)$$

따라서 식 (10-4)는 x_1, x_3, x_3의 함수로 주어졌을 때의 적분값을 표시한다.

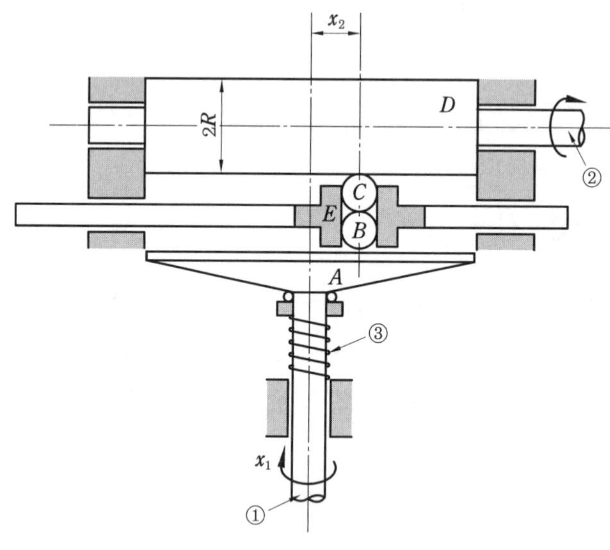

그림 10-47 적분기구

6-5 삼각함수기구

그림 10-48과 같이 레버 A의 반시계 방향의 변위는 크랭크 B에 의해 교차 슬라이더 C를 오른쪽으로 직선이동시킨다. 크랭크 B의 길이가 $\overline{①②}$의 길이와 같으므로 축 ①, ②에 대한 각각의 변위를 x_2, x_3이라 하면, 다음 관계식이 성립한다.

$$x_2 = \cos 2x_1$$

$$x_3 = 2\cos^2 x_1 \qquad (10-5)$$

따라서 이러한 기구로 배각의 cos 및 $\cos^2$의 계산이 가능하다.

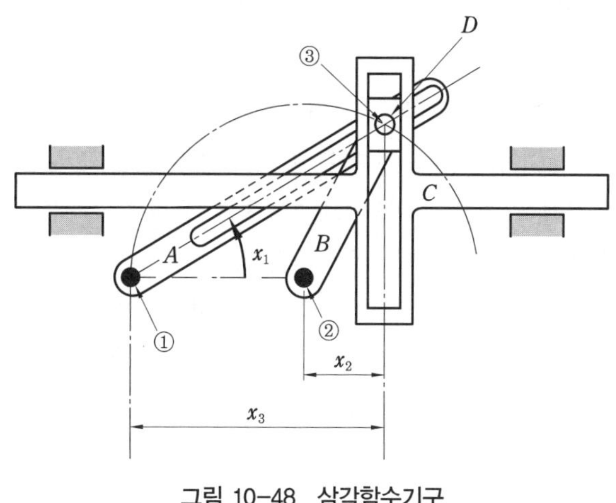

그림 10-48 삼각함수기구

7. 이송기구

그림 10-49는 스크루 이송기구(screw feeder mechanism)로서 축 ①의 회전에 의해서 여기에 붙어 있는 나선형상의 ②도 회전하여 호퍼 ④에 들어 있는 점도가 큰 유체나 용융수지의 수평이송을 베벨 기어의 전동기구에 의하여 수직방향으로 이송한다.

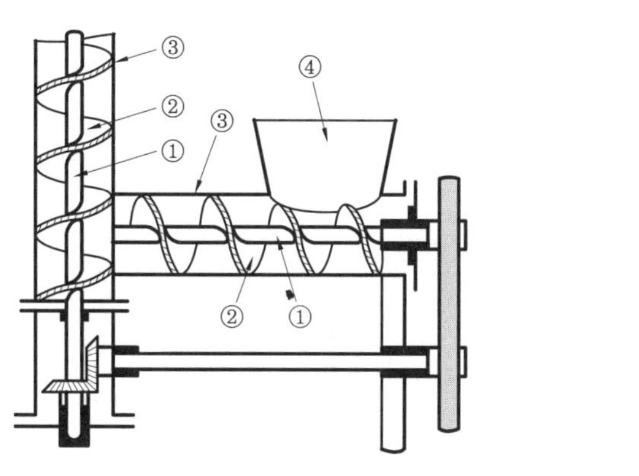

그림 10-49 스크루 이송기구

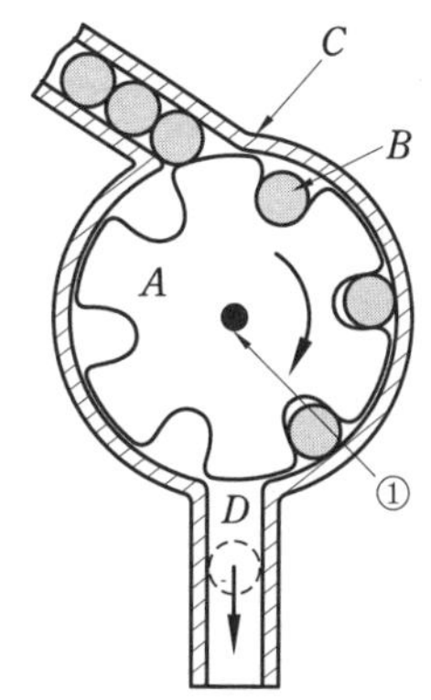

그림 10-50 볼의 이송기구

그림 10-52는 볼의 이송기구로서 볼 B를 1개씩 넣을 수 있는 홈을 등간격으로 붙인 우회전하는 원판 A가 있다. 호퍼 케이싱 C 안으로 보내진 볼은 순서대로 원판 A의 홈 속에 떨어져 들어가서 우회전되기 때문에 1개씩 케이싱 C의 출구 D로 이송된다.

8. 일방향 클러치 무단변속기구

왕복운동을 한다면 그 행정을 무단계로 변화시키는 방법이 여러 가지 고려되고, 회전비를 무단변속하는 경우보다도 더욱 간단한 기구이다. 이와 같은 이유에서 일방향 클러치 무단변속기구가 사용되고 있다. 회전하는 크랭크 등에서 왕복운동으로 하고, 여기에서 변속을 한 후 원래의 회전운동으로 되돌아간다.

그림 10-51은 이 방법을 이용한 제로맥스(ZERO-MAX) 무단변속기구이다. 이 기구는 그림 10-52와 같이 입력축의 회전이 편심축에 의하여 연결봉의 왕복운동으로 변화한다.

그 일단 J는 변속 링크의 지점 K를 중심으로 요동운동을 하고, 그것이 전동 링크를 통하여 일방 클러치의 외륜(外輪)을 요동시킨다. 이렇게 하여 출력축은 화살표 방향으로만 회전한다.

변속 링크의 지점 K를 AB선에 따라 이동시키면, 전동링크가 일방향 클러치의 외륜을 요동하는 무단계로 0회전까지 변화시킨다.

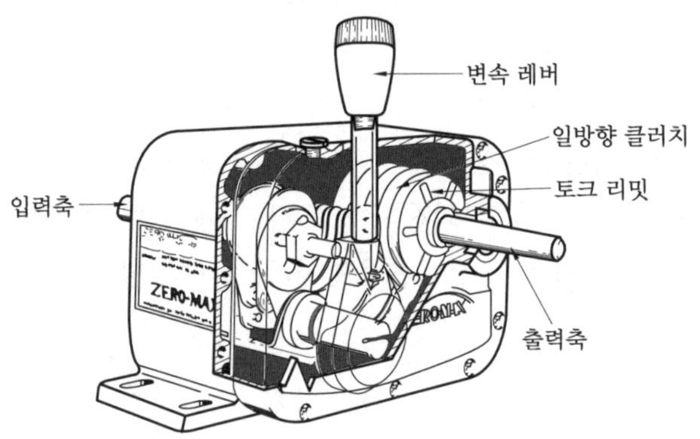

그림 10-51 제로맥스 무단변속기구의 구조

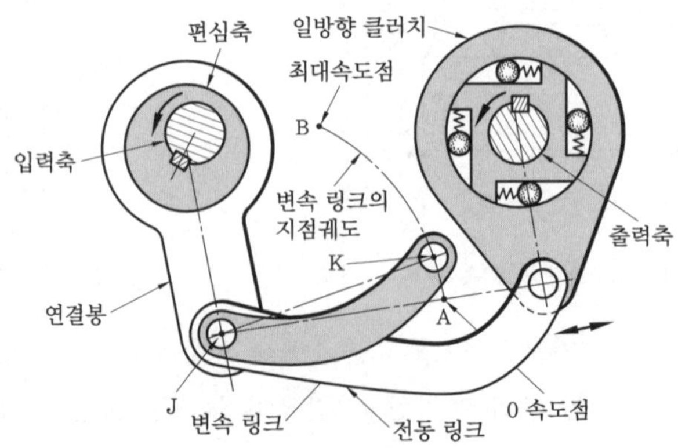

그림 10-52 일방향 클러치를 이용한 무단변속기구

이러한 전동장치 하나로서는 출력축이 회전되지 않으므로 4개를 조합하여 무단변속을 시키고 있다. 이 무단변속기구의 특징은 출력의 회전방향이 결정되고, 정지 중에도 변속을 할 수 있으며, 간단히 0회전까지 변속이 가능하다.

9. 전기식 무단변속기구

전기식으로 2축간에 무단변속을 하는 방법은 와전류(渦電流)이음을 이용하는 것으로서, 이것을 표준전동기에 직결한 방법이 널리 이용되고 있다.

와전류이음의 원리는 그림 10-53과 같이 자석과 금속원판을 회전시키면, 원판에는 자력선이 끄는 힘이 작용한다. 자력선과 원판의 상대속도로 원판 내에 와류형으로 흐르는 전류가 유도되고, 이것에 의하여 이음으로 하는 힘이 작용한다.

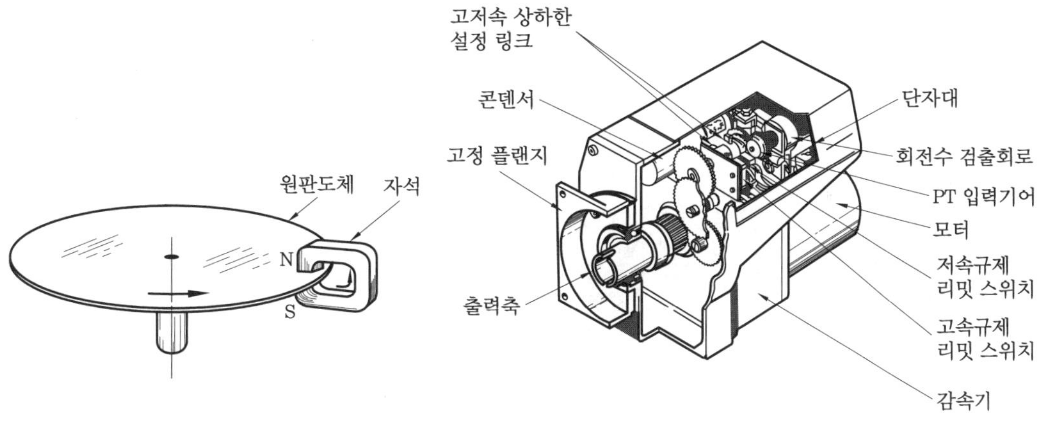

그림 10-53 전기식 무단변속기구의 원리

그림 10-54 전기식 무단변속기구의 구조

실제의 와전류이음은 자석이 전자석으로 되어 있어서, 그 전류의 가감으로 전달력이 변화한다. 또 부하의 변동으로 출력회전이 변화하지 않도록 출력 회전축에 회전계 발전기를 연결하여 회전이 떨어지면 자력을 강하게 하고, 회전이 상승하면 자력을 감소하도록 자동제어의 전기회로를 갖는다.

이 기구는 전기적으로 제어되므로 원격조작이나 자동제어가 가능하지만, 항상 슬립시켜 사용하기 때문에 손실이 많고, 효율이 낮으며, 발열이 있으므로 냉각장치가 필요하다. 또한 부하의 변동에 의한 슬립의 비율이 변화하므로 회전속도가 불안정하게 되는 단점이 있다.

그림 10-54는 전기식 무단변속기구의 구조를 나타낸 것이다.

10. 구면운동기구

10-1 구면 링크 기구

이제까지 설명한 링크 기구에서는 각 링크의 운동이 한 평면 내에서 이루어지고, 각 링크의 회전축은 전부 이 평면에 수직이며 서로 평행하였다. 그러나 이 축의 방향이 평행하지 않고, 축이 한 점에 모이는 경우에는 각 링크들이 구면(球面) 위를 운동하는 것으로 된다. 이와 같은 링크를 구면 링크 기구(spherical link mechanism) 또는 방사축 연쇄(conic chain)라 부른다.

그림 10-55와 같이 링크 $A \sim D$는 핀으로 결합되어 있고, 각 핀의 중심선은 한 점 O에 모이고, 각 링크는 O를 중심으로 하여 구면운동을 한다. 그림에서 링크 D를 고정하여 링크 A를 구면 위에서 회전시키면, B가 연결봉으로 되어 구면 위로 운동하고 링크 C는 구면 위를 요동한다

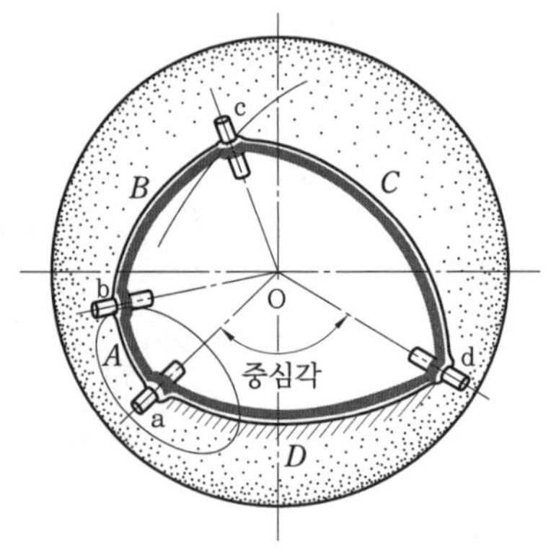

그림 10-55 구면 링크 기구

한 평면 위의 회전 링크 기구에서 링크의 상대적 위치를 변화시키면, 회전짝을 미끄럼짝으로 변화시킬 수 있어 각종 기구로 변환시킬 수 있다.

그러나 구면 링크 기구에서 각 링크는 구면 위를 운동하기 때문에 구의 중심에서 각 링크까지의 거리는 모두 같다. 따라서 구면 링크 기구에서 각 링크의 상호운동은 각 축이 이루는 중심각의 크기에 의하여 결정된다.

10-2 구면 2중 크랭크 기구

앞에서 설명한 바와 같이 구면 링크 기구에서도 여러 가지 기구가 얻어지지만, 실제로 사용되는 것은 매우 적다. 이 중에서 구면 2중 크랭크 기구가 실용적으로 매우 중요하다.

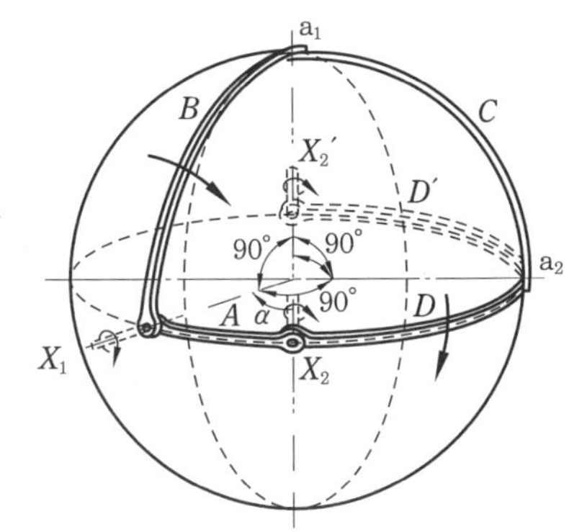

그림 10-56 구면 2중 크랭크 기구

그림 10-56은 구면 2중 크랭크 기구를 나타낸 것이다. 그림에서 $A \sim D$인 4개의 구면 링크로 되어 있고 B, C, D가 이루는 중심각은 90°이며, A가 이루는 중심각 α만이 90° 보다 작다. 또한 링크 A를 고정하고 링크 B를 회전시키면, 링크 C가 연결봉이 되어 링크 D를 회전시킬 수 있다.

그림과 같이 링크 B와 D를 각각 축 X_1, X_2에 연결하면 이 두 축이 α의 각을 이루고 있을 때 이들 사이의 회전을 전달할 수 있다.

또한 링크 D 대신에 점선으로 나타낸 링크 D를 사용하더라도 같게 되고, 이때는 $(\pi - \alpha)$의 각을 이루는 두 축 사이에 회전을 전달시킬 수 있다.

그리고 X_1, X_2 또는 X_2' 축의 베어링 위치를 고정시키면, 링크 A를 없애더라도 지장이 없을 것이다.

10-3 유니버설 조인트

(1) 유니버설 조인트의 구성

구면 2중 크랭크 기구의 응용예로서 서로 교차하는 두 축 사이에 회전을 전달시키는 그림 10-57 (a)와 같은 것을 후크 조인트(Hooke's joint)또는 유니버설 조인트(universal joint)라 한다.

축 1, 2의 양단은 분리되어 있고, 이것이 십자형 막대 D의 끝 4곳에 핀으로 연결되어 있다. 이때 십자형의 교차점은 축 1, 2 의 교차점과 일치하므로, 그림 10-57 (b)와 같이 링크를 전부 링(ring)의 형태로 하여도 가능하다.

이러한 기구는 회전 중에 두 축을 맺는 각이 변화하더라도 사용 가능하기 때문에 공작기계, 자동차의 동력전달기구, 압연 롤러의 전동축 등에 널리 사용되고 있다. 그림 10-58은 자동차의 동력전달기구에 유니버설 조인트를 응용한 예이다. 원동축 1의 회전을 프로펠러축 3을 통하여 종동축 2에 동력을 전달한다. 그림 10-59는 그림 10-58에 대한 유니버설 조인트의 실물을 나타낸 것이다.

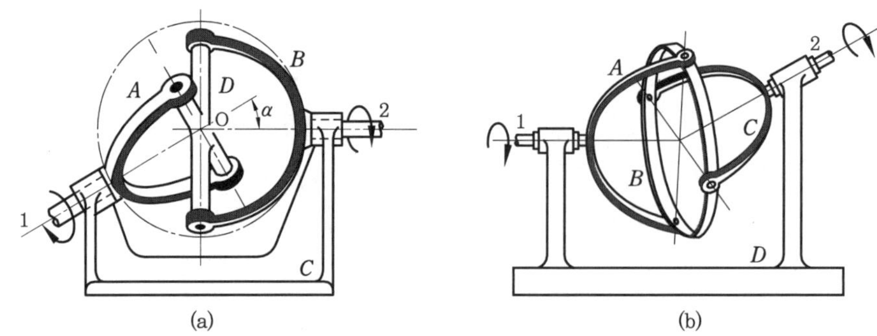

그림 10-57 유니버설 조인트

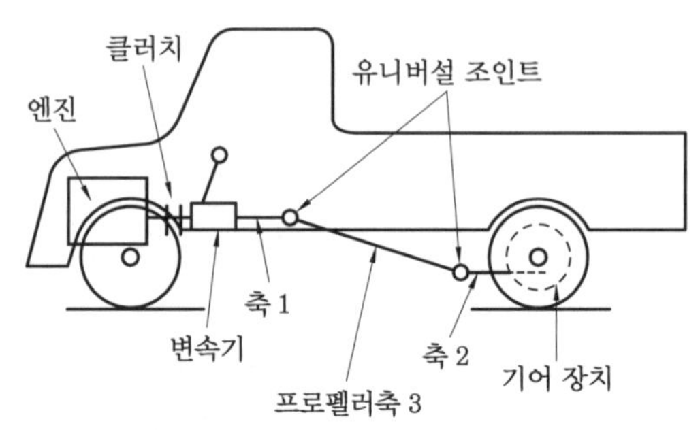

그림 10-58 자동차의 동력전달기구

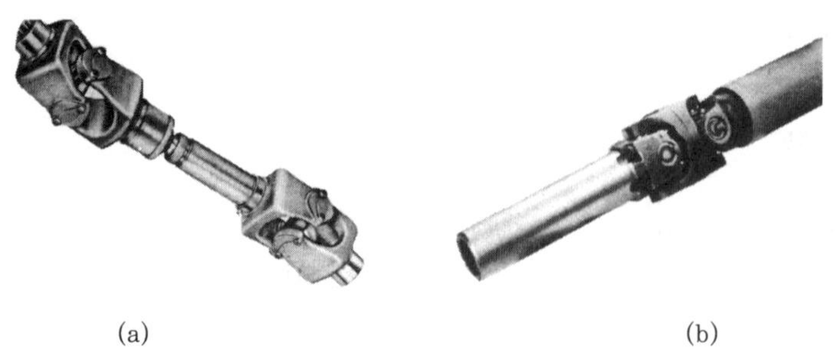

그림 10-59 유니버설 조인트의 실물

(2) 유니버설 조인트의 각속도비

그림 10-57의 유니버설 조인트의 실제 운동에 대한 2축 사이의 각속도비(角速度比)를 생각하여보자. 그림 10-57 (a)에서 십자형 막대 모양의 두 축의 교차각은 α이고, 축 1의 십자형 막대는 수직평면에 있고, 축 2의 십자형 막대는 수평면에 있다. 유니버설 조인트의 실제 운동은 그림 10-60과 같이 표시되고, 그림에 표시한 것 같은 구면운동을 한다. 만일, 축 1이 1회전한다면 축 2도 1회전하지만, 두 축의 각속도는 회전위치에 따라 수시로 변화하므로 축 2가 등속운동을 하더라도 축 1은 부등속운동을 한다.

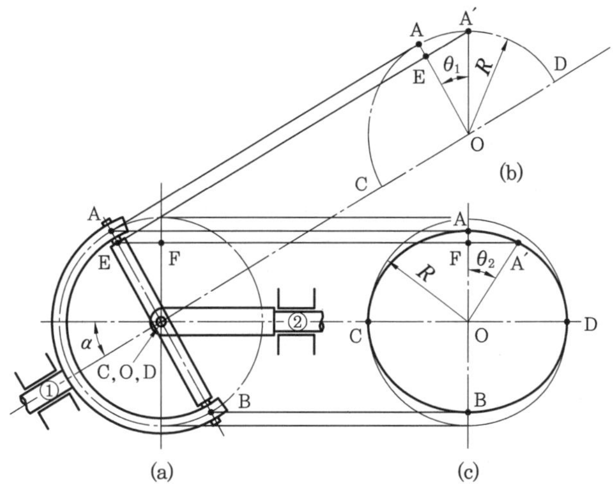

그림 6-60 유니버설 조인트의 각속도

축 1이 θ_1 만큼 회전하면 그림 10-60 (a)의 점 A는 그림 10-60 (b)에서와 같이 원운동을 하고, 그림 10-60 (a)에 투상한 점선과 같은 타원 운동을 한다. 이때 점 A는 C→A→D를 따라 점 A에서 A′으로 운동하며, $\overline{OA}$ 및 $\overline{OA'}$은 평면 내에 있고, 축 2의 회전각은 θ_2이다. 그러므로 그림 10-60 (a)에서 다음의 관계가 성립한다.

$$\overline{OF} = \overline{OE}\cos\alpha = R\cos\theta_1\cos\alpha$$

그림 10-60 (b)에서

$$\overline{OE} = R\cos\theta_1, \qquad \overline{A'E} = R\sin\theta_1$$

또한, 그림 10-60 (c)에서 $\overline{A'F}$의 길이는 그림 10-60 (b)의 $\overline{A'E}$와 같기 때문에 $\overline{A'F} = R\sin\theta_1$이 되므로

$$\tan\theta_2 = \frac{\overline{A'F}}{\overline{OF}} = \frac{R\sin\theta_1}{R\cos\theta_1\cos\alpha}$$

$$\therefore\ \tan\theta_1 = \tan\theta_2\cos\alpha \tag{10-6}$$

식 (10-6)에서

$$\theta_1 = \tan^{-1}(\tan\theta_2\cos\alpha) \tag{10-7}$$

축 1의 각속도를 ω_1, 축 2의 각속도를 ω_2라 하면 $\omega_1 = \dfrac{d\theta_1}{dt}$, $\omega_2 = \dfrac{d\theta_2}{dt}$가 되고

$$\omega_1 = \frac{d\theta_1}{dt} = \frac{d}{dt}\{\tan^{-1}(\tan\theta_2\cos\alpha)\} = \frac{\cos\alpha\dfrac{1}{\cos^2\theta_2}\cdot\dfrac{d\theta_2}{dt}}{1+\dfrac{\sin^2\theta_2}{\cos\theta_2}\cos^2\alpha}$$

$$=\frac{\cos\alpha}{(1-\sin^2\theta_2)+\sin^2\theta_2(1-\sin^2\alpha)}\cdot\frac{d\theta_2}{dt}=\frac{\cos\alpha}{1-\sin^2\theta_2\sin^2\alpha}\cdot\frac{d\theta_2}{dt}$$

$$=\frac{\cos\alpha}{1-\sin^2\theta_2\sin^2\alpha}\omega_2$$

따라서 종동축의 각속도 ω_2를 기준으로 하면 각속도비 ε은

$$\varepsilon=\frac{\omega_1}{\omega_2}=\frac{\cos\alpha}{1-\sin^2\theta_2\sin^2\alpha} \tag{10-8}$$

또한, 구동축의 각속도 ω_1를 기준으로 하면 각속도비 ε'은

$$\varepsilon'=\frac{\omega_2}{\omega_1}=\frac{\cos\alpha}{1-\sin^2\theta_1\sin^2\alpha} \tag{10-9}$$

식 (10-9)에서와 같이 유니버설 조인트의 속도비는 회전각 θ_1의 함수로 변화한다. 즉, $\theta_1=0°$ 또는 180°에서 $\sin^2\theta_1=0$

$$\frac{\omega_2}{\omega_1}=\cos\alpha=\varepsilon_{\min} \tag{10-10}$$

$\theta_1=90°$ 또는 270°에서 $\sin^2\theta_1=1$

$$\frac{\omega_2}{\omega_1}=\frac{1}{\cos\alpha}=\varepsilon_{\max} \tag{10-11}$$

따라서 속도비는 $\cos\alpha\sim\frac{1}{\cos\alpha}$ 의 사이를 주기적으로 변화한다.

축 1을 구동축으로 하였을 때, 축 1에 대한 각속도 ω_1과 축 2의 각속도 ω_2를 각속도비에 대한 속도변화로 그림 10-61에 나타내었다. 축 1이 등속회전할 때 축 2의 각속도는 주기적으로 변화하고, 90°에서 최소 및 최대 각속도로 된다. 실제로는 α가 큰 각속도에서는 속도비의 변화가 그다지 크지 않기 때문에 대개 30° 이하로 한다.

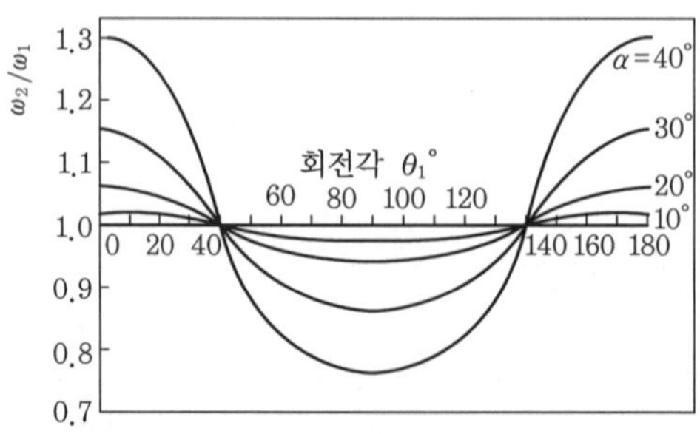

그림 10-61 구동축의 회전각 θ_1과 ω_2/ω_1의 관계

축 1과 축 2의 각속도를 항상 동일하게 하려면, 그림 10-62에서와 같이 유니버설 조인트 2조를 설치하여 축 1, 2 사이의 각과 축 2, 3 사이의 각을 같도록 하면, 구동축 1의

각속도는 중간축 2에 관계없이 일정한 각속도로 종동축 3에 운동을 전달한다.

축 1이 일정 각속도 ω_1으로 회전하도록 하고, 현위치보다 θ_1 또는 $-\theta_1$만큼 회전하였을 때 축 2의 각속도를 ω_2라 하면

$$\omega_2 = \frac{\cos\alpha}{1-\sin^2\theta_1 \sin^2\alpha}\,\omega_1$$

다음에 축 3을 ω_3의 각속도로 θ_1 또는 $-\theta_1$만큼 회전시켰을 때 축 2의 각속도를 ω_2'이라 하면

$$\omega_2' = \frac{\cos\alpha}{1-\sin^2\theta_1 \sin^2\alpha}\,\omega_3$$

가 된다. 따라서 $\omega_2 = \omega_2'$으로 하면 $\omega_1 = \omega_3$가 된다.

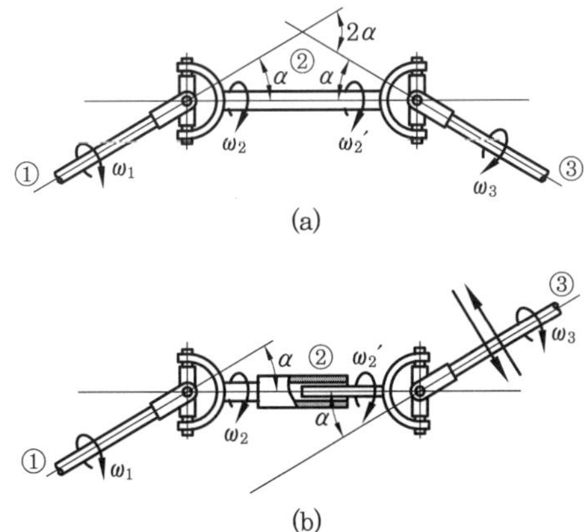

그림 10-62 조합 유니버셜 조인트의 각속도

● 연습문제 ●

1. 평행운동에 대한 응용예를 들어 설명하시오.

2. 엄밀 직선운동기구에 대한 응용예를 들어 설명하시오.

3. 근사 직선운동기구에 대한 응용예를 들어 설명하시오.

4. 래칫 기구에 대한 예를 들어 설명하시오.

5. 탈진기구의 원리에 대하여 설명하고, 등시성(等時性)은 어떻게 이루어지는가를 설명하시오.

6. 제네바 정지기구에 대하여 설명하시오.

7. 유니버설 조인트에 있어서 구동축의 각속도가 60 rad/s, 종동축의 최대각속도가 80 rad/s라고 하면, 이 두 축의 교차각은 얼마인가?

제 11 장 유체전동기구

1. 유체전동기구의 개요

1-1 유체전동기구의 분류

유체전동기구에 사용되는 유체(流體, fluid)는 크게 나누어 기체(氣體)와 액체(液體)로 분류되고, 동력을 전달하는 기체에는 공기(空氣), 유체에는 물이나 기름(oil)이 널리 사용되고 있다. 유체를 운동전달에 사용하기 위해서 유체를 압축시켜 그 압력을 이용하는 것이 유체전동기구(流體傳動機構)의 특징이다.

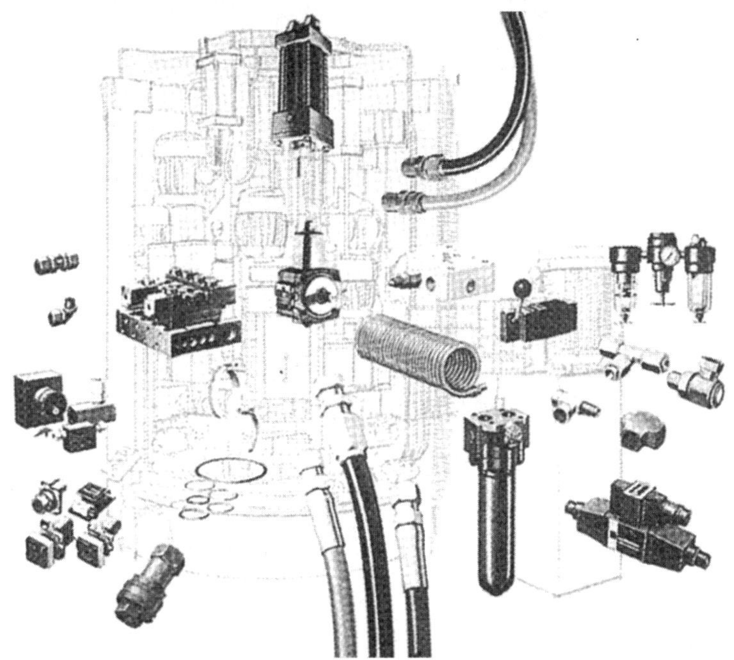

그림 11-1 유체전동기구

그러므로 유체의 압력을 이용해서 운동을 전달하고자 할 때는 구동절에서 유체를 압축하여 종동절로 전달할 수도 있지만, 밀폐시켜 압축된 유체를 별도로 만들어 두고서 필요한 때에 관(pipe), 호스(hose) 등으로 연결하여 종동절을 운동시키는 방법이 매우 편리하다.

유체전동에서 구동절은 압력을 발생시키는 곳이고, 종동절은 구동절에서 만들어진 압력을 사용하는 곳이 된다.

그림 11-1은 유체전동기구를 나타낸 것이다. 공기를 작동유체로 사용하는 경우, 용기(容器) 중에 대기를 강제압축시키려면 압축력에 따라서 공기의 부피가 줄어들어 그 압력이 점점 상승한다. 이와 같이 용기 내에 압축된 공기는 원래의 부피로 되돌아가려는 힘이 되어 저장되는데, 이러한 특성을 이용한 것이 공기전동(pneumatic drive)이다.

또한, 이와 반대로 용기 중의 공기를 없애고 진공(眞空)으로 하였다면, 이 용기에는 대기의 압력이 가해져서 자연히 1 기압의 압력이 가해지는 힘을 받는다. 이와 같이 공기를 적게 하든가 진공으로 하는 데는 그림 11-2와 같은 진공 펌프(vaccum pump)가 이용되고, 압축공기를 만들려면 그림 11-3과 같은 공기압축기(air compressor)가 사용된다.

그림 11-2 진공 펌프

그림 11-3 공기압축기

공기는 대기(大氣)에 무수히 많기 때문에 특수한 경우를 제외하고는 거의 압력으로 운동을 전달한 후 곧 대기로 방출시킨다. 액체를 작동유체로 사용하는 경우 화재의 위험이 있을 때에만 물을 사용하고, 그 외에는 대부분 기름을 사용한다. 일반적으로 기름을 이용하여 동력을 전달하는 장치를 유압기기(油壓機器), 또는 유압장치라 한다.

이 장에서는 주로 유압기구에 대하여 설명하고자 한다.

유체전동기구의 운동전달은 압력운동이므로 구동절의 직선운동이나 회전운동을 변환시켜 주는 장치가 필요하다. 직선운동을 하도록 하는 장치를 유압 실린더(hydraulic cylinder)라 하고, 회전운동을 하도록 하는 장치를 유압 모터(hydraulic motor)라 한다. 그림 11-4는 유압 모터, 그림 11-5에는 유압 실린더를 나타낸 것이다. 이 밖에도 유체전동을 위한 부속장치로는 펌프, 밸브, 유압 탱크 등이 있어야 한다.

또한, 유체전동은 운동종류의 변환, 운동방향의 전환, 속도변환이 자유롭고 무단변속이 가능하다.

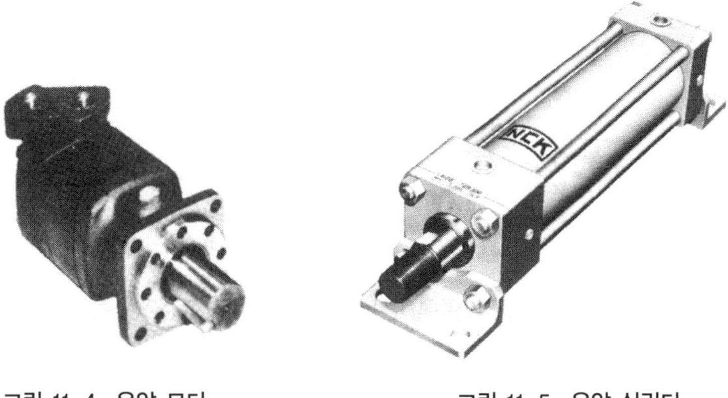

그림 11-4 유압 모터

그림 11-5 유압 실린더

1-2 유체압력의 이용

(1) 유체의 성질

유체는 고체와는 달라서 일정한 모양이 없기 때문에 작은 힘만 주어도 쉽게 변형이 가능하고, 관(管, pipe)을 사용하여 먼 곳까지 수송도 가능하다.

온도가 일정한 기체는 보일(Boyle)의 법칙이 성립하고, 기체에 가하여진 힘과 부피는 서로 반비례한다. 그러나 액체는 압력에 따른 부피의 변화는 무시할 수 있는 정도이며, 밀폐된 용기 속의 액체에 힘이 가하여지면 강(鋼)과 같이 강성(剛性)을 발휘한다.

(2) 파스칼의 원리(Pascal's theorem)

파스칼의 원리는 1653년 파스칼에 의해 발견된 것으로, "밀폐된 용기 내에 있는 유체의 일부에 압력을 가하면, 가해진 압력은 유체의 모든 부분에 전달되고, 그 방향에 관계없이 동일하다."는 것이다.

유체전동기구는 이 원리를 이용한 것에 불과하다. 그림 11-6과 같이 밀폐된 용기 속에서 각 피스톤의 단면적을 A_1, A_2, 피스톤에 가해지는 힘을 F_1 [N], F_2 [N], 압력을 P [Pa]라 하면, 다음의 관계식이 성립한다.

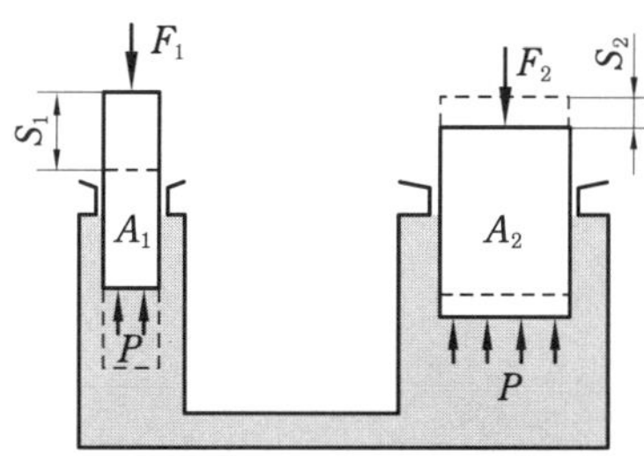

그림 11-6 파스칼의 원리

$$P = \frac{F_1}{A_1} = \frac{F_2}{A_2}, \qquad F_2 = \frac{A_2}{A_1} F_1 \tag{11-1}$$

또한, 각 피스톤의 이동거리 S_1 [mm], S_2 [mm]는

$$A_1 S_1 = A_2 S_2, \qquad \therefore\ S_2 = \frac{A_1}{A_2} S_1 \tag{11-2}$$

(3) 유체의 압력과 일

그림 11-7 (a)에서와 같이 피스톤봉(piston rod)이 밀려나오는 힘 F [N]는

$$F = \frac{\pi}{4} D^2 p_1 = \frac{\pi}{4}(D^2 - d^2) p_2$$

가 되고, 유체의 유입량(流入量)을 Q [m³/s]라 하면 이때의 피스톤봉의 속도 v [m/s]는

$$v = \frac{Q}{A} = \frac{4Q}{\pi D^2} \text{ [m/s]}$$

가 된다. 그러므로 피스톤봉이 밀릴 때의 일량은

$$L = Fv \text{ [N·m/s]}$$

가 된다. 따라서 이때 한 일의 양은 다음 식과 같이 된다.

$$H = \frac{Fv}{735.5} \text{ [PS]} = \frac{Fv}{1000} \text{ [kW]} \tag{11-3}$$

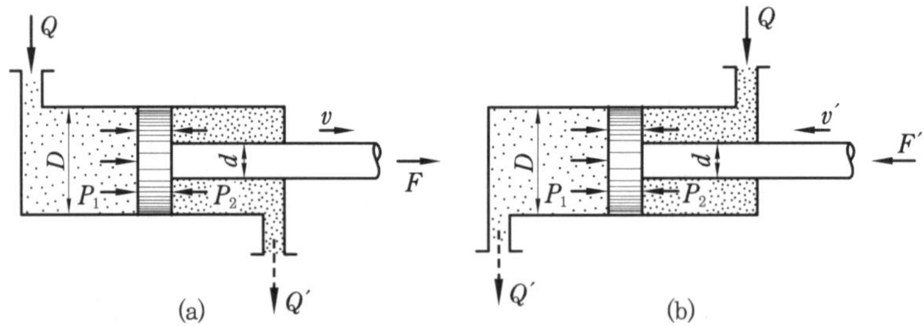

그림 11-7 유체의 압력과 일

2. 유압전동기구의 개요

2-1 유압전동기구의 특징

유체전동기구 중에서도 유압전동기구는 공작기계, 산업기계 등에서 그 응용분야도 날로 증가하고 있는 실정이다. 그러면 유압전동기구는 어떠한 이유에서 널리 이용되는지

살펴보기로 한다.

유압전동기구는 기계장치 및 전기장치에 비하여 다음과 같은 특징을 가진다고 볼 수 있다.

① 광범위한 무단변속이 가능하다.
② 관의 배치만으로 많은 종동절에 전동이 가능하다.
③ 원격전동이 가능하다.
④ 충격과 진동이 없는 운전 및 조작이 가능하다.
⑤ 기계구조가 간단하고 안전하다.
⑥ 온도에 따른 작동유체의 점성변화로 속도를 일정하게 유지하기 곤란하다.
⑦ 큰 기계에 이용하기 곤란하고 실린더 용적이 커지면, 기름에 진동이 발생하기 쉽다.
⑧ 제작비가 많이 들고, 배관이 복잡하게 된다.

2-2 유압전동기구의 구성요소

유압전동기구는 액체의 압력 에너지로 기계적 일을 하도록 한 것이다. 유압전동기구의 기본적인 구성요소는 압력발생장치, 압력조절장치, 압력구동장치로 크게 나누어진다.

압력발생장치는 유압의 발생원으로서 유압 펌프, 모터, 기름 탱크 등으로 이루어지고, 여기에서 발생된 압력은 압력조절장치를 통하여 압력구동장치로 전달된다. 압력조절장치에는 압력제어 밸브, 방향제어 밸브 및 유량제어 밸브로 구성된다.

압력구동장치 또는 액추에이터(actuator)에는 유압 모터와 유압 실린더가 있어, 기름의 흐름을 직선 또는 회전운동으로 변환시킬 수 있다.

표 11-1은 유압전동기구의 구성요소를 나타낸 것이다.

2-3 유압회로의 구성

표 11-1에 나타낸 기기에 의하여 동력전달의 구조를 이루는 유압회로(油壓回路)는 표 11-2와 같이 구성되고, 그 특징은 다음과 같다.

① 유압 펌프는 전동기 또는 내연기관에 의하여 작동되고, 이 에너지로 기름 탱크의 기름은 압력을 갖는 유체 에너지로 변환된다.
② 펌프의 기름은 배관을 따라 밸브를 통하여 액추에이터에 보내진다. 액추에이터에서는 압류가 있는 에너지가 기계적 운동으로 되어 소요의 일을 한다. 액추에이터에서 압력을 잃은 기름이나 기기에서 새어 나온 기름은 기름 탱크로 되돌아간다.

③ 펌프와 액추에이터 사이에는 각종 밸브가 사용되어 유압회로를 구성한다. 이때 밸브는 외부의 신호에 따라 조작되고, 이 밸브의 조작으로 필요한 운동이나 일을 하도록 액추에이터의 운동을 제어한다.

이상과 같은 유압계(油壓系)를 사람에 비유한다면, 유압 펌프는 사람의 심장이고, 작동유는 혈액, 액추에이터는 손과 발에 해당하며, 유압장치는 사람이 하는 육체노동을 기계로 바꾸는 하나의 수단이라고 볼 수 있다.

표 11-1, 표 11-2에 대한 자세한 사항은 유압기계에 관한 참고서를 참조하기 바란다.

표 11-1 유압전동기구의 구성요소

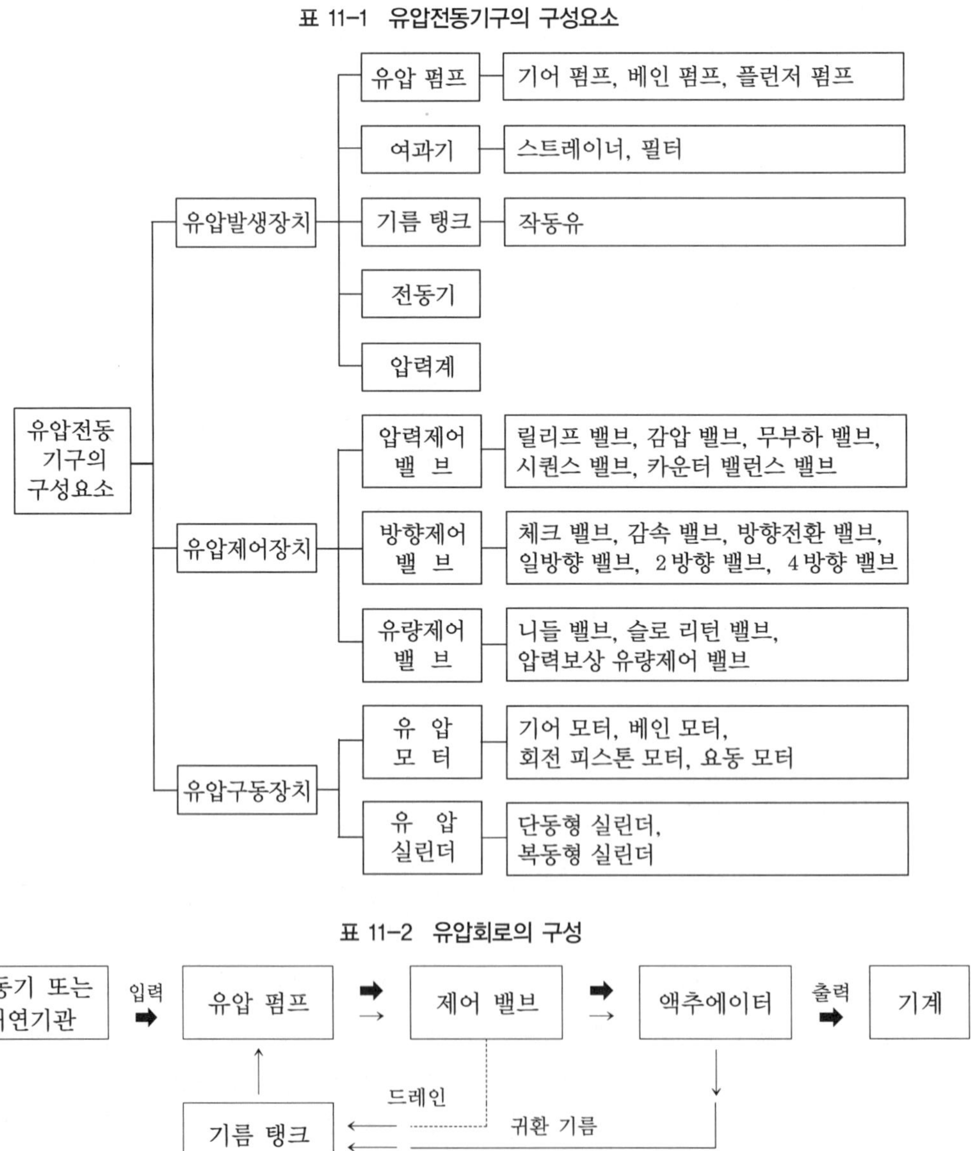

표 11-2 유압회로의 구성

3. 유체전동기구의 응용

3-1 공기전동기구의 응용예

(1) 리베팅 해머(riveting hammer)

리베팅 해머는 철골이나 철판을 결합할 때 빨갛게 달군 리벳을 두들겨 붙이는 데 사용하는 기계이다. 그러나 최근에는 박판이나 차량의 판재결합에는 용접이 많이 이용되므로 그 수요가 줄어들고 있다.

그림 11-8 (a)는 ①에서 들어온 압축공기를 자동 밸브 ②를 거쳐서 실린더 ③ 부분에 보내지고, 피스톤 ⑥의 전면에 작용하여 이를 왼쪽으로 강하게 밀어 주어 리벳의 머리를 ⑦로 두들긴다. 그 순간 밸브 ②가 자동적으로 공기의 통로를 그림 11-8 (b)와 같이 바꾸어 주므로 ③ 부분의 압축공기는 ⑤ 쪽으로 빠져나간다.

이번에는 ①로부터 압축공기가 ③으로 보내져 피스톤에 작용하고 피스톤을 원상태로 돌아가게 한다. 이와 같은 동작을 반복하여 ⑦을 두들긴다.

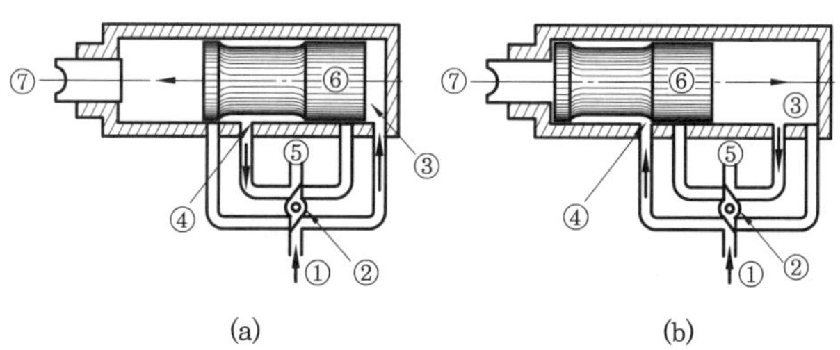

그림 11-8 리베팅 해머

(2) 착암기(rock drill)

착암기는 광산이나 탄광에서 바위에 구멍을 뚫거나 터널 굴진 및 토건 작업에서 암석을 깨는 데 사용된다. 이것도 리베팅 해머와 마찬가지로 공기 타격기계의 일종으로 피스톤, 실린더, 밸브 및 끌 등의 주요부분으로 구성된다. 이때 끌은 왕복운동을 하는 것으로 회전을 하는 스핀들의 선단(先端)에 붙어 있다.

(3) 공기 해머(pneumatic hammer)

공기 해머는 실린더와 피스톤이 주요부분이고, 압축공기를 밸브로 조작해서 왕복운동을 주어 피스톤 밑에 붙은 해머에 타격력을 주는 기계로서 단조기계에 이용된다. 타격력을 조절하는 방법으로 행정(行程, stroke)을 바꾸거나 실린더 밑에 압축공기의 일부를 보내서 압력차를 가감하는 것이 있고, 밸브의 조작에 의해서 가압 등의 조절도 가능하다.

그림 11-9는 공기 해머의 구조를 나타낸 것이다.

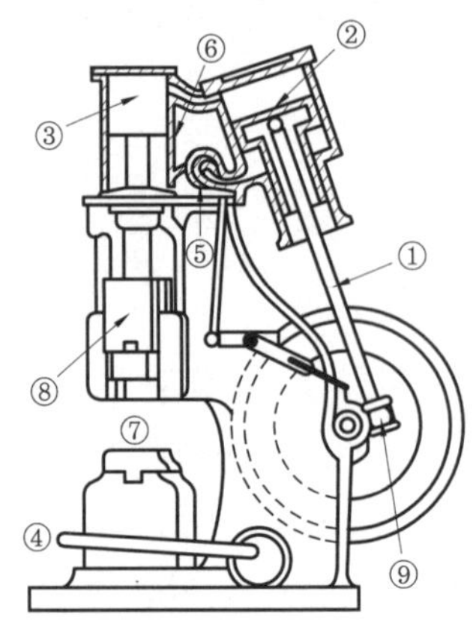

그림 11-9 공기 해머

(4) 공기 드릴(pneumatic drill)

공기 드릴은 그림 11-10과 같이 공기가 흐르는 곳에 날개 ③을 두면 이것이 회전한다. 레버 ⑧을 누르면 압축공기가 ①로부터 흘러 들어가서 ②를 지나 날개 ③에 부딪쳐 ④로 방출된다. 이때 공기는 매우 빨리 흐르고 날개를 고속회전시킬 수 있으므로 날개의 축 ⑤에 드릴을 끼워서 구멍을 뚫을 수 있다.

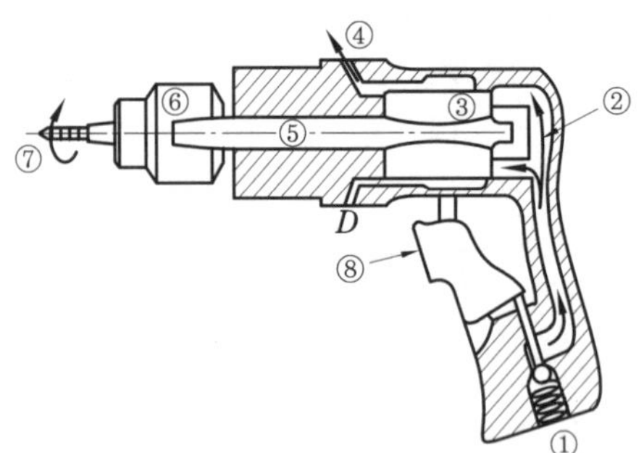

그림 11-10 공기 드릴

(5) 임팩트 렌치(impact wrench)

임팩트 렌치는 압축공기를 이용하여 스핀들을 고속회전시켜서 너트를 조이고, 최후의 조임을 위한 토크를 주기 위하여 간헐적으로 구동시켜 충격적인 힘이 가하여지도록 이동된다. 그림 11-11은 임팩트 렌치의 구조를 나타낸 것이다.

압축공기에 의하여 구동되는 회전축 ①은 스플라인 ②를 통하여 스핀들 ③에 동력을 전달하여 볼트와 너트가 접촉을 시작한 다음에는 캠 ④가 간헐적으로 구동되어, 충격적인 토크가 볼트와 너트에 가해진다.

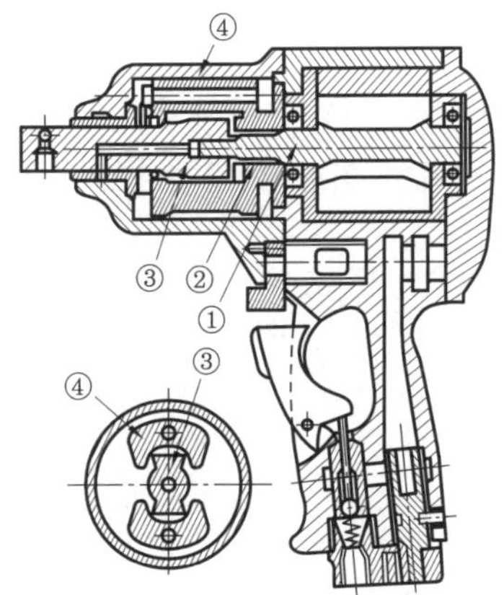

그림 11-11 임팩트 렌치

(6) 에어 서스펜션(air suspension)

그림 11-12와 같이 압축공기가 고무제의 벨로스(bellows) 장치 내에 들어 있어 스프링 작용을 하기 때문에, 자동차나 전차의 차륜축과 차체(車體) 사이의 진동을 완화시키는 역할을 한다. 또한 이 장치는 평행운동기구와 조합시켜 조절 밸브를 자동적으로 조작하게 한다.

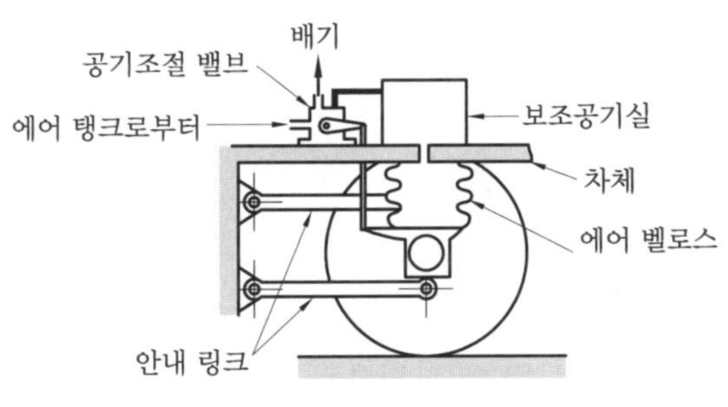

그림 11-12 에어 서스펜션

이와 같이 고압의 공기를 사용하지 않아도 실린더와 피스톤 사이의 밀폐된 공기에 외력이 가하여지면, 공기를 압축시켜서 스프링 작용을 하기 때문에 이것을 이용해서 충격을 줄일 수 있다. 이와 같은 장치를 일반적으로 에어 쿠션(air cushion)이라고 하며, 공업적으로 널리 응용되고 있다.

3-2 유체 커플링과 유체 토크 컨버터

유체전동장치에서 입력축과 출력축 사이에 토크의 차가 생기지 않는 것을 유체 커플링(fluid coupling)이라 하고, 토크의 차가 생기는 것을 유체 토크 컨버터(fluid torque converter)라 한다.

(1) 유체 커플링

그림 11-13과 같이 2개의 플런저 휠을 근접시켜 놓고, 일정한 용기 속에 유체(물 또는 기름)를 넣어서 구동축을 회전시키면 화살표 방향으로 유체가 돌아서 종동축으로 회전력을 전달하게 된다.

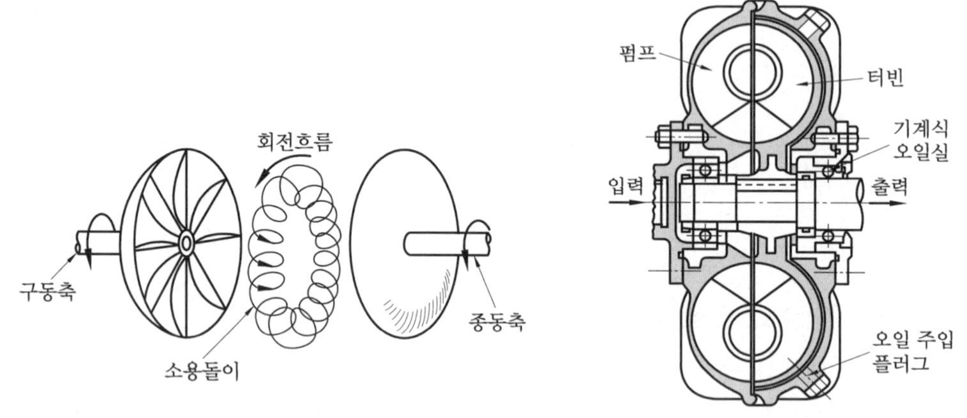

그림 11-13 유체 커플링의 원리

그림 11-14 유체 커플링의 구조

유체 커플링은 구동절의 회전이 일단 유체의 흐름으로 변하기 때문에 시동(始動)할 때 구동차에 무리가 없고, 종동축의 회전이 점차 구동차의 회전에 따르므로 전동기계 장치의 안전도 유지된다.

유체 커플링의 특징을 요약하면 다음과 같다.

① 원동기(原動機)의 시동이 용이하다.

② 과부하(過負荷)에 대하여 원동기를 보호할 수 있다.

③ 다수의 원동기에서 1개의 부하, 또는 1개의 원동기에서 다수의 부하작용이 용이하다.

그림 11-14는 유체 커플링의 구조를 그림으로 나타낸 것이며, 유체 커플링의 계통도는 다음과 같다.

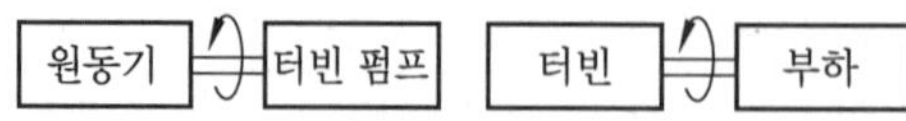

즉, 원동기에서 터빈 펌프를 회전시킨다. 터빈 펌프에서 나온 고속유체는 터빈의 임펠러를 따라 터빈을 움직이고, 부하를 구동한다. 유체 커플링은 자동변속이 가능하므로 자동차, 철도차량, 선박, 건설 및 산업기계 등에 널리 사용된다.

(2) 유체 토크 컨버터

토크 컨버터의 계통도는 다음과 같고, 그 구조는 그림 11-15와 같다.

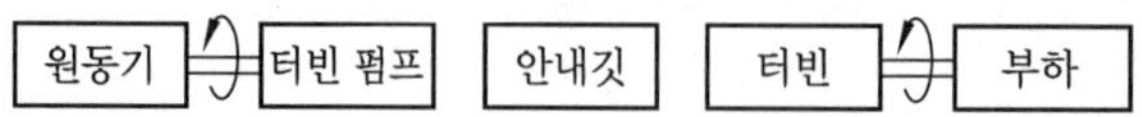

그림 11-15 토크 컨버터의 구조

유체 토크 컨버터가 유체클러치와 다른 점은 안내깃(stator)이 추가되는 것이다. 즉, 원동기에서 터빈 펌프를 구동하고, 고속유체는 안내깃을 통하여 터빈에 들어가서 터빈을 회전시켜 부하를 구동한다. 이때 안내깃은 자유로이 회전하기 때문에 펌프 및 터빈에 대하여 상대적으로 회전하고, 그 정도에 의해서 원동기의 토크와 부하 토크는 변화한다. 이와 같이 안내깃이 토크를 부담하므로 그 토크의 크기만큼 원동축과 종동축 사이에 토크차가 발생한다. 그러나 토크의 증대는 불가능하다. 따라서 유싱 기이와 조합하여 토크를 증대시키는 컨버터가 자동차, 압연기 등에도 잘 이용되고 있다.

또한, 토크 컨버터의 특징은 다음과 같다.

① 기동(起動)에서 속도의 전범위까지 무단변속이 가능하다.

② 원동기의 전출력(全出力)에서 부하를 시동한다.

③ 부하에 의한 원동기의 정지가 없다.

④ 진동, 충격을 완충하기 때문에 기계에 무리가 없다.

3-3 유압전동기구의 응용예

유압을 이용하고 있는 기계는 날로 그 종류가 다양해지고 있다. 여기서는 주로 기계공업의 생산기계에 응용한 예를 간략히 설명한 후 산업기계, 운반기계, 교통기관에 응용한 예도 살펴보기로 한다.

(1) 공작기계에서의 응용예

① 선반에의 응용

터릿 선반, 자동선반은 일반적으로 기계적 방법을 따르고 있으나, 최근 바이트 이송기구, 척작업에 유압을 많이 이용하고 있다. 그림 11-16은 유압을 이용한 단능자동선반의 예를 나타낸 것이다. 이것은 구조도 대단히 간단하며, 가공물을 척에 부착하면 자동적으로 정해진 순서에 따라 작업을 한다.

그림 11-16 단능자동선반

그림 11-17 유압식 원통연삭기

이 기계에서도 바이트의 이송에 유압기구를 사용한다.

② 연삭기

연삭기에도 테이블의 왕복운동, 이송기구에 유압을 이용한다.

그림 11-17은 유압식 원통연삭기의 예를 나타낸 것이고, 테이블의 왕복운동 및 숫돌의 급속전진, 후퇴에 유압을 이용하고 있다.

③ 프레스

유압 프레스는 기계 프레스(크랭크 기구, 토글 기구 등에 의한 프레스)와 비교하면, 다음과 같은 특징이 있다.

① 행정의 위치에 관계없이 가압작업(加壓作業)이 가능하다.
② 정밀도가 높은 제품이 얻어진다.
③ 목적에 따라 가압력과 속도의 조정이 가능하다.
④ 유압과 전기적인 제어방식을 조합하면 복잡한 작업의 자동화도 용이하다.
⑤ 충격력을 가하는 변형이나 절단에는 부적당하다.
⑥ 행정에 필요한 시간이 길어지고, 작업능률이 좋지 않다.

그림 11-18 압출용 유압 프레스

그림 11-19 분말 성형용 유압 프레스

유압프레스의 용도는 다음과 같다.

① 단조, 압출, 판금가공 등 금속가공용 프레스(그림 11-18)

② 분말 성형용 프레스 : 분말이나 숫돌, 세라믹스 등의 성형에 사용한다(그림 11-19).

③ 가열 성형용 프레스 : 원재료를 가열하면서 압축을 하고, 성형하는 것이다 합판의 제조, 플라스틱 적층(積層), 고무의 성형 등에 쓰인다.

④ 압축용 프레스 : 탈수하거나 기름을 짜는 데 사용하기도 하고, 쇳조각을 압축하는 데 사용하기도 한다.

이 밖에도 보링 머신, 평삭기, 브로칭 머신, 사출성형기, 재료시험기 등의 일부에도 유압기구를 응용한 예가 많다. 또한, 트랜스퍼 머신(transfer machine) 등에도 유압기구를 응용하여 복잡한 기계가공도 연속적인 자동화(自動化)를 가능하게 하고 있다.

(2) 산업기계에서의 응용예

산업기계에서는 건설기계, 농업기계, 광산기계 등에 유압을 많이 응용하고 있다. 이들의 응용예를 간략히 설명하여 보기로 한다.

① 불도저(bulldozer)

트랙터는 견인의 목적으로 사용되는 캐터필러(cataphiller) 차량이지만, 불도저는 트랙터의 전면에 승강조절(乘降調節)이 가능한 배토판(排土板)을 부착하여 토지의 굴삭(堀削), 땅고르기, 압토(押土) 등의 작업을 한다.

배토판의 조작에는 와이어 로프식과 유압식이 있다. 유압식이 와이어 로프식보다 강력한 굴삭작업이 가능하다.

② 모터 그레이더(motor grader)

노면을 깎아서 고르게 한다든가, 제설(除雪) 등에 사용하는 타이어 차량이다. 작업은 블레이드와 스캐리파이어에 의하여 행하여진다. 블레이드는 노면, 경사면의 절삭, 제설 등에 사용되고, 블레이드의 회전, 승강(乘降), 좌우이송에 유압을 이용한다.

그림 11-20 모터 그레이더

그림 11-21 셔블 로더

또한 스캐리파이어는 굳은 노면에 대한 땅을 일으키는 데 사용되고, 적절한 높이로 조절이 가능한 데 이 조작에 유압이 이용된다. 그림 11-20은 모터 그레이더를 나타낸 것이다.

③ 굴삭기(excavator)

여러 가지 굴삭작업에 사용되고, 방향전환을 하는 선회장치(旋回裝置), 주행장치, 버킷으로 되어 있다. 최근 전유압식의 굴삭기가 많이 사용되고 있다.

④ 포크 리프트(fork lift)

차앞이 약간 경사진 포트와 이것에 따라서 승강하는 포크를 구비하고 중량물의 이동, 적재(積載) 등에 사용된다.

⑤ 셔블 로더(shovel loader)

흙을 적재하는 기계로서 타이어 차량으로 되어 있어 기동성이 좋아 널리 사용되고 있다. 셔블의 작동에 유압기기를 응용하고 있다. 그림 11-21은 셔블 로더를 나타낸 것이다.

⑥ 덤프 트럭(dump truck)

적재함 밑에 호이스트를 만들어 유압으로 적재함을 기울여서 적재물을 신속히 내리도록 한 것이다.

⑦ 이동식 크레인

중량물을 매달아 이동시키는 크레인으로서, 최근 유압을 응용한 것이 널리 사용되고 있다. 이와 같이 유압을 이용하면 구조가 간단하고 중량도 가볍게 되며, 조작(操作)도 쉬우므로 널리 채택되고 있다.

⑧ 농업용 트랙터

농업의 기계화에 따라 농업용 트랙터에도 유압이 응용되고 있다. 주로 트랙터에서는 견인하는 작업장치의 승강에 유압기구를 응용하고 있다. 그림 11-22는 농업용 트랙터의 구조를 나타낸 것이다.

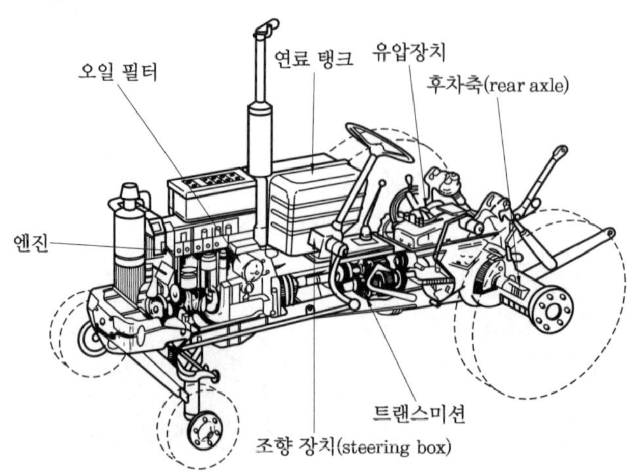

그림 11-22 농업용 트랙터의 구조

(3) 교통 기관에서의 응용예

자동차, 항공기, 철도차량, 선박 등의 교통기관에도 유압기구가 널리 이용되고 있지만, 그 중에서도 일반적인 몇 가지만 예로 들어 보기로 한다.

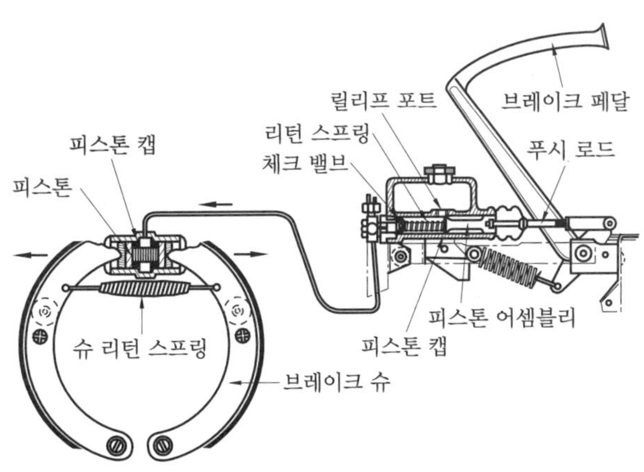

그림 11-23 자동차의 유압 브레이크

① 자동차의 유압 브레이크

주행 중의 차의 감속, 정지 등에 사용하는 브레이크에는 유압식(油壓式)이 널리 사용된다. 유압 발생기구에 펌프를 사용하지 않고 페달에 의하거나, 엔진으로 유압 펌프를 가동하여 유체의 압력의 변환을 페달로 하는 동력식(動力式) 브레이크가 있는데, 대형차에서는 동력식이 널리 채택된다.

그림 11-23에 나타낸 것과 같이 페달을 밟으면 주실린더(master cylinder)에 유압이 발생하고, 이것이 차륜 실린더(wheel cylinder)에 전달된다. 정지는 차륜 실린더의 피스톤에 의하여 차륜 드럼을 눌러서 한다.

② 자동차의 완충기(shock absorber)

완충기(緩衝器)는 자동차의 승차감 및 주행 안정성을 개선하기 위하여 부착한다. 자동차가 주행 중에 노면에서 받은 충격을 차체와 차륜 사이의 스프링에 의하여 충격을 안전하게 방지할 수 없기 때문에 완충기는 스프링과 병렬로 설치하고, 진동에 의하여 발생하는 유압을 이용하여 충격을 완화한다. 그림 12-24는 자동차의 완충기를 나타낸 것이다.

③ 자동차의 동력 핸들 장치(power steering)

자동차의 대형화, 고속화에 따른 핸들 조작을 더욱 경쾌하고 쉽게 함으로써 안정된 운전이 요구되고 있다. 이를 위하여 서보 기구의 원리를 이용하여 보조 동력원을 이용하는 것이 고안되었는데, 이것이 동력 핸들 장치이고, 유압을 이용하는 것이 일반적이다.

이러한 유압을 이용하면 작은 힘으로 경쾌한 핸들 조작이 가능하고, 노면의 진동이나 충격이 직접 핸들에 전해지는 것을 방지할 수 있다. 또한, 안전하고 경쾌한 운전이 가능하도록 한다. 그림 11-25는 동력 핸들 장치를 나타낸 것이다.

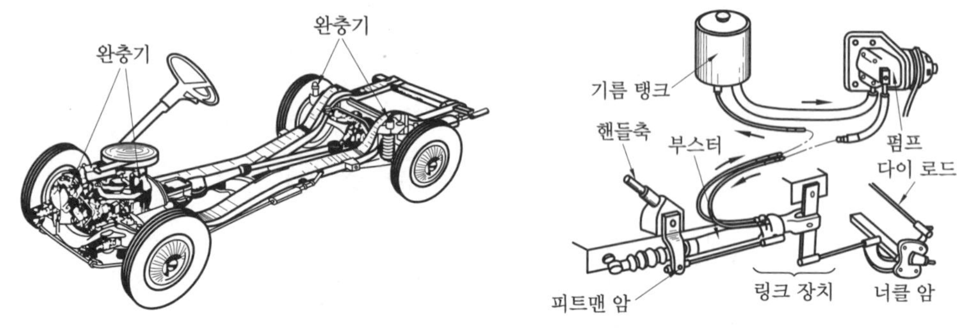

그림 11-24 자동차의 완충기

그림 11-25 동력 핸들장치

④ 선박의 유압장치

배는 다른 산업기계보다도 오래 전부터 유압기구가 응용되어 왔다. 최근에는 해상수송의 합리화, 경제성, 그리고 능률향상 등의 문제로 더욱 광범위하게 유압이 응용되고 있다. 특히 갑판기계로서의 윈치, 크레인과 키장치 등에 널리 이용되고 있다.

갑판기계의 조작은 증기 또는 전동기에 의한 것이었으나, 소음의 발생 및 속도변환의 어려움이 있기 때문에 근래에는 유압을 이용한 방법이 채택되고 있다.

키장치는 바닷물의 저항에 대하여 키를 움직이기 위해서는 상당한 힘이 필요하므로 인력(人力)에 의한 방법은 소형에 국한되고, 거의 대부분 유압전동방식이 이용되고 있다.

⑤ 항공기의 유압장치

항공기(航空機)에 사용되는 기기는 가볍고, 제어성이 우수하며, 신뢰성이 높은 것이 바람직하다. 최근 항공기의 고속화, 대형화에 따라 유압의 이용도 급속히 진전하게 되었다.

대형 항공기에서는 이착륙, 비행조정 등의 조작은 모두 유압방식으로 하고 있다. 그러나 특히 기기의 신뢰성에 대해서는 엄격한 기준을 만들어 놓고 가혹한 성능시험, 내구(耐久)·충격시험, 고·저온에 따른 영향 등을 면밀히 조사함은 물론, 엄격한 품질관리에 의하여 고도의 우수한 제품이 생산되고 있다.

특히, 항공기의 유압장치는 항공기의 이착륙 장치, 조향장치 계통(steering control system)의 다리넣기, 착륙활주할 때 바퀴의 브레이크, 조향장치에 이용되는 외에 착륙할 때 지상에서 받는 충격의 완충장치로 이용되고 있다.

또한, 비행조정 계통에도 유압이 응용되고 있다. 항공기의 조정(調整)에는 주날개, 보조날개의 수평이동, 선회와 방향키, 승강키의 조작에 유압이 이용되고, 엔진을 냉각하기 위한 공기조절장치, 문의 개폐, 비상장치 등에도 유압이 사용되고 있다.

찾아보기

【ㅈ】